남도답사
0번지
영암

남도답사 0번지 영암

글·사진 **송일준**

스타북스

프롤로그

퇴직 후 제2의 인생을 시작하며 매년 어떤 주제로든 책을 한 권 정도 쓰면서 살 수 있으면 좋겠다고 생각했다. 가보고 싶은 곳을 가보고, 하고 싶은 것을 하며 느낀 것들을 보통 사람의 눈높이에 맞는 글로 써낸 가벼운 에세이나 여행기 같은 것이면 가능할 것 같았다.

첫 번째로 쓴 책은 제주도 한 달 살기에 관한 것이었다. 퇴직 후 가고 싶었던 제주도 서귀포에서 한 달 남짓 머물렀다. 제주도를 속속들이 파악하는 데 한 달이란 기간은 터무니없이 짧았다. 그래도 아쉬운 대로 매일 경험하고 느낀 것들을 일기처럼 적었다. 한 달 살기가 끝나고 집으로 돌아온 두 달 뒤 〈제주도 한 달 살기〉란 책을 펴냈다.

두 번째 책은 나주에 관한 것이었다. 나주는 내가 초등학교 6년과 중학교 한 학기를 다녔던 유년의 고향이다. 퇴직 후 나주에서 머무르게 된 기회를 이용해 여기저기를 탐방하며 쓴 글들을 모으니 제법 많은 분량이 되었다. 반 년 남짓 쌓인 기록을 정리해 〈나주 수첩〉이란 타이틀로 펴냈다.

세 번째 책은 영암에 관한 것이다. 영암은 내가 태어난 고향이다. 내가 여섯 살 때 우리 가족은 나주로 이사했다. 아버지가 조상 대대로 살아온 고향을 떠나기로 결심한 것은 우리 현대사와 얽힌 집안의 비극과 몰락이 배경이다. 아버지는 고통과 고생밖에 남은 게 없는 고향을 벗어났지만 나주에서의 삶 또한 녹록치 않았다. 많지 않은 논밭 농사로 자식들을 가르친다는 건 불가능했다. 내가 중학교에 들어간 해 비전 없던 나주살이를 정리하고 우리 가족은 상경했다.

이후 반세기가 넘는 세월을 서울에서 살았다. 약간의 단편적인 기억들이 남아 있는 영암과 제법 많은 유년의 추억이 있는 나주는 서울에 사는 동안에도 언제나 가슴 속에 자리한 그리운 고향이었다.

일가친척 아무도 없는 영암과 다시 이어질 일은 없을 줄 알았다. 방송인 생활 막바지, 광주MBC 사장으로 재직하면서 주말이면 오토바이를 타고 남도 각지를 돌아다녔다. 월출산을 중심으로 펼쳐진 영암의 풍경 속에서 기억 속에 단편으로 남아 있는 고향의 모습을 찾아내려 애썼다.

퇴직 후 나주에 이어 영암에 머무르게 될 계기가 생겼다. 우승희 군수의 요청으로 영암군 홍보대사를 맡았다. 임기가 끝나기 전에 고향에 뭐라도 보탬이 되는 일을 하고 싶었다. 그래, 영암에 관한 책을 쓰자. 태어난 고향이지만 정작 아는 게 없는 영암에 대해 스스로도 깊이 알 수 있는 좋은 기회가 아닌가.

군의 주선으로 서호에 있는 융성도서관 창작작가 방에 여섯 달 넘게 머물렀다. 때로는 차로 때로는 오토바이로 때로는 걸어서 영암 구석구석을 탐방했다. 영암 사람들을 만나 고장의 얘기를 들었다. 어릴 적 기억의 단편으로만 존재했던 영암이 구체적인 모습으로 바뀌어갔다. 영암에 엄청나게 많은 재미있는 이야기들이 있다는 사실에 놀랐다. 월출산은 물론 월출산의 기운을 받아 태어나 살다 간 수많은 인물들의 이야기가 너무도 흥미로웠다.

반년 넘게 쌓인 글의 양이 너무 많아 줄인다고 줄였지만 두꺼운 책이 되었다. 가뜩이나 책이 안 팔리는 시대에 두껍기까지 하니 출판사 입장에서는 난감한 일이지만 하나라도 더 영암의 이야기를 들려주고 싶어하는 내 의지를 존중해주었다. 고마운 일이다.

영암에 머무르며 글을 쓰는 동안 많은 분들의 신세를 졌다. 일일이 거명하며 감사 드려야 마땅할 터이나 생략한다. 양해해 주실 것으로 믿는다. 이 책이 영암을 알리는 데 조금이라도 보탬이 되고, 이 책을 읽은 독자들 중 한 명이라도 영암을 찾는 일이 생긴다면 글쓴이로서는 더할 나위 없는 기쁨이 될 것이다.

2025년 3월
잠실 석촌호수에 있는 카페에서

1

신령스런 바위

2

큰 바위 얼굴

3

영암 사람들

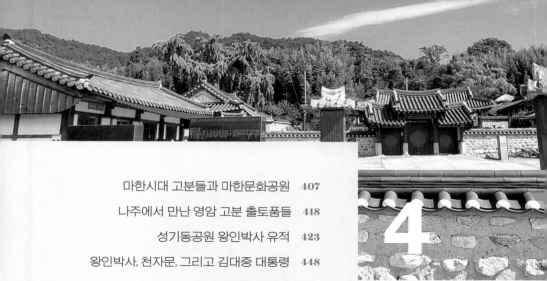

4

지독한 사랑

1

신령스런 바위

드넓은 들판 위에 불현듯 솟아오른 거대한 바위산.
그 위에 떠오른 둥근 보름달.
태곳적부터 이 고장 사람들에게
환하게 달이 뜬 월출산이 주는 임팩트가
얼마나 강력한 것이었을지 충분히 상상이 간다.
영암은 이 세상 어느 곳보다
달 뜬 모습이 아름다운 바위산의 고장,
신령스러운 기운으로 가득한 고장이다.

영암, 왜 지명이 신령스런 바위靈巖일까

영암하면 무엇이 떠오르는지 물으면 아마 대부분의 사람들이 '월출산!' 하고 대답할 것이다. 누구나 감탄하는 명산일뿐만 아니라 '달이 뜬다....월 출산 천왕봉에 보름달이 뜬다'로 시작하는 가수 하춘화의 영암아리랑이 워낙 널리 알려져서일 것이다.

실제로 영암은 월출산이고 월출산이 곧 영암이라는 사실은 직접 영암에 와보면 알게 된다. 나주를 거쳐 영암 금정을 지나는 터널을 빠져나오는 순 간 혹은 구불구불 옛 여운재 고갯길을 넘어서는 순간 너른 들판 끝에 갑자 기 등장하는 거대한 바위산의 위용에 압도당할 것이다.

일주일 이상 차를 몰고 영암 이곳저곳을 탐방하고 있는 중인데, 몇 군데 를 제외하고 어디를 가든 월출산이 보인다. 바라보는 앵글이나 거리에 따 라 그 모습은 달라질지언정 월출산은 하루 스물네 시간 일년 삼백육십오 일 사람들의 시야를 지배한다.

옛날 옛적 사람들도 그랬을 것이다. 너른 평야에 갑툭튀한 거대한 바윗 덩어리. 영암은 곧 바위였다.

지명의 유래가 되었다는 전설이 있다. 전국 여기저기 흔히 보는 유의 전

↑ 월출산 국립공원

설이다. 중국 사람들이 조선땅에 큰 인물이 날 것을 우려해 해꼬지를 했고, 우리 조상들은 그걸 어떤 식으로든 극복했다는.

　옛날 월출산 꼭대기에 동석움직이는 돌이 셋 있었다. 큰 인물이 날 것을 염려한 중국사람들이 동석을 세게 밀어 전부 떨어뜨려버렸는데, 그중 하나가 스스로 굴러 제자리로 돌아왔다. 이후 사람들은 이 고장을 영암이라고 불렀다*.

---

*　　〈신증동국여지승람〉에 실린 내용은 이렇다.
　　　"월출산 구정봉 밑에 바위가 셋이 층층으로 쌓여 있는데, 높이가 한 장이고, 둘레는 10

예나 지금이나 항상 우릴 괴롭히고 신경쓰이게 하는 나라인 중국을 끌여들여 재미있는 이야기를 만들어 낸 것이지만 진짜로 믿는 사람은 없을 것이다. 하지만 설화나 전설에는 사람들의 인식과 세계관이 담겨 있는 법. 동석 전설은 옛날부터 이 고장에 사는 사람들이 월출산이 바로 자기네 고장 자체라고 생각하고 있었음을 말해준다.

그런데, 영암이라는 한자 이름이 있기 전 우리 조상들이 우리말로 부르던 이름은 없었을까.

통일신라 시대 경덕왕은 전국에 있는 고유의 우리말 지명을 중국식 한자이름으로 바꾸었다757년. 그 전까지 영암군의 이름은 월나군月奈郡이었다. 당시 월출산은 월나악月奈岳으로 불렸으니 월나군이라는 명칭 역시 산 이름이 곧 고장 이름이었음을 보여준다.

〈조선상고사감〉에서 안재홍은 지명의 유래를 어원에 입각해 풀이한다. 월나도 우리말에 한자를 갖다 댄 것일 뿐 원래의 뜻은 한자의 의미와 다르

여 위다. 서쪽으로는 봉우리를 향하고, 동쪽으로는 절벽을 향해 있다. 1100명이 들려고 해도 꼼짝하지 않는데, 1명이 밀면 움직인다. 아무리 절벽 밑으로 떨어뜨리려 해도 떨어지지 않는다고 하여 영석 즉 신령스런 바위라 일컫는다. 군의 명칭은 이것에서 유래되었다."(영암의병사연구, 박해현 조복전, 영암문화원, 2019. 재인용.)

다는 주장이다.

월나는 '얼나'라는 우리말의 한자식 표기라는 것이다. 얼은 올에서 나왔다. 올은 얼도 되고 알도 되는데, 올은 모든 사물의 근본, 시작, 핵을 뜻한다. 얼은 정신이고 혼이다. 알은 생명을 품고 있는 동그란 모양의 그 알이다. 알맹이, 불알, 씨알의 알이다. 올이 얼과 알로 달라졌지만 같은 뿌리에서 나왔다.

나那는 비와 통한다. 즉 배도 되고 바위도 된다. 아이를 낳는 배도 불룩하고 바위도 불룩하다. 월나는 얼나알나, 얼바위알바위다. 월나악은 전체가 하나의 거대한 바위이고, 갖가지 기기묘묘한 얼바위알바위로 가득한 산이다.

올은 혼이다. 한자로 쓰면 신령스럽다는 뜻의 영靈이다. 물론 발음과 비

↑ 구정봉 정상. 바위에 패인 구덩이에 사시사철 물이 고여 있다.

↑ 월출산의 기암괴석들. 월출산을 호남의 금강산이라 일컫는 까닭이다.

숫한 다른 한자들로 표기되기도 했다. 가령, 아이, 아란, 오열, 어라, 월, 위례 등등.

바위는 암岩이다. 그래서, 올바위는 한자로 영암靈岩이 된다.

물론 안재홍과 달리 풀이하는 이도 있다. 유장균은 〈한국고대한자음의 연구〉에서 월나의 월은 달을 뜻하고 나는 낳는다는 뜻이 아니라 접미사로서 중세 한국어 '느르'에 해당한다고 본다. 즉 월나는 들느르 혹은 달내의 한자식 표기라는 것이다.

나는 개인적으로 안재홍의 풀이에 끌린다. 동석의 전설보다 체계적이고 과학적이다.

어떻게 풀든, 이 고장이 영암이라 불리게 된 정확한 유래는 알 길이 없다. 하지만, 영암을 바위산과 떼어 생각할 수 없다는 사실만큼은 분명하다.

　물론 달과도 뗄 수 없다. 통일 신라 시대 월나악山으로 불리던 바위산은 고려시대 때는 월생산月生山으로 불렸고, 조선시대 이래 쭉 월출산月出山으로 불려왔다*. 원뜻인 얼바위와는 멀어지면서 달이 그 상징이 되었다.

　드넓은 들판 위에 불현듯 솟아오른 거대한 바위산. 그 위에 떠오른 둥근 보름달. 태곳적부터 이 고장 사람들에게 환하게 달이 뜬 월출산이 주는 임팩트가 얼마나 강력한 것이었을지 충분히 상상이 간다.

　영암은 이 세상 어느 곳보다 달 뜬 모습이 아름다운 바위산의 고장, 신령스러운 기운으로 가득한 고장이다. 좋은 기를 받고 싶은 이들은 영암으로 오시라. 월출산에 오르시라.

　　　───── *이상의 내용은 1988년 나온 전라남도·광주민학회가 발간한 월출산 바위문화조사를 참고한 것이다.*

---

* 　월출산은 여러 이름으로 불렸다. 확인된 것만 열세 가지에 이른다. 가령, 월산, 소금강산, 낭산, 조계산, 금산 등.

융성도서관

영암에 머무르면서 구석구석을 탐방하고 있다. 일주일째다. 영암군 서호면에 있는 융성도서관이라는 사립도서관에 달린 작은 방이 숙소다.

3년 전 융성도서관은 영암군의 지원으로 작가들의 창작활동을 지원하기 위해 부지 안에 독립된 방 두 개를 가진 작은 집을 지었다. 방에는 각각 월출산과 은적산이라는 이름이 붙어 있는데, 내가 묵고 있는 방은 월출산이다.

월출산은 영암을 대표하는 명산이고 은적산은 서호면에 있는 산이다. 처음 방을 보러 올 때 읍에서 10km 이상 떨어진 시골에 웬 도서관? 웬 방? 하면서 의아하게 생각했었는데 직접 보고 나서 놀랐다. 자칫하면 놓치기 쉬운 좁은 골목길 입구를 지나자 화악 길이 넓어지면서 오른쪽에 새빨간 타일을 두른 작고 예쁜 도서관이 떡하니 나타나는 게 아닌가. 깔끔하게 손질된 자그마한 정원이 있는.

도서관을 운영하는 융성장학재단 전종배 이사장께 인사를 드리고 숙소를 둘러봤다. 방은 작지만 기본적인 것들은 거의 다 갖춰져 있었다. 부엌 화장실 텔레비전 냉장고 세탁기 인터넷. 하려는 일에는 안성맞춤이었다.

↑ 융성도서관

　지은 지 3년 만에 내가 첫 이용자가 되었다. 적잖은 돈을 들여 지어놓고 그동안 왜 더 적극 활용하지 않았을까 궁금증이 일었지만 굳이 묻지 않았다.

　융성도서관. 이 마을 장천리 출신으로 일본에서 크게 성공한 재일동포고 전규택 선생이 39년 전인 1985년에 지역 교육청의 의견을 수용해 지었다. 서호중학교랑 담 하나를 사이에 두고 이웃해 있고 둘 사이에는 서로 통하는 출입구가 있다.

　개관 후 수십 년 간 도서관은 늘 학생들로 가득했고 밤 늦게까지 환하게 불이 켜져 있었다. 마을 사람들은 밤 늦게 귀가하는 학생들을 위해 마을 자치방범대까지 조직했다. 면 단위 지자체에서는 처음 있는 일이었다.

하지만 인구가 줄고 학생 수가 급감하면서 도서관은 활기를 잃었다. 십여 년 전부터 빠르게 줄다가 이제는 거의 개점 휴업 상태가 되었다. 서호중학교는 폐교되었고 가까이 있는 장천 초등학교와 통합되었다. 현재 초중교를 합한 재학생 총수는 채 50명이 되지 않는다.

융성도서관을 지은 전규택 선생은 일제강점기인 1932년 열네 살 때 오사카로 건너갔다. 어려움 속에서도 공부를 계속해 도쿄의 명문 사립 니혼대학을 졸업했다. 광복 후 많은 이들이 귀국했지만 선생은 돌아오지 않고 남아 천신만고 끝에 사업가로 대성했다. 석탄회사, 부동산개발회사, 골프장 등을 설립해 경영했다.

일본 이름을 대산융성大山隆成오야마타카나리으로 지었다. 하는 일이 큰 산처럼 융성하길 바라는 마음에서였을 것이다. 물론 융성隆盛의 한자는 이름과 조금 다르지만.

고향의 어린 후배들을 위해 융성장학재단을 설립해 지금까지 1800명 가까운 학생들에게 장학금을 지급했다. 선생의 조카이자 양자인 전종배 융성장학재단 이사장에 따르면 서호중학교에 정구부를 만들고 후원했는데 출신 선수들이 국내 대회는 물론 국가대표가 되어 세계 무대에서 메달을 따는 등 크게 활약했단다.

장학사업 외에도 선생은 또 지역을 위해 많은 일을 했다. 며칠 전, 영암학회 이영현 회장의 안내를 받아 영암공원에 올랐을 때 경복궁 향원정과 똑같은 정자가 있었다. 영암에, 왜? 건립내역을 읽어보니 선생이 지어 희사한 것이었다. 정자 이름이 융성정이었다.

전종배 이사장에 의하면 전규택 선생은 일본의 많은 유력 인사들과 폭넓게 교유했는데 특히 타나카카쿠에이 전 일본 총리와 친했다. 젊었을 때부터 타나카 의원의 후원을 시작해 후원회장까지 했단다. 타나카 총리가 록히드스캔들로 실각하고 기소되어 재판을 받을 때 선생도 함께 기소되어 재판을 받을 정도로 밀접한 관계였다고 한다. 막대한 정치 자금으로 수많은 정치인을 거느렸던 자민당 최대 파벌의 수장, 일본 금권정치의 대부로 불렸던 타나카 총리이고 보면 선생이 댄 정치자금도 솔찮했을 것이다.

한국이 가난했던 시절 전규택 선생과 같은 분들이 드물지 않았다. 일본에 살면서도 고향과 조국을 위해 뭐든 해주려 했던 재일동포들이 많았다.

과거 월드컵에 참가하거나 올림픽을 개최할 때도 재일동포들의 도움이 컸다. 회사를 세우거나 학교를 지어준 동포들도 있었다. 영암 도포에 있는 중학교는 일제강점기 때 일본에 건너가 패전 후 사업으로 큰 돈을 번 우리 송씨 집안 어른이 희사한 것이라고 들었다. 지금은 돌아가셨지만 이십 몇 년 전 도쿄특파원으로 근무하던 시절, 치바현에 살고 계신 어른을 찾아뵌 적이 있다.

융성도서관의 정원 화단에 작은 석상이 하나 서있다. 땔감을 얹은 지게를 지고 한 손에 책을 들고 읽고 있는 소년상이다. 가만 들여다보니 상투며 지게며 옷이 모두 일본풍이다.

어디서 본 것 같은데, 누구더라?

검색해봤더니 과연 일본인이었다. 일본의 초등학교에 세워져 있는 걸 본 기억이 떠올랐다.

석상의 주인공은 니노미야킨지로二宮金次郎 또는 니노미야손토쿠二宮孫德, 1787~1856로 불리는 인물이다. 에도시대 말, 집안이 몰락하고 부모마저 잃은 열네 살 소년은 어린 두 동생을 돌보는 가장이 되어 몸이 가루가 되도록 일했다. 낮에는 산에서 땔감을 마련하고 밤에는 짚신을 삼아 생계를 꾸려갔다. 노동에 지쳐 녹초가 되기 일쑤였지만 공부를 포기하지 않았다.

↑ 니노미야킨지로 석상

　할아버지한테 의탁하고 있었을 때는 밤에 불을 밝히고 책을 읽다가 등유를 낭비한다고 혼이 났다. 궁리 끝에 아무도 경작하지 않는 둑에 유채를 심었다. 등유 대신 유채 기름으로 호롱불을 켜고 책을 읽었다.

　초인적인 근검절약으로 약관 스무살에 무너진 집안을 재건했다. 적소위대積小爲大, 티끌 모아 태산가 니노미야의 좌우명이었다. 노력과 참신한 아이디어로 600여 군데에 이르는 마을을 재건했다. 실력과 공로를 인정받아 쇼군의 신하가 되었다.

　근검절약 형설지공의 표본인 니노미야킨지로의 석상이 일본 전국의 소학교에 세워졌다. 일제강점기 우리나라 국민학교에도 세워졌다. 킨지로의 이야기는 영화로도 만들어졌다.

　열네 살 때 일본으로 건너간 고 전규택 선생. 열네 살 때 아버지가 죽자 어린 나이에 가장이 되어 죽을 힘을 다한 끝에 마침내 성공한 니노미야킨지로의 인생에 누구보다 크게 공감했을 것이다. 니노미야를 본보기 삼아 소중한 교훈을 고향의 학생들에게 전해주고 싶었을 것이다. 융성도서관 정원에 니노미야킨지로의 석상이 서있는 까닭일 것이다.

하지만 아쉽다. 니노미야킨지로는 일본인이다. 영암은 왕인박사의 고향 아닌가. 왕인박사는 오진應神천황의 초청으로 일본으로 건너가 태자의 스승이 되었고 지배층에게 학문을 가르쳤고 아스카문화의 토대를 놓았다. 일본인들 스스로 일본 문학의 시조, 일본국민의 대은인이라 칭했던 왕인박사가 공부했다는 월출산 책굴의 전설도 있는 마당에 석상의 모델이 왕인박사였다면 더욱 좋지 않았을까.

그렇다고 해서 고 전규택 선생에 대한 평가에 무슨 문제가 생기는 건 아니다. 어린 시절 도일해 간난신고를 이겨내고 크게 성공하여 고향에 많은 기여를 한 후 20여 년 전 돌아가실 때까지 일본에서 산 세월이 얼마인가. 1990년 영암군은 선생의 업적을 높이 평가해 제15회 군민의 상을 수상했다. 앞으로도 선생의 뜻은 길이 기억하고 전해가야 할 것이다.

호동마을
카페 화담

카페 화담花談. 융성도서관에 거처를 정하고 본격적으로 영암 살이를 시작하기 전, 사전 헌팅 차 내려와 시종의 지인 집에서 사나흘을 지냈었다.

오토바이를 타고 영암의 대표적인 곳들을 둘러봤다. 구림마을을 한 바퀴 돌고 나오는 길, 커피가 마시고 싶어졌다. 네이버에서 영암 카페로 검색하니 제법 여러 군데가 뜬다. 가까운 데 흥미를 끄는 카페가 있었다. 다육식물 카페 화담. 다육식물?

화담은 구림마을에서 멀지 않은 호동마을에 있었다. 호동마을은 앞서 소개한 수령 500년 된 느티나무가 있는 월곡리에 소속된 여러 마을 가운데 하나다.

마을 입구로 들어서 좁은 길을 제법 달린다. 내비가 안내를 종료하는 곳 오른쪽 벽에 하얀 글씨로 커다랗게 화담 카페라고 쓰여 있고 밑에는 화살표가 그려져 있다. 눈에 확 들어오니 놓칠 수가 없다.

바로 옆에 담쟁이 넝쿨로 뒤덮인 폐가가 있고 맞은 편에는 오래지 않아 보이는 한옥이 있다. 한옥 마당을 가리켜 화담카페 주차장이라 표기한 팻말이 있는 걸로 보아 카페에서 빌려 쓰는 것 같다.

↑ 카페 화담

　한옥 입구에 제법 큰 호랑이 석상이 있다. 두 마리 새끼를 거느리고 있는 근육질의 커다란 어미 호랑이가 새끼를 보호하려는 듯 포효하고 있다. 석상은 호동마을의 유래와 관련이 있다.

　주차장에 오토바이를 세운다. 한옥 정문 벽에 '정선옥 가야금 스튜디오 현음재'라는 나무 간판과 가야금 모형이 걸려 있다. 한옥 앞에는 '호랑이가 지켜준 마을'이라 새긴 네모 난 기단석 위에 '범바우전통문화관 호동마을'이라 새겨진 둥글고 커다란 돌이 세워져 있다. 맷돌 같기도 하고 엽전처럼도 보인다. 현음재의 문은 잠겨 있다.

　철제 아치 대문을 들어서니 잘 손질된 마당이다. 나무가 심어진 동그란 화단 둘레엔 꽃들이 심어져 있고 마당 한 켠엔 테이블과 의자들이 놓여 있다. 왼쪽은 수리한 한옥, 오른쪽은 작은 온실, 그 뒤에 놓여 있는 컨테이너는 카페 별실 같다. 그 뒤에 커다란 나무가 한 그루, 왼쪽에 설치된 계단을 이용해 컨테이너 옥상으로 올라가게 해놨다.

온실은 수백 종도 더 될 것 같은 각양각색의 자그마한 다육식물로 가득하다. 많은 것들이 절에서 보는 단청 문양 같다고 생각했다.

바깥 온실 귀퉁이에서 일하고 있는 중년의 남자에게 물으니 주인이다.

"웬 다육식물이 이렇게 많습니까? 다육식물 사업을 하시는 건가요?"

아니란다. 아내가 취미로 기르던 것들이란다. 카페 손님들 구경하라고 전시해 놓았는데 예쁘다고 사고 싶다는 사람들이 생겨 팔기도 한단다.

취미로요? 이렇게나 많이? 영암 오기 전엔 어디서 살았는데요? 두 분 다 이쪽이 고향인가요?

느닷없는 질문 공세에도 친절하게 대답해준다.

올해 쉰 살인 나광수 대표. 성남시에서 살다가 3년 전 아내와 함께 이곳으로 이사했다. 다육식물을 좋아한 아내가 아파트 가득 길렀단다. 영암에 내려올 때 몽땅 트럭에 싣고 왔다.

나광수씨는 원래 전기 일을 했다. 빌딩의 전기설비 감독 일을 했는데, 한 살이라도 젊을 때 농촌으로 내려가 전원생활을 하는 게 꿈이었단다. 함평 출신인데 어쩌다보니 영암 호동마을로 오게 됐다.

"어쩌다가요?"

"마음에 드는 곳을 찾아 안 가본 데 없이 돌아 다녔어요. 가능하면 서울에서 두 시간 이내 시골이면 좋겠다 했는데, 여길 보고 아내가 너무 좋아하는 겁니다. 흙담과 팽나무 너머로 지는 노을이 황홀하다고요. 생각지도 않았던 곳으로 이렇게 멀리 내려오게 된 겁니다. 3년 전입니다."

나대표는 원래 시골이 고향이지만 아내는 남도에 아무 연고도 없는 서울 토박이다. 쉰 살이면 아직 자녀들 뒷바라지를 좀 더 해야 하지 않는가 물으니 자녀들은 모두 독립했단다.

　"아니 벌써 자녀들이 자립했다고요? 몇 살에 결혼을 하셨길래?"

　스무 살 전후? 표정을 읽은 나대표가 묻지도 않는데 술술 프라이버시를 털어놓는다.

　"아내는 저보다 열 살이 많습니다. 둘 다 재혼이예요. 저는 아이가 없었고요."

　아하! 그렇게 된 거구나. 화제를 돌린다.

　"헌 집을 얼마에 사서 어떻게 고친 건가요?"

　원래는 일자형으로 된 열평 남짓한 초가집이었단다. 원 주인을 떠나 몇 차례 손이 바뀐 뒤 광주 사는 어떤 이가 투자 목적으로 사놓은 것을 시가보다 비싸게 주고 샀다. 정확한 액수는 말하기 꺼려하는 듯해서 굳이 알려고 하지 않았다.

　사고 나니 집의 상태는 예상보다 심각했다. 수리업자조차도 위험하다며 포기할 정도였다. 땅속에 박힌 기둥이 썩어 집 전체가 앞으로 10도 정도 기울어 있었다. 전문업자를 구해 기둥 세 개를 추가로 세웠다. 경험은 없었지만 직접 해보자며 덤벼들었다.

　마당 구석에 컨테이너를 사다 놓고 생활하면서 2년 동안 죽을 고생을 했다. 토실토실했던 몸이 비쩍 말라버렸다. 솜씨가 프로 같다고 했더니 전기 일은 전문가지만 집 고치는 일은 완전 아마추어란다.

　일자형 집은 뼈대만 남기고 완전히 다 바꾸었고, 양쪽에 날개를 달아냈다. 일자형이었던 집이 디귿 자 집이 되었다. 현재 왼쪽 날개엔 부부가 살고 본 몸통과 오른쪽 날개는 카페 공간이다. 집을 수리하는 동안 거주했던 컨테이너는 카페 별실이 되었다.

집 전체의 완성도가 상당하다. 아마추어가 이렇게 만들었다는 걸 선뜻 믿기 어려울 정도다.

카페 바깥에 놓여 있는 도기들이며 화분들이며, 장식품 사용에도 감각이 있다. 카페 안의 분위기는 포근하고 정겹다. 천장의 서까래는 그대로 드러나 있다. 큰 유리창 밖, 긴 흙돌담 아래, 작은 연못이 만들어져 있다. 별 거 아닌 것 같지만 시행착오를 겪어야 했다. 뜯어냈다 만들 길 반복하며 기어코 나대표 혼자서 완성했단다.

왼쪽엔 바리스타인 아내 성보경씨가 일하는 주방이다. 메뉴가 제법 다양하다. 커피, 차, 쌍화탕 세트까지.

"아내분이 전에 커피를 배웠나요?"

아니란다. 영암에 내려온 후 전문성을 살릴 일자리를 찾아봤지만 없었

↑ 카페 화담의 다육식물

↑ 카페 화담 실내

단다. 아무리 귀촌을 부르짖어도 아직 일해야 할 나이의 사람들에게 양질의 일자리가 없다는 건 치명적이다. 큰 돈은 필요없더라도 최소한의 생활비는 벌어야 했다. 호동마을이 월출산 등산 코스에 자리하고 있다는 데 생각이 미쳤다.

처음엔 등산객을 상대로 테이크아웃 커피를 팔면 되겠다고 생각했지만 마음을 바꾸었다. 아내인 성보경씨는 목포를 왕복하며 커피 공부를 했다. 바리스타 자격증까지 땄다.

커피 한 잔을 시켜 마당 쪽을 향한 창가에 앉았다. 창가에 한 무더기의 책이 놓여 있었다. 웬 책이? 타이틀 '길심 씨의 인생 여행. 북카페는 아닐

터인데.

"무슨 책인가요?"

나대표가 대답했다.

"이 초가집 원래 주인의 딸이 자기 어머니 이야기를 쓴 책입니다. 여기 두고 팔아줬으면 좋겠다고 해서, 저희가 팔아주고 있습니다."

엥? 원래 초가집에 살던 분들의 딸이 쓴 책이라고요?

"한 권 주세요."

전윤희 작가가 쓴 '길심 씨의 인생 여행'. 서울에 가서 읽어야지. 책 덕분에 화담 카페 이야기가 서울에서 새로운 스토리로 이어질 줄 이 땐 몰랐다.

길심 씨의
인생 여행

집에 돌아와 카페 화담에서 산 책 '길심 씨의 인생 여행'을 읽는다. 전원 일기처럼 아기자기하게 펼쳐지는 이야기들이 재밌다.

철없던 딸이 엄마 나이가 되어 어린 시절을 돌이켜보고 엄마의 마음을 이해하게 됐다.

동네 마실 길에도 외지의 여행길에도 예쁜 꽃이나 색다른 식물을 발견하면 그녀는 한 포기라도 얻어 와 마당 가에 심었다. 그런데 그녀의 남편은 그녀가 꽂아 놓은 꽃을 내다 버리기 일쑤였다.

"멀리서 얻어다 심어 놓은 꽃인디 느그 아버지가 나 몰래 뽑아부렀어야. 으이그, 내가 뭘 심어놓기가 힘들당께."

그리 말할 때도 그녀가 꽃을 좋아한다고 생각하지 못했다. 엄마가 여자라는 걸 잊은 게 아니라 애초에 나에게 엄마는 여자가 아니었다. 그저 억센 농사꾼일 따름이고 엄마일 뿐이었다.

나는 이제야 눈을 감고 그녀의 꽃 사랑, 나무 사랑이 배인 마당을 그려보

↑ 전난희 작가의 어머니 신길심 여사

며 생각한다.

아들이 없다고 <u>스스로</u> 움츠러들 때도, 남편이 사고로 다쳐 몇 해 동안 가족을 못 알아볼 때도, 딸들이 떠나간 자리의 헛헛한 마음을 꽃 사랑에 기대며 살아온 것은 아니었는지.

부모의 나이가 돼서야 부모 마음을 이해하게 되는 것은 세상 모든 자식들이 다 그럴 것이다.

제법 잘사는 집 딸이었던 저자의 엄마는 가난한 농사꾼한테 시집 와 한시도 몸을 쉴 틈이 없었다. 악착스레 일해 알뜰살뜰 모은 돈으로 두 딸을 모두 대학까지 보냈다.

대학 합격자 발표일 학교 게시판을 확인하고 온 날 어머니는 고샅길 동산에서 갈퀴나무(솔잎)를 부지런히 긁고 있었다. 나는 길심 씨가 대학 합격 여부에는 관심 없이 땔감만 긁어모으고 있다고 생각했다. 훗날 생각해보니 길심 씨는 나를 기다리고 있었다. 발을 쳐다보지도 않고 너무나도 무심하게 어머니가 물었다.

"합격은 했드냐?"

"응…"

나는 모기만 한 목소리로 대답했다.

"아이고 나는 대학 못 보낸다. 농사지어 어떻게 대학을 보내겠냐?"

말씀은 그렇게 했어도 어머니는 그때 이미 대학 보낼 요량을 해논 상태였다.

↑ 길심씨의 인생여행

문득 가슴이 뭉클해진다. 새벽부터 밤까지 힘들게 노동해서 번 돈을 힘든 내색 없이 내주시던 부모님 생각이 난다. 요즘은 특히 돌아가신 아버지가 그립다.

책에는 길심 씨가 만들어준 음식 얘기가 종종 나온다. 상상하면 바로 입에 군침이 돈다. 책에 나오는 음식을 전부 하나하나 맛보고 싶다. 토하젓, 낙지탕탕이, 달달국수, 대추 밤 콩이 들어간 찰밥, 우렁이무침, 쑥떡, 메밀묵무침…

책에서 알게 된 사실이 있다.

저자는 동생이 운영하는 서울의 북카페에서 일하며 틈틈이 글을 썼고 동생의 격려에 책을 낼 용기를 냈다.

북카페 이름이 메종인디아다. 서울에 올라가면 한번 가봐야지.

카페 화담에서
북카페 메종 인디아로

　메종 인디아는 방배동의 빌라가 많은 지역, 5층 콘크리트 건물의 1층에 있다. 1층은 건물 뒤로 난 길에서 보면 지하 1층이다. 건물 오른쪽에 윗길로 올라가는 계단이 있는데 노랑 바탕 위에 진한 초록으로 그림이 그려져 있다. 가만 보니 어린 왕자 같다.

　나중에 전윤희 메종인디아 대표가 "스페인 계단이에요"라고 말했다. 영화 로마의 휴일에서 오드리헵번이 젤라또를 먹던 바로 그 삼위일체 계단 _{Scalinata di Trinità dei Monti} 통칭 스페인 계단이란다. 푸웃.

　비유가 엄청나 내심 실소가 터졌지만 꼭 그럴 일도 아니다. 유명한 세계적 관광지에 가보고 실망하는 경우들 있잖은가. 거기 얽힌 스토리 때문에 찾아가는 것이지 대단한 규모나 아름다움 때문에 찾아가는 게 아닌 관광 명소들을 생각하면 꼭 웃을 일도 아니라고 다시 생각했다.

　스페인 광장과 삼위일체 성당을 이어주는 스페인 계단은 오드리헵번을 기억하는 전세계 여행객들에게는 필수 방문 장소다. 하지만 너무 많은 사람들 때문에 계단이 더럽혀지고 훼손되었다. 로마경찰이 계단에 앉아 아이스크림을 먹거나 앉거나 오염시키는 일체의 행위를 금지하고 위반하면

↑ 북카페 메종인디아

벌금을 물리기로 했다는 뉴스 들으셨을 것이다. 액수가 무려 20만원에서 50만원이나 된다니 스페인계단에서 좋은 추억 만들기는 어려워졌다.

방배동 스페인계단은 좁고 짧고 광장도 없고 성당도 없지만 나름 운치가 있다. 벌금도 안 물리니 앉아서 얼마든지 아이스크림을 먹어도 된다. 더우면 북카페 메종인디아로 들어가 책을 읽거나 쉬면 되고.

다만 스페인계단이라고 하려면 어린 왕자 그림을 오드리헵번과 그레고리팩 그림으로 바꿔야 한다. 둘이서 베스파를 타고 달리는 그림이면 좋을 것이다. 아이스크림을 먹는 오드리헵번 상징물이나 등신대 사진의 입간판을 세워도 좋을 것이다. 포토스팟으로 유명해지면 사람들은 몰려온다.

얘기가 옆길로 새지만 상상의 날개를 펼치는 재미가 좋다.

가령, 오드리헵번 이름을 들을 때마다 생각한다. 햇반 상품 이름을 오드리햇반으로 붙이면 좋지 않을까. 듣는 이의 실소하는 모습이 보이지만 내겐 양보할 수 없는 취미다. 찾아보니 전국 각지에 있는 여러 마을 이름이 오도리인 데가 있다. 쌀농사를 짓는 데라면 오도리햇반 상품을 만들만하지 않나.

창문에 여행에 관한 명언들이 적혀 있다. 파울로 코엘료의 '여행은 언제나 돈의 문제가 아니고 용기의 문제다'라는 말에 끌린다. 돈이 안 드는 건 아니지만 형편에 맞춰 가능한 여행 방식은 얼마든지 있다.

북카페 출입문 위에 Maison India Travel & Books라고 영어로 쓰여 있다. 책 그림과 영어 상호가 적힌 작은 돌출 팻말, 파란색 도어와 그 옆에 놓인 같은 색깔의 벤치. 벤치에는 휴대폰을 들여다보고 있는 한 중년 남자가 다리를 꼬고 앉아 있다. 크고 작은 화분들, 가는 철제 프레임의 의자들.

정면에서 바라본 북카페의 풍경이다. 창문에 적힌 한글만 아니라면 유럽의 어느 북카페라고 해도 믿을 것이다.

오토바이를 세우고 가게 안으로 들어가기까지 시간이 걸렸다. 가게 안은 의외로, 좁다. 좁은 땅에 지은 건물이다 보니 어쩔 수 없었을 것이다. 한 여자가 책을 읽고 있고 인도인으로 보이는 한 남자가 랩탑을 들여다보고 있다. 카운터는 입구 안 바로 왼쪽인데 아무도 없다. 주인이 없나?

"주인 안 계신가요?"라고 인도인처럼 보이는 남자에게 물었다.

"예. 나가셨어요."

제법 유창한 한국말로 대답한다.

"오래 걸릴까요?"

"몰라요. 멀리 간다고 했어요."

엥? 그냥 가게를 비워 놓고 멀리 갔다고?

카운터 옆에 글이 써있다. 원하는 책 있으면 계좌 송금 하고 들고 가라고. 아하. 커피는 마실 수 없다.

짐작대로 남자는 인도인이었다. 영어로 대화했다. 발음에서 인도인 특유의 액센트가 거의 느껴지지 않는다.

뭐 하는 사람이냐? 왜 여기서 이러고 있냐? 연이어 질문을 했다.

인도인은 메종인디아의 주인인 전윤희 대표의 비지니스 파트너란다. 인도에서 출장 와 북카페 위의 방에 묵고 있단다. 이름은 아룬이란다.

미스터 아룬이 전윤희 대표에게 전화를 걸어 바꿔준다. 어찌해 메종인디아를 찾아오게 됐는지 얘기하고 언제 돌아오는지 묻는다. 전 대표는 지방에 있었다. 어느 결혼식 참석차 내려간 김에 영암 고향 집에 들러 부모를 뵙고 내일 상경 예정이란다.

전 대표는 앞서 말한 대로 '길심 씨의 인생 여행의 저자' 전난희 씨의 동생이다. 언니에게 왜 책을 쓰라고 권했는지, 어쩌다 방배동 깊은 곳에 북카페를 열게 되었는지, 물어보고 싶은 것들은 후일로 미룬다.

미스터 아룬에게 인사한다. 아룬이 따라 나온다. 오토바이에 관심 있는 눈치다.

당신도 라이더냐고 물으니 아니란다. 인도에 유명한 모터사이클 브랜드가 있는데 한 번 타보지 그러냐고 권한다. 아룬이 고개를 가로 젓는다.

아니 유서 깊은 명차 로열엔필드를 생산하고 있고 수많은 사람들이 오토바이를 타는 나라에 살면서 왜 안 타요? 바쁘고 위험하고… 상투적인 답변이 돌아온다. 정도의 차이는 있지만 어느 나라나 똑 같다. 우리나라는 거기에 아내가 반대해서,라는 이유가 붙지만.

우리나라는 자동차 우선 정책 땜에 이륜차 산업을 다 망쳐버렸는데 인도는 일본 오토바이 땜에 망한 영국 브랜드 명차를 자국에서 생산하고 수출하고 있다. 최근에는 특히 새로운 분야에서 큰돈을 번 젊은 층이 취미로 오토바이를 즐기는 숫자가 늘고 있다.

우리나라도 취미로 오토바이를 즐기는 인구가 폭발적으로 늘고 있다. 그런데, 쓸만한 대형 오토바이는 전부 외제다. 값은 거의 자동차 수준이다. 엄청난 돈이 외국으로 흘러 나가고 있는 것이다. 생각할수록 한심하다.

이륜차 홀대 혹은 차별정책을 버리고 키워야 할 산업으로 대했다면 현대나 기아 자동차처럼 세계적인 오토바이 브랜드 하나쯤은 생길 수 있었을 것이다. 이젠 너무 늦어버렸는지 모르겠다. 아니 오토바이 자체만이 아니라 커스터마이징 액세서리 마켓도 엄청나게 크니 아직은 기회가 있을 수도 있겠다.

그래도 어려울까. 오토바이 하면 무조건 위험하다거나 폭주족 혹은 배달 오토바이만 떠올리는 사람들의 인식이 바뀌지 않는 한은.

애기가 옆길로 샜지만 며칠 후 메종인디아를 다시 찾았다. 전윤희 대표의 전화에 바로 달려가지 않을 수 없었다.

"언니도 올 수 있다는데, 시간 되세요?"

전난희 작가가 온다는데 아니 갈 수 없다. 바로 달려갔다. 이번에는 오토바이가 아니라 전철을 타고.

북카페엔 인도인 미스터 아른은 보이지 않고 전난희 작가와 전윤희 대표 그리고 여자 손님 한 명이 있었다. 인사를 나누고 책에 사인을 받고 대화를 나눈다. 여자 손님 한 분도 합석했다. 알고 보니 지난 번 방문 때 혼자 조용히 책을 읽고 있던 손님이었다.

너무도 자연스럽게 책을 골라 읽고 있어서 단골손님인가 했는데 아니었다. 지난번 방문이 처음이었고 오늘이 두번째란다. 그림을 그리는 일을 하는데, 북카페 순례가 취미란다. 북카페 대표와 작가를 동시에 만날 수 있는 기회라 멀리 수지에서 다시 왔단다.

'길심 씨의 인생 여행'의 저자 전난희 작가는 마포에 살고 있다. 광주에서 대학을 졸업하고 서울에서 직장에 다녔다. 주부로 살면서 동생이 운영하는 북카페 일을 도왔다. 그러다 책 읽기 모임을 주도하게 되었고 틈틈이 글을 썼다. 언니의 글을 본 동생이 권했다. 책으로 내자고.

무슨 이런 걸 책으로 내,라고 생각했지만 동생의 격려에 용기를 냈다. 농사일을 하며 두 딸을 키운 억척 엄마 길심 씨와 아버지의 이야기를 재밌다고 하는 사람들이 있었다. 자신과 부모 특히 엄마의 삶을 진솔하게 기록한 글에 공감하는 이들이 많았다.

"학교 다닐 때 글 쓰는 걸 좋아했어요. 하지만 어릴 때 누구나 다 쓰는 그런 정도지 책으로 펴낼만한 수준은 아니라고 생각했어요. 그런데, 동생이 자꾸 책으로 내자고 해서."

글을 쓰고 책을 내는 걸 무슨 대단한 일처럼 생각하는 이들이 많다. 아는 게 별로 없는데 무슨 책을 내느냐고. 아니다. 세상 모든 사람은 다 저만의 독특한 이야기를 써가며 산다. 책도 그만큼 나올 수 있다. 무슨 전문서나 학술서를 쓰는 게 아니잖은가.

전난희 작가의 책은 소소한 일상 이야기가 어떻게 재밌을 수 있는지 보여준다. 시골이 고향인 이들에게는 그리운 옛날 추억을 떠올리게 해주고, 도시에서 자란 이들에게는 몰랐던 시골생활을 알게 해준다.

나는 다양한 감정을 느끼며 길심 씨의 인생여행을 읽었다. 미소를 짓다가 안쓰러움을 느끼다가 어느 순간 뭉클했다. 무릎을 친 곳도 있다.

가령 밭고랑 어록.

작가는 엄마랑 밭고랑을 매다 길심 씨 입에서 나온 금언들을 기록했다.

"엄마, 비가 올 것 같은데 물을 줘야 하나? 이렇게 물을 줬는데 비 오면 억울하잖아?"

"그래도 그 공은 어디 안 가겠제."

"이 비가 한 방울인 것 같아도 이것들한테는 금방울이여."

"칠년 가뭄에도 어느 날 비 안 온 날 없고, 석 달 장마에도 어느 날 볕 안 든 날 없다더라."

시골 노인들이 무심코 툭 던지는 말이 알고보면 기막힌 세상의 지혜를

함축한 금언이었음을 뒤늦게 깨닫는 경우, 있을 것이다.

동생인 전윤희 대표. 언니처럼 광주에서 대학을 졸업하고 항공기 승무원이 됐다. 한국계와 외국계 항공회사에 근무하며 세계를 돌아다녔다. 덕분에 견문이 넓어졌다. 항공회사를 그만두고 여행회사를 차렸다. 죽을둥 살둥 일한 덕에 회사는 잘 나갔지만 어느 날 번아웃 증상이 나타났다. 모든 걸 정리하고 쉬었다.

전윤희 대표의 말이다.

"쉬는 기간에 인도 여행을 했어요. 인도에 폭 빠졌어요."

인도 여행은 한 번 갔다 오면 절대 다시는 안 간다는 사람과 폭 빠지는 사람으로 나뉜다는데, 전 대표는 인도가 잘 맞는 모양이다. 하긴, 번아웃 상태에서 인도를 접하면 그럴 가능성이 더 클 것 같다. 인도만큼 인간을 철학적이 되게 만드는 나라가 없다지 않는가.

전윤희 대표는 인도를 여행하고 고갈됐던 에너지가 충전되는 경험을 했다. 다시 사업을 시작할 힘이 생겼다. 인도 전문 출판사와 여행사를 차렸다. 방배동 빌라 지역에 작은 건물 한 채를 샀다.

"인도를 만나기 전 했던 여행사는 논현동에 있었어요. 세가 얼마나 비싼지 힘들었어요. 그래서 사업은 내 건물에서 해야겠다고 마음먹었어요. 이 동네에서 적당한 건물을 찾았어요."

중심가는 아니지만 그래도 값이 솔찬히 나갈 텐데, 벌어둔 돈이 제법 있었나보다,라고 생각했는데, 남편이 사업을 한단다.

"인도인 아른이 사업 파트너라고 하던데요?"

그렇단다. 전에는 한국인들을 모아 인도를 여행하는 비지니스만 했는데, 지금은 인도인 여행자들을 한국에 데려오는 비지니스도 하고 있다.

전윤희 대표가 내려준 커피를 마시고 과일을 먹으며 대화가 길어졌다.

수지에서 왔다는 화가가 내가 쓴 책들에 관심을 보인다. 한 권 보내드리겠다고 했다.

젊은 엄마와 어린 아들이 카페 문을 열고 들어온다. 반갑게 인사하는 품이 가족 같다. 방배동에 자리 잡은 후 동네 사람들과 친해졌다. 한 달에 한 번 월간 방배동을 출판하는 사람도 그중 한 명이다. 한 동네만을 대상으로 월간지를 낸다고?

그런데, 월간지는 보통 알고 있는 두꺼운 잡지가 아니라 한 장으로 된 리플렛이었다. 그래도 표지 그림까지 있고 내용도 다양했다. 읽어볼 책, 동네 빵가게 주인 인터뷰, 공연 소식, 동네 명소, 동네에서 벌어지는 이벤트 일정들, 부동산 정보...

자세히 살펴보니 리플렛 한 장이라고는 해도 이걸 혼자서 매달 한 번씩 출판한다고 생각하니 보통 일이 아니겠구나 싶었다.

한 쪽에 후원자 모집 광고가 있었다. 일년에 삼만 원, 삼백명 후원자를 모집한단다. 들어가는 돈도 개인이 혼자서 감당하기엔 부담 될 것이다. 취재하고 사진 찍고 글쓰고 컬러로 인쇄하고.

월간지 방배동 같은 스타일로 동네 정보를 전하는 소식지가 있어도 괜찮겠다는 생각이 들었다. 가뜩이나 책 안 읽는 세태에, 부담없이 한 장으로 된, 여행 가이드 같은, 리플렛으로 된 동네 전문 월간지.

북카페 메종인디아에서 같은 영암 출신 사업가와 작가를 만났다. 북카페 순례가 취미라는 손님이 합석했고, 젊은 엄마와 아들, 동네 월간지를 만나는 여성이 카메오로 출연했다.

며칠 후 영암. 호동마을 입구에 있는 길심 씨네 집을 찾았다. 입구에 차를 세우고 진입로를 따라 걸어 들어갔다. 앞쪽에 서양풍 주황색 기와를 얹은 집이 한 채, 안 쪽에 오래된 기와집이 한 채 있었다.

특이하게도 앞쪽 집 2층에서 진입로 위에 걸쳐 나무데크가 설치돼 있었다. 나중에 길심 씨에게 들으니 거기 나와 쉬면 그렇게 기분이 좋을 수 없단다. 마을을 내려다보고 사방의 풍광을 바라보면 더할 나위 없단다.

전난희 작가의 엄마 길심 씨는 집 텃밭에 쭈그리고 앉아 호미질을 하고 있었다. 작가가 성수 씨라고 호칭한 아버지는 보이지 않는다. 내 소개를 하고 얘기를 나눈다.

"바깥 분은 어디 가셨어요?"

"물꼬 보러 간다고 논에 갔어요."

"책 보고 한 번 뵙고 싶었습니다."

"안 그대로 가끔 사람들이 찾아오네요. 책 보고 들렀다고. 암 것도 아닌 사람인디."

"따님 말씀이 엄마가 잘 사는 집에서 가난한 집으로 시집와 엄청 고생하셨다던데요?"

전윤희 대표가 말했던가. 그 옛날 엄마가 해온 혼수품 중에 그림 액자가 있었다고. 외가가 그만큼 여유가 있었다는 의미였다.

"말도 마시요. 시집을 와서 본께 얼마나 가난한지. 한동안 시부모랑 같이 살다가 분가했어요. 허름한 집을 사서 장사를 시작했어요. 여러 가질 팔았는디, 막걸리 손님이 많았어요."

당시엔 막걸리에 물을 타서 파는 경우가 많았단다. 닝닝해서 제맛이 나지 않을 것은 자명한 일.

"나는 절대 물을 안 탔어라우. 그랬더니 저 집 막걸리 맛있다고 소문이 나서 사람들이 찾아옵디다."

장사를 해서 제법 돈을 번 모양이다.

"그 후 여그다 저 집을 지어서 옮겨왔지라. 그란디 얼마 안 가서 다시 또

저 집을 지었어요."

기와집 바로 뒤에 농수로가 나는 바람에 살기가 어렵게 됐단다.

"아들을 못 낳아서 힘이 없으셨던 것 같던데 딸들이 다 잘 돼서 좋으시 겠어요."

"옛날엔 그랬지라. 근디, 우리 딸 덕분에 내가 외국 여행을 겁나게 많이 했소."

갑자기 딸 자랑 봇물이 터졌다. 한동안 고개를 끄덕이며 추임새를 넣는 다.

"고생 끝에 낙이 온다고, 그래, 얼마나 좋으시겠어요."

"아이고, 내가 얼매나 고상을 한지 아시요?"

잘 풀리는 듯했던 삶에 큰 어려움이 닥쳤단다. 남편이 오토바이에 치여 생사를 넘나들었다. 큰 수술을 하고 오랫동안 입원했다. 죽을지도 모른다 던 남편은 길심 씨의 지극한 간호 덕에 건강을 회복했다. 그래도 머리에 받은 충격의 후유증이 여전히 남아 있단다.

한창 대화가 무르익는 중에 자전거를 탄 남편 전성수 씨가 돌아온다.

인사를 드린다. 원래 말수가 적은 분인 듯하다. 길심 씨와의 대화에 끼 어들 기미가 없다. 낯선 방문객에게 별로 호기심을 보이지 않는다. 그저 묵묵히 할 일을 한다.

"의사 선상님이 얼마 못 살거라고 했는디 지금까지 잘 살아왔어라. 앞으 로 얼마나 더 살지 모르지만."

농업국가에서 선진산업국가로 급격하게 변모하는 동안 우리 국민들의 삶도 격변했다. 사람들의 사고방식도 문화도 급변했다. 이제는 아들보다 딸이 더 귀하게 대접받는 세상이 되었지만, 과거 길심 씨한테는 아들을 못 낳은 게 콤플렉스였다.

하지만 억척스레 일해 두 딸을 모두 대학에 보냈다. 이제는 편히 살만도 하지만 부부는 여전히 논일을 하고 밭을 맨다. 우리네 부모들의 삶도 비슷할 것이다.

카페 화담에서 시작된 이야기가 꼬리를 물며 길어졌다. 영암에서 출발해 다른 도시로, 세계로 이어지는 흥미로운 이야기들이 또 있을 것이다.

즉석 발열 떡국

혼자 지내니 괴로운 게 끼니 해결이다. 진작 부엌에 들어가 음식 만드는 걸 배워두었어야 했다. 그래도 라면과 햇반이 있으니 얼마나 다행인가.

이런 얘길 했다가 남의 세컨하우스를 빌려 영암 시종에서 혼자 살고 있는 동갑내기 지인한테 혼났다. 끓이기만 하면 되는 밀키트며 패키지들이 얼마나 많은데 그러느냐며. 자취 선배 베테랑 독거노인의 포스를 풍기며 훈계를 하는데, 갑자기 지인이 위대해 보였다.

떡국을 좋아한다. 씹을 때의 쫄깃한 식감을 좋아한다. 쇠고기나 굴을 넣고 끓인 떡국을 좋아하지만 혼자 있을 땐 그저 라면에 넣어 먹는 정도다.

자취생활을 획기적으로 편하게 해 줄 떡국을 영암에서 만났다. 무화과 즙을 섞어 만든 떡국떡에 마른 매생이와 수프가 패키지로 들어있는 즉석 발열 제품이다.

설명문에 쓰인 순서대로 따라 한다. 찬물을 부어놓고 딴 일을 보고 있으니 봉지 안에서 떡국이 팔팔 끓는다. 신기한 일도 있다. 9분이 지나 그릇에 따른다. 와, 파랗고 하얀 매생이 떡국이다. 그저 그런 맛이겠지 했는데, 아니다. 간이 제대로 맞아 맛있다.

← 즉석 발열 떡국

영암읍에서 낙지거리로 유명한 독천 쪽으로 영암로_{819번 지방도}를 타고 10키로 쯤 달리면 도로변 우측에 뜬금없이 큰 건물이 나타난다. 외벽에 크고 긴 현수막이 걸려 있다.

"독일 유럽 아마존 떡볶이 7톤 수출 영암 유기농쌀! 유럽 진출!"

농업회사법인 한석봉식품이다. 이 회사 김원배 대표가 즉석 발열 매생이 무화과 떡국을 개발해 특허를 낸 주인공이다.

"오래 전 한 모임에서 발열 패키지를 개발한 업자의 시연을 봤어요. 발열팩을 넣은 봉지 안에서 음식이 끓는 걸 보고 깜짝 놀랐어요. 음식 맛은 형편없었지만 이런 신기한 일도 있구나 감탄했지요."

고향에서 나는 농산물로 나도 한 번 개발해보겠다는 생각에 서울에서 기차를 타고 내려오는 내내 가슴이 뛰었단다.

오랫동안 서울에서 정치에 몸담았던 김대표는 고향에 내려와 지자체장 선거에 세 번이나 도전했다가 실패했단다. 정치 얘기를 오랫동안 들었지만 생략한다. 김대표는 지금 식품사업이 너무 재미있어 다른 건 신경쓸 겨를이 없단다. 6차산업으로서 농업이 가진 잠재력을 제대로 실감하고 있다.

"특장차 사업을 하다가 17년 전 고향에 돌아온 후엔 식물영양제 사업을 했어요. 식물이 빨리 크고 당도도 높아지는 제품을 팔았는데, 즉석 발열 식품을 만나고 나서 방향을 확 바꿨습니다."

농산물 가공식품 시장 경쟁이 워낙 치열하다보니 김대표는 특색있는 제품을 개발해야겠다고 생각했다. 무화과즙을 넣어 떡국떡을 만들고, 마른 매생이와 수프를 원하는 수준으로 납품받아 제품을 완성하기까지 2년이 걸렸다. 가공식품에 대해서 아는 게 하나도 없었지만 뚝심 하나로 밀어붙였다.

특히 발열팩을 만드느라 힘들었다. 덥히는 수준이 아니라 물을 팔팔 끓일 수 있어야 하기 때문이다.

"충주에 있는 발열팩 제조 회사를 스무 번 가까이 찾아갔어요. 갈 때마다 지역 특산물을 한 보따리씩 사서 선물로 갖다 주고. 60도가 최대한이라며 불가능하다고 했던 회사를 푸시해 당국에서 발열온도 90도라고 적힌 실험성적표를 받아내는 데 성공했어요. 실제로는 해보시면 알겠지만 그보다 더 뜨거워요. 봉지에 찬물을 부으면 펄펄 끓잖아요. 특허도 받았어요."

농업회사법인인 한석봉식품에서는 즉석 발열 떡국만이 아니라 컵떡볶이, 구워 먹는 가래떡, 가정용 보통 떡국 등 다양한 제품을 생산하고 있다. 개발한 건 아홉 가지인데, 실제 생산은 여섯 가지만 하고 있다. 작은 회사가 생산품목 수를 늘리는 것이 생각만큼 쉽지 않단다.

봉지 디자인도 김대표가 직접 했다.

"무조건 설명을 자세하게 써야 좋은 줄 알았어요. 그랬더니 글자가 너무 많고 촌스러워요. 요번에 디자인을 새로 했어요. 조금 있으면 새로운 디자인으로 제품이 나올 겁니다."

같은 내용물이라도 디자인에 따라 느낌이 확 달라지는 법이다. 알고 있어도 작은 회사가 혼자 힘으로 세련된 디자인을 하긴 어려운 일. 새 디자인은 전라남도가 비용의 80%를 지원해줬다.

무화과 떡볶이는 국내에서는 지역 농협마트에서 팔고 있고 곧 농협중앙회가 운영하는 대형 하나로마트에서도 판매할 예정이다. 군부대 안에 있는 PX에서도 팔릴 수 있도록 장병들을 위한 시식회도 열심히 개최하고 있는데 반응이 좋다. 곧 좋은 소식이 있을 것 같단다.

외국 수출도 적극 추진하고 있다. 한류붐을 타고 한국음식에 대한 수요가 급증하다 보니 해외 여러 나라에서 떡볶이떡과 떡국떡을 수입하고 있고, 즉석 발열 떡국에도 관심을 보이고 있다.

"얼마 전에 국제 식품 엑스포에 나가서 중국 바이어 하고 처음으로 2만 달러 수출 계약을 했어요."

수요는 늘어나는데 생산이 미처 따라가지 못하고 있다. 현재 공장 설비를 새로 싹 교체하고 있는 중이다. 더 잘 고급으로 만들어 서울 백화점에도 납품할 계획이다.

떡 만드는 데 사용되는 쌀은 맛 좋기로 소문난 영암 달마지쌀인데, 전부 유기농으로 재배한 것이다. 농협에서 1년에 총 120톤 정도를 구매한다.

농업을 6차 산업이라 한다. 생산, 가공에 관광 등 서비스산업까지 겸해서 할 수 있기 때문이다. 질 좋은 쌀을 생산해 고급 브랜드화해 비싸게 파는 것도 중요하지만, 그냥 쌀로 파는 것보다 가공해서 부가가치를 높이는 게 더 좋다. 김원배 대표의 노력이 중요한 의미와 가치가 있는 까닭이다.

달뜬 콩국수

여행의 즐거움 중 맨 앞에 오는 게 맛있는 음식 아닐까. 현지에서만 맛볼 수 있는 음식이면 더 좋고 아니라도 지역의 재료와 방식으로 만든 음식을 맛볼 수 있다는 건 여행의 묘미다. 남도는 어디를 가든 크게 실패할 일이 없으니 걱정할 필요가 별로 없지만 그래도 맛집이면 더 좋을 것이다.

사람을 만나 식사할 땐 이끄는 대로 따라가면 되지만 혼자일 땐 지자체가 발행한 맛집 지도를 참고하거나 검색해서 그럴 듯해 보이는 곳을 찾아간다.

그러다가 '또 오고싶다'라고 생각되는 음식점을 발견한다. 영암군이 발행한 맛집 백선이나 맛슐랭 가이드에 포함돼 있는 곳도 있고, 아닌 곳도 있다. 내 레이더에 걸린 음식점에 한정된 것이니 순전히 개인적인 판단이다.

콩국수를 좋아한다. 삼호읍에 있는 이안미술관에서 제법 시간을 보낸 뒤 늦은 점심을 먹게 됐다. 전남 농업박물관 옆에 있는 유명한 콩국수집으로 향했다. 여름용 메쉬재킷을 입었지만 달리지 않으면 더웠다. 달뜬 콩국수집에 도착하자마자 재킷을 벗었다. 땀에 젖은 팔이 재킷에 달라붙어 잘 빠져나오지 않는다.

↑ 달뜬 콩국수

　엄청 붐비는 집이라는데 피크타임이 지나선지 빈 자리가 많았다. 적당한 곳에 앉으려는데 종업원이 제지한다. 5인석이란다. 4인석에 앉으니 아무 말 안 한다. 꼰대로 여기고 포기했을 것이다. 나중에 보니 창가에 1인용 좌석들이 있었다.

　자리에 앉아 살펴보니 벽에 사람들 사진이 붙어 있다. 달뜬 농부들, 콩 생산자들, 그리고 두부 콩물 생산자다. 그 위에 '사회적 기업 달뜬콩두부 생산자들 착한 농부들의 건강한 먹거리'라고 쓰여 있다. 맨 아래엔 '달뜬 콩두부는 도시와 농촌의 상생, 건강한 먹거리 공동체를 지향합니다'라고 적혀 있다.

　제법 시간을 지체한 뒤 기다리던 콩국수가 나왔다. 종업원이 노란 국수 사리 두 덩어리, 국수 그릇, 냉수가 담긴 물통을 따로따로 테이블에 내려

놓는다. 그릇 안에 아이스크림(?) 두 덩어리와 작은 얼음조각들이 들어 있다.

설마 아이스크림은 아닐 테고. 잠깐 헷갈렸다가 깨달았다. 아하. 콩가루를 뭉친 덩어린가 보구나. 그렇다면 여기 찬물을 부으면 되겠지.

물통을 들어 부으려다 주인으로 보이는 남자를 쳐다보고 묻는다.

"이렇게 하면 되나요?"

남자가 놀란 눈빛으로 대답한다.

"아니요. 일단 거기 종이컵 하나 정도만 붓고 국물을 만드세요. 그 담에 원하는만큼 물을 더 부으시면 됩니다."

콩국수를 이렇게 먹는 건 처음 봤다. 시키는대로 한다.

물을 붓고 아이스크림 아니 콩가루 반죽 덩어리를 으깬다. 뽀얀 국물이 만들어진다. 노란 국수 사리들을 넣고 젓가락으로 풀어헤친다. 나중에 들으니 국수 색깔이 노란 것은 치자를 넣어 반죽한 때문이었다.

땅콩가루와 다른 첨가물들을 넣지 않은 탓에 고소함은 덜했지만 맛있었다. 벽에 서 본 간판 때문에 건강에 좋은 음식이라는 확신이 들어서 더 그랬을 것이다.

사리는 조금 부족했다. 곱배기를 시킬 걸 그랬나.

카운터로 가 밥값을 지불한다. 콩국수 보통이 만천 원이고 곱배기는 만오천 원이다. 비싸진 않지만 그렇다고 싸지도 않다.

테이블을 소독하고 종업원들을 지휘하던 남자가 다가오더니 묻는다. 가만 보니 벽에 걸린 사진에서 봤던 얼굴이다.

"혹시 피디님 아니세요?"

나를 알아봤다. 남자는 달뜬콩두부를 운영하는 사회적 기업 달뜬영농조합의 이경훈 대표였다. 벽에 걸린 사진에는 콩물생산자로 적혀 있다.

영암에서 뭘 하고 있는지 내 근황을 소개하고 달뜬콩두부에 대해 물었다. 이경훈 대표는 사회적 기업에 관심이 많았다. 대학이 설치한 사회적 기업 관련 코스에서 공부했다. 지역 농산물을 직판하는 사회적 기업을 만들었다. 농민들을 중심으로 모두 열 명 정도가 참여하는 달뜬영농조합이다.

조합원이 생산하는 농산물을 직판하는 사업을 시작했다. 쉽지 않았다. 너무도 할 일이 많았고 남는 게 많지 않았다. 생산물을 가공해 음식을 만들어 팔면 어떨까 생각했다. 두부, 콩물, 콩국수를 만들어 팔고, 두부를 활용한 다양한 요리를 파는 달뜬콩두부집을 열었다.

다른 콩국수집들이 고소한 맛을 내기 위해 땅콩가루만이 아니라 여러 가지 첨가물을 넣는 걸 보고 아무 것도 넣지 않고 조합원들이 생산하는 콩만 써서 건강한 콩국수를 만들기로 했다. 우리 콩국수가 몸에 좋은 건강한 콩국수라는 걸 어떻게 보여주면 좋을까 고민했다.

그릇에 아이스크림처럼 보이는 콩가루반죽 덩어리와 얼음조각만 담아

↑ 달뜬 콩국수

내놓고 손님들이 직접 콩물을 만들어 드시게 하자. 헷갈리는 사람들이 있어 설명서도 만들었다. 조금 귀찮아도 사람들은 즐거워한다.

"그러면 지금 사회적 기업 달뜬 영농조합의 주 사업은 농산물 직판과 콩국수집 운영인가요?"

아니란다. 직판에 힘쓰는 걸 그만 두고 콩두부집 운영에 매진하고 있단다. 2층에 두부 만들기 교실이 있었다. 원하는 사람들이 직접 두부를 만들어볼 수 있는 체험 프로그램을 운영하고 있다.

올여름은 특히 덥단다. 찜통 더위가 기승을 부릴 것이다. 콩국수를 먹을 기회가 많을 것이다. 달뜬 콩국수집에 종종 들르게 될 것 같다. 콩국수 시즌이 끝나고 싸늘해지면 두부 요리도 좋을 것이다.

카페 해올

카페 해올에 들렀다. 내가 영암에 내려왔을 땐 없었는데 그새 새로 생겼다. 박광자 해설사의 안내로 영암에서 그동안 안 가본 곳 몇 군데를 돌아보는 중이었다.

내게 많은 도움을 주고 있는 박 해설사는 구림마을 전주 최씨네로 시집와 할 바를 다 하고 자식들도 다 키웠다. 늘 공부하고 새로운 사람들을 만나는 해설사 일이 무척 재밌단다.

카페 해올은 예상과 다른 곳에 있었다. 도갑사 가는 길. 주변 전원 풍경에서는 튀는 직사각형의 커다란 콘크리트 빌딩 1층에 있다. 작은 아파트인가 했던 건물은 펜션이고 옆에 수영장이 있는 유원지다. 수영장에는 아이들 놀이용 미끄럼틀도 있다.

주차장 한 켠에 작은 마오이 석상이 늘어서 있다. 건물 1층 왼쪽에 구림짬뽕이라 크게 쓰인 중국집이 있고 그 오른쪽에 카페 해올이 있다. 1층이라고는 해도 제법 땅에서 떨어진 높이인데 점포 앞 나무데크에도 테이블이 놓여 있다. 데크 난간에 디저트카페 해올이라고 쓴 플래카드가 걸려 있다.

카페 주변 구경을 했다. 중국집 앞 나무데크에 있는 여성이 무슨 사진을

찍느냐고 말을 건다. 중국집 주인이냐니 그렇단다. 이런 외진 데서 장사가
되느냐 물으니 그럭저럭 잘 된단다. 문 연 지 몇 년 됐단다. 외진 데 있어도
맛 좋다고 소문나면 사람들이 찾아오니 장소는 별로 문제가 아니란다.

가게 밖에 크게 써붙인 메뉴에 짬뽕 만이천 원이라고 쓰여 있다.

영암 출신이냐 물으니 나주 사람이란다. 나주 어디냐 물으니 읍내란다.
나는 향교 아래 교동에 살았다고 했더니 그럼 나주초등학교 출신이냐다.
나주초등학교 다니다 중앙초등학교로 옮겨 졸업했다니 그럼 자기 후배일
거란다. 따져보니 나보다 후배. 내가 좀 젊게 보이긴 하나보다.

카페 해올은 메뉴에 영암 특산품으로 만든 무화과 주스와 대봉감 주스
가 있다. 무화과 주스를 주문해 마시며 카페 주인 최영주씨와 예정에 없던
인터뷰를 했다.

최영주씨는 강원도 속초 출신이다. 서울에서 살았는데 4년 전 영암으로
내려왔다. 남편이 회사를 조기 퇴직하고 고향인 독천으로 귀촌했기 때문

↑ 카페 해올

이다.

남편은 드론사업을 한다. 노인들이 땡볕에 농약 치고 비료 주는 걸 보고 시작했다. 그렇다고 악착같이 돈을 벌려고 하지 않는다. 저렴하게 해드리거나 형편을 보아 무료로 해드린다. 오래 객지에 있다 고향에 돌아왔으니 고향에 보탬이 되고 싶어한다. 최근에는 영암에서 나는 친환경 특산물로 뭔가 해볼 구상을 하고 있다.

남편이 사회에서 알게 된 동생이 카페가 세든 펜션 소풍의 주인이다. 광주에서 자동차 딜러를 하는데 늘 바빠 펜션은 신경 쓰기 어렵다. 부인은 나주 혁신도시에 살며 다른 사업을 한단다. 펜션은 여름 성수기 때는 꽉 차지만 비수기 때는 손님이 없다. 장기 투숙객에게 빌려주기도 한다.

카페 자리는 원래 매점이었다. 물놀이 손님을 대상으로 과자나 음료수 같은 걸 팔았다. 어느 날 누가 먼저랄 것 없이 매점을 카페로 바꿔서 해보면 어떨까라는 얘기가 나왔다.

지식이 없었던 최영주씨는 일 년을 준비했다. 바리스타 일을 배우고 제빵 기술을 익혔다. 일 년 배웠다는데 솜씨가 상당하다. 재료로 무화과만 쓴 주스가 맛있었다. 타고난 재주가 있는 모양이다.

인테리어 공사를 마치고 지난 7월 중순 오픈했다. 카페 천장은 페인트 칠한 시멘트와 배관들이 그대로 노출돼있다. 장식은 조금 부족한 듯 산뜻하다. 카페 뒤쪽 데크로 나가니 나무들 사이로 월출산 봉우리가 보인다. 가까이 동네 주택들이 있다. 카페 앞은 시원하게 뚫려 있다. 논과 밭의 뷰가 근사하다. 영광 백수해안도로 가는 길에 있는 배과수원 카페 '밭뷰'가 생각났다.

"처음 하시는 건데 어때요?"

"아직은 잘 모르겠어요. 그래도 손님들이 알음알음 찾아와요."

두 달쯤 전에 오픈했다. 그래도 여름 물놀이 철이었던지라 손님이 많았단다.

농촌 인구가 줄고 빈 집이 늘어가는데도 이상하게 카페는 늘고 있다. 한옥을 개조한 카페도 있고, 원도심 빈 가게를 리모델링한 카페도 있다. 제법 돈을 들여 지었을 것 같은 세련되고 근사한 카페들도 있다. 모두들 장사가 되는 걸까. 엄청나게 경쟁이 심할 텐데.

해올이 무슨 뜻인지 물었다.

"어이 제수씨 해올이 무슨 뜻이냐는데?"

옆에 앉아 있던 남자가 주방에서 일하는 최영주씨한테 소리쳤다. 얼마 전 퇴직하고 영암에 쉬러 왔다는 최영주씨 남편 황현철씨의 사촌형님이다.

"해오름의 준말이에요."

처음 들었다.

"사전에는 없는데요?"

"그래요? 남편이 그렇다던데요."

내가 모르는 사투리일 수도 있겠다. 최영주 대표의 시숙이 한 마디 더 거든다.

"영암에서 월출은 너무 흔하잖아요."

"그러게요. 카페 해올, 좋은데요."

순우리말 이름이 예쁘다.

카페를 떠나며 앞날이 창창하기를 축원했다. 나중에 나주 초등학교 후배가 하는 구림짬뽕도 먹어볼 겸 다시 들러야겠다.

카페 해올의 뒤쪽은 죽정마을이다. 돌로만 쌓은 담장과 흙과 돌을 섞어 쌓은 토석담이 섞여 있는 예쁜 옛 담장으로 유명한 마을이다. 마을 뒤 산봉우리는 죽순봉인데 중턱에 왕인박사가 공부했다는 문산재 양사재 책굴 왕인박사 석상이 있다. 돌담을 바라보며 걷다보면 마음이 절로 편안해진다. 천천히 산책하며 포근한 시골마을의 분위기를 느끼고 싶은 이들에게 강추다.

카페 월요

구림마을에 외곽에 한옥을 고친 멋진 카페가 있다는 얘길 들었다. 주말엔 차들이 너무 많아 민원이 발생할 정도로 성업 중인데, 퇴직한 경찰이 운영하고 있단다. 경찰이 퇴직하고 카페를 한다? 호기심이 발동했다.

나주에서 찾아온 후배랑 카페 월요에서 만났다. 구림마을 외곽에 있는 카페 월요는 사방이 밭인 평지 가운데 있는 기와집이다. 잔디 깔린 카페 앞 마당이 널찍하다. 보는 순간 구석구석 정성들여 잘 관리하고 있다는 느낌을 받았다.

문을 열고 들어가니 키친에서 부부가 일하고 있다. 마스크를 써서 얼굴은 보이지 않지만 여성의 머리가 희끗하다.

나는 뜨거운 카페 라떼, 후배는 차가운 카페 라떼를 주문했다.

구석에서 젊은 커플이 대화 중이고 정원으로 향한 큰 창문 앞 소파에는 한 젊은 여성이 홀로 책을 읽고 있다. 바깥에 놓인 테이블 위에 희고 검은 털을 한 고양이 한 마리가 편안하게 엎드려 있다. 손님이 다가가 요리조리 사진을 찍는다. 그러든지 말든지 고양이는 무심하다. 카페에서 키우는 고양이인가.

↑ 카페 월요

젊은 아가씨가 키친으로 들어간다. 부부는 바깥으로 나갔다.

"아까 두 분, 부모님이세요?"

"네, 제가 딸이에요."

딸은 공무원 시험을 준비하다가 포기하고 영암으로 내려와 부모님이랑 카페를 운영하게 됐단다.

"여기서 태어났어요?"

"아뇨, 할머니 할아버지가 여기 사셨어요. 저는 공주에서 태어나 대전에서 자랐어요."

"손님들이 많은 가봐요."

"네. 특별히 홍보하지도 않는데 알고 많이 찾아와요. 4년 전에 오픈했는데, 얼마 안 지나 누가 인스타에 올렸는지 갑자기 사람들이 몰려왔어요. 너무 많이 오니까 문제가 생기더라고요. 그래서 별로 열심히 알리려고 하지 않아요."

"블로그 보고 많이들 오는 것 같아요."

어느 새 주방으로 복귀한 어머니가 대답한다. 진열장 안 케이크가 맛있어 보인다. 케이크는 어디서 가져오는지 물었더니 매일 아침 직접 만든단다. 모녀가 함께 커피와 제빵을 배웠단다.

"손님들은 주로 어디서 와요?"

"영암보다 목포나 무안, 광주 같은 데서 많이들 오세요."

젊은 커플이 들어온다. 어디서 왔느냐 물으니 광주에서 왔단다.

월출산 아래 국민여가캠핑장에서 1박할 예정인데, 여기가 예쁘다고 해서 일부러 찾아 왔단다. 주인은 가만 있어도 와본 손님들이 올리는 글과 사진을 보고 사람들이 찾아오는 시대다.

일이 있는 후배는 나주로 돌아가고 나는 정원으로 나갔다. 한쪽에서 일하는 남자에게 말을 걸었다. 카페 월요를 만든 최인규씨다. 모자를 벗은 얼굴에서 나이가 느껴진다.

"듣자 하니 경찰관으로 퇴직하셨다던데요?"

"아, 예, 4년 전입니다. 계급정년으로 쉰 여덟에 퇴직했습니다."

4년 전에 오픈했다고 들었는데, 그럼 퇴직하자마자 카페 일을 시작했다는 건가.

"아뇨. 퇴직 전 공로휴가라고 6개월 쉬는 기간이 있습니다. 그때 준비했어요."

그렇더라도 전혀 모르던 일을 6개월 만에 준비하고 시작한다는 게 가능한 일인가. 경찰 일을 하면서 카페에는 어떻게 관심을 갖게 되었을까.

"지방 경찰청 기획계에서 오래 근무했습니다. 경찰 일을 사회 트렌드에 어떻게 접목시킬지 고민하고 연구보고서를 쓰는 게 업무였습니다. 그러다 보니 자연스레 카페에 대해서도 알게 됐고요."

그렇더라도 부모님 집이 없었다면 남보다 쉽게 한옥 카페를 열기 어려웠을 것이다. 최인규씨 부모님은 구림마을에서 평생을 살았다. 구림마을의 오래된 성씨들 중 하나인 낭주 최씨다.

"세 살 때 서울로 올라갔습니다. 퇴직을 앞두고 카페를 해야겠다 생각했습니다. 아주 오래 준비한 건 아니고요. 그랬다면 미리미리 소문 안 나게 주변 땅도 사들이고 했을 테지만, 딱 부모님 집과 땅만 쓰고 있습니다. 동네 사람들 하고도 같이 살아야 하잖아요."

카페가 생기고 장사가 잘 되면 주변 땅값이 오르는 법이다. 알면서도 그

렇게 하지 않았다는 얘기다. 세 살 때 떠나 동네에 동창생 한 명 없지만 구림은 최인규씨의 고향이다.

"이런 카페, 노후에 부부가 느긋하게 즐기면서 돈도 벌고 하기엔 좋지요?"

"느긋하게 쉬엄쉬엄 취미로 하겠다고 덤볐다간 다 망합니다. 제법 투자를 해야 되잖아요. 죽기 살기로 열심히 해야 안 망하고 할 수 있습니다."

최인규씨의 말이 단호했다.

"퇴직 후에 재미도 있고 의미 있는 일 한다고들 하는데, 그래도 조금은 돈이 들어와야 오래 할 수 있습니다. 안 그러면 지속하기 힘들어요."

모아 놓은 돈이 많으면 별 문제지만 대부분의 은퇴자들은 그렇지 못하다. 취미로 하기엔 카페 경영이 녹록치 않단다. 최인규씨는 대전 목포 담양 장흥 등지에서 근무했다. 제주도는 자원해서 삼 년을 근무했다. 제주도에서 많이 배웠단다.

"경치 좋은 데 카페 내서 하잖아요? 장사 잘 되면 대자본이 옆에다 더 크고 멋있게 카페를 지어 들어와요. 반경 1키로 안은 쑥대밭이 돼버려요. 기존 카페들 다 망합니다."

"여수 가보면 바닷가에 어마어마한 카페들 있잖아요. 다 힘들까요?"

"겉보기 하곤 다를 겁니다. 인건비에 뭐에 보통 어려운 게 아니어요."

최인규씨는 카페를 열기 전 생각했다. 대자본 카페와 경쟁해도 살아남을 수 있는 카페가 아니면 안 된다.

"여기서는 가능할 것 같더라고요. 대자본이 어떻게 할 수 없는 오래된 집의 가치가 있잖아요. 시간 가치. 또 들어가면 왠지 엄숙하고 예의를 차려야 될 것 같은 양반집 큰 기와집이 아니라 마음이 편안해지는 그런 집. 그래서 카페의 컨셉을 고향집 같이 편안한 카페로 잡았어요."

한옥을 개조한 카페들이 대개 그렇지만 카페 월요도 대들보며 서까래며 다 드러나 있다.

"나무가 주는 편안한 느낌이 있잖아요. 구체적으로 설명 드리긴 어렵지만 카페의 모든 걸 고향집 같은 편안함에 맞췄어요."

경찰관으로 평생 일했다는 게 믿기지 않을만큼 최인규씨의 말에서 카페 전문가다운 포스가 풍긴다.

"따님이 하던 공부도 포기하고 와서 일하고 있는데, 장사가 잘 돼야 할 것 같은데요."

"딸 월급 줄 정도는 됩니다."

어느 새 고양이가 바로 앞 테이블 위에 올라와 있다.

"기르는 고양이인가 봐요. 카페 모델 같아요."

"아닙니다. 옆집 고양이인데 저녁 때가 되면 꼭 찾아와서 이러고 놀아요."

손님들이 귀엽다며 고양이를 만져보고 사진을 찍는다. 그러거나 말거나 고양이는 관심이 없다. 손님들은 카페 사진과 함께 찍은 고양이 사진을 SNS에 올릴 것이다. 고양이는 카페 월요의 마스코트처럼 홍보에 한 몫 할 것이다. 카페가 성공하려면 운도 좋아야 한다더니 옆집 고양이까지 나서서 돕고 있다.

카페 월요에서 문필봉 주지봉을 따라 이어지는 월출산 능선이 환히 보인다. 너른 정원과 주변 풍경에 가슴까지 시원해진다. 달이 빛난다는 뜻의 카페 월요月曜. 환한 달밤에 다시 가보고 싶다. 혹 가보고 싶으시더라도 월요일은 피하시길. 쉬는 날이다.

갈낙탕의 탄생지
독천 낙지거리

"요 앞 들, 옛날에 전부 바다였어. 보리새우, 왕새우, 낙지가 엄청나게 났어. 지금이니까 무안이니 신안이니 하제, 옛날에는 영암 세발낙지가 최고였어. 아줌마들이 다라이에 담아 이고 시장에 갖고 나가서 팔아도 다 못 팔어. 하도 파는 사람이 많응께. 못 판 건 버리고 갔당께."

퇴직 후 독천 높은 곳에 근사한 한옥을 짓고 사는 김용근씨^{농어촌공사 퇴직}가 추억 어린 표정으로 말했다. 설마 버리기까지 했을라고, 속으로 생각했다.

몇 사람이랑 이안미술관 앞에서 눈앞에 펼쳐진 들판을 바라보며 담소하는 중이었다.

"세발낙지 한 마리에 오십 원 할 때부터 묵었어. 좀 있으니까 한 마리에 천 원으로 오르드라고. 참말로 배 터지게 묵었제. 막걸리 한 잔 얼큰하게 걸치고 오토바이 타고 댕겼어. 죽을 고비 많이 넘겼어. 명이 긴 것이제. 올해 일흔 둘이나 묵었응께."

김용근씨의 걸쭉한 전라도 사투리가 정겹고 재밌다.

"세상이 큰 일이여. 너무들 오래 살어. 재앙이여. 김용근 선생 부친도 아흔일곱에 돌아가셨어. 치매도 없고."

↑ 독천 낙지거리

　　뜬금없는 이여송씨 이안미술관 아트디자이너의 말로 갑자기 화제가 바뀌었다. 옛
날에는 일흔 살까지 살기도 힘들었는데, 다들 너무 안 죽어서 큰 일이라며
돌아가며 나라 걱정을 했다. 그렇게 말하는 사람들도 일흔이 넘었거나 일
흔이 가까운 나이였다.

　　옛날, 영산강 하구언과 영암방조제가 건설되기 전에는 인근 갯벌에서
잡히는 낙지들이 전부 독천시장에 모였단다. 갯벌이 논으로 변하자 그 많
던 낙지는 더 이상 볼 수 없게 됐다. 그래도 낙지로 유명한 독천의 이름은
남았다. 낙지가 나지 않는 독천에 낙지의 거리가 생겼다.

　　전에도 독천이라는 이름은 알고 있었다. 간장독 술독 할 때 그 독인가. 옛
날에 독 만들던 가마가 있었거나 독 파는 데가 있었거나 그랬던 모양이지.

　　영암에 내려와 그 뜻이 알고 싶어졌다. 한자를 찾아보니 짐작과 전혀 달

갈낙탕의 탄생지 독천 낙지거리　(071)

랐다. 송아지 독犢자를 처음 알았다. 독천犢川은 송아지내였다. 지금은 주차장으로 변해 자취를 찾기 어렵지만 낙지 거리가 시작하는 하천 가에 우시장이 있었다. 우시장의 유래에 관한 전설이 있다. 영암의 전설집에 실려 있다. 다음에 소개하기로 하고 여기서는 생략한다.

우시장이 있어 농민들은 좋은 소를 많이 키웠다. 우시장이 있으면 돈이 돈다는 얘기다. 갈비탕과 낙지 요리를 하는 식당들이 성업했다. 1970년대 후반, 소값이 떨어지자 소고기가 들어가는 새로운 메뉴를 개발하기 위해 낙지탕에 소고기를 넣고 같이 끓여봤다. 국물은 더 맛있어지고 소고기는 부드러워졌다. 영양가 높은 보양식 갈낙탕이 탄생했다.

원조는 독천식당이라고 하는데 영암읍에서 만난 어떤 이가 확신에 찬 목소리로 말했다.

"무슨 소리, 영암읍의 ○○식당이 젤 먼저 갈낙탕을 했어요."

그 이는 또 "지금은 여기 저기 다 팔지만 짱뚱어탕도 영암서 맨 먼저 시작한 거여. 무안이나 목포 사람들은 짱뚱어탕 해묵을 줄도 몰랐제."라고 주장했다.

영암에 대한 자부심이 대단했다. 사실 여부는 차치하고, 영암의 드넓은 갯벌에서 나는 해산물이 풍부하긴 했던 모양이다.

낙지 거리에 갔다. 독천 터미널 가까이 꼭대기에 낙지와 소가 나란히 서 있는 조형물이 있다. 낙지가 훨씬 크고 소는 작다. 소보다는 낙지가 주인공이다.

낙지 거리에 수십 개의 점포가 늘어서 있다. 왕복 2차선 거리다. 가운데 분리선을 따라 차들이 이중으로 주차돼 있다. 복잡하고 어지럽다. 안심하고 걸으며 차분히 구경할 분위기가 아니다. 왜 차 없는 거리로 못 만드는 걸까. 길 가운데 사진 찍고 싶은 오브제들을 설치하고 벤치에 앉아 커피라

↑ 독천 낙지거리

도 마시며 느긋하게 거리의 분위기를 즐길 수 있게 할 수는 없나.

나주 원도심에 갈 때도 매번 같은 생각을 한다. 주차를 못 하게 하면 장사에 지장이 있다고 상인들이 반발하는 게 큰 이유라는데, 단견이다.

독천 낙지 거리가 예전만 못 하다는 얘기를 듣는다. 비어 있거나 임대 혹은 매매라고 써 붙여 놓은 가게들이 눈에 띈다.

더 많은 관광객들을 오게 하려면 어떻게 해야 할까.

영암에서 낙지가 나고 안 나가고는 중요하지 않다. 커피가 전혀 안 나는 강릉은 커피의 도시로 유명하다. 어디서 잡히든 영광에 들어가 염장을 거치고 나면 영광 굴비가 된다. 점심 때 나주 원도심 곰탕집 앞엔 언제나 긴 줄이 선다. 전국 어디든 나주곰탕집이 있지만 사람들은 본고장 곰탕을 먹어보고 싶어한다. 나주곰탕 때문에 관광버스가 들른다.

최초로 갈낙탕이 태어난 독천의 명성이 쇠퇴한다는 건 아까운 일이다. 나주곰탕처럼 '독천갈낙탕'을 한 단어로 묶어 홍보하고 더욱 적극적으로 마케팅 할 필요가 있다.

오후 1시 늦은 점심 시간이다. 모처럼 왔는데 기왕이면 원조집에서 먹어야지.

"혼자세요? 안에 자리가 없어요. 여기서 한 삼십 분 기다리셔야 하는데요."

평일인데도 자리가 없단다. 혼자서 기다리기도 뭣해 다른 음식점으로 간다.

낙지 요리가 다양하다. 연포탕은 낙지만 들어 있는 탕이고 갈낙탕은 갈비와 낙지가 같이 들어 있는 것이다. 낙지구이는 낙지다리를 지푸라기 묶음에 둘둘 말아 구운 것이고, 산낙지 탕탕이는 낙지를 칼로 잘게 다진 것이다. 낙지 초무침, 낙지 볶음, 낙지 데침 등이있다. 갈낙탕 말고는 다 낙지로만 만드는 음식이다. 낙지를 유명한 영암 한우와 결합시킨 메뉴가 하나밖에 없다는 게 아쉽다.

음식값은? 서민들 처지에선 부담스런 가격이다. 낙지 거리 모든 음식점의 갈낙탕 한 그릇 값이 다 같은 건 아니다. 처음 들어간 원조집 갈낙탕은 2만 6천원이었는데, 이 집은 천원이 싸다. 아까 오다 본 어느 식당은 2만 2천원이었다. 갈낙탕 한 그릇에 천원에서 4천원까지 차이가 난다.

갈낙탕에 달려 나온 반찬들이 좋았다. 맑은 국물은 짭조름했다. 갈비가 조금 질겼다. 이가 부실한 이는 씹기 힘들 것 같다. 어떤 식당 갈비는 아주 부드럽던데. 식당에 따라 솜씨가 다른가.

몇 달 전, 서울서 온 손님과 목포의 한 낙지음식점에 갔었다. 낙지는 금어기라 안 나오니 다른 걸로 시키라고 했다. 낙지 금어기가 있다는 걸 처음 알았다.

"낙지 금어기 끝났나요?"

주인에게 물었다.

"진작 끝났어라. 7월 20일이었던가."

"여기 낙지는 어디서 가져와요?"

"우리는 보성이나 장흥 낙지 써요. 거그 뻘이 좋아 낙지가 괜찮해라우."

여수에서도 낙지가 나는데 거기 건 안 쓴단다.

"거그 낙지는 맛이 없어라. 뻘이 없응께. 돌낙지라고, 크기는 한디."

"영암에 갯벌이 있으면 좋았을 텐데요."

"오메, 그랬으면 여그는 엄청나불제. 사람들이 무쟈게 몰려올 것인디. 간척하기 전에 일본 사람들이 와서 보고 그랬답디다. 한국사람들 보고 멍청하다고. 조사해봉께 이짝 뻘이 최고로 좋은 뻘인디, 그 아까운 걸 논으로 만들어분다고. 지금 생각하믄 참말로 바보짓을 했제."

"그런데, 장사는 잘 되나요? 아님 전보다 못한가요?"

"전보다는 못 해도 할만 해라. 오늘은 평일이라 그라제, 주말에는 제법

사람들이 온당께요."

　"관광지로 더 활성화 되면 좋을 텐데요."

　"군에서 뭘 열심히 한다고 합디다."

　여기저기 가게 문이 닫혀 있거나 임대나 매매라고 써붙인 건 왜 그런지 물었다. 장사가 전만 못한 것도 있겠지만, 나이 땜에 힘들어서 그만두는 경우들이 많단다. 현재 영업하는 곳은 열댓 집 정도 될 거란다. 독천 낙지 거리 입구 바닥의 안내석에는 스물세 집이 새겨져 있었다.

　"자식들이 물려받을라고 안 하는디, 으짜겄소, 문을 닫는 수밖에 없제."

　어지러운 거리, 낡고 세련되지 못한 건물과 간판, 인테리어, 문을 닫은 가게들...

　쉽지 않은 일이지만 활성화할 방법을 적극 고민해야 한다. 독천 낙지 거리와 갈낙탕에는 다른 데 없는 천금 같은 히스토리와 스토리가 있잖은가.

임금님께 바친
영암어란

영암에 예로부터 유명한 진미가 있다. 임금님께 바치던 진상품, 어란이다. 숭어는 다른 데서도 잡히지만 영암의 어란은 특별했다. 바다와 영산강이 만나는 기수역 너른 갯벌의 풍부한 영양을 섭취하며 자란 숭어는 회를 쳐도 맛있었고, 어란을 만들면 일품이었다. 물론 재료보다 더 중요한 것이 있다. 오랜 세월 대를 이어 전해져온 어란 장인의 솜씨다.

8대째 영암 어란의 전통을 잇고 있는 최태근 명장을 만났다. 명장은 구림 상대포공원 입구 건너편에 있는 어머니 집에 있었다. 사는 곳은 가까이 있는 아파트지만 어머니 집이 작업장이란다.

최태근 명장은 원래 공무원이었다. 연금 받을 자격이 되자 정년을 5년 남겨두고 퇴직했다. 본격적으로 어란 만들기에 전념하기 위해서다. 생계와는 무관하게 대대로 내려온 가업을 이어야 한다는 의무감이 있었다.

처마 밑에 비계처럼 보이는 철제 프레임이 설치돼있다. 여러 층으로 된 시렁에는 숭어알이 담긴 플라스틱 광주리가 얹혀있다. 프레임 앞에 달린 파란 색 장막은 걷어 올려져 묶여 있다.

철제 프레임은 어란을 말리는 건조대다. 최명장의 작업장은 월출산 아래 있는 동네 구림에 있다. 구림이 있는 군서면은 비닐하우스를 못 지을 정도로 바람이 센 곳이다. 해 잘 드는 남향에 바람 잘 통하는 집. 어란 건조엔 최적이다.

어란은 의외로 컸다.

"80센티미터가 넘는 숭어에서 채취한 알입니다. 작은 것들은 상품성이 없어요."

80센티미터가 넘는 숭어라니 언뜻 감이 잡히지 않는다.

"80센티가 넘는 숭어를 실제로 보면 엄청나게 큽니다."

크면서 이름이 달라지는 물고기들이 있는데 숭어도 그중 하나다.

"우리 지역에서는 보통 일 년 단위로 달라지는데, 아주 작은 것은 모챙이, 그다음 무글무지, 스랭이, 모치, 마지막으로 다 큰 것은 숭어라고 부릅니다."

부화해 최소 4~5년 정도는 자라야 어란을 만들 수 있는 숭어가 된단다.

↑ 영암어란

숭어가 될 때까지 거의 1년에 한 번씩 이름이 바뀌는 셈이다.

1974년에 정문기 박사가 펴낸 '어류박물지'에 의하면 숭어를 가리키는 방언이 전국에 100개 이상이나 된단다. 제일 많은 지역은 한강 하류에 있는 황산도인데, 무려 열한 가지다.

6센티 이하로 제일 작은 것은 모치, 그 다음 동어, 글거지, 애정이, 무근정어, 애사슬, 무근사슬, 패, 미렁이, 덜미, 마지막으로 65센티 이상 큰 것은 나무래기다. 이렇게 세분해서 불러야 할 현실적인 필요가 있었을 테지만, 주민들끼리 별 문제 없이 특정 이름으로 특정 대상을 정확히 지칭할 수 있었기 때문에 가능했을 것이다.

에스키모가 눈에 대해 말할 때 수십 가지가 넘는 다른 단어를 사용하고, 스칸디나비아에 거주하는 사미족이 눈과 얼음에 관해 얘기할 때 최소 180개가 넘는 어휘를 사용하는 것과 비슷할 것이라 생각하면 이해가 된다. 예로부터 숭어가 우리에게 얼마나 가까운 물고기였는가를 보여주는 반증이라 할 것이다.

"숭어잡이는 4~5월이 제철입니다. 알이 가득찬 숭어를 잡아 알집을 빼내고 여러 단계의 공정을 거쳐서 완제품을 만듭니다. 요즘이 일년 중 가장 바쁜 때인데 하필이면 오늘 간장포럼 사람들이 찾아온답니다. 바쁘다는데도 한사코 부탁을 해서 어쩔 수 없이 오시라 했습니다."

간장포럼은 전통 발효음식을 공부하거나 사업하는 사람들로 구성된 온라인 모임이란다.

그런데, 영산강 하구언이 들어선지 오래인데 숭어 잡이에 문제는 없는 걸까.

"숭어는 민물에 살지만 바다를 오가는 회유성 물고기입니다. 수문을 열기도 한다지만 아무래도 지장이 있을 수밖에 없지요. 갈수록 쓸만한 숭어

← 최태근 명장

를 잡기가 힘듭니다. 사람들이 그물로 잡아버리는 통에 낚시로 잡을 수 있는 숭어가 줄어들었어요."

어란용 숭어는 반드시 낚시로 잡아야 한단다. 그물로 잡은 숭어는 스트레스를 받아 알에 피가 배어 벌겋게 변한단다.

"일년에 한 2천 마리 잡습니다. 그런데, 그중 쓸만한 건 반도 안 됩니다. 올해는 지금까지 한 6백 마리 정도 잡았습니다."

잡는 양 중에서 어란용으로 쓸만한 게 반도 안 된다니 무슨 뜻일까.

"잡은 숭어 중 반은 수컷입니다. 나머지 반인 암컷 중에서 어란을 만들 수 있을 만큼 큰 숭어는 또 몇십 퍼센트가 안 됩니다."

1년 치 어란을 만드는 데 적합한 암컷 숭어는 영산강에서 잡히는 걸로 충분한 걸까.

"영산강에 사는 숭어는 하구언 수문이 열릴 때 바다로 나갔다가 산란하기 위해 돌아옵니다. 수온이 일정한 정도까지 올라야 산란을 하는데 남쪽에 사는 숭어들부터 시작합니다. 그래서 남쪽에서 숭어를 잡은 다음 계속 북쪽으로 이동하면서 잡습니다."

진도, 해남, 영산강, 서산, 그 위 어디 어디까지. 자세한 위치는 밝히기 싫어하는 낌새다. 숭어 잡이는 최태근 명장 혼자서는 할 수 없는 일이다. 전문 숭어 낚시꾼 댓 명 정도가 한 팀이 되어 움직인다.

오늘도 산란철이 끝나기 전에 숭어를 더 잡으러 충청도 서산에 가야 하는데, 일정 때문에 못 갔단다.

그런데, 숭어는 전국 여러 곳에서 잡히고 어란도 만들었을 텐데 왜 특별히 영암 어란이 유명할까.

왜 특별히 영암 어란이 유명하느냐는 질문에 최태근 명장이 답했다.

"옛날 영암은 갯벌 천지였습니다. 바닷물과 민물이 만나는 기수역 갯벌은 특히 영양분이 풍부합니다. 게다가 영암은 황토 지역입니다. 펄이 아주 곱습니다. 미생물이 많고, 지렁이 같은 것들도 큽니다.

펄속에 반짝이는 게 있는데 사금입니다. 숭어가 펄을 먹는 걸로 아는 사람이 있는데 펄 속 미네랄을 섭취하는 겁니다. 펄을 훅하고 불어서 뜨는 부유물을 빨아들입니다. 자하라고 하는 민물새우를 쫓아가서 잡아먹습니다. 민물 이끼도 뜯어 먹습니다."

가만 듣고 있노라니 숭어 맛이 안 좋을 수가 없겠다. 당연히 알도 그럴 것이다. 하지만 현재 영암의 환경은 예전과 다르다. 그래도 왜 영암어란 영암어란 하는 걸까. 대대로 이어져 온 노하우 때문이다.

한때 어란 제조에 많은 사람들이 뛰어들었다. IMF 사태 후 나도 한번 해보자는 이들이 몰려들었다. 하지만 대부분 실패하고 현재까지 남아 있는 사람은 거의 없다. 상품성 있는 어란을 만들어내는 게 보기만큼 쉽지 않기 때문이다. 좋은 어란을 구하는 것 못지않게 중요한 게 더 있다.

좋은 소금과 간장은 기본이고 술도 만들 줄 알아야 한다. 건조도 간단한 것 같지만 노하우가 필요하다.

"우리가 쓰는 소금은 보통 십 년 이상 간수를 뺀 것입니다. 독성이 제거되고 쓴 맛이 없습니다. 소금 염장 후에는 간장으로 염장을 한 번 더 합니다. 다른 나라들도 어란을 만듭니다. 그렇지만 전부 염장 한 번으로 끝냅니다."

최태근 명장네에는 8대째 내려온 간장 독이 있다. 뚜껑을 열고 바가지를 넣어 퍼올리자 처음 보는 물체가 올라왔다. 와 이거 수정 아닌가?

수정처럼 생긴 커다란 덩어리였다. 가라앉아 있던 바가지 하나에도 다닥다닥 수정이 붙어 있다. 오랜 세월 간장독에서 만들어진 소금 결정체다. 장석이란다. 도자기나 유리를 만드는 데 쓰는 그 장석과는 다르지만 그냥 그렇게 부른단다. 8대면 몇 년인가. 긴 세월 동안 옹기 항아리 속에서 서서히 자랐을 것이다.

"이 장석이 간장의 염도를 조절해주는 역할을 합니다. 간장을 부어 농도가 옅어지면 장석이 녹고 농도가 너무 진하면 장석이 커지고요."

신기하다. 소금과 간장 염장이 끝나면 청주를 써서 어란의 비린맛을 잡아야 한다. 최태근 명장은 청주를 직접 만들어 쓴다.

"콩을 직접 재배합니다. 메주를 쓰고 된장 간장을 만들고 누룩을 빚고 찹쌀을 쪄서 청주를 만듭니다."

건조할 때 바르는 참기름용으로 참깨도 재배한다. 하나부터 열까지 어란 만드는 데 필요한 모든 재료를 직접 다 기르고, 만들고, 숭어를 잡고, 건조하고, 숙성시켜 최고급 영암어란을 만들기까지, 하루 스물네 시간도 모자라겠다. 특히 숭어잡이 철인 요즘엔 한 달 이상 집에도 못 들어가고 하루 몇 시간밖에 못 잔다는 말이 이해된다.

↑ 수백 년 묵은 간장에서 형성된 소금 결정. 장석이라고도 한다.

건조 중인 숭어알은 U자 모양을 하고 있다. 좌우 하나씩 있는 알집이 아래에서 연결돼있다. 색깔도 옅은 주황부터 검은 색까지 다양하다.

"어란을 만질 때 U자 가운데가 끊어지지 않게 조심해야 합니다. 숭어 배를 가르고 알집을 꺼낼 때도, 핏줄을 제거할 때도 극도로 조심해야 합니다. 자칫 잘못해서 핏줄이 터지기라도 하면 끝입니다. 피가 밴 어란은 색과 맛이 변하고 냄새가 납니다."

들어도 그게 뭐 어렵겠어라고 생각하기 쉽지만 결코 쉬운 일이 아니란다. 자칫 잘못하면 버려야 한다.

건조대에 올린 어란은 햇볕과 바람을 쐬어가며 말린다. 햇볕이 강하면 차양을 쳐서 그늘을 만들어 줘야 한다.

"가장 큰 적은 습도입니다. 잘 마른 것 같다가도 조금만 습도가 높으면 금세 물렁해집니다. 자칫하면 변질되기 때문에 한시도 눈을 뗄 수가 없습니다.”

곧 있으면 장마철이다. 계속해서 습도가 높으면? 뜨거운 열로 습기를 낮춰줘야 한단다. 한여름에도 난로를 땐다. 동시에 끊임없이 참기름을 발라준다.

“얼마나 자주요?”

“대충 눈으로 보고 판단합니다. 하루에도 몇 번씩 발라줍니다.”

소금과 간장으로 두 번 염장하고 건조 과정에서 계속 참기름을 바르는 것. 영암어란 제조의 특징이다. 이렇게 하는 나라가 없다.

이탈리아의 메솔롱기 지역에서는 건조가 끝난 어란을 밀랍에 담갔다 꺼내는데 그건 어란 맛을 오래 붙잡아 두기 위해서다. 세계 어느나라 어란보다 맛있는 어란이 영암에서 만들어지는 데는 이유가 있다.

완제품까지 얼마나 걸리는 걸까. 한두 달부터 여섯 달까지 다르단다. 건조 숙성 기간이 길어지면 겉은 까매지고 안은 노란색이었다가 점점 자주색으로 변한다. 오래 말려 숙성시킨 어란을 잘라보면 녹용하고 비슷하다. 테두리는 까맣고 내용물인 알은 자주색이니 그럴 것이다.

최태근 명장이 나중에 간장포럼 사람들 앞에서 잘라보인 어란의 단면은 들은대로 녹용과 거의 흡사했다.

소금 염장만 한 다른 나라 어란들은 대부분 노랑 혹은 황금색이다. 보기엔 그럴 듯하지만 맛은 영암어란을 따라오지 못한다. 영암어란 맛이 어떻길래?

앞서도 말했듯 어란을 만드는 나라는 많다. 가까운 일본, 대만은 물론 유럽의 이탈리아, 그리스, 프랑스, 스페인, 터키, 크로아티아, 아프리카의 튀니지아, 이집트 등에서도 만든다. 1500년대 미국 플로리다 서부 해안에 살던 인디언들이 어란을 만들었다는 기록이 있다고 하니 알 밴 물고기 특히 숭어가 잡히는 곳에서는 어란을 만들었을 가능성이 있다고 하겠다.

우리나라에서 어란을 언제부터 만들기 시작했는지 명확한 기록은 없다. 다만 1454년 세종실록지리지에 나주목 영암군조에 숭어가 영암의 특산물로 기록돼있으니 어란도 최소한 그 시기만큼 오랜된 음식일 것으로 추정할 수 있겠다.

세조실록에 재미있는 기록이 있다. 세조 3년인 1457년 4월 16일자 기사다. 임금이 별진상別進上을 없애라는 교지를 내렸는데도 전라도 관찰사 송처관이 건어란을 바쳤으니 형조가 조사해 보고하라고 지시했다는 내용이다. 세조는 정례 진상이 아닌 별도의 진상품을 마련하기 위해 겪어야 하는 지방관아와 백성들의 고통을 잘 알고 있었다.

관찰사라는 자가 남들 안 할 때 아부해서 돋보이려고 바친 진상품이 건어란이었다는 사실이 흥미롭다. 어떤 생선알로 만든 것인지 분명하진 않지만 그냥 말린 생선알이 아니라 엄청나게 공들여 만든 어란이었을 것이다. 전라도 관찰사였으니 송처관이 바친 어란은 영암어란이었을 가능성이 크다.

어란은 숭어 외에도 민어, 청어, 조기알로도 만들었지만 숭어알로 만든 것을 최고로 쳤다. 최태근 명장도 한때 민어알로 어란을 만든 적이 있었지만 그만두었단다. 숭어알에 없는 충이 있었다. 먹어도 지장은 없지만 꺼림칙했다. 현재는 오로지 숭어알로만 만들고 있다.

게다가 숭어알은 다른 알보다 기름기가 많고 향미도 있고 막이 두터워서 만들기도 좋고 보존성도 좋다.

임금에게 바치던 숭어 어란은 호남의 양반집이나 부잣집에서 귀한 손님에게 내놓는 음식이었다. 얇게 잘라 접시에 담아 내놓는 어란의 개수가 손님의 지위나 주인의 성의를 가늠하는 기준이 될 정도였다.

외국에서도 어란은 주로 숭어알로 만들지만 다른 생선알로 만들기도 한다.

일본에서는 어란을 카라스미唐墨라고 하는데 당나라 먹처럼 생겼다고 해서 그렇게 불렀단다. 전국시대 말16세기말 중국에서 전래했다. 당시엔 삼치알로 만들었다고 한다. 17세기 후반에 나가사키 해역에서 많이 잡히는 숭어로 어란을 만들기 시작했고 현재 일본의 카라스미 대부분을 차지하고 있다.

숭어알 어란은 나가사키 카라스미가 유명한데, 카가와현에서는 삼치알이나 고등어알로도 만든단다.

대만에서는 숭어, 방어, 삼치 알로 만들고, 서양에서는 참치알이나 숭어알로 만드는데 주류는 역시 숭어알이다. 어란 만드는 데는 어떤 알보다 숭어알이 최고라는 사실을 모두가 알아서일 것이다. 사람들 입맛은 어디나 비슷하다는 얘기다.

어란은 영어로 보타고botargo라고 하는데 이탈리아어 보따르가bottarga에서 왔다. 이탈리아 어란이 원조격이라는 뜻이겠다. 대표적인 지역은 시칠리아와 사르데냐인데, 시칠리아에서는 참치알로 만들고 사르데냐에서는 숭어알로 만든다.

어란을 한 번도 먹어보지 못한 사람들이 적지 않을 터이니 어란을 어떻게 먹는지 궁금할 것이다.

종잇장처럼 얇게 썰어 밥 위에 얹어 먹거나 위아래 앞니로 쌀톨만큼 잘라 혀와 입천장 사이 혹은 혀와 아래 앞니 사이에 놓고 느긋하게 음미하는 게 일반적이다. 어란은 또 술 안주로 최고인데, 청주, 위스키, 샴페인, 보드카, 데킬라, 백포도주 등과 함께 먹는다.

↑ 영암어란 조각. 녹용을 자른 듯한 모습이다.

간장포럼 멤버들에게 어란을 대접할 때 최태근 명장이 대만 위스키를 꺼내왔다. 짧은 역사에도 세계적으로 맛있다고 소문난 카발란이었다. 술을 거의 안 하고 특히 위스키는 좋아하지 않는 나조차 위스키 한 모금에 어란 한 톨을 베어물자 둘의 궁합이 굉장히 잘 맞고 독특하게 맛있다는 느낌을 받았다.

어란 특유의 맛은 난소를 가공하는 과정에서 단백질이 분해되고 유리 아미노산이 생성되면서 생기는데 건조와 숙성의 정도에 따라 미묘하게 달라진다.

영암어란 맛이 특별한 까닭은 세계 대부분의 어란이 염장 한 번으로 끝내는 것과 달리 간장에 한 번 더 담그고 계속 참기름을 바르며 말리기 때문이다. 어란에 전통 간장과 참기름의 향미가 더해져 맛이 배가되는 것이다.

우리나란 그렇다치고 다른 나라들에서는 어란을 어떻게 먹을까.

"전에 서울에서 웬 젊은 사람이 찾아왔어요. 영암 어란을 알게 됐는데, 직접 와서 보고 어란파스타 메뉴를 개발하고 싶다는 거였어요."

최태근 명장을 찾아온 사람은 서울에서 이태리재라는 레스토랑을 운영하는 사람이었단다. 이탈리아 현지에서 요리를 배운 셰프라니 자기만의 메뉴를 개발하고 싶었을 것이다. 이태리재 셰프의 방문은 최태근 명장이 영암 어란을 전국 여러 군데 양식 레스토랑에 공급하기 시작한 계기가 되었다.

이태리재 홈페이지에 들어가 확인하니 성게어란 파스타Mullet Roe Pasta with Sea Urchin가 있었다. 영어로는 성게알을 곁들인 숭어 어란 파스타라고 돼있는데, 가격이 싸지 않다. 3만 6천원. 그런데, 영암이라는 단어가 빠져 있어 아쉬웠다. 혹시 다른 어란을 쓰고 있는 걸까.

이태리재에서 파는 어란파스타처럼 서양인들은 가루로 만든 어란을 파스타나 리조또에 뿌려 먹는다. 또 얇게 저민 어란 조각에 올리브유와 레몬즙을 뿌려 빵과 같이 먹는다. 그리스에서는 일반 토스트의 반 정도 두께인 멜바토스트에 무화과나 배 같은 과일을 곁들이고 그 위에 아브호따라호avgotaracho. 어란를 얹어 먹는다.

일본에서는 어떻게 먹을까. 어란은 일본의 3대 진미 중 하나로 꼽힌다. 섬나라답게 3대 진미가 모두 바다에서 나는 것들인데, 아이치현의 코노와타해삼 창자, 에치젠후쿠이현과 기후현 일부 지역의 우니성게알, 나가사키의 카라스미어란다.

짭쪼름하고 찰기있는 치즈 식감 때문에 '바다의 치즈'라고도 하는 카라스미는 고급 안주다. 얇게 썰어 살짝 불에 그을려 식전주와 함께 먹거나 그냥 술과 곁들여 먹는다. 또는 오차즈케찻물에 만 밥 위에 얹어 먹는다. 양식 레스토랑에서는 물론 양식으로 먹는다. 카라스미가 들어 있는 오세치요리

타이완에서는 어란을 우위쯔烏魚子라고 하는데, 프라이팬에 어란 조각을 올린 뒤 술이나 기름을 치고 살짝 굽는다. 사과, 배, 당근, 마늘쫑 같은 것들과 곁들여 먹는다. 포장마차에서도 판다.

어떻게 먹든 어란은 쌀밥에도 잘 어울리고 토스트나 빵, 파스타 같은 양식에도 잘 어울린다. 문제는 어란 중에서도 맛있는 영암어란이 일반 서민이 사먹기에는 너무 비싸다는 것이다. 상품 종류도 다양하지 않다.

외국은 어떨까. 아주 비싼 것도 있지만 싼 것도 있다. 상품 종류가 다양하다. 일반 서민이 큰 부담없이 사먹을 만한 것들이 많다. 외국 어란이 제조 기간이나 과정이 짧고 덜 복잡하고, 우리처럼 가내수공으로 적은 양만 만들어지는 게 아니라 상대적으로 많이 생산되고 있기 때문에 생기는 차이일 수 있겠다.

내가 처음 맛봤을 때 그랬듯, 씹으면 이빨에 붙을 정도로 끈적거리고 기름기가 많고 짜기만 한 것을 도대체 왜 비싼 값을 주고 사먹는지 모르겠다는 사람도 있겠지만, 천천히 음미하면 영암 어란의 명성이 괜히 생긴 게 아니라는 걸 알 수 있을 것이다.

하지만 영암 어란을 구체적으로 아는 사람은 많지 않다. 들어보긴 했더라도 실제로 먹어본 사람이 적기 때문일 것이다. 많은 사람들이 어란이 무엇인지 알고 소비하게 되면 오히려 최고급 영암어란의 가치가 올라가지 않을까.

한여름 말라리아에 걸려 고열로 신음하는 환자가 밥을 못 삼킬 때 찬물에 만 밥 위에 어란 한 조각을 얹어주니 꿀꺽 밥을 삼켰다는 얘기도 좋은 스토리텔링 거리다. 한여름에 지쳐 쓰러진 소한테 산낙지를 먹였더니 벌떡 일어나더라는 얘기처럼.

요즘 위스키가 붐이다. 주류박람회에 가보면 인기를 실감할 수 있다. 세계 각국의 다양한 위스키에 젊은이들이 열광한다. 위스키와 어울리는 최고의 안주가 영암어란이다. 영암어란을 더 널리 알리고 관광객도 오게 하고 영암에 더 많은 수익을 가져다 줄 사업으로 키울 방법을 진지하게 모색할 필요가 있다.

그리스 메솔롱기 호수에서 잡히는 숭어로 만드는 아브호따르호어란가 메솔롱기 보따르가Messolonghi Bottarga라는 이름으로 세계적으로 유명해져 비싸게 팔리고, 지역민들이 "호수의 황금"이라고 부르듯 영암어란이 영암의 황금이 되지 말란 법이 없다.

궁중 진상품
영암 참빗

조선시대 영암의 대표적인 진상품으로 어란과 참빗이 있다.

일제강점기 일본, 중국, 심지어 미국으로까지 수출했을 정도로 영암 참빗은 유명했다. 경상도에서도 참빗을 만들고 대나무가 많은 담양에서도 만들었지만 영암 참빗의 명성을 따라가지 못했다. 영암 참빗은 다른 지역 참빗보다 무려 열 배 가까운 값으로 팔렸다. 무엇보다 이와 서캐를 말끔히 청소하는 기술력이 월등했다. 단단하면서도 머리를 빗을 때의 느낌이 부드럽고 시원했다.

1906년 강진의 문학가, 유학자이자 실천적 지식인이었던 경회 김영근 선생1865~1934은 석달 남짓 고향 강진에서 함경도 갑산을 왕복하는 긴 여행을 한다. 선생의 여행기인 원유일록에 나오는 5월 19일 출발일의 기록.

"홍의재 위봉이 아들 효주와 함께 먼저 영암읍에 가서 참빗을 샀다."

여행에 동행한 홍의재 위봉1868~1943은 1910년 나라가 망하자 간도로 망명해 활동하다 타계한 우국지사 유학자다. 위봉은 긴 여행을 떠나기 전 참빗을 준비했다.

5월 25일. 경회 선생 일행은 전날 구림 회사정의 고사事舍에서 자고, 낮에

↑ 영암 참빗

영암읍에 도착한다. 원유록의 기록이다.

"영암 시장에 도착해 참빗을 샀다."

참빗이야 어디든 있을 터인데, 위봉 부자는 미리 영암까지 가서 참빗을 사고, 경회 선생은 영암에 이르러 참빗을 산다. 그만큼 영암 참빗의 품질은 다른 고을의 참빗과는 비교할 수 없을 만큼 월등했다.

450여 년의 역사를 가진 영암 참빗은 유명세 덕에 비싼 값에도 잘 팔리니 주민들은 참빗만 만들어도 생활할 수 있었다. 1920년대, 참빗 만드는 데 종사하는 사람의 수가 천 명을 넘었다. 참빗 제조자들은 생산자조합을 만들어 공동으로 재료의 조달, 판로 개척, 품질향상을 위해 노력했다.

영암에서도 참빗으로 유명한 마을은 망호리다. 망호리는 경주 이씨 집성촌이다. 1916년에 세운 영호사에 조상인 익재 이제현과 익재의 11세 손월제 이인걸을 배향하고 있다.

플라스틱이 등장하면서 참빗은 거의 사라져버렸다. 그래도 20년 전까지 망호리에는 인간문화재 이식우 옹이 있었다. 현재 망호리에서 참빗을 만들고 있는 사람은 이상평 장인77세이 유일하다. 돌아가신 이식우 인간문화재는 이상평 장인의 집안 아저씨다.

"망호리에서는 참빗을 만들어 애기들을 다 가르쳤어요. 우리도 집안 대대로 참빗을 만들었어요. 나는 여덟 살때부터 아버지 심부름을 했어요. 이거 해라 저거 해라 하시믄 시키는 대로 했제. 저절로 참빗 맨드는 걸 배왔제. 애기들이 학교 댕기면서도 다들 집에서 참빗 만드는 걸 도왔어요. 그래서 망호리 나이든 사람들은 거의 다 참빗을 만들 줄 알아요. 인자는 안 만들어. 돈이 안 되니께. 나는 돈보담도 전통을 이어야겠다는 생각으로 시작했어요."

이상평 장인은 객지에서 오래 살았다. 서울에서 공무원도 하고 사업도 했다. 영암에 내려온 뒤에도 다른 일을 했다. 지금은 농사를 지으면서 참빗을 만들고 있다.

귀한 전통의 맥이 끊어지면 안 되지 않겠냐며 이상평 장인에게 참빗을 다시 만들자고 한 사람은 이경호 이장이었다.

참빗은 만들 수 있었지만 도구가 없었다. 필요한 연장을 만들기 위해 이경호 이장이 직접 대장간을 찾아 돌아다녔단다.

"대장간에 가서 이렇게 저렇게 만들어 달라고 했어요. 여러 곳을 다녔는데, 비슷하게 만들긴 해도 강도가 약해서 써보면 금세 날이 뭉개져불어. 그러다가 한 군데 찾았어요. 만 원이면 살 것을 주문해서 만든께 십만 원을 달라드라고.."

이상평 장인이 거래하는 기술력 좋은 단골 대장간이 있단다.

"변사또라고, 대장간 이름이 변사또여. 그래도 지금은 기계도 있고 연장도 예전보다 좋고 해서 더 나아요."

"한 달에 몇 개나 만드시는가요?"

"밤낮으로 쉬지 않고 만들면 한 달에 3백 개까지도 만들어요."

이상평 장인이 판매하는 참빗 완성품을 보여준다. 박스에 참빗 네 개가 들어있다.

"이것은 얼레빗, 이것은 보통 참빗, 색깔이 몇 가지로 돼있는 색동 참빗은 여자용, 요 작은 것은 서캐 빗어내는 참빗."

"하나에 얼마예요?"

"제일 작은 것이 만오천 원, 나머지는 만 원이어요."

얼레빗은 참빗에 비해 빗살이 성기고 긴 머리를 빗을 때 사용한다. 흔히 얼레빗으로 대충 머리카락을 정돈한 다음에 참빗으로 다시 꼼꼼하게 빗는다. 얼레빗은 대나무 아닌 박달나무 대추나무 도장나무 소나무 등으로도 만든다.

↑ 이상평 장인

제일 작은 참빗이 가장 비싸다. 이상평 장인이 말한다.

"빗살을 자세히 보시요. 처음 두 살 사이가 위쪽은 벌어져 있지만 아래쪽은 붙어 있어요. 그 다음 두 살은 위는 붙어 있지만 아래는 벌어져 있어요. 계속 이렇게 교대로 살을 끼운 거여요."

양쪽으로 각각 여든여덟 개의 빗살이 촘촘히 박혀 있다. 위 아래가 교대로 벌어지고 닫혀있는 구조 덕에 작은 서캐 하나도 남기지 않고 말끔히 청소할 수 있다.

"우리 거하고는 비교가 안 되는디 다른 데서 만드는 참빗에다 영암 참빗이라고 찍어서 팔고 있어요. 그래서 내가 만드는 참빗에다 영암 특산품 장인 이상평이라고 내 이름을 박아부렀어."

나주 아닌 데서 생산하는 배를 나주배라고 적힌 상자에 담아 속여 파는 것 하고 같은 일이 참빗 세계에도 있는 모양이다.

그런데, 참빗을 쓰는 사람이 지금도 있는 걸까.

"지금 애기들 한테 의외로 이가 많다고 합디다. 그냥 빗으로는 안 되니까 참빗을 사는 경우가 있는 모양이든디. 또 기념품이나 장식용으로도 산대요."

"대량으로 구매해 가는 사람이 있습니까?"

"있어요. 서울 인사동에, 황○○하고 김○○이라고 두 사람. 가게에서 팔고, 화장품 대리점, 약국, 백화점 같은 데 넣고, 또 인터넷으로도 팔고 한답디다. 작은 참빗 하나에다 이 약 하나를 세트로 해서 만 팔천 원에 판다든가."

제법 팔린다는데 많이 만들면 꽤 괜찮은 돈벌이가 되지 않을까.

"더 만들어 달라고 해도 만들 수가 없어요. 하나부터 열까지 다 손으로 해야 하니께."

대나무 껍질을 벗기고, 틀과 살을 만들고, 염색하고, 짜고, 낙인을 찍고. 모든 공정을 이상평 장인 혼자서 해야 한다. 워낙 손이 많이 가는 일이고 꼼짝없이 공방에 틀어박혀 몰두해야 하는 일이다. 하려고 하는 사람이 적을 수밖에 없다.

그럼, 이상평 장인이 세상을 떠나면 영암 참빗의 맥은 영원히 끊기고 마는 걸까.

"우리 아들이 이어 받을 생각이 있다고 합디다."

"예? 아들이요? 어디서 뭘 하고 있는데요?"

헤어디자이너인 이상평 장인의 아들은 서울에서 미용실을 하고 있단다. 하던 일을 접고 영암에 내려올 생각이 있다고 하더란다. 대견한 일이지만 쉰 살 아들이 영암에 내려와 참빗으로 먹고 살 수 있을까.

"여기 공방 보세요. 참빗 만드는 거 보고 싶다고 찾아오는 사람들이 있는디, 부끄러워서 죽겄어. 공방이라고 얼척없어."

옆에 있는 이경호 이장이 말한다.

"군에서 하루 빨리 참빗 전시관을 만들어줬으면 좋겄는디. 깨끗한 공방에서 만들고, 외지인들한테 자랑스럽게 보여주고, 사람들 교육도 하고."

이상평 장인이 말한다.

"군수도 왔다 가고, 부군수도 보고 갔어요. 영암군에서 뭔가 해볼라고 하는 것 같긴 한디, 어떻게 돼가고 있는지 알 수가 없네요."

전국 팔도에 명성이 자자했고, 궁중에 진상하던 영암 특산품 참빗의 처지가 딱하다. 돌아가신 이식우 인간문화재의 뒤를 이어 조카인 이상평 장인이 무형문화유산이 될 수 있다면 얘기가 달라질 텐데.

"알아 봤더니 안 된답디다. 문화부 담당 공무원이 법이 지랄 같아서 어렵다대요. 인간문화재가 살아 있을 때 전수자로 임명되어야 하는디, 아니

어서 안 된다고. 여덟 살 때부터 참빗을 만들었고, 영암 참빗은 누구보다 잘 만드는디. 암튼 법이 그렇당게 어쩔 수 없지요."

이경호 이장이 거든다.

"이상평 장인 혼자서는 어떻게 못하지요. 군에서 나서서 도와줘야제."

이상평 장인은 망호리 외곽 가건물에 살면서 키위 농사를 짓고 있다. 원래 살던 집은 동네 가운데 있다.

"군에서 전시관 같은 걸 빨리 지으면 좋겠는디 안 그릉께, 내가 살던 집을 공방으로 바꿀라고 합니다."

참빗에 위아래로 빨강 파랑 긴 매듭을 단 장식품을 가리키며 이상평 장인이 말한다.

"매듭을 사다가 직접 참빗에다가 하나씩 붙여서 이 장식품을 만들었어요. 실은 매듭을 전문으로 하는 데로 참빗을 갖고 가서 처음부터 한 본으로 제작을 해부러야 되는디."

　굳이 참빗을 쓸 일이 없더라도 참빗의 모양은 그 자체로 장식품이 될 수 있을만큼 개성있다. 큰 매듭을 단 장식품도 좋고, 아주 작은 액세서리로 만들어도 예쁠 것이다.

　일반인이 쓰는 영암 참빗의 등대는 대나무 등으로 만들지만 궁중에 진상하던 참빗은 소뼈나 소뿔로 만들었단다. 최고급 궁중 진상품부터 일반 참빗까지, 큰 장식품부터 작은 액세서리까지, 상품으로서, 또 관광자원으로서 영암 참빗의 활용 가능성은 무궁하다.

　참빗을 보며 어릴 적 추억이 떠올랐다. 지금처럼 목욕도 머리감기도 자주 할 수 없었던 시절, 위생 상태가 좋지 않아 아이들 몸과 머리에는 이가 살았다. 이를 죽인다고 학교에서 애들 머리와 몸에 칙칙 디디티를 뿌렸던 것 같기도 하다. 시골 출신으로 나이든 이들에게는 어머니가 참빗으로 머리를 빗겨주던 기억, 내복을 뒤집어 이를 잡던 기억이 있지 않을까.

　쇼핑몰에서 팔리는 싸구려 참빗과는 차원이 다른 궁중 진상품 영암 참빗의 명성을 제대로 되찾는 날이 어서 오길 기대한다.

2

큰 바위 얼굴

어떻게 바위봉우리 전체가 저렇게 리얼하게
사람 얼굴을 하고 있을 수가 있지?
가만 바라보고 있으니 알 수 없는 힘이
나를 감싸는 듯한 느낌이 든다.
월출산의 바위들이 내뿜는 기,
그중에서도 가장 강력한 기는
큰바위얼굴에서 나오는 것 같다.

기찬랜드
한국트로트가요센터

영암은 기의 고장이다. 영암이라는 지명이 거대한 바윗덩어리인 월출산에서 비롯되었듯 신령스런 바위가 내뿜는 기로 가득하다,고 한다. 월출산의 지질이 화강암류인 석영반암이라는데, 무슨 관계가 있는 것일까.

과거, 영암군을 상징하는 단어로 무엇을 내세울지 전문가들의 의견을 구했단다. 유식자들이 한데 모여 오랜 시간 논의한 끝에 선정한 것이 기氣였다. 그 후 줄곧 영암군은 '기의 고장 영암'을 캐치프레이즈로 지역 마케팅을 하고 있다.

예를 들어, 기찬랜드. 월출산 아래 조성한 컴팩트한 레저관광 단지다. 월출산에서 흘러내리는 맑은 물을 가두어 자연 물놀이장은 여름철 소문난 피서 명소다.

맨 처음 기찬랜드란 말을 들었을 때는 이해하는 데 1~2초 버퍼링이 걸렸다. '기가 차다'는 건 어이가 없어 말이 안 나온다는 뜻인데... 문득 깨달았다. 아, 기가 가득차 있다는 것이구나. 잠시 생각하게 만들어 오래 기억되게 한다는 측면에서 보면 나름 성공한 작명이라 할 수 있겠다. 게다가 말이란 자꾸 되풀이 하다보면 금세 익숙해지는 법이다.

랜드 안에는 곤충박물관, 조훈현바둑기념관, 한국가요트로트센터, 가야금산조기념관 등이 들어서 있고 식당과 카페는 물론 멀지 않은 곳에 낭산김준연기념관, 국민여가캠핑장도 조성돼 있다. 머무르며 여행하고 싶은 사람이라면 멀지 않은 곳에 한옥 펜션도 있다.

영암에 관한 자료와 책들을 훑어보면서 무심코 영암아리랑을 흥얼거리고 있다는 걸 깨달았다. 그러고보니 아직 하춘화기념관이 있다는 트로트센터를 안 가봤네,라는 생각이 났다. 방에 쳐박혀 눈만 혹사할 게 아니라 움직이자. 바로 기찬랜드로 향했다.

한국가요트로트센터 현관. 접수대에 앉아 있는 젊은 여성이 상냥하게 맞는다.

"영암군민이세요?"

↑ 한국트로트가요센터

"아뇨, 영암에 머무르며 영암에 관한 글을 쓰고 있는 사람인데요."

"영암군민 아니세요?"

"아니에요."

"그러면 입장료 6천원 내셔야 돼요."

"아, 그래요? 내야지요."

지갑을 꺼내려는데 또 묻는다.

"혹시 경로우대에 해당되시나요?"

"예, 그런데요."

"그러시면 2천원입니다."

"아, 그래요?!"

속으로 '나이든 덕도 보네, 와 싸다' 하고 생각하며 신용카드를 꺼내 건네주는데 여성의 표정이 석연치 않았다.

"신분증 보여드릴까요?"

"네, 보여주세요"

신분증을 꺼내 보여준다.

들여다보더니, 여성이 말한다.

"맞으시네요."

"그렇게 안 보여요?"

"네, 젊어 보이세요."

어느새 젊어보인다는 말을 들으면 기분 나쁘지 않은 나이가 됐다.

입구를 들어서니 왼쪽에 무대 위에서 노래하는 소녀상이 있다. 땋은 머리 한 가닥을 오른 쪽 어깨 앞으로 늘어뜨리고 두 손을 공손히 모은 모은 애띤 소녀가 수줍은 표정을 하고 마이크 앞에 서있다.

한 눈에 금세 어릴 때의 하춘화임을 알아봤다. 노래하는 소녀상은 정교하고 리얼하게 만들어져 있다. 아, 영상으로만 보던 하춘화의 어린 시절 모습이 이랬겠구나.

입구 오른쪽은 한국 트로트사를 정리해놓은 공간이다. 1930년대부터 현재에 이르기까지 십년 단위로 구분해 놓았다. 짧은 시간에 한국가요사를 간단하게 훑어볼 수 있다. 가수도 노래도, 익숙한 이름들이 보인다. 바로 멜로디가 떠오르는 노래들도 있다.

낡은 옛 자료들도 전시돼있다.

저고리 차림에 안경을 낀 젊은 여성의 흑백 사진에 시선이 간다. 가수라기보다는 공부하는 신여성 같은 모습이다. 자세히 들여다 본다.

> 판포―닉 전기취입, 평양이 나흔 명모가희 장세정양의 제일성, 연락선은 떠난다, 오케―관현악단반주

> 빅타 삼 가희의 최근 힛트
> 박단마 그리운 눈동자, 황금심 심청의 노래, 조백조 맹세를 마러요. ....

표기법도 단어도 재밌다. 전기취입電気吹込, 명모가희明眸歌姬. 일본식 한자어를 그대로 썼다. 취입吹込み, 후키코미, 가희歌姬, 우타히메. 예명이겠지만 가수 이름도 웃음이 나온다. 단마, 금심, 백조.

장세정.

1921년 평양에서 태어난 장세정은 1936년 평양방송국 개국 기념 콩쿠르에서 1등을 차지한 것이 계기가 되어 레코드회사에 발탁된다. 1937년 처음으로 취입한 '연락선은 떠난다'가 대히트를 기록하면서 데뷔하자마자 스타덤에 올랐다. 일제 말기 '목포의 눈물'의 가수 이난영과 쌍벽을 이뤘다.

↑ 한국트로트가요센터 1층 전시실

광복 후에는 '울어라 은방울'이 대히트했고, 여러 노래들을 발표하며 승승장구하던 장세정의 경력은 한국전쟁으로 큰 타격을 받는다. 그녀가 부른 많은 노래가 월북한 조명암과 박영호가 작사했고 작곡가인 김해송도 월북했다는 소문이 있었기 때문이다.

1세대 트로트 스타 장세정의 인생은 굴곡진 우리 역사처럼 드라마틱했다. 2003년 미국 로스앤젤레스에서 세상을 떠났다.

벽에 헤드폰이 걸려 있다. 각 시대를 대표하는 가수들의 노래를 들어볼 수 있다.

축음기에서, LP플레이어, 워크맨, CD플레이어 등 기기도 전시해놨다. 가슴 깊숙이 가라앉아 있던 아날로그 시대의 정서가 뭉클뭉클 되살아날 것이다.

전시는 '새로운 시대로 나아가다'라는 제목을 붙인 2000년대를 마지막으로 끝난다. 장윤정, 박현빈, 박상철, 금잔디, 강진, 신유, 김용임을 대표가수로 설명하고 있다. 이들 대부분도 40대 이상의 나이가 되었다.

한동안 침체기를 겪으며 마이너 장르의 음악으로 나이든 사람들이나 좋아하는 존재로 생명을 이어갈 것으로 예상되던 트로트. 그러나 한 종편채널의 프로그램으로 화려하게 부활했다. 송가인, 임영웅, 김호중, 최근엔 전유진, 박혜신, 김다현 등등 스타들도 속속 등장하고 있다. 국악, 성악, 케이팝을 하던 가수들이 트로트로 전향할 정도로 돈이 몰리는 시장이 되었다. 각 가수들의 팬덤도 장난이 아니다.

한 무리의 사람들이 좋아하는 가수와 노래 얘기를 하며 왁자지껄 웃고 떠든다. 단체 여행객들이다. 물어보니 전라북도에서 왔단다.

희귀한 옛 자료들, 지금과는 다른 레코드 표지 디자인이 외려 신선하다. 그래서 더 재밌다.

트로트 가수 명예의 전당. 유명 가수들의 사진 액자들로 채워져 있다. 영암 출신으로는 단연 하춘화가 있다. 오랜 무명생활 끝에 '땡벌'로 유명해진 가수 강진도 있다. 영암 출신인 걸 처음 알았다.

이발소, 손님들의 리퀘스트를 받아 틀어주던 DJ박스가 있는 다방, 문방구, 극장 매표소 등을 재현해 놓았다. 2층으로 올라가는 계단 아래는 옛날 주조장 바깥 풍경이다. 검은 자전거가 세워져 있다. 순식간에 먼 유년시절로 타임슬립했다.

술심부름이었을까. 아버지가 타던 큰 짐바리 자전거를 타고 가다 2미터는 될 개천 아래로 떨어진 적이 있었다. 안장에 앉으면 페달에 다리가 닿지 않아 안장 아래 프레임 안으로 한 다리를 집어 넣고 비스듬히 매달려 페달을 돌렸다. 그러다 균형이 무너져 추락했는데 개천 옆 돌밭이었다. 다행

↑ 하춘화 전시실. 한국트로트가요센터 2층에 있다.

히 다친 데 하나 없이 멀쩡했다. 가난했지만 즐거웠던 시절이다. 그립다.

극장에서는 서너 명의 관객이 하춘화 다큐를 관람하고 있고 옆에 있는 노래방에선 반짝이 재킷에 모자를 쓰고 제법 가수 흉내를 내며 노래하는 이들이 있다.

주조장을 재현해 놓은 코너에서 셀카를 찍고 있던 여성이 말을 건다.

"옛날 모습 하고 진짜 똑같아요." 하면서 휴대폰으로 찍은 셀카 사진을 보여준다. 과거 많이 보던 자전거 한 대가 벽에 세워져 있다.

"그러네요. 어렸을 때 아버지 막걸리 심부름 많이 하셨어요?"라고 물으니

"아뇨. 우리 집엔 술 먹는 사람이 없었어요."라고 대답한다.

휴대폰을 건네더니 대뜸 자전거에 걸터 앉는다. 잘 나오게 한 장 찍어달랜다. 앞에서 옆에서 가까이서 멀리서 여러 장을 찍어 줬다.

"야아, 너무 잘 나왔어요. 감사합니다."라며 소녀처럼 즐거워한다.

일행은 익산에서 온 관광객들이다. 일곱 명이 같이 왔다.

익산고고라는 모임 멤버들이란다. 익산고고? 고고클럽 시대를 추억하는 70,80 모임?

고고익산. 고고클럽시대를 추억하는 70,80 모임인가 했더니 아니다.

"익산고고는 고문헌과 고지도를 공부하는 익산 사람들의 모임 준말이어요."라고 그중 젊어 보이는 이가 대답한다. 나중에 물으니 곧 퇴직을 앞둔 대학교 직원으로 역사에 관심이 많았다.

결성한 지 얼마 안 됐고 총 멤버는 스무 명쯤 된단다. 이번 여행은 월출산 구경이 주목적인데 트로트센터가 있어 들어와 봤단다.

영암 하면 뭐가 젤 먼저 떠오르는지 물었더니 역시 월출산이다.

"월출산 말고는 또 없어요?"

"글쎄요. 잘 모르겠는데요."

공부하는 모임이면 일반인보다 훨씬 아는 게 많을 거라고 짐작했었는데, 아니다. 짧게 내가 알게 된 영암 이야기를 해줬다. 예? 그런 것들이 있어요? 하며 놀란다. 홍보가 부족한 것일까.

2층은 온전히 하춘화기념관이다. 하춘화가 기증한 물품들로 채워져 있

다. 태어나서 지금까지 국민가수 하춘화의 역사가 망라돼있다. 화려한 무대의상, 구두, 각종 자료, 상패, 앨범, 가족사진, 팬레터, 심지어 박사가수로 유명한 하춘화답게 학위논문까지 있다. 헤드폰으로 하춘화의 노래를 감상할 수도 있다.

불현듯 방문한 한국트로트가요센터 탐방이 끝났다. 경로우대로 거의 공짜나 다름없는 입장료를 내고 충실한 트로트 공부를 했다.

전체적인 소감은 나름 알찬 전시를 해놓고는 있지만 조금 아쉽다는 것이다.

규모가 작은 편이다. 전시 내용이 더 풍부했으면 좋았겠다고 생각했다.

더 다채롭고 다양한 전시기법이 활용되었으면 관람이 더 즐거웠을 것이

↑ 재현해 놓은 옛날 다방의 DJ 박스

다. 첨단기술을 활용한 전시는 박물관의 골동품이나 유물조차도 역동적으로 감상할 수 있게 해준다.

즐길거리가 더 있어도 좋을 것이다. 가령, 인기 있는 노래방. 전시된 가수들의 노래를 부를 수 있는 노래방들이 기념관에서 자연스레 연결되는 장소에 있으면 어떨까. 먹을거리 마실거리까지 갖춰진 제대로 된 유료 노래방을 상상해봤다.

또 아쉬운 것은 영암 출신으로 트로트 역사에 기여한 혁혁한 이름이 더 있는데도 전시관에서 찾아볼 수 없었다는 점이다. 가령, 작사가 김지평. 여든이 넘은 연세에도 여전히 건강한 선생은 300곡 이상을 작사하고 여러 곡을 작곡한 한국 트로트계의 위대한 인물이다.

'당신의 마음' '인생은 미완성' '사랑이 아니어도 좋으리' '뚜야의 편지' '삼백초' 등 많은 히트곡을 썼다. '당신의 마음'은 선생이 옛날 바닷물이 들어오던 시절 덕진다리 부근 백사장을 그리워하며 작사한 것이다. 김지평 선생에 관해 길게 쓸 수 없어 여기선 생략하지만, 시비를 세우는 건 물론 기념관이 생겨도 이상하지 않을 자랑스런 영암 출신 음악인이다.

1970~80년대 김추자, 정미조와 함께 트로트 3대 가수 트로이카로 불렸던 '여고시절'의 가수 이수미. 해수욕장에서 폭력배에게 피습을 당했지만 자해소동으로 둔갑되어 보도되는 언론피해를 당했고, 대마초 사건에 연루되어 나락으로 추락했다가 재기한 불운의 가수다. 그녀도 영암 출신이다.

영암을 노래한 곡들을 따로 정리해도 재밌을 것이다.

하춘화의 영암아리랑을 필두로 이미자의 낭주골 처녀, 월출산 연가, 월출산_{타이틀은 같지만 서로 다른 두 곡이 있다}, 영암 아가씨, 영암 연가, 월출산 옛 사랑 등.

몇 가지 아쉬운 점이 있지만 영암 트로트가요센터를 더 열심히 널리 알릴 필요가 있다. 보고 나면 모두 재밌었다, 유익했다, 옛날 생각이 나 좋았다고 말할 것이기 때문이다.

고고익산 멤버가 한 말이 참고가 될 것이다. 우연히 발견하고 들어왔는데 생각보다 재밌어요. 옛날 생각도 나고, 노래도 부를 수 있고.

덕진 차밭,
월출산을 전망하는 최고의 지점

영암 대부분의 지역에서 월출산이 보이지만 특별히 멋지게 보이는 전망 포인트들이 있다.

"덕진에 차밭이 있습니다. 영암벌과 읍, 그리고 월출산 전체가 한 프레임 안에 들어옵니다."

한참 전에 들었지만 이런 저런 일로 가보지 못했다. 덕진 차밭으로 차를 몰았다. 영암읍에서 십여분이면 갈 수 있는 거리다.

구불구불 좁은 외길을 한참 올라가니 산기슭에 너른 녹색 다원이 펼쳐져 있었다. 차를 세우고 둘러보니 오른쪽에 창고 건물이 있고, 차밭 꼭대기에는 정자가 있다. 사람은 보이지 않았다.

'하긴 차를 따는 시기는 다 지났지.'

그렇더라도 차밭을 관리하는 사람 한 명 정도는 있을 법한데, 라고 생각하며 창고 안을 들여다 보았다. 트럭 안 운전석에 사람이 있었다. 트럭에서 내린 남자에게 '지금은 일이 없어서 사람이 없는 건가요?' 하고 물었다.

생긴 건 한국인이랑 똑 같은데, 남자는 한국말이 서툴렀다. 알아들은 내용이다. 남자는 태국에서 왔다. 차 따는 철은 아니지만 역시 태국에서 온 친구랑 둘이서 차밭을 관리하고 있다. 요즘은 잡초를 제거하는 일을 하고 있다.

창고 안에 둘둘 말아 포개놓은 까만 비닐 차양이 보였다. 봄에 햇빛을 가리기 위해 치는 것이란다.

차밭 둘레로 난 길을 빙 돌아 꼭대기까지 가볼 요량으로 걷기 시작했다. 태국 남자가 불렀다.

"차 타고 가도 돼요. 길 다 있어요."

"고마워요. 걸어가고 싶어요."

방향을 바꿔 차밭 가운데로 걸어 올라가기로 했다. 길에 마른 풀들이 가득 깔려 있다. 뽑아낸 잡초들인 것 같다.

↑ 덕진 차밭의 위쪽에서 바라본 월출산

↑ 덕진 차밭에서 바라본 월출산과 영암읍

　차나무에 열매들이 달려 있다.

　맨 위까지 올라갔다. 뒤를 돌아다보았다.

　"와아." 감탄이 절로 나왔다. 누런 황금들판, 영암읍, 그 뒤 병풍처럼 우뚝 솟은 월출산. 기가 막힌 풍경이 펼쳐져 있다.

　일교차가 큰 계절에는 월출산과 차밭 사이의 공간을 운무가 채운다. 영상을 본 적이 있다. 첩첩 산중도 아니고 시가지와 들판이 운무에 싸이고,

그 위로 우뚝 솟은 우람한 바위산이라니. 어디서도 보기 힘든 아름다운 풍경이다.

다시 걸어 정자로 올라갔다. 풍경은 더 아름다워졌다. 차밭 위를 지나는 길가에 단풍나무 숲길이라는 팻말이 세워져 있다. 사각 프레임도 설치해 놓았다. 프레임 안으로 기 막힌 한 폭의 그림이 들어왔다.

덕진차밭은 월출산 전망 포인트로 최고의 자리를 차지하고 있다. 순간 너무 아깝다는 생각이 들었다. 농업이 6차 산업이란 얘기가 나온 지 언제인데, 그냥 단순히 차밭으로만 운영하고 있다니.

태평양 그룹에서 운영하는 제주도 설록다원 가본 이들 많을 것이다. 차밭을 복합 관광농원으로 조성해 운영하고 있다. 왜 그렇게 못하는 거지?

덕진차밭은 대한제다의 주력 다원이다. 1951년 순천에서 시작한 한국홍차가 1964년 광주로 회사를 옮겼고 1994년에 회사명을 한국제다로 바꿨다. 장성 제1다원 5천 평, 영암 제2다원 5만 평, 해남 제3다원 2만여 평. 덕진 차밭이 5만 평으로 제일 규모가 크다.

대한제다는 도합 8만 평 가까운 차밭에서 나는 찻잎으로 녹차, 황차, 홍차와 허브를 가미한 혼합차 등을 생산한다. 다구도 팔고, 차 교육도 한다.

그런데, 왜 이런 기막힌 경치를 가진 차밭을 단순히 찻잎 생산 기지로만

↑ 덕진 차밭

이용하고 있을까. 중소기업이긴 해도 차밭에 티하우스와 차와 다구를 파는 상점을 포함하는 복합 차관광농원을 만들 정도는 될 것이다. 지자체가 나설 방법은 없을까.

돈으로 살 수 없는 기막힌 풍경을 차경으로 활용해 얼마든지 돈 되는 사업을 할 수 있을 텐데. 차밭 한 귀퉁이 떼어 팔면 좋겠다. 당장 사서 세컨하우스로 쓸 오두막을 지을 것이다. 작은 티하우스를 지어도 좋겠다.

정자에 앉아 한참을 쉬었다. 시간 가는 줄 몰랐다. 서늘한 바람이 살갗을 간질이고 지나갔다. 황금 들판을 바라보며 배고픈 것도 잊었다. 월출산 위에 보름달이 뜨는 날, 덕진 차밭에서 바라보는 경치는 얼마나 황홀할까.

음력 보름날이 언제지? 체크해 두었다가 꼭 한 번 와야지, 다짐했다.

월출산과 영암읍을 한꺼번에 전망하는 최고의 전망 포인트 덕진차밭. 좁은 길이 조금 불편해도 시멘트 포장이 되어 있어 크게 힘들이지 않고 도착할 수 있다.

큰 바위 얼굴,
뉴햄프셔주와 영암

나다니엘 호손의 '큰 바위 얼굴'이란 단편 소설, 아실 것이다. 영어 원제는 The Great Stone Face, 직역하면 '위대한 돌 얼굴'이다.

줄거리는 이렇다.

조용하고 상냥하고 착한 소년 어니스트. 산골 마을에서 태어나 살았다. 멀리 산꼭대기에서 사람 얼굴을 닮은 커다란 바위가 내려다보는 마을이었다. 어릴 적부터 엄마한테 큰 바위 얼굴 전설을 들으며 자랐다. 언젠가 큰 바위 얼굴을 닮은 이 마을 출신의 위인이 나타날 것이라고.

어니스트는 매일 큰 바위 얼굴을 바라보며 위인의 출현을 기다렸다.

어니스트가 자라 어른이 되는 동안 산골 마을 출신 여러 사람이 외지에 나가 성공해 돌아왔다. 마을 사람들은 그때마다 큰 바위 얼굴을 닮은 위인이 나타났다고 환호했다. 어니스트도 기쁜 마음으로 그들을 보러 갔다.

먼저, 사업으로 크게 성공해 엄청난 재산가가 된 미스터 개더골드_{금 모으기}. 다음으로 군인이 되어 수많은 전투에서 큰 공을 세워 유명한 장군이 된 제너럴 블러드 앤드 썬더_{피와 천둥}. 그 다음 대통령을 꿈꾸는 정치가 올드 스토니 피즈_{늙은 돌 얼굴}. 처음엔 큰 바위 얼굴을 닮은 듯 보이기도 했지만, 어니스트는 곧 그들이 그가 기다리는 큰 바위 얼굴이 아니라는 걸 알았다.

어니스트에게 큰 바위 얼굴은 조용하고 사려깊고 친절하고 지혜롭고 인자하며 바라보기만 해도 마음이 편안해지고 따뜻해지는 사람이었다.

어니스트는 매번 실망했지만 희망을 잃지 않았다. 언젠가 꼭 만나볼 수 있으리라 기대하면서 항상 주위 사람들에게 친절하고 매사에 성실하고 근면했다. 다른 사람들의 뜻에 의해 어니스트는 자연스럽게 설교가Preacher가 되었다. 단순하고 명쾌한 그의 말은 사람들을 감동시키고 움직이는 힘이 있었다.

어니스트는 어느덧 백발이 성성한 노인이 되었다. 온화한 성품에 늘 인자한 미소가 떠나지 않는 어니스트는 학교는 다니지 못했어도 누구보다 지혜로웠다. 어니스트의 이야기는 산골은 물론 멀리 다른 지역에까지 소문이 났다.

산골 마을 출신 유명한 시인이 있었다. 어니스트의 소문을 들은 시인은 어니스트를 만나보고 싶었다. 유명한 시인이 고향에 돌아오자 마을 사람들이 모두 몰려나왔다. 이번에야말로 큰 바위 얼굴이 예언한 위인이 고향으로 돌아왔다고.

시인의 시들을 읽은 어니스트도 시인이 바로 큰 바위 얼굴이 예언한 위인일 것이라고 기대했다. 어니스트는 시인과 만나 긴 시간 이야기를 나누었다. 어니스트의 기대는 또 다시 어긋났다.

시인은 반대였다. 어니스트의 인자함과 지혜로움에 압도되었다. 그러다가 문득 깨달았다. 아! 어니스트가 바로 큰바위얼굴이구나!

시인은 두 팔을 번쩍 들고 소리쳤다. "큰 바위 얼굴이 드디어 우리 앞에 나타났습니다. 큰 바위 얼굴은 바로 어니스트입니다."

평생 큰바위얼굴을 바라보며 살아온 어니스트는 자신도 모르는 새 큰

← 뉴햄프셔주 큰 바위 얼굴 기념 우표

바위 얼굴이 되어 있었다. 다른 사람들의 눈에 어니스트는 영락없는 큰 바위 얼굴이었지만, 어니스트는 동의하지 않았다. 어니스트는 여전히 언젠가 자신이 기다리는 위대한 인물이 꼭 나타날 것이라고 믿었다.

1805년, 나다니엘 호손은 단편소설 '큰 바위 얼굴'을 발표했다. '큰 바위 얼굴'은 미국뿐만 아니라 유럽과 아시아에서도 출판되었다. 소설과 더불어 뉴햄프셔주에 실재하는 사람 얼굴을 닮은 바위가 세계적으로 유명해졌다.

나다니엘 호손에게 영감을 준 바위는 뉴햄프셔주 프랑코니아 화이트산맥 캐논산 꼭대기 절벽에서 툭 튀어나와 있는, 지역민들에게 '산의 노인The Old Man of the Mountain'으로 불리고 있는 바위였다.

바위는 아주 오랜 옛날부터 일대에 거주하던 아베나키 인디언들이 "돌얼굴"로 불러왔고, 모호크 인디언들의 상징이었다. 나다니엘 호손이 소설에서 다룬 후에는 큰 바위 얼굴이라는 이름이 더 유명해졌지만 바위는 동시에 세 가지 이름으로 불렸다. 산의 노인The Old Man of the Mountain, 큰 바위 얼굴The Great Stone Face, 그리고 프로필The Profile. 프로필이라 불리는 건 바위가 옆에서 본 사람 얼굴 형상이기 때문이다.

큰바위얼굴은 단일한 바윗덩어리가 아니라 다섯 개의 렛지ledge=선반로 이루어져 있었다. 절벽에서 툭 튀어나온 다섯 개의 렛지들이 특정한 방향에서 바라볼 때 합쳐져 사람의 옆얼굴로 보이는 것이었다.

큰바위얼굴이 있는 프랑코니아 노치Franconia Notch는 화이트산맥에 있는 U자형 모양의 계곡이다. 만 2천 년 전쯤 빙하가 후퇴한 후, 화강암 바닥에 생긴 균열 사이로 물이 들어가 얼고 녹기를 반복하면서 산의 노인이 출현한 것으로 추정된다.

인디언들만 알고 있던 산의 노인이 처음 외부 세계에 알려진 것은 1805년이다. 그때까지 발견되지 않았던 것은 특정한 방향에서 볼 때만 형체를 드러내는 데다 수풀이 우거져 산꼭대기가 제대로 보이지 않았기 때문이었다.

프랑코니아 노치를 탐사 중이던 프란시스 휘트콤과 루크 브룩스 두 사람이 어느 날 아침 물을 길어오기 위해 호수에 나갔다가 우연히 발견했다.

잔잔한 호수의 물속에 거대한 노인 얼굴이 있었다. 고개를 들어보니 노인 얼굴은 산꼭대기에 있었다. 당시 프랑코니아 노치에서는 여러 탐사팀이 활동하고 있었는데, 산의 노인을 최초 발견한 공은 두 사람에게 돌아갔다.

아베나키 인디언들 사이에 전해내려온 전설이 있다.

달이 해를 삼킨 어느 날. 어둠에 잠긴 세상에서 한 아이, 니스 키조스가 태어났다. 성장한 키조스는 여러 부족들이 모여 거래하고 어울리는 장에 나갔다. 이로코이스족 인디언 아가씨 타를로와 사랑에 빠졌다. 키조스는 타를로를 데리고 마을로 돌아왔다. 행복한 시간도 잠시, 타를로는 집으로 돌아가야 했다. 고향마을 사람들이 역병에 걸렸기 때문이다.

키조스는 산꼭대기에 올라가 살면서 타를로가 돌아올 때까지 기다리겠다고 했다. 낮에는 그녀가 돌아오나 목을 빼고 살폈고 밤에는 혹시나 길을 잃을까 불을 밝혔다.

겨울이 빠르게 다가오고 있었다. 마을 원로들은 동생인 게조사에게 형을 데려오라고 했다. 게조사는 키조스를 데리고 올 수 없었다. 형이 타를로가 돌아올 때까지 산꼭대기에 머무르며 기다리겠다고 했기 때문이다.

고향에 돌아갔던 타를로는 병에 걸려 죽었다. 봄이 오자 게조사는 키조스에게 타를로의 소식을 전하기 위해 산으로 갔다. 하지만 형의 흔적은 어디에도 없었다. 산을 내려오는 길에 게조사는 뒤를 돌아봤다. 산꼭대기에 전에는 없던 커다란 바위가 돌출되어 있었다. 가만 보다 깨달았다. 아, 형이다. 키조스는 산의 일부가 되었구나.

모호크족 전설은 조금 다르다. 키조스 대신에 메미기와셋 추장, 타를로 대신에 모호크족의 미네르와라는 처녀가 나온다. 죽어가는 아버지를 뵈러 돌아간 미네르와를 기다리던 메미기와셋 추장이 죽는다. 위대한 영The Great Spirit이 그의 목숨을 앗아간 것이다. 마을 사람들은 추장의 시신을 미네르와가 돌아올 방향으로 묻었다. 추장은 산의 노인이 되어 미네르와를 영원히 기다리고 있다.

1805년 처음 외부인에게 발견된 후, 큰 바위 얼굴은 뉴햄프셔주의 상징이 되었다. 1850년 나다니엘 호손의 소설로 일약 전세계적으로 유명해졌다. 뉴햄프셔주는 주를 알리고 관광객들을 끌어들이기 위해 큰 바위 얼굴을 적극적으로 활용했다.

↑ 월출산 큰 바위 얼굴. 구정봉 전체가 사람 얼굴을 하고 있다.

주의 동전, 자동차 번호판, 도로표지판 등에 큰 바위 얼굴 모양을 사용했다. 큰 바위 얼굴은 뉴햄프셔주의 상징이자 주민들의 정신적 지주였다.

그런데, 2003년 충격적인 사건이 발생했다. 5월 3일 자정 넘은 시간 큰 바위 얼굴이 무너져 내린 것이다. 산 아래에는 20톤에 달하는 돌무더기가 쌓여 있었다.

사실 큰 바위 얼굴의 붕괴 위험성은 오래 전부터 제기되었다. 붕괴를 막기 위한 시도도 계속되었다. 철근이나 콘크리트로 보강 공사를 하기도 했다.

큰 바위 얼굴의 붕괴는 뉴햄프셔주 주민들에겐 청천벽력 같은 일이었다. 주의 상징이자 정신적 지주가 사라졌으니 당황하지 않을 수 없었다.

더구나 당시 뉴햄프셔주는 200주년 기념 행사를 준비하고 있었다.

뉴햄프셔주는 위원회를 구성해 큰 바위 얼굴 붕괴 후 어떻게 할 것인지를 논의하도록 했다. 인공적으로 복원하자는 안도 나왔으나 최종적으로 부결되었다. 대신 큰바위얼굴유산기금The Oldman of the Mountain Legacy Fund을 설립해 큰바위얼굴 기념 사업을 벌이고 계속해서 큰바위얼굴을 뉴햄프셔주의 자원으로 활용해가기로 했다.

큰바위얼굴박물관Museum을 건립하고, 기념장소Memorial Site를 조성하고, 큰바위얼굴 프로파일러 광장Profiler Plaza을 만들었다. 프로파일러는 추락한 큰바위얼굴의 모형을 의미하는데, 프로파일러를 장대 끝에 달아 멀리 보이는 산꼭대기 얼굴부분이 떨어진 절벽와 겹치게 세우면 마치 아직도 큰바위얼굴이 그 자리에 그대로 있는 것처럼 보인다. 모두 일곱 개의 프로파일러가 세워져 있다.

교육프로그램을 만들어 학생들에게 큰바위얼굴, 의미, 그것을 만들어낸 지질학적 요인 등을 가르치고 있다.

또 매년 5월 7일을 큰바위얼굴의 날로 정해 기념하고 각종 행사를 개최하고 있다. 가수는 노래를 만들고 주는 여전히 도로표지와 자동차 번호판에 큰바위얼굴을 사용하고 각종 캐릭터 상품을 만들어 판다.

뉴햄프셔주에는 1980년에 제정한 큰바위얼굴 청소년 문학상도 있다. 해마다 청소년을 대상으로 한 작품들 중 에서 교사들, 초등학교 학생들, 도서관 사서들이 투표해 우수작품을 선정해 시상한다.

큰바위얼굴은 사라졌지만 관광객들은 여전히 뉴햄프셔주 프랑코니아를 찾는다.

왜 뉴햄프셔주의 큰바위얼굴 이야기를 이토록 장황하게 늘어놓는 것인가. 지역이 월출산 큰바위얼굴을 대하는 태도와 너무도 대조적이기 때문

← 큰 바위 얼굴

이다.

　월출산의 큰바위얼굴은 뉴햄프셔주 큰 바위 얼굴과는 비교할 수 없을 정도로 멋지다. 옆 얼굴이 아니라 거의 정면이고, 크기도 8배 이상이나 된다 월출산 큰바위얼굴 높이 100m vs 뉴햄프셔주 큰바위얼굴 높이 12m. 다만, 불리한 것은 뉴햄프셔주의 큰바위얼굴은 평지에서 보이는데 반해 월출산의 큰바위얼굴은 산에 올라야만 볼 수 있다는 것이다.

하지만, 이것도 설명하기 나름이다. 성스러운 얼굴을 알현하는데 조금의 수고도 들이지 않는다면 그게 더 이상하지 않은가. 뉴햄프셔주 큰 바위 얼굴보다 해발로 200미터 정도 낮은 해발 750m 정도 높이에 위치한 월출산 큰바위얼굴은 몸이 불편한 사람에게는 힘들겠지만, 웬만한 보통 사람이라면 크게 어렵지 않게 올라가 볼 수 있다.

월출산, 나아가서 영암을 상징하는 엠블럼으로 이보다 좋은 게 있을까. 큰바위얼굴을 메타 엠블럼으로 삼고 그 아래 각종 특산품, 공예품, 관광지 마크를 사용하는 것도 얼마든지 가능할 것이다.

캐릭터 상품을 만드는 데도 큰바위얼굴한 게 없다.

사진을 찍기 위해 30년을 월출산을 오르내리면서도 볼 수 없었던 큰 바위 얼굴이 어느 날 홀연히 박철 사진작가의 눈 앞에 출현한 것이 15년 전. 강산이 바뀌는 십년 하고 5년이 더 지났는데도 서울에 사는 지인들 중에 큰 바위 얼굴을 아는 사람이 한 명도 없었다.

박철 작가가 고군분투하며 애써서 제법 알려졌다고 하지만 내 페북을 보고 처음 알았다며 신기해하는 사람들이 대부분이다.

저간의 사정이야 들은 바도 있고 미루어 짐작이 가는 바도 있지만, 이렇게 좋은 자원이 지역에 있는데 그 긴 시간 당췌 뭘하고 있었는지 한심한 느낌이 없지 않다. 큰바위얼굴을 적극 활용하는 건 지역 전체에 이익이 되는 것이다. 그래서 작가도 모든 권리를 지자체에 양도한 것 아니겠는가.

큰바위얼굴 기념관을 만들어도 좋고, 월출산 박물관을 만들고 그 안에 큰 바위 얼굴관을 설치해도 좋을 것이다. 우리나라만이 아니라 미국의 큰 바위 얼굴과 또 다른 나라의 큰바위얼굴들에 관한 자료도 함께 전시해도 될 것이고.

↑ 큰 바위 얼굴 티셔츠. 김반아 박사(왼쪽, 재미 학자·배우·통일운동가).

만들 수 있는 상품들은 또 얼마나 많을 것인가. 아무도 하지 않아 내가 찍은 사진에 직접 글귀를 써넣어 티셔츠를 만들어봤다. 페북에 올렸더니 어디서 살 수 있느냐 묻는 사람들이 있었다. 티셔츠 뿐인가. 큰 바위 얼굴을 테마로 할 수 있는 이벤트들은 또 얼마나 많은가.

교육적 가치도 클 것이다. 언제 어디서든 큰바위얼굴을 만나고 큰바위얼굴을 닮은 위인이 어떤 사람일까 생각하게 되는 환경이라면 아이들은 어떻게 자랄까. 어니스트 같은 위인도 탄생할 수 있지 않을까.

월출산 등산,
큰바위얼굴을 만나다

어제 월출산에 올랐다. 자고 일어나니 온 몸이 당기고 쑤신다. 특히 왼쪽 발목과 오른쪽 무릎이 아프다.

2년 전 횡단보도를 건너다 당한 교통사고. 왼쪽 발목에서 무릎까지 육중한 SUV 바퀴에 깔렸다. 왼쪽 무릎 관절이 부러졌고, 발목은 부러지지 않았다. 수술은 왼쪽 무릎만 했다.

그런데, 수술도 하지 않고 평소에 아무 이상 없던 발목이 시큰거린다. 무릎은 수술한 왼쪽이 아니라 오른쪽이 아프다. 의사 말이 왼쪽 다리 근육이 오른쪽의 60% 수준이라더니 걸을 때 체중이 과도하게 오른쪽에 실리는 탓이다.

월출산 등산. 사고를 당한 후 아직 한 번도 제대로 된 등산을 해본 적이 없어 겁이 났지만 용기를 냈다. 영암에 있으면서 월출산에 오르지 않는대서야 말이 되지 않는다. 무엇보다 사진으로만 보던 큰바위얼굴을 직접 대면해보고 싶었다. 큰바위얼굴 사진으로 유명한 박철작가의 안내를 받기로 했다.

이른 아침. 월출산 등반에 동행할 지인을 데리러 시중으로 가는 도중 해

프닝이 있었다. 차를 몰고 나서는데 주변이 온통 안개에 싸여 있었다. 도로는 시야가 나오지 않았다.

조심 조심 운전해 내동리를 지나는데 유명한 쌍무덤이 나타났다. 안개에 잠긴 옛 무덤들이 만들어내는 풍경이 멋졌다. 그냥 지나치려다 멈췄다. 사진 한 장 찍어두자.

길가에 약간의 여유공간이 보였다. 주차하려 후진하는데 덜컹 하더니 차가 움직이지 않는다. 아무리 액셀을 밟아도 마찬가지. 내려서 확인하니, 아뿔싸! 오른쪽 앞바퀴가 공중에 떠있다. 수로에 빠진 것이다. 다행히 수로는 좁았다.

일하러 나온 농부가 트럭에서 내리고 있었다.

"바퀴가 빠졌는데 좀 도와줄 수 있을까요?"

농부가 다가와 살피더니 말한다.

"아이고, 내 트럭으론 안 돼요. 견인차를 부르세요."

난감했다. 보험회사에 전화만 하면 되는 일이나, 월출산 밑에서 만나기로 한 동행인들과 정한 약속 시간을 못 지킬 수 있겠다는 생각이 들었다.

'그래도 어쩔 수 없지. 견인차를 부르는 수밖에.'

보험회사에 전화를 걸려다 멈췄다. 혹시 빼낼 수 있을지도 모르겠다. 헛도는 앞 바퀴는 후진할 때 꺾은 핸들 방향대로 돌아가 있었다. 공중에 뜬 까닭이었다.

후륜구동이니 뒷바퀴에 세계 힘을 가하면 수로에서 차를 끌어낼 수도 있을 것 같았다. 시동을 걸었다. 핸들을 돌려 앞뒤 바퀴를 일직선으로 맞췄다. 파워모드 스위치를 넣고 후진 기어를 넣었다. 세계 액셀을 밟았다. 꿈틀하더니 그대로다. 다시 한번 있는 힘껏 액셀을 밟았다. 꿀렁하는가 싶더니 앞바퀴가 빠져나오는 게 느껴졌다.

문을 열고 내려 아직도 트럭 주변에 있는 농부에게 소리쳤다.

"빠져 나왔어요~!"

안도의 한숨을 내쉬고 휴대폰 카메라를 켰다. 그 사이 안개가 많이 옅어져 있었다. 셔터를 누르고 사진을 확인해보니 눈에 보이는만큼 멋지지 않았다.

가벼운 마음으로 시종 지인의 집으로 향했다. 견인차를 부르지 않고 혼자 해결했으니 얼마나 다행인가.

하지만, 이땐 몰랐다. 결국 해가 지기 전에 보험회사에 전화를 걸어야 할 운명이었다는 것을.

시종에서 홀로 지내는 지인을 싣고 영암 터미널에서 광주 지인들을 픽업하고 강진으로 향한다. 큰바위얼굴을 보러 가는 길은 여러 가지가 있다.

영암코스는 영암읍 녹암마을 위 대동제 아래 주차장에 차를 세우고 걷기 시작해 대곡제를 지나 계속 올라가는 것이다. 이 코스는 대곡제 물이 영암 시민들의 식수로 쓰이는지라 오랫동안 폐쇄되어 있었다. 군의 노력으로 마침내 열린 길은 '하늘 아래 첫 부처길'이라는 이름으로 불린다. 우리나라에서 가장 높은 곳에 마애여래석상이 있기 때문이다.

마애여래석상을 본 다음 구정봉을 지나 600 미터쯤 더 걸으면 큰바위얼굴 전망대에 이른다. 대동제 주차장에서 큰바위얼굴 전망대까지는 두 시간 반 정도 걸린다.

또 다른 코스는 강진의 금릉 경포대 주차장에서 출발하는 것이다. 큰바위얼굴까지 대략 한 시간 반이면 도착할 수 있다. 영암코스에 비해 시간이 덜 걸리는 만큼 경사는 더 심할 거라 생각했는데, 아니란다.

완전치 않은 무릎 때문에 걱정하자 그래서 이 코스를 택한 것이라고 박철 작가가 말했다. 월출산을 속속들이 꿰고 있는 전문가이니 믿지 않을 도

↑ 강진 금릉 경포대

리가 없다.

강진 금릉 경포대 주차장에서 나머지 일행과 만난다. 발목이 성치 않은 주강현 박사도 강진 코스라면 충분히 갈 수 있다는 말에 용기를 냈고, 얼마 전 혼자서 천황봉까지 갔다 왔다는 김준권 판화가도 또 가보고 싶다며 합류했다.

처음 만나는 이들도 있고 벌써 여러 번 뵌 분들도 있다. 모두 열두 명 일개 분대다. 근처 수퍼에서 생수를 산 후 출발했다.

산길은 험하지 않았다. 경사도 급하지 않았다. 금릉계곡엔 적지만 물이 흐르고 있다. 등산로도 비교적 잘 관리되어 있다.

걷기 시작한 지 얼마 지나지 않아 심장이 쿵쾅거리고 땀이 비오듯 흐르기 시작했다. 가다 쉬다 가다 쉬다를 반복하며 전진했다.

광주에서 온 지인들은 진작에 사라져버렸다. 구정봉을 보고 하산하는 게 오늘 목표라 했더니 천황봉까지 다녀와 합류하겠다며 나르듯 올라가버렸다. 술을 그렇게나 많이 마시는데 어떻게 저런 체력을 유지할 수 있는 건지 신기한 일이다.

이날 다시는 이들을 볼 수 없었다. 천황봉에 오른 다음 큰바위얼굴을 보고 구정봉에 오른 다음 마애여래석상까지 보고 하산한 뒤 오지 않는 나를 기다리다 술에 취해 버스를 타고 광주로 돌아가버렸다.

3년 전 발목을 다쳐 수술까지 했다는 주강현 박사는 외려 나보다 더 잘 걷는다. 본인도 의외라며 놀랐다. 다른 이들도 멀찌감치 먼저 가고 있다. 나를 배려하여 보조를 맞춰주는 이들 몇 명과 후미 그룹을 이루고 천천히 걷는다.

천황봉 2.0km 구정봉 1.4km 경포대 1.4km 라고 쓰인 표지판을 지났다. 나무에 묶인 팻말에 시선이 꽂혔다.

'사망사고 발생 지점, 심장 돌연사'.

헉! 겁이 덜컥 났다. 아직까지 심장에 별 문제는 없었으니까 괜찮겠지. 갑자기 심장이 더 빨리 뛰는 것 같다. 설마. 괜찮을 거야.

큰바위얼굴 전망대가 가까워지자 갑자기 경사가 급해졌다. 시종의 지인이 빌려준 스틱에 힘을 주며 한 발 한 발 나아간다. 산죽이 무성한 좁은 등산로를 지난다. 나무들 뒤로 거대한 바위들이 보이기 시작한다. 능선의 갈림길에 다르자 표지판이 나타났다.

구정봉 0.5km 천황봉 1.1km. 구정봉 전체가 큰바위얼굴이니, 오른쪽으로 조금만 가면 큰바위얼굴전망대. 휘익 시원한 바람이 불어온다. 땀에 젖은 살갗에 닿는다. 아, 상쾌하다. 바람에 향긋한 냄새가 실려 있다.

길 양쪽, 작고 하얀 꽃들이 달려 있는 나무가 있다. 쥐똥나무 아닌가.

"도장나무라고 부르는 걸로 알고 있는데요..."

동신대에서 정년퇴직한 김성후 교수다. 나주에 살면서 얼마 전 나주에 있는 노거수와 거기 얽힌 전설을 전부 조사해 책으로 펴냈다. 전라남도 문화해설사 교육을 맡고 있고, 관광을 통한 지역발전에 열심이다. 도장나무라면 회양목이다. 회양목은 석회암지대에서 많이 자라는 나무다.

갈림길에서 오른쪽으로 조금 가다 왼쪽으로 고개를 돌린다. 구정봉이 손에 잡힐 듯 가깝다. 앗, 그런데, 거대한 사람 얼굴이 보인다. 박철 작가의 사진으로 익히 봐온 덕에 금세 큰바위얼굴인 줄 알았다.

"야아, 큰바위얼굴이다." 이구동성으로 소리친다. 나는 "우와아. 여기서도 보이네." 하고 탄성을 내질렀다.

조금만 더 가면 전망대다. 걸음을 재촉한다. 나무로 된 계단을 오른다. 심장 박동 소리가 들릴 듯하다. 곧 터질 것 같다. 흐윽 흐윽 하는 숨소리는 무슨 짐승이 앓는 소리 같다.

전망대는 구정봉과 천황봉 사이 중간쯤 되는 바위 위에 설치돼 있다. 큰바위얼굴을 정면에서 제대로 볼 수 있는 위치다. 박철 작가가 말한다.

"국립공원관리공단 대표를 찾아가 간곡히 부탁했어요. 차분히 감상할 수 있는 전망대 하나 설치해달라고요."

그런데, 아무리 찾아봐도 여기가 큰바위얼굴 전망대임을 알려주는 표지판이 없다. 사전 정보가 없는 사람은 그냥 무슨 나무데크인 줄 알 것이다. 성의 문제인가 아님 다른 문제가 있는 건가.

"누가 뒷발로 차버렸어요."

박철 작가의 농담이 시니컬하다. 전에는 있었는데 무슨 연유인지 없어져버렸다는 말로 들렸다.

멀리 월출산 아래 들판과 마을들이 보인다. 영암읍은 천황봉 뒤쪽이라

↑ 월출산 큰바위얼굴

보이지 않는다. 천황봉 오른쪽 아래 멀리 보이는 곳은 강진이다. 월남저수지가 반짝거리고 있다.

먼저 올라갔던 이들이 전망대에 모여 있었다. 광주에서 온 지인들은 없다. 벌써 큰바위얼굴 머리 위 구정봉 꼭대기에 올라가 있다. 이쪽을 향해 손을 흔들어보라고 소리치지만 들리지 않는 듯하다.

큰바위얼굴이 우리쪽을 바라보고 있다. 우리 뒤쪽은 천황봉이다. 해가 어느새 중천에 떴다. 명암 대비로 큰바위얼굴이 가장 또렷하게 보이는 시간이다.

어떻게 바위봉우리 전체가 저렇게 리얼하게 사람 얼굴을 하고 있을 수가 있지? 가만 바라보고 있으니 알 수 없는 힘이 나를 감싸는 듯한 느낌이 든다. 월출산의 바위들이 내뿜는 기, 그중에서도 가장 강력한 기는 큰바위

얼굴에서 나오는 것 같다.

"아, 같이 오길 정말 잘했네."

"머리부터 이마 눈 코 입 그리고 턱수염까지, 기가 막히네."

동시다발로 터져 나오는 소감이 서로 부딪힌다.

나무 그늘 하나 없는 땡볕 아래지만 덥지 않다. 산바람이 시원하다.

김원배 대표의 시연에 따라 발열 떡국을 끓인다. 불이 필요 없는 떡국이니 산에서 사용하면 딱이다. 월출산 꼭대기에서 끓여 먹는 매생이떡국이라니. 특별한 맛이다.

박철 작가가 준비한 자료를 나눠준다. 큰바위얼굴에 관한 브리핑 시간이다. 월출산 사진 작가, 큰바위얼굴 전도사인 박작가는 큰바위얼굴에 미친 사람이다.

영암에 내려오고 처음 만난 분이 박철 작가였다. 영암의 볼만한 곳에 관해 물어보고 싶어서다. 박철 작가는 영암관광지킴이 모임 회장이다. 어떻게 해서 큰바위얼굴을 발견하시게 되었느냐는 질문에 대한 박철 작가의 답변이 강렬했다.

"15년 전 추운 겨울날 월출산을 올랐어요. 그 전까지 30년을 다니면서도 없던 일을 그날 경험했어요. 구정봉과 천황봉 사이 능선에 올랐을 때였습니다. 불현듯 월출산의 바위들이 꿈틀꿈틀 살아 움직이는 듯한 느낌에 사로잡혔습니다. 나 말고는 아무도 없는, 하늘과 맞닿은 산꼭대기. 뭔가 신령스러운 기운이 나를 감싸는 듯했습니다.

구정봉을 바라보는 순간 깜짝 놀랐습니다. 수십 년 동안 숱하게 월출산을 올랐지만 한 번도 모습을 드러내지 않았던 거대한 얼굴이 내 눈앞에 있었습니다.

온몸에 전율이 일었습니다. 한동안 꼼짝할 수 없었습니다. 정신을 차리고 카메라 셔터를 눌렀습니다. 사진 속 얼굴은 육안으로 보는 것보다 훨씬 또렷했습니다."

박철 작가는 그렇게 큰바위얼굴을 만났다. 그 후 그의 삶은 온통 큰바위 얼굴로 채워졌다. 사진집을 내고 전시회를 열었다. 들어가는 노력과 시간 과 비용에 비해 벌리는 돈은 없는 일들이었다.

미친 사람이라고 수군거리는 이도 있었다. 큰바위얼굴은 그만 찍고 다 른 사진을 하라는 충고도 받았다. 지자체의 도움도 있었지만 방해도 있었 다. 지자체장의 생각이 절대적인 지역에서 드물지 않은 일이지만 과거 왕 노릇을 하던 어떤 군수는 너무 심했다.

선후배 관계로 친했던 사람이 어느 날부터 군의 공식 명칭으로 큰바위 얼굴 대신 장군바위라는 이름을 내세웠다. 예로부터 장군바위로 불려온 바위는 월출산의 전혀 다른 곳에 있는 것인데도 막무가내였다.

군수의 돌변은 지역정치와 관련돼 있었다. 큰바위얼굴을 알리기 위해

↑ 박철 사진작가(왼쪽)

박철 작가가 군수와 라이벌 관계였던 국회의원의 도움을 받아 국회에서 전시회를 연 것이 오해를 샀다. 공사 구분이 되지 않는 지자체장의 전횡은 지방자치의 크나큰 폐단이다. 군수의 임기가 끝날 때까지 구정봉 큰바위얼굴이 장군바위로 불린 탓에 그 후유증이 아직도 남아 있단다.

과연 그랬다. 구정봉 올라갈 때 본 표지판. 떡하니 장군바위라고 쓰여 있었다.

박철 작가가 일행에게 나눠준 자료를 들어 보이며 설명한다. 박철 작가는 큰바위얼굴의 출현은 어느 나라보다 평화가 절실한 대한민국이 세계평화를 위해 주도적 역할을 하라는 계시로 받아들였다. 월출산 큰바위얼굴 전세계에 알리기, 이 시대의 큰바위얼굴 찾기, 아이들에게 큰바위얼굴 가르치기 등등 지금까지 무얼 해왔고 앞으로 무얼 하고 싶은지 간절하게 말한다.

가만히 눈을 감고 박철 작가가 큰바위얼굴을 처음 대면했을 때의 느낌을 상상한다. 추운 겨울. 화창한 날. 높고 푸른 하늘. 흰 구름. 아무도 없는 산꼭대기. 사방의 바위들이 꿈틀거리기 시작한다. 시선을 돌리자 구정봉이 사람 얼굴로 변해 나를 바라보고 있다.

갑자기 무섬증이 밀려온다. 화들짝 눈을 뜬다. 사람들은 여전히 박철 작가의 말에 귀를 기울이고 있다. 김준권 화백은 붓으로 큰바위얼굴을 스케치하고 있다. 주변의 훤소 따위 안중에 없이 무아지경에 빠져있다.

젊은 여성 등산객 두 명이 지나간다. 이곳이 큰바위얼굴 전망대라는 걸 아는지 모르는지 구정봉을 쳐다보지도 않고 지나간다.

전망대를 내려와 왼쪽으로 가면 구정봉이고 오른쪽으로 가면 천황봉이다.

"조금만 오른쪽으로 갔다가 돌아와 구정봉으로 갑시다."

좋은 볼거리가 있다는데 힘들어도 안 갈 수 없다. 박철 작가의 안내를 따라 천황봉 쪽으로 걷는다. 좁은 바위틈 사이를 빠져나간다. 몸을 돌리니 높다란 돌기둥이 서 있다. 바위들이 포개진 듯한 길쭉한 바위는 영락없이 남근을 닮았다.

꼭대기에 짧은 막대 같은 것 세 개가 보인다. 피뢰침인가 했더니 아니다. 박광자 해설사의 설명인즉, 남근석 위에 철쭉이 자랐단다. 쓰러지지 말라고 지지대를 설치했는데 정작 철쭉은 죽고 지지대만 남았단다.

구정봉을 향해 되돌아간다. 가파른 계단을 오른다. 발만 바라보며 걷는다. 숨이 턱밑까지 차오른다. 손바닥만한 그늘을 찾아 땅바닥에 벌렁 드러눕는다.

↑ 남근 바위

구정봉 바로 아래 음수굴이 있다. 베틀굴이라고도 불린다. 왜적을 피해 도망온 사람들이 굴에 숨어 베를 짰다고 해서 붙은 이름이라는데 전설일 뿐이다. 음수굴은 여성의 음부를 쏙 빼닮았다. 바닥에 물이 흥건히 고여 있다. 사시사철 마르는 일이 없단다. 예로부터 여인네들이 찾아와 아들 낳게 해달라고 빌었던 기도처임을 단박에 알겠다.

굴안으로 들어간다. 깊지 않다. 바깥과 달리 시원하다. 막다른 곳에 이르자 바닥에 움푹 구덩이가 파여 있다. 머리를 들자 거기에도 구멍이 나

↑ 베틀굴(음수굴)

있다. 찍은 사진은 차마 보기 민망할 정도로 노골적이다. 우리나라 산 여기저기 음굴이 있지만 이렇게 리얼한 건 드물다.

남근석과 음수굴 그리고 큰바위얼굴. 뭔가 스토리가 연결된다.

구정봉으로 오르기 전 한 사람이 겨우 지나갈 수 있는 바위틈이 있다. 뚱뚱한 사람은 애먹을 것 같다. 겨우 빠져나와 구정봉으로 올라간다. 먼저 올라갔던 주강현 박사가 내려온다. 다음 목적지인 마애여래불로 간단다.

구정봉 정상은 큰바위얼굴 머리 위다. 널찍한 바위에 여기저기 움푹 패인 구덩이들이 있다. 대부분 물이 고여 있다.

전설에는 아홉 개의 샘이 있다고 해서 구정봉이라는 이름이 붙었다는데 실제로는 더 많은 것 같다. 물이 솟아나는 것도 아니니 샘은 아니다. 하지만 물은 일년 내내 마르지 않는단다.

가장 큰 구덩이에 고인 물에서 뭔가 움직인다. 개구리다. 지네도 있다. 봄이면 개구리알도 볼 수 있단다. 겨울엔 얼어붙을 터인데 신기한 일이다.

고인물과 바닥에 가라앉은 침전물의 농담이 다르다. 바위에 파인 구덩이, 상대적으로 맑은 물, 진한 색의 침전물을 합해 보니 괴수의 눈알처럼 보인다. 용가리, 고질라, 혹은 공룡?

산 아래 멀리 들판과 강들이 보인다. 뱀처럼 구불거리며 영산강으로 흘러드는 영암천, 그 앞에 군서천, 그리고 학산천이다. 너른 들은 간척으로 갯벌이 논으로 바뀐 데가 많다. 간척지를 제거하고 그려보면 옛날 영암이 바다에 바로 면한 고장이었음을 알 수 있다.

지금으로선 상상하기 쉽지 않지만 옛날엔 배를 타고 일본도 중국도 갈 수 있는 곳이었다. 왕인박사는 월출산 아래서 배를 타고 일본으로 갔고, 왜구들도 배를 타고 영암으로 쳐들어 왔다.

김성후 교수가 바위에 누워보라고 재촉한다. 단단한 바위에 오랜 세월 얼고 녹아 생긴 물길이 선명하다. 작열하는 태양은 여전히 구정봉 바로 위에 떠 있다. 햇빛은 강렬한데 그다지 덥지 않다. 시원한 바람이 불어 온다. 바위는 뜨겁지도 차갑지도 않다. 바위의 기운이 온몸으로 스며드는 느낌이 든다.

월출산의 3대 봉우리 중에서 천황봉 809m 향로봉 744m 다음 세번 째로 높은 구정봉 711m. 그러나, 월출산에서 이야기가 가장 많은 봉우리는 구정봉이다. 옛 문헌에는 천황봉보다 구정봉이 언급된 회수가 훨씬 많다. 가뭄이 들면 사람들은 구정봉에서 기우제를 지냈다. 월출산의 기가 모이는 신령스러운 봉우리는 구정봉이다.

구정봉을 더 널리 알릴 필요가 있다. 구정봉에 올라 꼭 해야 할 버킷리

스트도 만들고. 가령, 가부좌 틀고 명상하기, 천변만화하는 구름 감상하기, 드러누워 바위의 기 흡수하기, 두 팔 벌리고 서서 우주의 기운 느껴보기 등등.

영어식으로 표현하면 구정봉은 영적 소용돌이spiritual vortex다. 영화 명량의 울돌목 소용돌이를 상상해보라.

영암도 미국 애리조나의 세도나처럼 될 수 있다. 월출산은 화강암이지만, 세도나는 붉은 사암지대다. 경치 좋은 코스가 많아 하이킹과 산악 바이킹, 트레킹의 명소다. 전세계에서 사람들이 몰려든다.

종 모양으로 생긴 바위인 벨락Bell Rock은 세도나의 모든 기가 모이는 스피리추얼 보텍스다. 명상하기에 좋은 장소로 알려져 전세계 수행자들에게 인기가 있다. 명상을 좋아하는 세계인은 엄청나게 많다.

기의 고장을 내세우고 있는 영암이 세도나처럼 되지 못할 이유가 없다.

기Qi와 영spirit은 다르지만 표현하기 나름이다.

구정봉에 누운 지 한참이 지났다. 소파처럼 안락한 바위라니. 일어나 몸을 움직이는데, 갑자기 다리에 쥐가 난다. 종아리와 허벅지가 빳빳하게 경직되기 시작하는데 어떻게 할 도리가 없다. 아아아악.

놀란 박철 작가가 다가와 힘껏 발가락을 젖힌다. 허벅지를 주무른다. 김성후 교수도 왼쪽 허벅지를 마사지한다. 이런 민폐가 없다. 무릎 수술, 재활, 2년이 넘는 시간이 지났다. 아직도 사고 전의 60% 정도 밖에 안 된다는 근육으로 갑작스레 무리를 했다.

쥐는 잡았는가 하면 다시 살아난다. 이 상태로 산을 내려갈 수 있을까. 이러다 정말 헬기 불러야 하는 거 아닌가.

혹시 큰바위얼굴님이 섭섭하셨을까. 월출산을 우습게 보고 복장도 제대로 갖춰입지 않은 채 껄렁껄렁 올라왔다고.

한참을 주무르고 나자 나무토막처럼 굳었던 근육이 조금 풀리는 것 같다. 구정봉에 머무른 시간이 한 시간은 된 느낌이다. 얼마든지 더 머무를 수 있겠다. 이른 새벽, 해질녘, 구정봉 바위 위에 홀로 앉아 있으면 어떤 기분일까.

몸 상태가 이런데 어떡하지. 애초의 계획은 구정봉 아래 500m 지점에 있는 마애여래석상을 보고 용암사지를 지나 하산하는 것이었다. 하지만 포기하기로 한다. 두 시간 반을 걷는 것보단 한 시간 반 걸리는 강진 코스로 내려가는 게 나을 거라는 박철 작가 의견에 따르기로 한것이다.

산은 올라갈 때보다 내려갈 때 더 위험한 법. 다리가 정상이 아닌 상태에서는 더욱 그렇다. 천천히 발걸음을 옮기는데 왼쪽 발목과 오른쪽 무릎이 아파온다. 수술한 왼쪽 무릎 대신 오른쪽에 체중이 과도하게 실리기 때문이다. 평소엔 못 느꼈던 왼쪽 발목의 통증은 과도한 운동으로 유발됐을 것이다.

워낙 천천히 걷는지라 올라갈 때보다 내려올 때 거리가 훨씬 멀게 느껴진다. 다른 사람들 대부분은 영암 쪽 길로 벌써 하산했다.

그런데, 주강현 박사의 행방이 오리무중이다. 분명히 마애불쪽으로 내려가는 걸 봤는데. 아무리 전화를 해도 받지 않는다. 영암 쪽으로 내려간 일행이 전화를 해도 안 받는단다. 전화기가 오래돼 배터리가 빨리 닳는다더니 그래서일 것이다.

그래도 혹시. 불안감이 엄습한다. 구조대에 신고해야 하는 거 아니냐고 말하는 이도 있다. 아이, 어떤 분인데요. 혼자서 세계를 휩쓸고 다니는 분인데. 그래도 살짝 불안하다. 등산로의 그늘이 더 진해졌다.

싸목싸목 마침내 금릉 경포대까지 내려왔다. 나까지 포함해 일행은 모두 네 명. 내 차를 타고 회동 장소인 영암읍 월송서원으로 갈 차례다. 어, 바퀴 펑크난 것 같은데요. 눈썰미가 날카로운 김성후 교수가 외친다.

예? 뒷바퀴가 납작하게 주저앉아 있다. 아침에 수로에서 무사히 빠져나왔다고 좋아했는데, 결국 이렇게 될 운명이었나보다.

결국 모두 함께 하는 등산 마무리 모임은 무산되었다. 일찌감치 하산한 사람들은 뿔뿔이 흩어졌다. 보험회사에 신고를 하고 기다린다.

"바람이 심하게 새는데요."

보험회사가 보낸 카센터 직원이 바퀴에 바람을 채우더니 말한다. 귀를 기울이자 쌔~하는 소리가 들린다. 차를 들어올려 살피던 직원이 가리킨다.

"여기 좀 보세요."

바퀴 안쪽이 심하게 찢어져 있다. 아침에 수로에서 차를 빼낼 때 어딘가 날카로운 것에 닿았던 듯하다.

"수리로는 안 되겠는데요. 타이어 바꾸셔야 돼요. 바람 넣어드릴 테니까 문 닫기 전에 빨리 가세요."

강진에 있는 카센터로 17키로를 달렸다. 그 사이 영암 쪽 등산로 입구에서 주강현 박사를 기다리던 박복용 해설사한테 전화가 왔다. 주박사는 무사하단다. 마애여래석상을 보고 옛 등산로로 잘못 들어가 한참을 빙 돌아 내려왔단다. 휴, 일행 모두 안도의 한숨을 쉬었다.

이날 드라마는 이걸로 끝인 줄 알았지만 아니었다. 귀가했던 김준권 판화가가 다시 차를 몰고 나서려는데 핸들과 바퀴가 따로 놀기 시작하더란다. 조향장치의 볼트가 풀린 때문이었다. 달리는 도중이 아니어서 천만다행이었다.

드라마틱한 하루는 왕인유적지 내 한옥식당 송죽관에서 시끌벅적하게 끝났다. 다시 만난 사람들은 월출산 등반기를 무용담처럼 풀어놓았고, 마애여래석상은 약사여래상일 가능성이 높고 손에 병을 들고 시립하고 있는 작은 상은 동자가 아니라는 주강현 박사의 열띤 강의를 들었다.

고대하던 큰바위얼굴은 만났으나 마애여래석상을 보지 못한 아쉬움이 남았다. 조만간 하늘에 가장 가까이 있는 마애여래석상을 뵈러 다시 월출산에 올라야겠다. 쥐가 안 날 정도로 다리 근육을 단련하려면 시간이 좀 걸리겠지만.

하늘 아래
첫 부처 길

 아침 9시. 함께 월출산 마애여래석상을 보러 가기로 한 사람들과 대동제 주차장에서 만나기로 했다.

 8시 반. 차를 몰고 숙소를 나섰다. 사위가 온통 안개에 싸여 있었다. 차의 비상등을 켰다. 서호들을 가로지르는 직선도로를 조심조심 달렸다. 안개에 뒤덮인 풍경을 한 커트 찍고 가자. 길가에 차를 세웠다. 월출산은 전혀 보이지 않았고 제법 높이 올라온 해도 뿌옇게 흐려져 있었다.

 사진을 찍고 차로 돌아와 시동을 켜는 순간 왱 하는 소리와 함께 휙 하고 자동차가 지나갔다. 깜짝 놀라 나도 모르게 빠앙 경적을 울렸다. 아니, 시야도 제대로 나오지 않는 길을 저렇게 빨리 달리다니. 깜박거리는 비상등도 못봤나.

 나모 모르게 육두문자가 나왔다. 시동을 켜면서 바로 핸들을 틀고 액셀을 밟았다면 영락없이 큰 충돌 사고가 났을 것이다. 휴우. 가슴을 쓸어 내렸다.

 다른 이들은 약속 시간보다 늦게 왔다. 짙은 안개로 좀처럼 드문 교통정체가 있었단다. 어느 새 안개가 걷히고 아침 햇살 속에 월출산이 모습을 드러냈다. 햇빛을 받은 바위들이 빛났다.

아홉시 반. 대동제 주차장을 출발했다. 대동제는 커다란 저수지다. 대동제에서 용암사지까지 가는 하늘 아래 첫 부처길. 작년 가을에 개통했는데, 해발 가장 높은 곳에 마애여래석상이 있어서 붙여진 이름이다.

오래 전 골짜기 높은 곳에 상수지가 생기고 월출산이 국립공원이 되면서 원래 있던 오솔길이 폐쇄되었다. 마을 사람들이 나물을 뜯으러 다니고 주변에 있던 암자와 절을 다니던 길이었다. 왕인박사, 도선국사, 최지몽, 김시습, 정약용 같은 분들이 다닌 길이라고 해서 명사탐방로라고 불렸다.

개통 전, 폐쇄돼있던 동안 마래여래석상을 보고 싶은 사람들은 다른 등산로를 통해 구정봉으로 간 다음 용암사지까지 험한 비탈길을 내려왔다 다시 구정봉쪽으로 돌아가야 했다.

대동제에서 출발해 총 2.8km에 이르는 하늘 아래 첫 부처길을 걷기 시작했다. 월출산 국립공원이라 쓴 대문 기둥 앞에서 단체로 기념 사진을 찍는다. 길은 잘 다듬어져 있었다. 기찬랜드에서 대동제까지는 영암군이, 대동제에서 용암사지까지는 국립공원관리사무소가 닦았다.

억 하는 큰 소리가 났다. 김성후 교수가 앞으로 넘어졌다. 다행이 넘어진 곳이 푹신한 흙이어서 다치지 않았다. 길 가운데 나무 뿌리가 튀어나와 있었다. 걷는 동안 살펴보니 여러 곳에 끝까지 자르지 않고 남겨둔 나무 뿌리들이 있었다. 영암군이 길을 조성하라고 국립공원관리공단에 40억 원이 넘는 돈을 지급했다는데, 무슨 관리를 이 따위로 하느냐며 김 교수가 투덜거렸다.

땅 위로 튀어나온 나무 뿌리에 걸려 넘어지는 사람이 제법 있을 수 있겠다. 김 교수의 발이 걸린 나무 뿌리 옆에 큰 돌을 가져다 놓았다. 혹시나 못 볼 수도 있는 다른 사람을 위해.

↑ 대곡제

　지난번, 변변치 않은 체력에 일반 워킹화를 신고 스틱도 짚지 않고 큰 바위 얼굴을 보러 갔다가 큰 고생을 했다. 이번엔 미리 가벼운 등산화와 스틱 두 개를 준비했다. 확실히 걷기 편했고 무릎에 가해지는 부담이 적었다. 게다가 지난 주 해외 입양인들과 함께 여행하며 많이 걸었던 것이 제법 체력 훈련이 된 것 같았다. 등산을 마칠 때까지 한 번도 쥐가 나지 않았다.

　조금 걸으니 금세 땀이 났다 11월 중순으로 접어드는데도 날씨가 최저 11도 최고 19도다. 올해는 더운 날씨 탓에 제대로 물든 단풍을 구경하기가 쉽지 않다. 국화 축제를 연 지자체들이 꽃이 피지 않아 애를 먹었단다.

　그래도 월출산엔 울긋불긋 제법 단풍이 들어 있었다. 햇살을 받아 선명한 빨강으로 빛나는 단풍잎이 아름다웠다.

첫 부처길 옆 계곡이 제법 넓었다. 크고 작은 바위들이 가득했고 수량은 많지 않지만 물이 흘렀다. 계속 올라가자 상수도 수원지대곡제가 나왔다. 팻말이 서있고 철제 대문이 가로막고 있었다. 왼쪽의 열린 문을 통해 안으로 들어선다. 대곡제 둑 위로 월출산의 능선이 보였다.

대곡제 물에 월출산이 비쳤다. 근사한 데칼코마니 그림이 펼쳐졌다. 땅 위 월출산에도 물속 월출산에도 가을이 한창이다. 오리 한 마리가 수면 위를 미끄러져가고 있었다. 지나간 자리에 작은 물결이 일었다.

어떤 오리길래 여기서 저러고 있을까. 이런 저런 시답잖은 추측들을 했다. 육칠십대 어른들이 아이들처럼 즐거웠다. 나무 다리를 건넌다. 다리 아래 계곡이 있다. 졸졸 물이 흐른다. 바위 산인 월출산은 물이 많지 않다.

한참을 걸은 것 같은데 표지판을 보니 겨우 500미터 올라왔다. 용암사지까지 남은 거리 2.3km. 곧 이어 평탄한 길이 끝나고 계단이 시작됐다. 헉헉 숨이 차기 시작한다. 겉에 입은 바람막이를 벗는다.

등산로 바로 옆에 어마어마하게 큰 바위가 있다. 길쪽 표면이 평평하다. 저런 바위면 누군가 글을 새기거나 부처님을 새기거나 했을 법한데, 깨끗하다. 동그란 구멍들이 여럿 나있긴 하다. 기자신앙과 관련이 있을 성도 싶지만 알 수 없는 일이다. 그러려면 저 바위에 국사암처럼도선국사 바위 뭔가 전설이 있어야 할 터인데.

한참을 올라 작은 나무 다리를 건너니 가파른 나무 계단이 나온다. 모두들 걸터 앉아 쉰다. 나와 문화관광 해설사 박광자 씨 부부, 김성후 전 동신대 교수는 모두 등산화를 신고 스틱을 짚으며 걷는데, 김 교수의 친구인 한석봉식품 김원배 사장은 일반 워킹화에 스틱 없이 걷는다. 가뜩이나 안 좋은 무릎에 체중이 주는 부담이 그대로 가해질 수 밖에 없다. 모두들 스틱이 얼마나 도움이 되는지 얘기한다. 김 사장이 아내에게 전화해 바로 스틱을 주문해달라 부탁한다.

헉헉거리며 또 올라간다. 길가에 듬성듬성 산죽이 자라고 있다. 조릿대 숲이 나온다. 연의 살을 만들고 화살을 만드는 대나무다. 흔히 시누대라고 하는데 원래 우리말인지 궁금하다. 일본인들이 조릿대篠竹를 시노타케라고 하기 때문이다.

조릿대 숲 가운데 좁은 통로를 빠져나가자 산죽밭이다. 산죽밭 옆에 앉아 쉰다. 이끼가 잔뜩 낀 돌이 있다. 돌을 다듬어 네모로 만든 구조물이 있다. 샘 같다. 조그만 대롱에서 물이 쫄쫄 흘러 떨어지고 있다. 눈을 들어 위를 보니 다듬어진 돌이 보인다. 주춧돌 같다.

"여기가 용암사지 같은데요."

몇 걸음 올라가니 제법 너른 평지가 나온다.

"용암사지네."

용암사지에 도착할 때까지 세 번을 쉬었다. 평균 두 시간에서 두 시간 반이면 도착한다는데 거의 한 시간 이상이 더 걸렸다.

가파른 돌계단 위에 석탑이 보인다. 용암사지 3층 석탑 간판이 있다. 동국여지승람에 용암사지에 관한 기록이 나오는데 정확한 위치를 몰랐다. 1955년, 용암사라는 기와가 발견되면서 이곳에 있던 절이 용암사라는 사실이 밝혀졌다.

해발 600m 높은 곳, 동남쪽 방향으로 지은 300평 넓이의 사찰. 길도 제대로 없는 이 높은 곳에 어떻게 절을 지었을까. 지금 같으면 헬기를 쓰면 되겠지만 순전히 인력으로 모든 자재를 운반해야 했을 텐데. 생각할 수록 대단하다.

보물 128호인 삼층 석탑은 용암사 뒤쪽 언덕에 자리하고 있다. 양식으로 보아 통일신라 말 혹은 고려 초에 만들어진 것으로 판단된단다. 건너다

↑ 용암사지 3층 석탑

보이는 봉우리들이 가을 햇살 속에 빛난다.

특이한 모양을 한 바위들을 바라보다 말을 타고 가는 삼장법사 일행 같다고 생각했다. 나중에 월출산 전문가 박철 사진작가에게 물어보니 삼장법사 바위는 다른 데 있고 내가 본 건 여인바위란다. 박철 작가는 월출산의 기암괴석 거의 전부에 이름을 붙였다. 실제로 박작가가 붙인 이름이 그대로 사용되는 경우가 적지 않다.

1996년 무너진 석탑을 보수했다. 아래층 기단에서 백자사리호 1점, 금동보살좌상 1점, 청자 대접 1점, 사리 32과, 철편 11점 등을 수습했단다.

용암사 터에 주춧돌들이 있고 벤치가 두 개 놓여 있고 물 없는 돌샘이 있다. 잔뜩 이끼가 낀 돌절구도 있다. 이렇게 높은 곳이 아니라면 벌써 누가 훔쳐갔을 것이다.

　많지는 않지만 아직 파란 잎사귀를 달고 있는 고목이 있었다. 몸통에 버섯이 잔뜩 달려 있다.

　용암사지에 있는 표지판. 마애여래석상 0.1km, 삼층석탑 0.2km라고 쓰여 있다. 엥? 저 석탑 말고 또 다른 삼층석탑이 있다는 건가? 용암사지 근처에 또 다른 삼층석탑이 있었다. 일단 마애여래불을 알현하고 좀 쉬었다가 가보자.

　마애여래석상 앞 벤치에 점심을 차렸다. 박광자 씨가 준비해온 김치, 말린 감과 말린 고구마와 말린 인삼, 차, 배, 김원배 사장이 준비해온 가래떡과 감, 내가 가져간 샤인머스켓 등.

　다른 무엇보다 하이라이트는 발열 떡국이어야 했다!

　그런데, 김원배 사장이 가져왔어야 할 발열떡국이 없다.

　"발열떡국을 꺼내려고 배낭을 열었는데, 없는 거 아닙니까. 아이고, 다 싸 놓고 그대로 놔두고 가래떡만 갖고 왔어요."

　헐! 모두들 산에서 자체발열 떡국을 끓여 먹으면 정말 맛있겠다고 얘기하면서 왔는데. 새로 개발한 수프도 이전 것보다 더 맛있다고 해서 잔뜩 기대했는데. 누구랄 것 없이 실망의 탄식이 흘러나왔다.

　"아니, 나폴레옹이 저 산만 넘으면 술과 여자가 있다고 병사들한테 얘기해 놓고 막상 산을 넘고 보니 아무 것도 없다고 한 것과 뭐가 다릅니까."

　짐짓 김원배 사장을 놀리는 재미가 쏠쏠했다.

　"이 가래떡, 영암에서 나는 좋은 쌀로 만들어서 엄청 맛있어요. 먹어보셔."

　다른 회사에서 만든 건 맛없어 못 먹는다, 요렇게 짤막하게 새 상품을 만들었다 운운. 김원배 사장의 필사적인 가래떡 자랑이 계속되었다.

과연 가래떡은 맛있었다. 양이 많지 않을 것 같았는데, 세 토막을 먹으니 더 이상 먹을 수 없었다. 과일에, 초콜렛에, 금세 배가 불렀다. 마애여래석상 앞에서 요란한 점심 식사를 했다.

해발 611m. 국보 144호 월출산 마애여래석상은 대한민국에서 가장 높은 곳에 위치하고 있다. 더 높은 곳에 위치한 절은 많아도 국보인 불상으로서는 월출산 마애여래석상이 최고다. 높이 8.6m, 신체 높이 7m, 거대한 불상을 이렇게 높은 곳에 어떻게 새겼을까.

불상의 오른쪽 무릎 옆에는 키가 86cm인 동자상이 새겨져 있다. 역광 속에 동자상이 잘 보이지 않아 한참을 찾았다. 동자상 팔 옆에 뭔가 얹혀 있었다. 나뭇잎 같지 않은데, 누가 일부러 올려놓은 것 같은데.. 의견이 분

↑ 마애여래석상 (국보144호)

분했지만 식별할 수 없었다.

　마애여래석상의 웅장함에 압도되었다. 대동제에서부터 거의 3km. 하늘 아래 첫 부처길을 힘들게 올라온 보람이 있었다.

　"기왕 여기까지 올라온 김에 큰 바위 얼굴까지 보고 가시죠? 구정봉까지 오백 미터만 더 가면 되는데."

　모두 그렇게 하자고 흔쾌히 동의했다.

　"자, 구정봉으로 갑시다."

　가파른 등산로를 다시 헉헉거리며 오르기 시작했다. 그런데, 아뿔싸, 다들 또 다른 삼층석탑에 가본다는 걸 까맣게 잊고 있었다. 등산을 다 끝내고나서야 깨달았다. 마애여래석상에서 백미터만 옆길로 갔다가 돌아오면 되는 것을.

　가파른 경사를 올라야 하는 산의 오백 미터는 평지와는 전혀 달랐다. 두어 번을 쉰 다음에야 구정봉에 도달할 수 있었다. 얼핏 봐서는 아무 길도 없을 것 같은 커다란 바위 사이에 겨우 한 사람이 빠져나갈 수 있는 좁은 통로가 있다. 통천문, 하늘로 통하는 문이다.

　구정봉 꼭대기에 올랐다. 앞쪽은 영암, 뒤쪽은 강진이다. 월출산은 영암에 삼분의 이, 강진에 삼분의 일이 있다. 강진 쪽에서 보는 월출산도 멋있지만 영암에서 보는 것과 비할 바 아니다. 영암에서 봐야 월출산의 전체 모습과 평야에서 우뚝 솟아난 웅장한 모습을 제대로 감상할 수 있다.

　발 아래 멀리 영암군과 영산강이 보인다. 가슴이 탁 트인다. 구정봉 구덩이들에 물이 차 있다.

　"지난 번 왔을 땐 말라 있었는데, 오늘은 물이 있네."

　매년 월출산에 오른다는 부부였다. 경기도 용인에서 왔단다. 부부에게 입고 있는 티셔츠의 그림을 보여주며 큰 바위 얼굴에 관해 설명했다.

구정봉은 거대한 바위 봉우리로 윗부분 102미터가 큰 바위 얼굴이다. 다 같이 구정봉 바위 위에 누웠다.

　11월의 바위는 여름철과 달랐다. 서늘한 냉기가 몸 안으로 파고 들었다. 오래 누워있기엔 적합하지 않았다. 자칫하면 구안와사에 걸릴 수도 있을 것 같은 불안감이 들었다.

　모두 큰 바위 얼굴 전망대로 향했다. 베틀굴을 구경했다. 여성의 성기를 쏙 빼닮은 모습은 여전했다. 다만 지난 여름과 달리 맨 안쪽에 고인 물 말고 바깥으로 흐르는 물은 없었다.

　"여기선 안에서 밖을 향해 사진을 찍는 게 더 멋있어요."

　박광자 해설사가 말했다. 굴 안에 서서 바깥을 바라보고 서있는 나를 박 해설사와 김 교수가 찍었다. 제법 근사한 사진이 찍혔다.

　바람재에 이르렀다. 여름에 왔을 땐 여기서부터 큰 바위 얼굴이 또렷이 보였는데, 보이지 않았다. 전망 데스크에서도 마찬가지였다. 큰 바위 얼굴이 가장 선명하게 보이는 때는 맑은 날 해가 구정봉 꼭대기에 떠 있는 시간이다. 오전 11시부터 오후 1시 사이, 바로 위에서 내리쬐는 햇빛을 받아 구정봉 바위에 음영이 생기면 큰 바위 얼굴이 또렷하게 모습을 드러낸다.

　하지만 마애여래석상을 보고 오느라 오후 세 시가 넘어버렸다. 해는 이미 서쪽으로 한참 기울었다. 그늘 속에 있는 큰 바위 얼굴은 그것이 큰 바위 얼굴인지 모르는 사람 눈에는 전혀 보이지 않을 것이다.

　나이 지긋한 등산객들이 전망대로 온다. 2박 3일로 달마산과 월출산을 등산하러 부산에서 왔단다.

　"저기 보이는 게 구정봉이고 큰 바위 얼굴입니다. 아세요?"라고 물었다.

　"구정봉은 아는데 바위 이름이 장군바위 아니예요?"라고 되묻는다.

"월출산 장군바위는 다른 곳에 있고요, 저건 큰 바위 얼굴입니다."

왜 장군바위로 잘못 알려졌는지 하는 이유와 큰 바위 얼굴에 관해 얘기해준다.

"또 와야 되겠네예. 큰 바위 얼굴 보러."

한 명이 부산 사투리로 말한다.

"그러세요. 큰 바위 얼굴이 또렷이 모습을 드러내는 시간에 맞춰 꼭 또 오세요. 큰 바위 얼굴을 마주하고 가만히 앉아 있으면 신비한 느낌을 받을 겁니다. 월출산은 아시다시피 대한민국에서 기가 제일 센 곳이잖아요. 그 중에서도 구정봉이 최곱니다."

큰 바위 얼굴 티셔츠 소개도 빼놓을 수 없다. 직접 찍은 사진으로 만들었다, 요것은 사진을 좀 만져서 커리커처로 만든 것이다, 나다니엘 호손의 소설 큰 바위 얼굴을 아시느냐, 뉴햄프셔주의 큰 바위 얼굴은 비교도 할 수 없을 정도로 월출산 큰 바위 얼굴이 크고 멋있다 등. 짧은 시간에 좌악 큰 바위 얼굴 자랑을 했다.

"먼저 내려갑니다."라고 말하고 작별 인사를 한다. 애초에 왔던 길을 되돌아 가려던 계획을 포기하고 강진 경포대쪽으로 내려가기로 한다. 되돌아가는 데는 두시간 반 이상, 강진 쪽은 한 시간 반이면 된다.

처음부터 큰 바위 얼굴을 볼 생각이었으면 강진 경포대에서 출발해 큰 바위 얼굴 —구정봉— 마애여래석상·삼층석탑·용암사지—대동제로 가는 코스를 잡았을 것이다. 마애여래석상까지만 보고 내려오자고 했던 것이 내친 김에 큰 바위 얼굴까지 보고 가는 걸로 바뀌었다. 컨디션이 생각보다 좋았다. 그래도 지친 몸으로 다시 왔던 길로 멀리 되돌아가기는 부담스러웠다.

내려오는 길에 오른쪽 무릎이 시큰거리기 시작했다. 수술한 왼쪽이 아

↑ 큰 바위 얼굴. 서쪽으로 기운 해 때문에 얼굴이 잘 드러나지 않는다.

니라 오른쪽이 시큰거리는 건 무의식 중에 체중을 오른쪽에 싣기 때문일 것이다.

커다란 사다리를 지고 내려오는 사람이 있었다. 길을 비켜주며 뭐 하는 거냐 물으니 사진 촬영을 하는 사람이란다. 작고 가벼운 삼각대가 아니라 저런 큰 사다리를 왜 무겁게 지고 다니는 거지. 궁금했지만, 물어볼 수 없었다. 무거운 장비를 진 남자는 우리를 앞질러 금세 멀어져갔다.

몇 번을 앉아 쉬며 드디어 경포대까지 내려왔다. 그동안 용인에서 왔다는 부부에게도, 부산에서 온 등산객들에게도, 추월당했다.

콜택시가 기다리고 있었다. 독천의 구림식당으로 갔다. 전에 몇 번 가본 곳이었다. 이런 곳에 항상 북적이는 음식점이 어떻게 있을 수 있지 싶을 정도로 언제나 손님들로 만원인 식당이다.

순대국으로 유명한 집인데 일행 모두 뼈다귀해장국을 시켰다. 맛있었다. 옆 테이블에서 굽는 돼지 막창이 맛있게 보였다.

각자 차를 몰고 귀가했다. 멀지 않은 거리를 달리는 동안 졸음이 쏟아졌다. 체력이 한계에 달해 있었다. 온몸의 근육이 쑤셨다. 융성도서관 숙소에 들어서자마자 재빨리 샤워를 한 뒤 그대로 쓰러졌다. 다음날 아침까지 통나무처럼 꼼짝 않고 잤다.

드디어 큰 바위 얼굴과 마애여래석상을 모두 친견했다.

글을 쓰고 있는데 서울의 어머니한테 전화가 왔다.

"아야, 저녁은 먹었냐, 서울에는 언제 올라 오냐, 뭐 한다고 거그서 그라고 사서 유배생활을 하고 있냐, 어서 끝내고 올라와야."

낼모레 칠십인 아들을 아직도 초등학생 취급하신다.

나도 빨리 끝내고 싶지만 생각했던 것보다 재미있는 이야기가 영암에 많다.

영암과 세도나

미국 애리조나주에 있는 세도나 시티. 인구가 만 명 정도에 불과해 시가 아닌 타운이라고 해야 맞지 않을까 싶은 소도시다. 시라고 하면 우리 기준으로는 적어도 인구가 최소 10만 명은 넘어야 되는 걸로 생각하지만 미국에서는 오천 명에서 만 명 정도의 지역도 시인 경우가 있으니, 우리하고는 개념이 다르다.

인구가 6만 명이 채 안 되는 영암은 시가 아니라 군이다. 흔히 미국식 영어로 번역할 경우 영암 카운티county가 될 터인데, 영어 번역에는 문제가 있다. 미국에서는 시티가 카운티보다 작은 경우가 많기 때문이다. 예를 들어 캘리포니아 애너하임시는 오렌지 카운티 안에 있는데, 인구가 35만 명 정도다. 반면, 오렌지카운티의 인구는 380만 명이다. 단순히 시는 시티, 군은 카운티라고 생각하면 곤란하다.

세도나시는 1988년 코코니노 카운티와 야바파이 카운티의 일부 지역을 통합해서 새로 탄생했다. 물론 세도나라는 이름은 오래전부터 사용되어 왔다. 세도나를 품고 있는 코코니노와 야바파이 두 카운티의 인구는 각각 14만 명과 24만 명 남짓이다.

세도나시의 면적은 49.2km²다. 영암군의 면적이 612.5km²고 월출산의 면적이 56.1km²이니 세도나가 얼마나 작은지 알 수 있다.

월출산보다도 면적이 작지만 세도나는 세계적인 관광지다. 전세계에서 한 해 600만 명이 넘는 관광객이 찾아온다.

세도나의 관광 자원은 적암 컨트리Red Rock Country라고 불리는 붉은 사암 지대다. 우뚝 솟은 절벽과 기묘한 모양의 바위들과 계곡들이 어우러져 만들어내는 경치에 관광객들은 저도 모르게 탄성을 내지른다. 특히 일출과 일몰 때 햇빛을 받아 붉게 타오르는 듯한 적암컨트리의 풍경은 장관이다.

하지만, 아름다운 풍경 못지 않게 세도나로 사람들을 끌어당기는 힘이 있다. 과학적으로 증명된 게 아닌지라 어디까지나 주장이지만, 세도나에 영적 에너지 보텍스들spiritual vortexes 영적 소용돌이이 존재한다는 것이다. 가장 유명한 보텍스는 벨록Bell Rock 종 바위 보텍스이고, 나머지는 커씨드럴록Cathedral Rock 성당 바위 보텍스, 보인튼 캐년Boynton Canyon 보인튼 계곡 보텍스, 그리고 에어포트 메사Airport Mesa 보텍스다. 채플오브홀리크로스the Chapel of the Holy Cross 성십자가예배당 사이트도 보텍스로 알려져 있다. 종 모양으로 생긴 벨록은 서부영화에 많이 등장해서, 사진을 보면 알아 볼 사람도 있을 것이다.

영적 에너지라고 하니 낯설지만 우리식으로 말하면 기氣 정도가 될 것이다. 보텍스는 또 명당에 해당한다고 볼 수 있다. 지구상에 기가 소용돌이치는 보텍스들이 모두 21개소 있는데 그중 다섯 군데가 세도나에 있다고 한다. 다른 보텍스는 이집트의 기자 피라미드, 페루의 마추피추, 호주의 울루루 같은 곳이다.

보텍스에서 소용돌이 치는 에너지에는 여성적 에너지feminine energy와 남성적 에너지masculine energy가 있단다. 영어로 쓰니 뭔가 있어 보이지만 대략 음기와 양기로 이해하면 될 것 같다.

↑ 미국 애리조나주 세도나 적암지대

세도나에 보텍스가 존재한다는 주장은 1980년 심령술사 페이지 브라이언트Page Bryant가 처음 제기했다. 알비온Albion이라는 영이 자기에게 세도나의 보텍스에 관해 얘기해주었다는 것이다. 믿거나 말거나지만 그녀의 주장 이후 7년이 지난 시점에 만 명에 달하는 영적 탐구자들이 세도나에 모여 집회를 열었다.

이후 서서히 세도나는 보텍스의 고장으로 소문나기 시작했다. 물질적으론 풍요롭지만 정신적 빈곤과 영혼의 결핍에 시달리는 사람들, 명상가, 뉴에이지 추종자, 선 수행자, 요가 수행자, 영적 경험을 원하는 예술가 등이 몰려들었다. 세도나에는 기도, 명상, 심신치유, 레크리에이션 센터들이 들어서고 여행자들을 위한 각종 편의 시설들이 들어섰다.

과거, 창시자 때문에 일어난 성 관련 스캔들로 이미지가 추락하긴 했지만, 우리나라 단월드도 일찌감치 세도나에 진출해 단학선원을 열었다. 마고가든이라는 이름으로 운영하는 휴양시설에서 단요가라는 이름으로 한국식 심신수련법을 배우고 체험할 수 있게 하고 있다. 단월드의 진출과 더불어 1990년대 말부터 적잖은 단학지도자들이 세도나에서 살기 시작했다. 현재 세도나에는 한국식 카페 식당은 물론 다양한 비즈니스가 성업 중이고, 한인 커뮤니티까지 형성되어 있다고 한다.

그런데, 사실 1980년 세도나에 보텍스가 있다는 주장이 나오기 훨씬 오래 전부터 인디언들에게 적암컨트리Red Rock Country는 성스러운 땅이었다. 비록 영적 에너지 보텍스 같은 개념은 없었지만 아파치, 나바호, 호피 등 아메리카 원주민들은 적암컨트리에서 자신들에게 영생을 주는 땅의 에너지가 나온다고 믿었다.

백인 침략자들에게 쫓겨 다른 곳에 있는 보호구역으로 쫓겨가야 했던 인디언들은 영적 에너지 보텍스 운운하며 세도나를 잘 이용해 먹고 있는 이들을 보면서 무슨 생각을 할까.

세도나에 관한 자료를 읽으며 영암을 생각한다. 영암이라는 이름이 월출산에서 비롯된 것임은 아시는 바대로다. 월출산의 신비한 동석the Moving Stone이 곧 영암신령스러운 바위=the Spiritual Rock인 것이니 월출산과 영암은 하나다. 영은 스리핏spirit이다. 영과 기Qi는 다른 개념이지만, 거칠지만 이해하기 쉽게 영적 에너지를 기로 치환해 써도 무방하지 않을까. 영암군을 애초에 영의 고장이 아니라 기의 고장이라고 정한 까닭도 그편이 더 설명하기 쉬워서일 것이다.

스스로 기의 고장이라고 내세우고 있듯 영암은 기가 센 고장, 신령스러운 기운이 가득한 고장이다.

세도나에 영적 보텍스들이 있다고 하지만, 영암에도 세도나 못지않게 많은 영적 에너지 보텍스 혹은 기의 소용돌이가 존재한다고 해서 하등 이상할 게 없다. 지구상에 보텍스가 스물한 개 존재하고 그 대부분이 동양이 아닌 서양에 있고 그중 다섯 군데가 세도나에 존재한다고 하는 건 서양 사람들의 엿장수 맘대로 식 주장이다. 과학적 증거는 없더라도 지구에 에너지 소용돌이라는 게 존재할 수 있다고 가정한다면, 보텍스가 서구에만 몰려 있을 이유가 없다. 더구나 기 센 한반도, 그중에서도 기가 세다는 영암에 없을 리 없다.

저들이 말하는 여성적 에너지니 남성적 에너지니 하는 것도 마찬가지다. 그걸 음기와 양기로 대체한다면 월출산에도 그런 에너지를 발산하는 보텍스들은 얼마든지 있다.

흔히 남성적 에너지는 높은 곳에 있고 상승하며 여성적 보텍스는 낮은 곳에 있고 하강한단다. 남성적 에너지는 솟아오른 바위나 산, 태양, 여성적 에너지는 계곡이나 동굴, 달 같은 것에 있단다.

곧게 자라지 않고 회오리처럼 나선형으로 돌며 올라가는 나무가 있는 곳은 보텍스일 공산이 크단다. 고개를 갸우뚱하는 사람도 있겠지만 믿는 사람들은 진심이다. 의외로 숫자도 많다.

그렇게 보면 월출산에는 남성적 에너지를 분출하는 보텍스가 얼마나 많겠는가. 바위 덩어리로 된 봉우리들과 적라라한 남근바위 등. 여성적 에너지 보텍스는 또 어떤가. 큰 계곡, 작은 계곡, 움푹 패여 사시사철 물이 나오는 베틀굴, 산위에 뜨는 달 등.

남성적 에너지와 여성적 에너지가 조화를 이루는 장소는 또 어디에 있을까. 그럴 듯한 장소를 얼마든지 찾아낼 수 있을 것이다.

세도나에서 일하는 어떤 힐러ʰᵉᵃˡᵉʳ 치유자는 바위에 드러누운 체험자들 위

에서 북을 치거나 방울을 흔들면서 지구가 우리 몸을 만나기 위해 일어나고 우리 몸이 지구를 영접하기 위해 내려가는 걸 상상하라고 한다. 우리 몸 안에 철이 있듯 바위에도 철이 있고, 우리 몸에 피가 흐르듯 땅 밑에 물이 흐르는데, 그 물이 우리 몸을 통해 흐르는 상상을 해보라고 한다. 심호흡을 하고 최대한 릴랙스한 상태에서 바위와 몸이 하나가 되는 상상을 해보라는 것일 텐데, 도선국사가 생각나는 건 왜일까.

그런 체험을 한 어떤 체험자는 자신이 바위와 하나되는 느낌을 받았다고 했는데, 나도 구정봉—큰 바위 얼굴 머리 위에 올라가 바위 위에 큰대자로 드러누웠을 때 그런 느낌을 받았다. 머리 위에서 쨍쨍하게 햇빛이 내리쬐면 선명하게 사람 얼굴을 드러내는 신비한 바위 봉우리. 구정봉은 세계 어느 보

영암과 세도나　163

텍스 못지않게 강한 에너지를 발산하는 킹왕짱 보텍스임에 틀림없다.

아무런 느낌을 못 받았다고 할 사람도 있을 테지만 상관없다. 뭔가 신비한 느낌을 받았다거나 월출산, 구정봉, 그리고 바위의 기운을 느꼈다는 사람들은 틀림없이 있을 테니. 구정봉 큰 바위 얼굴을 알현하고 머리 위에 올라가 본 사람으로서 자신 있게 말할 수 있다.

세도나를 보면서 영암은 왜 모처럼 기의 고장이라는 좋은 컨셉을 오래전에 정해놓고 관련된 사업을 적극적으로 하지 않았을까 하는 의문이 든다. 큰 바위 얼굴을 발견한 지 15년이나 됐는데 관련 사업 하나 제대로 하지 않는 것도 그렇고.

뉴햄프셔주는 붕괴되어 사라진 뒤에도 계속해서 큰 바위 얼굴을 이용하고 있고, 세도나는 영적 에너지 운운하며 세계적인 관광지로 우뚝 섰다. 물론 세도나를 찾는 관광객들 중에는 하이킹, 바이킹, ATV 드라이빙 등 어드벤처를 즐기려는 사람들도 많다.

영암은 기 덩어리인 월출산과 큰 바위 얼굴을 둘 다 갖고 있다. 다른 데 없는 소중한 자원이다.

큰 바위 얼굴을 알현하고 구정봉에 올라 영적 에너지를 느끼면서 우주 혹은 자연. 대지, 바위와 하나되는 체험을 해볼 수 있는 프로그램을 만들어도 좋을 것이다. 희망자들을 데리고 영암을 구경하고, 먹고, 자고, 구정봉에 올라 보텍스를 체험해보는 프로그램은 어떨까. 명상, 힐링, 자기 탐구, 수련, 자연치유, 휴식 등과 관련된 이벤트와 사업은 또 어떤가.

영암에 살아보니 월출산의 존재와 의미를 확실히 알겠다. 늘 그 품에 안겨 사는 지역민들은 외려 잘 느끼지 못한다. 영암은 다른 어떤 것보다 월출산, 큰 바위 얼굴, 기혹은 영적 에너지 보텍스가 기본이다.

스피릿 혹은 영혼 탐구자들spiritual seekers or soul seekers이여, 스피리추얼 록

카운티로 오라. 세계 어느 유명한 보텍스에도 뒤지지 않는 강력한 에너지 보텍스가 있는 문라이즈 마운틴에서 특별한 영적 체험을 해보시라. 영혼의 모험soul adventure에 도전해보시라. 지친 심신을 힐링하시라. 고갈된 에너지를 재충전하시라. 이전과 달라진 자신을 느끼게 될 것이다."

800살 노거수
엄길리 느티나무

　오랜만에 라이딩을 즐겼다. 거의 400km를 달렸다. 더운 날씨였다. 그래도 달리니 시원했다. 바람조차 더운 한여름만큼은 아닌 게 다행이었다.

　광주에 살 때, 한낮 기온이 35도까지 올랐던 날, 고흥까지 홀로 라이딩을 갔었다. 소록도에 도착했을 때 몸의 에너지가 완전히 고갈돼버렸다. 벤치에 누워 한 시간을 쉬고 아이스크림을 먹고 벌컥벌컥 찬물을 마셨는데도 몸의 배터리는 좀체 충전되지 않았다.

　라이딩 하다 열사병에 쓰러질 수도 있겠구나 하는 생각이 들어 오싹했다. 소록도에서 광주까지, 흩어지는 정신을 필사적으로 붙들어 매면서 뜨거운 아스팔트 위 더운 공기 속을 달려 어떻게든 무사히 귀환했다.

　실제로 그런 사고가 일어나는 모양이다. 홋카이도 투어링 때 만난 육십 대 일본인 라이더. 오토바이를 수십 년 탄 베테랑이었는데 무더운 여름날 라이딩 중에 정신을 잃고 쓰러졌단다. 오토바이는 그대로 벽으로 돌진했다. 머리가 깨지고 갈비뼈가 왕창 나가는 대형 사고였다. 대수술을 하고 1년 간의 재활기간을 거친 뒤 회복 기념으로 홋카이도 라이딩을 하고 있었다. 더운 여름 라이딩에 특별히 주의해야 하는 까닭이다.

↑ 엄길리 느티나무

라이딩은 국도보단 지방도가 훨씬 좋다. 국도는 시간 단축용^{고속도로를 탈 수 있으면 좋겠지만 불가하니}이고 지방도는 느긋하게 즐기는 용이다. 바람, 냄새, 산그늘의 서늘함, 경치, 외로움...

라이딩 막바지. 영암읍을 지나 서호권역 들판으로 들어선다. 백암동 마을 입구에서 좌로 꺾으면 드넓은 간척지 평야 가운데로 쭉 뻗은 도로다.

오른쪽 논 가운데 도선국사 전설이 서려 있는 백의암이 있다. 일제 말기, 서호강을 막는 간척사업이 벌어지기 전까지 지금의 논은 바다였다. 백의암은 바다에 둘러싸인 작은 섬이었다. 여기서 보면 쉽게 알 수 있다. 백의암^{백암}에서 유래한 백암동은 간척 후 생긴 마을이다.

판타~스틱~! 평야 가운데를 거침없이 달리는 기분은 남도 라이딩에서 맛볼 수 있는 특별한 것이다.

베이스캠프인 융성도서관을 떠나거나 돌아올 때 가장 많이 지나는 마을이 엄길리다. 마을 가운데를 관통할 때도 있고 우회할 때도 있다. 어느 때건 마을 입구에 서있는 거대한 노거수를 만난다.

처음 보는 이라면 차를 세우지 않고 지나치기 쉽지 않다. 크고 잘 생겼다. 더위를 식혀줄 그늘도 넓다. 옆에는 천양정이라는 정자도 있다. 들이 끝나는 저편은 월출산이다. 손에 잡힐 듯 가깝다. 논과 월출산이 만들어내는 풍경이 한 폭의 그림이다.

영암 도처에 월출산 감상 포인트가 있지만, 실은 어디든 월출산이 보이는 곳이 영암이다. 장소에 따라 달라지는 월출산의 모습을 즐기는 데는 어디든 나름의 매력이 있다.

라이딩 마무리. 엄길리 느티나무 앞에 오토바이를 세운다. 더위 속을 숨차게 달리느라 몸통에 열이 잔뜩 올랐다. 달릴 땐 가벼운 생명체 같던 것이 세우니 그냥 무거운 쇳덩어리다. 무게를 지탱할 수 있을만큼 무릎이 회복된 데 감사한다.

엄길리 느티나무는 수령이 무려 800년이다. 선뜻 믿어지지 않는다. 이 정도 살면 아무리 나무라 해도 신통력이 생길 수밖에 없을 것이다. 높이는 23미터이고 둘레는 8.4미터다. 이런 전설이 있다.

↑ 엄길리 느티나무 가을음악회

"옛날 민정이라는 여인이 이 나무 밑에서 빌었다. 아들이 과거에 급제하
게 해달라고. 아들이 과거에 떨어지자 나무가 말라죽었다. 이듬 해 과거에
급제하자 다시 살아 났다."

민정. 전설에 나오는 이름치곤 모던하다. 말라 죽었다 살아난 나무는 아
들 잘 되기를 기원한 어미 자신의 은유다. 흔한 세속적 전설이지만 민초들
의 삶은 예나 지금이나 그런 것이다. 가족 건강하고 자식 잘 되고. 조금 더
나아가면 아는 사람 모두 잘 되고 나라 평안하길 바라는.

신양정 마루에 앉아 서호들과 월출산이 만들어내는 그림을 감상한다.
신령스런 바위산과 엄길리 느티나무께 나라 거덜내고 국민들 삶 피폐하게
하는 삿된 잡귀들 어서 좀 물러가게 해주십사 빌었다.

느티나무를 중심으로 깔끔하게 관리된 작은 공원 한 켠에 피아노가 놓
여 있다. 작년 가을 처음으로 이곳에서 가을 음악회가 열렸다더니, 그때

쓴 피아노인가.

그림은 되는데 그냥 노천에 저렇게 둬도 되나. 비오면 다 젖고 상할 텐데. 세속적인 걱정이 머리를 쳐든다*. 설치 미술 오브제? 풍우에 시달리면서 변형돼가는 소리를 때때로 기록하나?

느티나무를 배경으로 오토바이 사진을 찍는다. 멋있다. 어쩔 수 없는 라이더다. 오토바이를 섹시하다고 하면 웃을 것이다. 안 타는 사람들은 모른다. 오토바이가 얼마나 섹시한지.

시골길을 달릴 땐 두둥두둥 사운드도 즐기며 말타듯 주유할 수 있는 할리가 제격인데. 짐도 있고 장거리라 어쩔 수 없이 비머를 가져와야 했다.

융성도서관 월출산 룸. 시원한 물로 샤워를 하고 찬물을 한 잔 주욱 들이킨다. 시원한 맥주라면 더 좋을 걸. 맥주캔 들여놓을 공간이 없는 손바닥만한 냉장고가 아쉽다. 영양 많은 맥주를 좋아해선 안 되는 몸이긴 하지만.

---

*   걱정할 필요가 없겠다. 나중에 보니 비가 예보된 날, 커버가 씌워져 있었다.

작고 예쁜 성당,
영암 신북성당 시종공소

영암에 우리나라 가톨릭 교회 건축사에 길이 남을 성당이 있다.

건축가 김정신 교수는 대한민국 최고 수준의 교회 건축 전문가다. 전국의 많은 성당을 설계했고, 많은 상을 받았다. 약현성당 복원이나 북한 KEDO 종교동, 성현성당이 주요 작품들이다. 김 교수의 대표작품 리스트 맨앞 자리를 차지하고 있는 건축물이 영암에 있다.

김정신 건축가는 영암의 성당들도 설계했다. 영암성당1993과 시종공소 1998다.

그런데, 자신의 이력서에 자랑스럽게 내세우는 건물은 영암성당이 아니라 시종 공소다. 영암성당에 대해선 여러 모로 아쉬움이 남는다고 말했다.

시종 공소. 정식 명칭은 시종 성요셉성당이다. 전에는 영암성당 소속이었으나 신북성당이 건축되면서 신북성당 산하가 되었다.

어느 날. 내동리 쌍무덤 근처 시종 버스터미널 앞 교차로를 지나다 멀지 않은 언덕 위 작고 빨간 성당이 눈에 띄었다.

'이런 데 예쁜 성당이 있네'라는 생각이 들어 구경하고 싶어졌다. 누구 작품인지, 어떤 이야기가 있는지, 전혀 몰랐다.

↑ 영암 신북성당 시종공소

　첫번 째 방문 땐 휙 둘러보고 나왔다. 시간이 없는데다 문도 잠겨 있고 아무도 없는 줄 알았다. 사전 정보를 챙긴 다음 한 번 더 와야지. 조사해보니 김정신 건축가의 작품이었다.

　그가 쓴 책 '하느님의 집 하느님 백성의 집'에 시종공소에 관해 한 챕터가 할애돼 있다.

　"지금까지 시종일관 기쁨과 감동으로 기억되는 곳이 한 곳 있다." 시종공소에 대한 애정과 자랑스러움이 듬뿍 담겨 있다.

　두번 째 방문을 하기로 했다.

　시종터미널 교차로에서 교회 방향의 도로로 진입하자마자 길 건너 반대편에 성당으로 들어가는 입구가 있다. 유턴한다. 입구에 천주교 광주대교

구 시종 성요셉 성당이라 새긴 큰 표지석이 있다.

골목으로 들어가 오른쪽으로 꺾으면 언덕 위에 성당이 있다. 작은 주차장에 차를 세운다. 한켠에 큼지막하게 '하제 진주 강공 병원 공적비'가 서 있고 그 뒤편 화단에 시편의 구절을 새긴 비석이 있다.

주님께 청하는 오직 한 가지,

나 그것을 얻고자 하니,

내 한 평생,

주님의 집에 사는 것이라네(시편 27장 4절).

나성자 도미나

강병원 요셉

아래 있는 검은 비에는 시편의 다른 구절들과 함께 강병원 나성자 두 분의 이력이 새겨져 있다. 이력은 1998년 5월 25일 성요셉 성당 봉헌으로 끝난다. 아하. 신자가 지어 봉헌한 성당이구나.

주차장에서 성당으로 올라가는 두 갈래 길이 있다. 하나는 계단을 오르는 것이고, 다른 하나는 화단을 우회해 경사로를 걷는 것이다. 오른쪽 길을 택한다. 조금 올라가니 성모상이 있다. 층층이 적벽돌로 쌓은 계단의 맨 위칸, 동그란 대 위에 모셔진 성모 마리아가 고개를 오른쪽으로 살짝 기울이고 합장하고 있다.

성모상 아래 몇 송이 빨간 꽃이 피어있는 하얀 포장지로 싸인 작은 화분 하나가 놓여 있다. 쁘띠 성모공원의 분위기가 자못 순결하고 경건하다.

성당 문은 잠겨 있다.

"아무도 안 계세요? 누구 안 계신가요?"

큰 소리로 외친다. 반응이 없다. 성당 우측으로 돌아간다. 벽면에 플레이트가 붙어 있다. 뭐라 쓰여 있는지 잘 안 보인다. 초고도 근시와 난시에 이제는 노안까지 겹쳤다. 가까이 다가간다.

두 개의 동판 중 하나에는 교회명이 새겨져 있고, 다른 하나에는 성당 봉헌자인 강병원 요셉과 설계자인 김정신 스테파노 그리고 성경 구절이 새겨져 있다.

> 나에게 능력을 주시는 분을 힘입어 우리는 무슨 일이든지 해낼 수 있습니다. 필립 4:13

사도 바울이 감옥에서 빌립보 교회 신자들Philippians에 보낸 서한의 한 구절, 빌립보서 4장 13절이다. "능력을 주시는 분을 힘입어". 옛스런 한국어 번역이 재밌다.

다른 버전의 번역도 있다. "내게 능력 주시는 자 안에서 내가 모든 것을 할 수 있느니라."

'능력 주시는 자 안에서'는 무얼 말하는 걸까. 예수님 바깥에서는 할 수 없다? 예수님이 허락하지 않는 일은 할 수 없다? 헬라어 원문을 모르니 뭐라 할 수 없지만, 영어 번역은 이렇게 돼있다. I can do everything in him who gives me power.

'능력을 주시는 분을 힘입어'=능력을 주시는 분의 힘을 입어라는 가톨릭 버전이 더 쉬운 것 같다. 동판 앞에서 쓸데없는 생각이 길어졌다.

다시 성당 앞쪽으로 나와 고개를 뒤로 젖힌다. 지붕 곡선이 배안에서 내려다본 뱃머리를 닮았다. 아는 사람이라면 주교관mitre 주교가 쓰는 모자을 떠올

릴 것이다.

정면 아래에는 커다란 문, 위쪽 부분엔 제법 큰 창문이 아홉 개 뚫려 있다. 큰 창문 다섯 개, 작은 창문 네 개. 큰 창문들을 선으로 연결하면 십자가다. 십자로 분할되는 네 개의 공간 안에 각각 작은 창문 하나씩이 설치돼 있는 구조다.

건물 뒤로 돌아간다. 뒤쪽에도 마당이 있고, 차가 한 대 주차돼 있다. 그렇다면 누군가 있을 확률이 큰데.

성당을 올려다본다. 창문 하나 없이 붉은 벽돌을 높이 쌓아 올렸다. 뒤의 스카이라인이 앞과 똑 같다. 설계자가 의도한 바다.

"후면은 주교의 관으로 읽혀질 수 있도록 단순한 윤곽선을 살리는 대신에 의도적으로 디테일은 생략하였다."

처음 뱃머리 곡선 같다고 생각했는데, 가히 틀리진 않은 듯하다. 김정신 건축가의 말이다.

"마을 전체를 내려다볼 수 있는 낮은 언덕 위에 마을을 향해 타원형 배 모양을 하고 있다."

다시 성당 앞으로 간다. 조금 떨어져 전체 구조를 살핀다. 오른쪽이 본당이다.

왼쪽으로 긴 사각형 건물이 이어진다. 사제관과 수녀관이다. 본당과 사각형 건물을 잇는 중간 지점에 종탑이 있다. 연필처럼 가늘고 길게 수직으로 쭉 뻗어 올라간 종탑 꼭대기에 십자가가 달려 있다. 수직 종탑은 비대칭적인 좌우 건물의 균형을 잡는 역할을 한다.

건축가가 붉은 흙벽돌, 벽돌들 사이 줄눈의 색상, 적색의 창틀을 선택한 것은 지역의 황토색과의 조화를 위해서였고, 원형 곡선은 지역에 흔한 고분들의 이미지를 반영하기 위해서였단다. 튀지 않고 오래전부터 그 자리에 있었던 것처럼 자연스럽게 주위 환경에 녹아들 수 있도록 설계했다는 것이다.

"아무도 안 계세요?"

큰 소리로 외치고 기다린다. 주차된 차도 있었겠다 분명히 수녀님이 계실 거야.

한참을 기다려도 반응이 없다. 안 계시나? 돌아선다. 그런데, 삐그덕~ 문이 열린다. 나이 지긋한 수녀님 한 분이 빼꼼히 얼굴을 내민다.

"누구세요? 무슨 일이세요?"

"아, 예. 안녕하세요?"

인사하고 자기소개를 한다.

"안에 들어가 볼 수 있을까요?"

"아, 예, 들어오세요."

수녀님을 따라 들어가며 나눈 대화를 통해 알게 된 사실이다.

송 안젤라 수녀는 지난 3월 시종 공소로 왔다. 원래 소속은 용인에 있는 성모영보수녀원이다. 영암으로 오기 전에는 경기도 화성의 노인복지시설인 '해 뜨는 마을'에서 근무했다. 그전에는 천안노인복지관에 있었다.

영암에 있는 신부들은 광주대교구 소속이고 광주전남 지역 안에서만 이동한다. 반면 수녀들은 인사이동에 따라 전국 어디든 간다. 시종 공소의 신자 수는 현재 40명 가까이 된다. 일주일에 두 번 신북성당 신부가 와서 미사를 집전한다.

수녀님을 따라 성당 안으로 들어갔다.

바깥 정면에서 본 네모난 아홉 개의 창은 스테인드글라스다. 유리화 작가 마르크 수사하인츠 피터 루돌프와 조규석이 공동으로 디자인한 작품이다. 스위스 태생인 마르크 수사는 독일에 거주하며 유럽 여러 나라 성당의 스테인드글라스를 제작했다.

1987년 이래 한국에 거주하면서 국내외 열여덟 군데의 스테인드글라스 창유리를 제작했다. 시종공소, 송현성당, 분당 요한성당, 몽고 울란바토르 성당 등이다.

조규석은 현재 파주 헤이리 예술인마을에서 '유리재'를 운영하고 있는 작가다. 1980년부터 십여 년간 한국 유리화의 선구자 이남규 공방에서 배우며 작업했고, 마르크수사 등 예술가들과 공동으로 작품을 제작했다.

성가대석의 십자창은 프랑스에서 가져온 달드베르dalle de verre로 제작했다. 달은 평판, 포석, 토막, 슬레이트란 뜻이다. 베르는 유리다.

십자창은 아래쪽은 파란색이고 위쪽은 노란색이다. 사이 사이 녹색, 빨강, 보라색 유리가 배열돼있다. 가운데 창에는 아주 큼지막하게 하트가 박혀 있다. 하트의 모양은 검은 외곽선이 만들어 내는 것이고, 선 안은 대부분 노란색과 아주 조금 빨강이 섞인 유리 조각으로 만들어졌다.

유리 조각은 접착 시멘트를 써서 이어 붙인 것인데, 모두 엑스x자 혹은 십자 모양으로 돼있다. 간간이 투명한 유리 조각이 끼어 있는데 예수가 썼던 가시관의 가시들을 연상시킨다.

컬러풀한 유리 조각들을 통과하며 굴절되는 빛과 가는 유리 조각들로 만들어진 가시 십자형의 하얀 빛이 현란한 색채의 공연을 펼치고 있다. 황홀하다.

시종 성당의 겉만 구경하는 것은 말 그대로 수박 겉핥기다. 성당 안으로 들어와 햇빛과 스테인드글라스가 펼치는 콜라보 공연을 반드시 감상해야 한다.

김정신 건축가는 시종 공소의 스테인드글라스를 이렇게 표현했다.

주변 환경과 함께 온통 빛으로 채우고 물들이는 신비로운 시종 공소의

스테인드글라스는 저 무한한 하늘 자체의 빛의 생동하는 굴절로 우주의
섭리에 따라 시시각각 변주되는 오케스트라

제대를 제외한 벽들에도 스테인드글라스 창문들이 설치돼 있다. 1층에
좌우 네 개씩 여덟 개, 2층에 좌우 세 개씩 여섯 개, 2층 좌우 벽 가운데 뚫
린 큰 창 두 개. 눈에 확 들어오는 건 우리 전통 보자기 문양의 스테인드글
라스다. 성가대석 십자창과는 또 다른 아름다움에 넋을 빼앗긴다.

아름다운 창문들을 모두 찬찬히 감상하자면 긴 시간이 필요하다. 불쑥
찾아와 수녀님의 시간을 오래 빼앗기 미안하다.

제대 뒤 벽에는 예수고상이 그냥 벽에 박혀 있다. 둥글게 휘어진 벽면
때문에 십자가를 생략한 것이라는데, 조각가 고 이정구의 작품이다. 지붕
에 뚫려 있는 원통형 천창을 통해 쏟아져 내리는 햇빛에 예수고상의 그림
자가 아래로 짙게 드리워져 있다. 벽에 못 박힌 예수가 더 처절하게 느껴
진다.

천장을 올려다보니 본당의 몸체가 배 모양인 줄 금세 알겠다. 가운데를
가로지르는 용골과 그 양쪽에 붙은 늑골들이 만들어내는 곡선이 영락없
다.

"그런데, 봉헌자인 강병원 요셉이라는 분, 혹시 영암에 사시는 분이신가
요?"

"아니요. 서울 어디 사신다던데. 자세힌 몰라요."

아직 모르는 것이 많다는 수녀님이 불쑥 책 한 권을 건넨다.

"이 책 읽어보세요."

"예? 무슨 책이죠?"

수녀님께 선물로 받은 책은 시종 성당 봉헌자 강병원 요셉이 쓴 자서전

〈꿈을 안고 살아온 80년〉이었다. 숙소로 돌아와 읽었다.

강병원 선생은 영암군 시종면 봉소리에서 태어났다. 목포고등학교를 다녔는데, 대학에 갈 형편이 못 되었다. 졸업하고 집으로 돌아가자 아버지께서 말씀하셨다. 아버지로서 내가 할 일은 끝났다. 이제부터는 네가 원하는 길을 찾아 떠나라.

서울로 올라가 이 집 저 집 가정 교사를 하다가 동대문시장에서 의류사업을 하는 주인 아주머니를 만났다. 도와주면서 열심히 일하다보니 신임을 얻었다. 사장 가족이 미국으로 이민을 가게 되었다. 뜻하지 않게 의류사업을 물려 받았다. 사업장을 남대문시장으로 옮겼다. 역시 의류업을 하고 있던 경상도 출신 여성을 소개받아 결혼했다.

전국 시장을 상대로 한 의류 도소매 사업은 크게 번창했다. 옷은 만드는 족족 날개 돋친 듯 팔려나갔다. 미처 공급이 따라가지 못할 정도였다. 우여곡절은 있었지만 남대문시장 상가 개발도 성공했다. 남대문 시장의 건물주가 되었다. 1983년에는 강남구 역삼동 사거리 지하철역 부근에 지하 7층 지상 20층의 오피스텔 빌딩을 지었다.

부자가 되었지만 마음 한 구석에 늘 내가 이렇게 존재하는 데는 이유가 있지 않겠는가라는 생각이 자리하고 있었다. 가까운 성당을 찾았다. 교리 공부를 하고 신자가 되었다.

고향에 도움이 되는 일을 하고 싶었다. 시종에 노인복지회관을 지어 기증했다. 초등학교에는 시계탑, 횃불동상을 세워주었고 집기등도 기증했다. 지역 학생들에게는 장학금을 지급했다.

의류사업에서 철강산업으로 사업을 확장했다. 1995년 의정부에 비철금속회사인 정경금속을 설립했다.

고향인 시종면에 영암성당 소속 공소가 있었지만 불편이 많았다. 성당을 지어 봉헌하자고 생각했다. 1996년 성당 기공식을 했다. 공사가 절반 정도 진행되던 시점에 IMF 사태가 터졌다. 어려움이 닥쳤지만 성당 공사만은 포기하지 않고 밀어부쳤다. 작지만 아름다운 성당을 짓고 싶었다.

설계는 건축가 김정신 스테파노에게 맡겼고, 스테인드글라스는 마르크 수사와 조규석 작가에게 맡겼다. 성상 조각은 이정구 조각가가, 십사처 조각은 최해연 조각가가 했다. 정원 설계는 박승자가 했다.

조경 공사를 할 사람을 고용하지 않고 선생 자신이 직접 정원수를 하나하나 골라 사다 심었다. 예쁘게 조성된 정원은 성당과 훌륭하게 조화를 이뤘다.

1998년 5월 25일 시종 성요셉 성당을 봉헌했다. 마침내 목표했던 대로 작지만 최고로 아름다운 성당이 고향에 들어섰다.

강병원 선생은 적지 않았지만 건축가 김정신 교수가 쓴 글에 성당 건축 과정 중에 있었던 에피소드가 나온다.

강병원 선생이 건축을 직접 감독하다보니 공사가 순조롭게 진행되지 못했다. 눈에 차지 않으면 몇 번이고 쌓았던 벽돌을 허물고 다시 쌓게 하니 인부들의 불만이 팽배했다.

어느 날 예상보다 한없이 많이 들어가는 벽돌 양을 이상하다 여겼는데, 알고 보니 인부들이 벽돌의 반 이상을 파묻어 버린 것이었다. 사용된 벽돌 양만큼 노임을 받았던 인부들이 선생을 속였던 것이다.

범죄자로 처벌될 처지의 인부들을 선생은 용서했고, 인부들은 열성적으로 공사에 임했다. 서울의 전문가에 비하면 거칠기 짝이 없는 일꾼들이었지만, 개심하고 정성을 다한 끝에 어디에도 없는 아름다운 성당을 완성해냈다.

어떤 물건이나 건물이든 거기 얽힌 흥미진진한 스토리가 가치와 아름다움을 배가시키는 법이다.

　고향이란 무엇일까. 어릴 적에 떠났지만 항상 그리운 곳. 나이가 들면 돌아가 뭔가 도움 되는 일을 하고 싶어지는 그런 곳이 아닐까. 고향 사람들은 시종면민상과 영암군민상으로 선생에 대한 고마움을 표시했다.

영팔정과
아천미술관

영암에서 나주 방향으로 달린다. 나주 거의 다 가서 신북면 사무소 쪽으로 우회전해 신북초중학교를 지나 조금 더 가면 모산리다. 큰 기와집들과 도로변에 세워진 거대한 비석이 범상치 않은 마을의 분위기를 풍긴다.

그렇다. 모산리는 명촌이다. 원래 나주군 비음면에 속해 있었으나 일제 강점기 행정구역 개편으로 영암군에 편입되었다. 황해남도 신천군 문화면이 관향貫鄕인 문화 유씨가 영암에 자리잡은 후 600여 년이 지났다.

모산리, 그중에서도 산정마을은 문화 유씨 집성촌이다. 원래는 마을 앞에 못이 있다고 못안마을이라고 했는데, 그것이 변해 모산마을=모산리가 되었다고 한다.

나주군에 속해 있을 때 금안마을, 회진마을과 함께 나주의 3대 명촌 중 하나로 꼽혔다. 금안마을은 신숙주가 태어난 곳이고, 회진마을은 조선 최고의 낭만 시인 백호 임제의 고향이다.

길가에 차를 세우고 도로를 건넌다. 크기며 조각이 보통이 아닌 거대한 비석이 서있다. 약재 유상운의 신도비다. 유상운은 인조 14년1636년에 영의정을 지낸 유성오의 아들로 태어났다. 현종 7년1666에 별시 문과에 급제했다. 도승지, 대사간, 부제학, 광주 유수, 우의정, 좌의정을 거쳐 숙종 22년 1696에 영의정이 되었다. 세 차례 영의정을 역임했다.

만 71세인 1707년, 병환으로 세상을 떠났는데 숙종이 몹시 슬퍼하며 관재棺材를 하사하고 조회를 파하고 시장을 열지 못하게 했다. 오랫동안 벼슬 살이를 하면서도 부패하지 않고 청렴하여 사후 청백리로 책록되었다. 약재가 평안감사를 마치고 떠나자, 선정에 감사한 도민들이 살아 있는 약제를 기리는 생사우生祠宇를 지어 영정을 모시고 봄가을로 행사를 치렀다.

약제의 둘째 아들 유봉휘는 숙종 때 문과에 급제하여 벼슬길에 올랐다. 영조 때 우의정과 좌의정을 지냈다. 모산리를 "부자 정승 마을"이라 하는 까닭이다.

유상운 신도비 뒤로 대궐같은 기와집이 있다. 그 옆 언덕에 또 하나 거대한 비석이 서있다. 유상운의 9대조인 하정 유관의 신도비다. 서울 동대문구에 사는 이들은 혹시 하정로라는 도로 이름을 알고 있을지 모르겠다. 유상운의 호 하정을 따서 붙인 이름이다.

도로명으로 쓸 정도로 하정이 우리 역사에서 비중 있는 인물이라는 방증일 터인데, 대체 어떤 사람일까.

하정은 고려말 충목왕 2년1346에 영의정을 지낸 유안택의 아들로 태어났다. 예문관 대제학, 집현전 대제학 등을 지냈고 조선 태조 3년1394에 모악漢陽을 도읍으로 정하라는 상소를 올렸다. 강원도 관찰사, 계림부윤, 전라도 관찰사 등을 거쳐 우의정을 지내다가 세종 15년1433에 만 87세로 세상을 떠났다.

조광조는 하정을 가리켜 "한 마음으로 사사로움이 없이 공정하다"고 평했고, 성리학의 깊이가 정몽주와 더불어 가장 깊다고 했다. 하정은 또 황희, 맹사성과 더불어 조선 초기의 대표적인 청백리 세 사람 즉 삼청三淸으로

↑ 영팔정

불렀다.

   동대문구에 하정로가 있는 것은 아마 하정이 서울을 수도로 정하는 데
기여한 공을 평가한 게 아닌가 생각된다.

   영팔정 주차장에 차를 세운다. 죽봉사라는 커다란 비석이 서있다.

   여러 그루의 노거수들이 있고 그 뒤에 영팔정이 있다. 영팔정 뒤에 여러
채의 기와집이 있다. 문화 유씨 가문의 사당인 죽봉사와 강당인 분비재다.
영팔정 바로 앞에 있는 노거수는 450살 된 느티나무다. 간판의 설명을 읽
는다.

    하정 류관(1346~1433)의 5대손 용공이 거창현감으로 있을 때 류관의 현몽

영팔정과 아천미술관   (185)

을 꾼 다음 5형제 아들을 모산촌에 살게 하면서 기념으로 심은 것이다.

유를 류로 쓰고 있다. 대부분의 자료에 문화 유씨라고 되어 있어 나도 유로 쓰곤 있지만, 원래는 본인들이 류로 써달라고 하면 그리 써주는 것이 맞을 것이다.

보호수 간판의 설명은 유용공의 다섯 아들이 문화 유씨의 영암 입향조처럼 읽힌다. 디지털영암문화대전에는 문화 유씨의 영암 입향에 관해 이렇게 쓰여 있다. 하정 유관이 전라도 관찰사로 부임하게 된 것이 계기가 되었고, 후손인 유희정이 중종 16년[1521]에 영암 군수로 부임하면서 영암에 정착하게 됐다.

책 〈시대를 밝힌 호남의 정치 선각자들〉 중 '독립운동가 우석 유혁' 편에는 이렇게 돼있다.

중종 조에 이르러 문화 유씨 17세인 유희정이 영암 현감을 지내면서 그의 5남 유용강을 경주 이씨와 결혼시켜 모산리에 거주시키면서 세거하기 시작하였고 오늘날 신북면 모산리는 전국에서도 손꼽히는 문화 유씨 집성촌이 되었다. (오수열, 도서출판 이경, 2017년)

유용공? 유용강? 거창 현감? 영암 군수? 영암 현감? 헷갈린다.

문화 류씨 가계표를 보면 17세 영암공 희정 영암군수 밑으로 18세 용순, 용강, 용심, 용경, 용충, 이렇게 다섯 아들이 있다. 어디에도 용공이란 이름은 없으니 느티나무 간판의 설명은 어찌된 것일까.

이런 경우가 비일비재하다. 유적지에 세워진 간판, 디지털영암문화대전, 네이버에 돌아다니는 자료들의 내용이 서로 다르다. 어느 것 하나를

↑ 영팔정

곧이곧대로 믿었다간 낭패를 당할 수 있다. 일일이 크로스 체크를 해야 하지만 전문 연구자가 아니니 한계가 있다.

영팔정은 태종 6년1406 전라도 관찰사로 부임한 하정이 지방 순찰 중에 모산리의 지세와 풍광에 감탄하여 아들 유맹문으로 하여금 짓게 했다. 원래 이름은 모산의 모와 하정의 정을 딴 모정이었는데, 율곡 이이가 모정에 와서 팔경을 읊은 시를 지은 이후 영팔정으로 바뀐 것으로 추측된단다. 그 후 여러 차례 중수를 거쳐 현재에 이르렀다.

율곡 이이가 영팔정에서 주변 경치를 둘러 보고 지은 모산 팔경이다.

죽령명월竹嶺明月 : 죽령의 밝은 달

호산낙조虎山落照 : 호산의 저녁 노을

단교심춘斷橋尋春 : 단교의 봄 풍경

추교만망秋郊晚望 : 해질 무렵 가을들녘 조망

괴음소작槐陰小酌 : 느티나무 그늘 아래 작은 술자리

구천조어龜川釣魚 : 구천에서 낚시 하기

송파사후松坡射侯 : 송파에서 활 쏘기

남당채순南塘採蓴 : 남당에서 순채 캐기

걷거나 말 타는 것 말고 다른 교통수단이 없던 시기, 율곡이 영암당시 나주
까지 왔다니 보통 정성이 아니다. 유씨 가문과 각별한 친교가 있었을 것
이다.

600년 역사에 걸맞게 영팔정의 분위기가 예사롭지 않다. 돌계단, 기둥,
서까래, 모든 것이 오랜 세월을 견뎌온 것이라는 걸 한 눈에 알 수 있다.

학문을 가르치고 향약 모임을 한 장소이기도 한 영팔정에는 많은 역사
적 인물들의 자취가 서려있다. 영팔정 안에 이이, 남구만, 고경명 같은 이
들이 남긴 시가 편액으로 걸려 있다. 반가운 것은 한문으로 된 편액 옆에
한글 번역 액자가 나란히 걸려 있다는 것이다. 다른 정자도 영팔정처럼 친
절할 필요가 있다. 요즘 한문을 읽을 줄 아는 이가 몇이나 되겠는가.

영팔정을 지나 아천미술관으로 향한다. 영팔정 옆 너른 공터가 있다. 진
입금지 말뚝을 박아 놓은 걸로 보아 주차장은 아니다. 가운데 나무 데크로
된 무대가 있는 걸 보니 야외 공연장이다. 주변 여기 저기 조각품들이 전
시돼 있다.

아천 미술관 앞 표지판이 있다. 직진하면 전댓들 권역 복합문화센터와

선애마을이 있단다. 오른쪽으로 아천미술관을 바라보며 조금 올라가자 과연 커다란 한옥이 나온다. 선향관이라는 이름의 복합문화센터다. 방마다 효심방, 항심방, 자심방 식으로 마음 심자를 넣은 이름이 붙어 있다. 펜션으로도 쓰고 각종 체험 활동과 교육을 하는 시설이다.

발길을 돌려 아천미술관으로 간다. 울타리 안은 잔디 깔린 정원이고 그 뒤 콘크리트 건물이 아천미술관이다. 건물은 오른쪽으로 길게 이어져 있다. 상당히 큰 규모다.

아천미술관을 지은 사람은 월당 유수택이란 분이다. 광주시 행정부시장 등을 역임한 고위 공무원 출신으로 미술애호가다. 유수택 씨는 퇴직 후 대대로 살아온 집터 3천 평에 작은 미술관을 지었다. 대도시에 비해 문화예술

↑ 아천미술관

↑ 아천미술관

적으로 낙후된 고향에 활기를 불어넣고 지역활성화에 기여하고 싶었단다.

2002년 10월 5일, 아천미술관을 개관했다. 이후 계속해서 야외공원을 조성하고, 기존 미술관을 개축하고, 신관을 짓고, 가족 유물관을 지어 현재의 규모로 키웠다. 아천미술관에는 여든 다섯 살인 유수택 관장이 일생 동안 수집한 소장품과 집안의 유물 등이 보관 전시되고 있다.

낮은 나무울타리와 돌담으로 둘러싼 미술관 정원은 밖에서도 훤히 들여다보인다. 정원에 소나무들이 심어져 있고 조각품들이 설치돼있다. 주황 바탕에 검정 줄이 간 얼룩말 한 마리와 노랑 바탕에 검은 점들이 찍힌 표범 한 마리가 서로를 바라보고 있는 조각품이 특히 눈에 띈다. 소나무 아래 실물 크기의 백마 한 마리도 있다. 특별히 말과 무슨 관련이 있나? 나중에 알게 됐다.

아천미술관 유수택 관장의 동생 유춘택 씨는 대한승마협회 전무였다. 1986년 아시안게임을 앞두고 해외에 종마를 구하러 갔다가 돌아오는 길에 불의의 사고로 유명을 달리했다. 1983년 9월 1일 소련이 스파이 행위를 했다며 격추시킨 대한항공 007편에 타고 있었다.

대문 안으로 들어선다. 왼쪽에 작은 연못이 있다. 통로 오른쪽에 있는 커다란 비석에 유민유허遺民遺墟라고 새겨져 있다. 백성도 남고 터도 남는다?

아천미술관 웹사이트에 있는 내용을 소개한다.

해방을 두 달 앞둔 1945년 6월, 유수택 관장의 조부 유혁 선생은 부친이 작고하자 영정에 유민유허란 글을 써서 부친의 관을 덮었다. 일본이 어떤 짓을 하든 조선 백성과 터는 영원히 남는다는 뜻이다.

1892년 모산리에서 태어난 유혁 선생은 항일독립운동가로 세 차례에 걸쳐 옥고를 치렀다. 일본 메이지대 전문부를 수료하고 이십 대 초반부터 항일 독립운동에 투신했다. 1925년에는 민족해방자 동맹의 집행위원이 되었고 사유재산 반대투쟁, 소작농폐지 농민저항운동에 참여했다. 감옥에서 보낸 시간이 총 7년 4개월에 이른다.

해방 후에는 전국농민조합총연맹 중앙집행위 부위원장, 독립촉성협의회 중앙집행위원, 민주주의 민족전선 중앙집행위원을 역임하고 6.25 발발 전 북한으로 갔다. 1966년 북한에서 별세했다.

유민유허 비 뒤에 류혁 선생의 흉상에 새겨진 내용이다.

"어떻게 오셨어요?"

안에서 나온 나이 지긋한 여성에게 방문한 사정을 말한다. 제주도, 나주에 이어 영암에 관한 책을 쓰고 있는 중이라고. 나주는 어린 시절을 보낸 곳이고, 영암은 태어난 고향이라고.

"나주에 관한 책을 쓰셨어요? 제가 나주 출신인데요."

미술관 관리를 맡고 있는 이향희 씨다. 광주에서 매일 출퇴근 하며 일한단다.

"들어오셔서 구경하세요."

"나주 출신이시라니, 나주수첩 책 드릴게요. 차에 있습니다."

책을 가져와 사인한 다음 이향희 씨에게 준다. 서울에 사는 유수택 관장은 한 달에 몇 번 내려온다. 학예사가 두 명 있지만 모두 비상근이고 평소 미술관은 이향희 씨 혼자 지키다시피 한다.

이향희 씨의 안내를 받으며 아천미술관을 둘러봤다. 왼쪽부터 신관, 구관, 관리동, 유물관이다. 신관과 구관에서는 유수택 관장의 소장품을 전시하거나 기획 전시를 한다. 조각품도 있고 도자기도 있다. 대부분은 서양화다.

구관 옆에 있는 작은 벽돌집은 관리동이고 그 옆은 가족 유물관이다. 신관과 구관의 작품들을 관람하는 것 못지않게, 아니 그보다 더 재미있었던 것이 유물관 관람이다. 가문에 전해져오는 서적, 시집, 임금에게 받은 교지를 비롯해 문화 류씨가 어떤 가문인지 알 수 있는 유물들이 가지런하게 정돈돼있다.

대한항공 격추사건으로 일찍 세상을 떠난 동생 관련 유품들, 작은아버지인 유인학 전 국회의원 관련 자료들, 가족사진들도 있다.

과거 MBC 이환의 사장 밑에서도 일한 적이 있다는 유수택 관장은 공무원 생활을 하며 많은 자리를 거쳤다. 완주군수, 정주시장, 여천시장, 순천시장, 광주광역시 행정부시장 등등. 공직생활 내내 모은 자료들이 가지런히 정렬되어 진열장에 들어있다.

다 열거할 수는 없고 일부만 소개하면, 명패, 임명장, 기념식에 참석해 테이프 컷팅을 할 때 썼던 가위, 사람들에게 받은 명함까지 버리지 않고 모두 보관해두었다. 유수택 관장의 성격이 어떨지 짐작이 간다.

"공무원 생활을 오래 했다고 해도 이렇게 큰 미술관을 짓고 운영하려면 상당한 돈이 필요할 텐데요."

"어머니가 주조장을 하셨다대요. 옛날에 주조장 하면 부자잖아요. 공무원 퇴직 후에는 큰 회사 사장님도 하시고 임원도 하시고요."

'음. 건물이야 지어 놓았으니 그렇다치고 미술관을 활발히 운영하려면 적잖은 돈이 들어갈 텐데, 연세가 든 다섯인 분이 직접 기획을 하거나 프로그램을 운영하지도 않을 테고...'

이것 저것 궁금한 것을 이향희 씨에게 물었다.

"아무래도 연세도 있으시고, 전에 비해 어려운 것 같기는 해요."

지자체가 운영비를 지원하고 다른 지원금을 받는다 하더라도 충분치 않을 것이다. 결국 사비로 충당해야 할 텐데, 부담이 만만치 않을 것이다.

관광객이나 미술관 관람객 입장에서 생각하면 재정을 보충할 방법이 없지도 않을 것 같다.

"미술관도 예쁘고, 영팔정도 좋고, 산으로 빙 둘러싸인 마을과 주변 환경이 아주 평화롭고 아름답잖아요. 그런데, 어디 앉아 느긋하게 쉴 데가 없네요. 미술관에 그런 시설이 있다면 사람들이 훨씬 많아 찾아올 것 같은데요."

"저도 그런 생각을 했어요. 여기 빨간 벽돌집, 이 관리동을 고쳐서 카페로 하면 좋을 것 같다고 관장님한테 말씀 드렸는데, 별로 반응이 적극적이지 않으셔요. 그런데, 카페가 있다고 이런 데까지 사람들이 찾아 올까요?"

"무슨 말씀. 소문만 나면 차로 어디든 찾아가는 세상인데요. 카페가 있으면 어른들은 커피를 마시면서 쉬고, 아이들은 잔디 마당에서 놀고, 마을을 산책하고, 필요하면 뒷산 트레킹도 하고, 너무 좋을 것 같은데요. 이렇게 예쁘게 잘 가꿔진 공간 많지 않아요. 나 같으면 당장 카페를 만들겠어요."

"그러게요. 관장님한테 잘 말씀해주세요."

이향희 씨와 이런저런 대화를 나누고 아천미술관 첫 번째 방문을 끝냈다.

그로부터 몇 달이 지난 며칠 전 다시 아천미술관을 찾아갔다. 글을 쓰기 위해 확인해야 할 것도 있고 유수택 관장과 학예사가 있으면 만나보고 싶었다.

마침 화순에 사는 은우근 교수한테서 연락이 왔다. 이토록 맑고 따뜻한 가을을 집에 틀어박혀 보내기 아까우니 함께 오토바이 라이딩을 하지 않겠느냐는 뜻이라고 바로 짐작했다.

은 교수는 얼마 전 칠십을 앞둔 나이에 오토바이 운전면허를 따고 대형 오토바이를 샀다. 오렌지색 할리 스트리트밥에 초보운전 스티커를 붙이고 조심조심 운전 연습을 했다. 아천미술관에서 만나자고 했다.

정원을 손질하고 있던 이향희 씨와 반갑게 인사하고 전시실을 둘러보던 중 은 교수가 왔다. 화천에서 영암까지 단숨에 달려왔다. 더디지만 서서히 운전 솜씨가 좋아지고 있다. 일 년쯤 지나면 꼭 해보고 싶다는 미국 대륙 횡단에 도전할 수도 있겠다. 루트66를 달리는 건 내 꿈이기도 하다.

이향희 씨의 연락을 받은 김현희 학예사도 일을 보려 외출하다가 바로 차를 돌려 돌아왔다. 아쉽게도 유수택 관장은 이번에도 안 계셨다.

광주에 사는 김현희 학예사는 화가이면서 대학에서 가르치고 있다. 전에는 비상근이었지만 지난 9월부터 상근직으로 근무하고 있단다. 나주정미소 창고를 고친 미술관의 총괄 큐레이터 일도 겸하고 있다.

김현희 학예사의 안내로 다시 한 번 미술관을 꼼꼼히 둘러봤다. 신관에서 컬리넌 리의 전시가 열리고 있었다.

가족 유물관은 다시 봐도 흥미로웠다.

"이런 전시관도 좋네요. 가문의 역사도 알 수 있고, 아주 재밌네요."

은우근 교수가 말했다.

정원을 구경했다. 유혁 선생 흉상 앞에서 일제강점기 독립운동과 해방 후 역사에 대해 얘기했다. 은우근 교수가 유혁 선생의 이력을 보고 보충 설명을 했다. 사회주의 계열 독립운동가들에 대한 평가가 제대로 이루어지려면 하루빨리 통일이 되어야 할 것이다.

마을 구경을 했다. 미술관 바로 옆에 너른 텃밭이 달린 폐가가 있었다.

"관장님이 주변을 깨끗하게 정리했어요. 그런데 이 집은 어떻게 할 수가 없어요. 주인이 미국에 이민 가 사는데 연락이 안 된대요. 흉물스러워도 손 쓸 방법이 없네요."

야트막한 산에 포근히 안긴 마을은 평화롭기 그지없다. 길가에 피어있는 가을꽃이 예뻤다. 미술관 뒤에 대밭과 민가 사이에 골목길이 있었다. 은행나무 아래 가득한 은행 알을 밟지 않도록 조심하며 멋진 골목길을 걸었다. 영암군이 만든 한옥 펜션 겸 복합문화센터를 둘러봤다.

"생각할수록 미술관에 카페가 있어야 할 것 같아요. 멋지고 예쁘게 꾸며 놓고 하루 종일 찾아오는 사람이 거의 없으니, 너무 아깝잖아요."

식사까지 할 수 있으면 더 좋겠지만 그건 어렵다치더라도 미술관에 빵과 음료를 파는 카페가 있으면 사람들이 찾아올 거라고 거듭 말했다. "관장님께 잘 말씀해 주세요"라고 이향희 씨와 김현희 학예사가 동시에 말했다.

이안 미술관

어제는 하루 종일 비가 퍼붓더니 오늘은 흐리긴 한데 비는 오지 않는다. 방에 틀어박혀 밀린 글을 쓰는 것도 좋지만 바깥 바람은 쐬어야 한다. 찌는 여름엔 시원한 에어컨이 있는 철제 케이지 안에 들어앉아 돌아다니는 것이 훨씬 편하지만, 온몸으로 바람을 가르며 달리는 기분에 비할 순 없다. 당연히 선택은 오토바이다.

영암에 온 이래 삼호읍을 가본 적이 없다. 서둘러 찾아가고 싶은 곳이 별로 없었기 때문에 탐방을 뒤로 미뤄놓았기 때문이다.

얼마 전 큰바위얼굴을 보러 월출산에 올라간 날, 일행에 삼호읍 이안미술관에서 일한다는 이여송 아트디자이너가 있었다. 구정봉까지 올라갔다 내려온 후 마무리 회식 자리에서 초면인 이여송 디자이너로부터 삼호읍에 있는 이안미술관 얘기를 들었다. 친구 부부가 운영하는 미술관인데 서울에서 내려와 운영을 돕고 있단다.

내가 묵고 있는 융성도서관을 출발해 선사주거로를 타고 가다 영암로를 거친 다음 녹색로를 따라 십오분 남짓을 달렸다. 오른쪽 언덕 위에 제법 큰 집 한 채와 서양풍의 하얀 건물이 나타났다.

길가에 오토바이를 세우고 미술관을 배경으로 사진을 찍는다. 나중에 찍자고 미뤘다간 잊어먹기 십상이니 생각났을 때 바로 바로 찍어야 한다는 것. 라이딩을 하며 터득한 진리다.

입구에 이안미술관이라 쓰인 커다란 입간판이 서있다. 미술관으로 가는 길은 제법 가파르다. 그대로 올라갈까 아님 입구 왼쪽에 있는 주차장에 세우고 걸어 올라갈까. 오토바이를 멈추고 고민하는데 위에서 차 한 대가 내려온다. 앞에 멈추더니 창문을 내린다.

"어디 가세요?"

"요 위 미술관이요."

"아, 그러세요. 올라가 둘러보고 계세요. 오분이면 돌아옵니다."

여성은 미술관 관장이란다. 예, 하고 대답하고 그대로 오토바이를 몰고 올라간다. 왼쪽엔 깔끔하게 손질된 정원이다. 다양한 오브제들이 놓여 있다. 하얀 본채 앞에 서양 풍의 온실 같은 건물이 있다. 카페인가.

그냥 밑에 주차하고 올 걸 하는 생각이 들었다. 울퉁불퉁한 돌이 깔려 있는데다가 좁았다.

장갑을 벗고 선글라스를 벗고 헬멧을 벗고 바라클라바를 벗고 재킷을 벗는다. 오토바이는 탈 때도 세울 때도 시간이 걸린다. 키만 누르면 되는 자동차와는 다르다. 귀찮은 절차를 감수하고도 오토바이를 타는 건 안 해본 사람은 절대 알 수 없는 매력 때문이다.

반팔 티셔츠 차림이 됐다. 바람이 살갗에 닿자 '이야, 시원하다' 저절로 혼잣말이 나온다. 이런 기분이다. 더운 날 라이딩 끝에 먹는 아이스크림, 추운 날 마시는 뜨거운 커피 한 잔. 자동차와는 전혀 다른 맛이다. 재킷은 땀에 젖었다. 장갑도 바라클라바도 땀에 젖었다.

탈착 의식을 끝내고 잠시 숨을 고르는 동안 하얀 차가 돌아온다.

↑ 이안 미술관

"아직 오분 안 됐는데요?"

"그런가요?"

노미정 관장이다. 미술관으로 들어간다. 문을 열자 정면에서 커다란 그림이 맞이한다. 눈 내린 깊은 산골 산사의 풍경이 흑백으로 그려져 있다. 김준권 작가의 수묵 판화 같은 느낌이 났다. 수묵화 같은 유화였다. 나주에 사는 이관수 작가의 작품이란다. 전시회가 끝난 후에도 계속 걸어두고 싶어 부탁했단다.

이관수 작가의 그림은 보는 이를 순식간에 과거로 데려가는, 지나간 시절에 대한 아련한 그리움을 환기하는, 마력이 있다. 작가 소개 리플렛에 실린 그림 두 점도 모두 눈 내리는 풍경이었다.

리플렛에서 반가운 이름을 발견했다. 이 작가의 그림을 본 감상을 시로 쓴 이가 내가 좋아하는 한희원 작가_{화가, 시인}였다.

영락없는 한희원다운 시다. 슬픔, 외로움, 그리움, 멜랑콜리, 로망, 따뜻함...

침묵이 전해주는 위로

(생략)

진정한 슬픔이 슬픔을 위로하고

소리치지 않는 침묵이 가장 깊은 사랑이라는 것을 알게 될 때

어두어져 가는 골목길에 하나 둘 가로등이 켜지는 시간이 온다

(중략)

어둠과 소소한 불빛들은 이제 손을 잡고 걷는 사이가 된다.

(생략)

문을 열자마자 마주하게 되는 그림. 어떤 분이 아이디어를 주었단다. 문을 열면 그냥 널따란 홀이 아니라 가까운 정면 벽에 걸린 멋진 그림이 짠하고 맞이해주는 구조가 좋지 않겠느냐. 조언대로 네모난 조그만 방을 만들고 벽에 그림을 걸었다.

그림 오른쪽에 이안미술관을 소개하는 짤막한 글이 적혀 있다.

비시간적 공간 〈Non-time space〉... 시간에 쫓겨 허덕이던 인간적 존재

가 영원히 머무는 곳...

미술관이 시간 가는 줄 모르고 조용히 편히 쉴 수 있는 공간이길 바라는 마음이 느껴진다.

커다란 통유리창 바깥으로 화분들과 야자수와 예쁜 서양풍 장식을 한 건물과 푸른 잔디와 가로로 길게 뻗어 있는 길 건너 유리 온실들이 보인다. 하늘엔 회색 구름이 가득하다.

그림이 걸린 벽 뒤 조그만 방 안에서는 작은 작품들을 판다. 좁은 공간에 앉아 음악을 들으며 소품들을 감상하는 독특한 경험을 할 수 있다.

입구 안 오른쪽은 카페다. 하얗고 긴 카운터가 있고 앞에 키 큰 의자들이 놓여 있다. 커피 포트며 찻잔이며, 각종 비품들로 가득한 주방은 영락없는 커피숍이다.

정식 카페는 아직 아니고, 손님들에게 그냥 무료로 커피를 대접한단다.

자주 오는 이들은 공짜로 마시기 부담스러우니 돈을 받으라고 하지만 아직은 아니란다.

입구 홀에 놓여 있는 기다란 나무 테이블과 의자들. 네모 반듯하게 다듬지 않은 모양이 외려 편안하다. 통유리창으로 바깥 풍경을 보며 마시는 드립커피 맛이 좋았다. 콩도 좋겠지만 노미정 관장의 드립 솜씨가 좋을 것이다.

전시장은 제법 넓다. 우선 작가의 이력을 읽는다. 컬리넌리라고 한글로 적혀 있다.

노미정 관장의 말이다.

"보석처럼 빛나는 작가가 되고 싶어서 그런 이름을 붙였다고 하던데요. 본명은 이승현이에요."*

전시장 입구 특이하게 TV 드라마 화면을 찍은 사진이 걸려 있다. KBS의 '삼남매가 용감하게'와 TVN의 '남자친구'.

"드라마 배경에 걸려 있는 작가의 그림들이에요. 인기가 많은가 봐요."

노미정 관장이 설명한다. 자세히 보니 SBS의 '사내 맞선', ENA의 '이상한 변호사 우영우'에도 작가의 그림들이 등장했고, 가장 최근에는 넷플릭

---

*   검색해 봤다. 컬리넌Cullinan. 사람 이름이자 다이아몬드 이름이다. 1905년 당대 다이아몬드계 거물 토머스 컬리넌이 운영하던 남아프리카 트란스발의 광산에서 세계 최대의 다이아몬드 원석이 발굴됐다. 무려 3106캐럿. 영국 정부가 조지 7세의 생일 선물용으로 나랏돈을 들여 사들였다. 의회가 반대했지만 당시 식민지 담당 차관이었던 처칠이 설득했다. 암스테르담의 가공업자가 원석을 쪼개 큰 조각 9개, 작은 조각 96개, 그리고 자투리들을 얻었다. 컬리넌 1,2,3... 9로 명명된 큰 조각 9개는 영국 왕의 권위를 나타내고 만세를 기원하는 상징물로 만들어졌다. 아프리카의 위대한 별The Great Star of Africa로 불리는 530여 캐럿 물방울 모양 컬리넌1은 대관식 때 쓰는 지팡이(=국왕봉)에, 아프리카의 두 번째 별The Second Star of Africa로 불리는 컬리넌2는 317여 캐럿 사각형 다이아몬드로 연마되어 왕관에 장착되었다.

스의 '하이라키'의 배경에 걸렸다고 적혀 있었다. 컬리넌리의 작품은 특히 젊은이들이 좋아하는 요즘 트렌드의 작품이라고 한다.

작가 프로필 사진이 강렬하다. 자신이 그린 그림 위에 왼팔을 올려 놓고 오른 손을 오른 쪽 뺨에 댄 채 고개를 숙이고 있는 모습. 긴 머리 그리고 무엇보다 달라붙는 가죽(?) 재킷. 또 뜬금없이 아주 오래된 프랑스 영화 '모터사이클La Motocyclette, 1968'이 생각났다.

영어로는 '오토바이 위의 여자The Girl on a Motorcycle', 우리나라에서는 '그대품에 다시 한 번'으로 1969년 중앙극장에서 상영했다. 로맨스 영화의 주인공은 프랑스 배우 알랭들롱과 영국 가수 마리안느 페이스풀이었다. 어떤 친구들은 두 사람의 밀회 장면에 홀렸지만 나는 오토바이에 마음을 빼앗겼다.

보수적인 남편과의 결혼생활에 지친 레베카가 오토바이를 타고 프랑스에서 독일로 옛 애인 다니엘을 찾아간다. 알몸 위에 원피스로 된 가죽옷을 입고.

내 기억에 영화는 오토바이 사고로 비극적으로 끝나지만 레베카가 탄 할리 데이비슨 엘렉트라 글라이드는 참으로 멋있었다. 길을 가다 멋진 오토바이만 보면 넋을 잃고 바라보는 버릇은 그때 시작되었는지도 모르겠다.

얘기가 옆길로 샜다. 오토바이 생각만 하면 한없이 좋아서다.

작가의 프로필 사진만큼 작품들도 강렬했다. 빨강 노랑 파랑… 강렬한 색깔들과 난무하는 선들이 단번에 시선을 사로 잡는다. 첫번 째로 걸린 작은 그림. 추상인데 왠지 뭉크의 스크림이 떠올랐다. 어떤 그림을 보고는 칼릴 지브란을 떠올렸다. 아무 상관 없을 터인데 왜 뜬금없이 그랬을까.

어떤 그림을 보고 뭘 상상하고 뭘 느낄 것인가는 보는 사람 마음이다. 작품은 작가의 손을 떠나는 순간, 저 혼자 부유한다. 제목을 달아 필사적으로 작가의 의도에 관객을 붙들어매려하는 작가도 있지만 소용없다. 물론 혼자 해석하기 버겁거나 귀찮아서 제목부터 찾는 관객도 있다.

어떤 경우든 작품 해석은 보는 사람 마음대로다. 사실적이고 구체적인 방송 프로그램조차 피디의 의도와는 전혀 다른 방식으로 엉뚱하게 받아들여지는 경우를 숱하게 경험했는데 그림 더군다나 추상화는 오죽하겠는가.

물론 작가의 이력과 그림이 그려진 맥락을 알면 훨씬 더 깊이 그림을 이해할 수 있는 것도 사실이다. 컬리넌리의 얘기를 직접 들어본 적이 없으니 더욱 마음대로 상상하며 그림들을 관람했다.

2층에는 그림이 그려진 쥘부채들이 전시되고 있었다. 원래 1, 2층에 전시하려 했다가 한 층이면 충분할 것 같아 2층으로 모으고 1층에는 예정보다 먼저 컬리넌리의 작품을 걸었단다. 아직 정식 오픈일은 남았지만, 미리 걸고 미리 선보이는 것이란다.

조용한 전원에서 미술관과 카페를 운영하며 유유자적 노후를 보내는 것. 많은 사람들이 꿈꾸는 제2의 인생이 아닐까. 본격적으로 궁금한 것을 물어볼 차례다.

"어떻게 여기서 미술관을 하게 됐어요?"

노미정 관장의 대답이 뜻밖이었다.

어떻게 해서 미술관을 하게 됐느냐는 질문에 노미정 관장의 대답이 싱거웠다.

"어쩌다가 우연히 하게 됐어요."

남편은 공직 생활을 했고 자신도 일을 했단다. 그림에 관심은 있었지만 미술관을 하게 될 줄은 몰랐다. 부모님 고향은 영암이지만 목포에서 태어나 목포에서 자랐다. 남편은 목포시를 비롯해 전남 여러 지자체에서 공무원 생활을 했다. 퇴직을 하고 삼호읍에 있는 세한대학교 요트마리나에서 일하고 있다.

미술관 가까이 종종 다니던 곳이 있었다. 지날 때마다 언덕 위에 무슨 카페가 있구나 생각했다. 어느 날 들렀더니 미술관이었다. 이런데, 미술관이라니 참 좋겠다고 느꼈다. 그런데, 무슨 인연인지 얼마 지나지 않아 미술관이 매물로 나왔다.

그렇게 지나다녀도 아무런 느낌이 없던 미술관에 끌렸다. 미술관이 노미정 씨를 이끌었다는 편이 더 옳을 것이다. 큰바위얼굴이 박철 작가에게 스스로를 드러냈듯이. 그렇게 미술관을 사고 관장이 되었다.

"언제 누가 지었어요?"

노미정 관장이 이리 와 보시라고 말한다. 머릿돌이었다. 글이 새겨져 있다.

"나의 예술에 대한 열정과 혼을 담아 사랑하는 아내 우담을 위하여 이 미술관을 바친다. 이천일년 사월 오일 결혼기념일 아침에 이동환 적다."

부부는 예술 애호가였던 모양이다. 현실감이 떨어질 정도로 멋진 헌사였다. 아내에게 미술관을 지어 바친다고? 요즘도 이런 남편이 있다고?

글로 보아 아내가 미술관 관장을 맡았을 것이다. 어떤 부부였을까.

"여자분이 세한대학교 미술 전공 교수였어요. 지금은 다른 대학에 있다고 들었지만. 남편은 건설업을 한다고 했던가."

노미정 관장이 말했다.

"다른 사람에게 넘어갔다가 그 사람이 또 팔려고 내놓은 것을 우리가 산 거예요."

저렇게 멋진 사랑의 헌사를 떡하니 새겨놓은 미술관을 왜 팔았을까. 세상사 한 치 앞을 내다볼 수 없는 법이니 뭔가 곡절이 있었을 것이다.

노미정 관장 부부가 미술관을 인수한 것은 2년 전. 갤러리를 오픈한 것은 1년 반이 조금 더 지났다. 덜컥 미술관을 사놓고 아는 것도 없는 상태에서 죽을둥 살둥 일했다. 초기 1년을 매월 한 번씩 새로운 전시를 선보였다.

작가를 선정하고 섭외하고 그림을 걸고 오프닝 세레머니를 하고 손님을 맞고 그림을 내리고 다시 새 작가를 선정하고... 그렇게 힘들 줄은 미처 상상하지 못했단다. 이제는 페이스를 조절해가며 할 정도로 경험이 쌓였다.

"운영하려면 돈이 들어가잖아요?"

처음엔 도와 군의 지원금으로 그럭저럭 운영할 수 있겠구나 생각했다. 하지만 넉넉지 않았다. 더구나 올해는 윤석열 정부가 문화예술쪽 예산을 대폭 삭감하고 지자체도 지원조건을 더 까다롭게 한 탓에 더 힘들어졌다.

"도와 군에서 사업 지원을 할 때 전에는 자부담을 십퍼센트만 하면 됐는데, 지금은 삼십퍼센트를 하도록 요구합니다. 또 컴퓨터로 양식에 따라 필

요한 내역을 자세히 기록해야 하는데 어찌나 복잡하고 어려운지, 나이든 사람은 이런 일 못할 거 같아요."

전시회뿐만 아니라 올해 처음 레지던스 사업을 하게 됐다. 전남문화재단에 신청해 선정되었다는데, 여섯 명의 작가가 미술관에 머무르며 작업할 수 있는 비용을 지원 받는다. 작가 한 명 당 4개월씩 돌아가며 미술관 2층과 3층에 있는 방에 머무른다.

작가들 각각이 지역 주민들과 일대일로 매칭해서 작업을 같이 한 뒤 결과물을 발표해야 하고 열 점 이상의 그림을 제출해야 한다. 물론 자기 작품은 얼마든지 그릴 수 있다.

학생 세 명 주민 세 명을 선발해 이미 작가들과 일대일로 매칭을 해놓았다.

"7월 초부터 작가들이 와서 묵을 거예요. 이승현 작가도 레지던스 작가 중 한 명이에요."

"아, 이승현 작가도요?"

목포에 사는 이승현=컬리넌리 작가는 레지던스에 묵지 않고 목포에서 출퇴근 한단다.

"운영하기 힘들지 않으세요? 무엇보다 돈이 솔찬히 들어갈 텐데."

그래서 힘들다. 사립미술관이라고는 해도 공금을 지원받다 보니 규제가 까다롭다. 전시한 그림을 직접 팔 수도 없다. 다른 사람들은 어떻게 하나 알아보니 나름 방법이 있었다.

"별도로 회사를 설립해서 갖고 있더라고요. 그림을 파는 일은 미술관이 아니라 다른 회사를 통해서 하고요."

바깥 구경을 했다. 먼저 전체 라인과 사방 통유리 건물을 둘러싼 철구조물의 문양이 서양 어느 성당이나 왕궁을 연상시키는 예쁜 건물. 철구조물은 양평에서 사와 붙인 것이란다.

"양평에 직접 손으로 이걸 만드는 사람이 있어요. 비싸게 파는데 맘에 들어 샀어요."

활동 범위가 양평까지 미치는가 생각했다. 알고보니 양평에도 집이 있었다.

"딸 하나는 캐나다에 있고 한 명은 서울에 있어요. 딸 가까운 곳으로 이사가려고 했지요."

그런데, 가지 않았다. 양평 집은 비워두고 있다.

"처음으로 남편이 관리 차 양평 집에 갔다가 지금 내려오는 중이에요."

아하 그래서 일요일인데도 남편인 박경곤 씨가 없었구나. 일전에 만난 박경곤 씨 친구 이여송 아트 디자이너도 서울에 올라가서 만날 수 없었다.

"저기를 카페로 쓸까 했어요. 미술관 카페 코너에서 커피를 받아서 바깥 구경도 하고 들어가 쉴 수 있는. 지금은 전에 전시한 화가가 만든 목공예품들을 전시하고 있어요."

화가가 목공도 하는 모양이다. 그런 경우가 적지 않단다. 하긴 예술가들이니.

안에 다양한 목공예품들이 가득했다. 아마추어 수준을 넘은 작품들이다. 문을 열어놓았어도 덥다.

"원래는 여기서 레지던스 작가가 작업을 하려고 했는데, 너무 더워서 실내 2층으로 옮겼어요."

잔디가 깔린 정원. 여기 저기 아기자기한 오브제들이 배치돼 있다. 조각품, 고인돌처럼 큰 돌 위애에 엎드린 풍만한 여인, 아이를 안고 있는 여인, 키스하는 남녀, 얼굴만 새겨진 커다란 석상, 코믹한 표정의 얼굴만을 새긴 많은 돌들, 계란처럼 매끈하게 다듬어진 알돌, 백일홍과 소나무와 전나무 등등. 솜씨가 예사롭지 않다.

"다 직접하신 건가요?"

"예. 전에는 나무가 더 많았고 복잡했고 어지러웠어요. 우리가 직접 공간배치를 다시 했어요. 석상과 석물들은 남편이 어디서 보고 맘에 들면 사오거나 현지에서 부쳤고요."

"누구나 꿈꾸는 은퇴 후 생활을 하고 계시네요."

"그런가요. 특히 이렇게 하고 사는 게 꿈이라고 화가들이 많이 얘기하던대요."

현재 생활에 만족하는 듯한 뉘앙스다.

갑작스런 이안미술관 방문. 눈이 호강했고 귀가 즐거웠다. 나와 다른 인생 이야기를 듣는 재미. 여행의 크나큰 즐거움이다. 미술관 앞 길 건너 길다랗게 유리온실들이 줄이어 있는 거대한 농장이 있다. 파프리카를 생산하는 스마트팜이란다.

"상주하는 외국인 노동자들이 많고요, 생산하는 파프리카는 대부분 외국으로 수출한다네요. 미술관 오시는 분들이 하나같이 궁금해 해요. 가끔 직접 방문해서 견학하고 파프리카도 사가는 경우도 있고요. 이여송 씨도 자주 저기서 파프리카를 사서 선물하고 있어요."

노미정 관장과 작별하고 오토바이 시동을 걸었다. 파프리카 농장을 구경하고 싶었지만 포기했다. 점심 시간이 지나 배가 고팠다.

성재리 포구

지금의 영암은 내륙 고을이다. 옛날 영암 깊숙이 바닷물이 들어왔고 배를 타면 일본이고 중국이고 갈 수 있었다는 사실을 상상하기 어렵다. 내가 머물고 있는 서호면도 사방이 바다였지만 지금은 논으로 둘러싸여 있다. 일제 말 간척사업으로 그리 된 것이지만 영산강 하구언이 만들어지기 전까진 배들은 영암 여러 곳의 포구들을 드나들었다.

엄길마을을 지나 학파동 학파제2저수지를 지나 성재리로 간다. 쭉 뻗은 학파로를 끝까지 달리면 무송동이다. 시종 사는 지인을 만나러 갈 때 무송동 앞 사거리에 이르면 왼쪽으로 꺾었다. 성재리 포구로 가려면 그대로 직진해야 한다. 교차로를 만나면 오른쪽으로 꺾는다.

포구는 우용희 전 영암우리신문 편집국장이 차를 세운 자리 바로 앞에 있었다.

내가 태어난 송평리에서도 조금만 가면 해창이 있었고 포구는 배들로 북적였다. 나룻배를 타고 건너 도포 외할머니댁에 가던 일이 어렴풋이 기억난다. 눈발이 휘날리던 겨울 날은 왜 그리 추웠는지.

↑ 성재리 포구

"혹시 성재리 포구 가보셨어요?"

우용희 국장이 물었다.

"아니, 못 가봤는데. 어디 그런 데가 있는가?"

포구가 남아 있고 배들이 있다는 사실을 상상하지 못했다. 혼자서 정보 없이 돌아다니다보니 놓치는 것들이 많다.

오른쪽이 막혀 있는 작은 포구에 고기잡이 배들이 묶여 있었다. 배에서 짐을 내릴 때 쓰는 것으로 보이는 작은 크레인도 있었다.

우용희 국장이 말한다.

"제법 고기잡이를 했는데 요즘은 거의 안 하는 것 같아요. 고기가 별로 잡히지 않는답니다. 다들 연로하시고."

영암에 어민들이 많았다. 숭어, 대갱이, 갯벌에서 나는 낙지, 맛조개, 짱 뚱어가 지천으로 났다.

"어르신들 말씀이 옛날이 그립답니다. 일대가 바다였을 때 지금보다 더 잘 살았다고요."

바다가 육지로 변하면서 어로를 포기해야 했던 이들에게 옛날은 실제보 다 더 풍요롭고 아름답게 추억될 것이다. 하지만 과거는 흘러갔고 이제는 돌이킬 수 없다.

"이 바닷길을 통해 저기 보이는 문필봉 아래 구림마을 상대포까지 배가 들어갔어요. 배들은 영산강을 타고 올라오다 영암천을 거슬러 이 포구까 지 들어왔습니다."

앞에 영암천이 흐르고 있다. 영암천은 멀지 않은 곳에서 영산강과 합류 한다. 시종에서 서호로 건너오는 신금대교 아래쪽 멀지 않은 곳에 영산강 이 있다. 담양에서 발원해 광주와 나주를 거쳐 계속 흘러온 강이다. 영산 강을 따라 내려가다 목포를 지나 큰 바다로 나가면 어느 나라든 갈 수 있 었다.

"영암천 가까이 가보세."

둑길 아래쪽 좁은 농로를 타고 차를 몬다. 적당한 지점에서 차를 멈추고 둑위로 올라가자 영암천이 눈앞에 흐르고 있었다. 둑위에 충분히 차가 달 릴 수 있는 길이 나있었다.

하류로 갈수록 영암천은 넓어졌다. 영암을 지나 흐르는 영산강은 바다 처럼 넓었다. 광주나 나주에서 보면 왜 이 좁은 영산강이 4대강에 들어가 는지 알기 어렵다. 지금은 하구언으로 막혀 호수처럼 변해버렸지만 영산 강은 바다로 열려있었다.

"저기 배 모양의 건물 보이시죠. 배수펌프장입니다. 그 뒤 야트막한 동산이 쥐섬입니다. 일출 사진을 찍으러 간 적이 있습니다. 월출산 쪽에서 뜨는 해가 장관이거든요."

월출산에서는 달만 뜨는 게 아니다. 해 뜨는 모습도 장관이란다. 처음 들었다.

"원래는 활성산에 올라가서 일출을 많이 찍었어요. 근데, 거기보다 쥐섬은 월출산을 배경으로 해뜨는 걸 찍을 수 있어서 사진 찍기에 더 좋은 포인트여요.'

활성산에 올라간 적이 있다. 정상에 서있는 풍력발전기들이 만들어내는 풍경이 그럴 듯해서였다. 활성산으로 올라가는 길은 민간인 출입 통제구역이었다. 남동발전 산하 영암풍력발전 주식회사가 구입해 태양광 시설과 풍력발전기들을 대대적으로 설치했다.

적당한 곳에 차를 세우고 걸어서 둘러보았다. 멀리 나주가 보이는 쪽 활

성산 바로 아래는 금정면이고 반대는 영암읍이다.

"제대로 된 길이 없어서 쥐섬에 올라가기 쉽지 않아요. 이름은 쥐섬이지만 실제로는 육지입니다."

영암에 섬으로 불리는 곳이 여러 군데 있다. 쥐섬, 가래섬, 나불도, 석화도, 등대섬, 이 중 실제 섬으로 남아 있는 곳은 가래섬, 석화도, 등대섬이다. 나머진 모두 육지로 변했다.

영암천을 구경하고 영산강 쪽으로 달린다. 가래섬이 건너다 보이는 곳 가까운 도로에 차를 세우고 영산강 쪽으로 걸어간다. 사유지이니 출입을 금한다는 표지판이 붙어 있다.

강가에 너른 바위가 펼쳐져 있다. 바닷가 같은 느낌이다. 강변의 물이 온통 초록색이다. 녹조다. 흐르지 못하는 물이 썩고 있다. 영산강 하구언만으로도 강물이 더러워지는 판에 영산강에 거대한 보를 설치했으니 수질은 더욱 나빠졌다. 이명박이 저지른 죄악이다.

도선국사는 국토를 인간의 몸과 같은 존재로 보았다. 피가 제대로 흐르지 않으면 몸에 병이 난다. 땅의 피는 물이다. 제대로 흐르지 못하면 국토도 병든다. 서구에서 설득력을 얻은 지 오래 되지 않은 지구=생명체라는 관점이다.

도선국사의 생태론적 시각은 서구보다 천 년 이상 앞섰다. 도선국사의 탄생지인 영암이 어느 곳보다 생태도시를 표방하고 추구해야 하는 까닭이다.

가래섬은 크지 않은 무인도다. 딱히 쓸모가 있어 보이지 않는다. 지형도 가팔라보이니 더 그런 것 같다.

성재리 포구에서 시작한 여행이 영암천과 영산강을 거쳐 도갑산 뒤 주말에만 하는 음식점 탐방으로 이어졌다. 성재리 포구 안의 밧줄에 묶여 있

↑ 영암천

는 배들이 애처로웠지만 영암이 바닷가 고을이었다는 사실을 증거하는 포
구가 아직 남아 있다는 사실을 눈으로 확인했다.

구림 상대포역사공원의
야간 산책

낮엔 찌는 듯한 더위였는데, 밤이 되니 시원한 바람이 분다.

미국에서 온 김반아 박사78. 하버드대 교육철학와 큰바위얼굴 사진가 박철 작가랑 상대포역사공원에서 야간 산책을 했다.

상대포역사공원은 왕인박사가 배를 타고 일본으로 떠났다는 상대포에 만들어진 공원이다. 잘 가꾸어진 공원은 낮에도 예쁘지만 조명을 켜놓으니 밤에 더 멋있다.

미국 LA와 한국 영암을 왕복하며 살고 있는 김반아 박사는 2015년 우연히 방문한 영암에서 월출산에 반해 아예 집까지 사버렸다.

김박사는 영암군 홍보대사가 되어 영암을 알리는 데 애썼다. 월출산 큰바위얼굴을 미국 뉴햄프셔주 프랑코니아에 있던 큰바위얼굴과 비교하며 큰바위얼굴이 영암과 프랑코니아를 연결하는 교량이 되기를 바라는 글을 미국 언론에 기고하기도 했다*.

---

*   Vana Kim : 'The Great Stone Face' reappears in South Korea | Op-eds | unionleader.
    com - https://www.unionleader.com/.../article_8e1c4f12-f9c8...

하지만 지금 김반아 박사는 영암의 거처를 정리할 준비를 하고 있다. 미국에서 할 중요한 일이 있고 70세가 다 되어 시작한 배우 일에 더욱 집중하기 위해서라는데, 다른 이유도 있다. 영암에 더 도움이 되고 싶었지만, 마음대로 되지 않았던 듯하다.

"영암에 살면서 하고 싶었던 일이 어쩌면 시기상조였던 것 같아요."

영암에 크게 도움이 될 인재를 제대로 활용하지 못하고 떠나보내야 하는 현실이 안타깝다. 영어만 해도 누가 김반아 박사보다 더 잘하겠는가. 글로컬glocal이 뭔가. 글로벌한 시각으로 로컬을 바라보고 로컬에서 글로벌로 시야를 넓혀야 할 때 아닌가.

공원 산책 전, 가까이 사는 최태근 명장에게 과분한 대접을 받았다. 최명장이 잘라준 어란 조각을 안주로 카발란 위스키를 한 모금 마셨다. 전혀

↑ 구림 상대포역사공원

술을 못한다는 김반아 박사도 최명장이 따라 준 위스키를 다 마셔버렸다. 거의 반 잔쯤 되는 양이었다.

"못 먹는 술을 이상하게 계속 마시게 되네요."

당연히 영암 어란 때문일 것이다.

참새 눈물만큼 홀짝거린 나도 알딸딸한데, 김반아 박사가 취한 것 같다고 말하는 것이 무리가 아닐 것이다. 워낙 건강관리를 잘해선지 일흔여덟의 나이에도 에너지가 넘친다. 살갗에 닿는 밤 바람이 상쾌하다.

김반아 박사는 한반도중립화 운동을 하고 있는 평화운동가다.

"외조부와 어머니도 한반도 중립화운동을 하셨어요. 내가 3대째예요. 한반도의 영구적인 평화를 위해서는 중립화가 최선의 대안이라고 생각합니다."

목숨을 바쳐서라도 이루고 싶은 게 한반도 중립화라는 김박사가 한반도 중립화에 대해서 어떻게 생각하느냐 묻는다. 자세히 알지 못하니 '들어본 적은 있습니다만' 정도로밖에 대답하지 못한다.

박철 사진작가. 2009년 월출산에서 큰 바위 얼굴을 발견한 후, 큰 바위 얼굴을 영암의 상징과 관광자원으로 만들어 사람들을 영암으로 오게 하기 위해, 15년 동안 고군분투해왔다.

'박철 혼자 욕심 부리느라 권리를 갖고 다른 사람은 못 쓰게 한다.'

'큰바위얼굴을 알리는 데 힘을 보태는 건 박철을 돕는 거다.' 등등 이해할 수 없는 말들이 떠돌았다.

자신도 사용하긴 하지만, 큰바위얼굴에 관해 어떤 사업이든 다 할 수 있는 권리를 영암군에 양도했는데도, 여전히 오해하고 있는 사람들이 있다.

나도 그런 이의 말을 들었다.

"큰 바위 얼굴을 상표등록 해놓고 아무도 못 쓰게 하고 있답니다. 가능

하면 얽히지 마셔요."

나는 이렇게 대답했다.

"박철 작가가 모든 권리를 영암군에 양도했다고 들었는데, 잘못 알고 있는 것 같다. 더구나 지역 내 이러쿵저러쿵 떠드는 말들, 자잘한 사적 이해관계는 내 관심사가 아니다. 내 유일한 관심사는 크게 봐서 영암에 도움이 될 소재들을 찾아 널리 알리는 것, 그것 뿐이다. 그러려고 누가 부탁하지도 않았는데 영암에 내려와 고생하고 있는 것이다."

내게 우정어린 충고를 했던 이가 며칠 후 "제가 생각을 바꿔야 할 것 같습니다. 부정적인 말만 들어서 오해하고 있었습니다."라고 말했다. 다행한 일이다.

성치 않은 다리로 여러 분들의 도움을 받으며 월출산에 올라 직접 큰 바위 얼굴을 대면하고 받은 감동을 기억한다. 다리를 단련하여 꼭 다시 보러

가고 싶다. 누구나 한 번쯤 월출산에 올라 큰바위얼굴을 만날 일이다. 특히 영암 사람이라면. 좀 더 눈을 크게 뜨고 좁은 지역이 아니라 온 나라, 나아가 세계를 바라볼 일이다.

상대포역사공원의 밤. 젊은 여성들 셋, 웃고 떠들며 발랄하다. 휴대폰을 건네며 사진 한 장 찍어 주실래요? 하고 부탁했다.

김반아 박사, 박철 작가, 나. 우리 세 사람 모두 큰바위얼굴 티셔츠를 입고 단체 사진을 찍었다. 부탁 받은 여성이 열심히 앵글을 바꿔가며 셔터를 누른다.

"괜찮게 나왔는지 한 번 보셔요."

"좋은 데요. 잘 나왔어요. 고마워요."

젊은 여성 셋과 나이든 우리 일행 셋 말고 공원에 다른 사람은 없다. 이렇게 멋진 곳인데, 연인들이 와서 데이트하기에 정말 좋은 곳인데, 전기가 아깝네. 안타까움에 두서없는 말들이 난무한다.

담양, 목포, 순천, 여수만 관광지가 아니다. 사람들 북적이는 데 말고 한적하고 예쁜, 특히 밤이 아름다운 공원이 영암에 있다. 호남의 3대 명촌 중 으뜸인 구림마을 입구에 있다. 낮에는 월출산에 오르거나 구림마을을 구경하고 밤에는 상대포역사공원에서 산책을 즐겨보시라. 사랑하는 이와 데이트를 해보시라.

연못에 연꽃이 피어있다. 밤이라서인지 봉오리가 닫혀 있다. 이슬 맺힌 연꽃을 보러 아침 일찍 다시 와야겠다.

쌍정마을과
리드미컬 프레임

　오복영 해설사가 잘 가꿔 예쁘다며 꼭 보여주고 싶다는 마을이 있단다. 수원이 다른 두 개의 샘이 있어 쌍정마을이라 한단다.

　마을 입구에 비석들이 서있다. 아름다운 마을 가꾸기 대회에서 수상한 기념으로 세운 것들이다. 탑처럼 생긴 영암군 우수상 기념비는 꼭대기에 보름달이 떠있고 그 위에 비둘기가 앉아 있다. 정부 평가에서 대상을 받은 기념으로 세웠다는 기념비에는 구정봉 큰바위얼굴과 보름달이 새겨져있다. 큰바위얼굴이 들어간 조형물을 처음 봤다.

　어느 것이든 발상이 재밌다. 설명하는 오복영 해설사의 톤에 자부심이 듬뿍 배어 있다.

　쌍정은 마을 초입 바로 가까이 있었다. 정취 있는 우물 두 개를 상상했는데, 기대가 무너졌다. 나란히 있는 두 개의 우물 위로 지붕이 씌어져 있고 우물 하나는 건물 전면의 3분의 2만큼 키 높이 벽으로 가려져 있다. 처음 봤을 땐 작은 창고인 줄 알았다.

　벽으로 둘러쳐진 우물은 작은 목욕탕이었다. 벽에 수도 꼭지들이 달려 있고 쪼그리고 앉는 의자가 여럿 놓여 있다. 우물물이 뿌얘 원래 그러냐니 누가 목욕을 하고 간 것 같단다. 설마 우물 안에 들어가 헹구진 않았겠지.

개방돼있는 다른 우물 하나는 크고 무거운 뚜껑으로 덮여 있다. 오 해설사가 뚜껑을 들어올리니 바닥까지 보이는 깨끗한 물이 가득하다. 계속 솟아나 넘치는 물을 바깥으로 빼는 관이 설치돼 있다.

두 우물은 마을 개선 사업비를 받아 고쳤단다.

"아이고, 옛날 그대로의 모습을 보존해야지 어쩌다 이렇게 만들었답니까?"

개선 사업을 주도했다는 오 해설사가 이렇게 한 까닭을 설명하는데 귀에 들어오지 않는다.

그런데 가만 생각하면 내 눈에 거슬리는 이유는 농촌 마을 우물은 이래야 한다는 도시인의 고정관념에서 비롯되었을 수도 있겠다. 마을 사람들 입장에서 보면 당장 필요한 게 작은 목욕탕일 수도 있을 테니. 어쨌든 물 긷고 빨래 하고 수다 떨던 마을 공동 우물을 상상했던 기대는 어긋났다.

마을을 떠날 때 다시 가보니 안에서 물소리가 들렸다.

"누구 있습니까?"하고 소리치니 "예, 목욕하고 있어요."라는 대답이 돌아온다. 발돋움하여 들여다보니 벌거벗은 남자가 물을 끼얹고 있다.

우물 근처에서 여자 아이가 깡총거리며 놀고 있다. 오 해설사 말에 의하면, 쌍정마을에 단 한 명 있는 열 살 아이란다. 할머니가 키우고 있는데 목욕하는 남자는 아버지일 거란다.

오 해설사는 아이를 볼 때마다 짠하단다. 동네 할머니 할아버지들 틈에서 자라는 아이는 얼마나 외로울까.

마을 안쪽으로 들어가니 작은 광장이 있고 주차된 차들이 있다. 민가 담벼락을 빙 둘러 농사짓는 풍경이 그려져 있다. 정겹다. 벽화는 창고처럼 보이는 건물 벽에도 그려져 있다. 바위 봉우리들이 솟아 있는 월출산이다.

↑ 쌍정마을. 뒤로 월출산이 보인다.

옆에 있는 2층 건물은 개신 1구 마을회관 겸 경로당이다.

마을 개선 사업비를 받아 세운 건물은 동네 어르신들 사랑방이다. 들여다보니 할아버지는 보이지 않고 할머니들만 계신다. 우리 먹으라고 햇옥수수를 싸주신다. 도시에 사는 노인들보다 농촌 노인들이 훨씬 즐겁게 사는 것 같다. 함께 모여 식사도 하고, 화투도 치고, 노래와 춤도 배우고, 여행도 다닌다.

마을 회관 2층은 게스트하우스다. 큰 방 하나 작은 방 하나가 있다. 텔레비전부터 냉장고 밥솥까지 모든 시설이 갖춰져 있다. 하룻밤에 오만 원만 내면 누구든 묵을 수 있다. 마을회관에 레지던스 호텔 같은 게스트룸이 있는 줄 몰랐다.

이장을 역임했던 오 해설사가 요금을 정해놓지 말고 성의껏 돈통에 넣고 가게 하면 더 좋지 않겠느냐고 얘기하는데도, 좀처럼 실행되지 않는단다. 마을에선 현직 이장이 제일 힘이 세다.

2층 게스트하우스 방에서 내려다보이는 빨간 지붕의 아담한 집을 가리키며 오복영 해설사가 말한다.

"제가 태어난 집이예요. 돌아가신 아버지가 생전에 팔아버렸어요. 내가 귀향해서 되사려고 했더니 주인이 안 판답니다. 그래서 마을 뒷쪽에 새로 한 채 지었어요."

나중에 가보니 야산에 조성한 택지에 여러 가구가 입주해 있었다. 모두 유럽풍 주황색 기와를 얹은 근사한 현대식 주택이었다. 월출산 사자봉이 가까이 보이는 기가 막힌 뷰를 가진 곳이었다.

오 해설사가 마을회관 옆 창고로 안내한다. 바깥에 세워진 깃발 모양의 나무 팻말에 리드미컬 프레임이라고 쓰여 있다. 뭐 하는 곳이지?

안으로 들어가자 뜻밖의 광경이 펼쳐졌다. 벽에 걸린 카누와 서핑 보드, 천장에 거꾸로 매달린 카누, 각종 연장들, 설계도면들.

갈비뼈 같은 가는 나무막대들을 엮어 카누를 만들고 있는 남자들이 있었다.

아니 영암에, 쌍정마을에, 손으로 카누를 만드는 공방이 있었다고?

두 명은 제작 중인 카누 골격에 집게를 물리고 있고 다른 두 명은 설계도면 앞에서 대화 중이다. 뭐 하는 거냐 물으니 접착제를 바른 나무들끼리 꽉 붙도록 집게로 잡아주는 거란다.

"만들어 파는 건가요?"

"아니요. 그냥 취미로 만드는 겁니다. 사겠다는 사람이 있으면 팔기도 하고요."

문외한이니 완성도를 평가할 수 없겠지만 완성된 카누를 보니 완벽해

보인다. 공방의 주인은 희끗희끗한 머리에 호리호리한 체격을 가진 이다.

"아마추어 솜씨가 아닌 것 같은데요? 원래 무슨 일을 하는 분인데 취미로 카누를 만든다는 겁니까?"

"아, 저는 원래 한옥을 짓는 목수예요."

공방의 주인인 구림마을 출신 최대식 씨다. 집 짓는 일과 카누 만드는 일은 성격이 전혀 다른 거 아닌가? 목수 일도 나무를 다루는 것이고 카누 제작도 나무로 하는 일이라 통하는 부분이 있단다.

최대식 씨 말고는 다들 다른 데서 왔다. 카누 제작을 배우는 중이라는 김희각 씨. 세종시에서 영암을 오가고 있다. 그동안 만든 카누를 집에 가져다 놓고 타고 있단다. 카누 매니어인가? 그렇진 않단다.

↑ 리드미컬 프레임

"나무가 이렇게 휘어지잖아요. 기하 벡터를 알아야 합니다. 설계할 때 좌표를 찍어야 하니까요."

수학을 잘 아는 듯하다. 세종시에서 학원을 경영하고 있단다.

"어디서 타요?"

"금강이나 옥천, 영동 같은 데서 탑니다."

다른 두 명도 취미로 카누를 만들고 있다. 그중 한 명은 나주 혁신도시에서 직장에 다니고 있고, 또 다른 한 명은 최대식 씨처럼 프리랜서 목수란다.

카누만이 아니라 서핑보드도 만드는데, 아마추어 수준이 아니다. 아예 사업으로 해도 괜찮지 않을까 생각했는데, 나중에 확인해보니 최대식 씨는 오락 및 스포츠용 보트건조업으로 세무서에 등록한 어엿한 개인과세 사업자였다.

취미라고 겸손하게 말했지만 프로페셔널 목선 건조 수리업자다. 리드미컬 프레임이라는 유튜브 채널도 운영하고 있다.

오복영 해설사가 말한다.

"여기 작업장이 너무 좁아요. 넓은 데로 옮겨야 하는데 마땅한 데가 없어요. 지자체가 지원해줘도 좋을 텐데. 폐교를 활용해도 되고."

대불공단엔 큰 배를 만드는 조선소들이 있지만, 카누나 서핑보드를 만드는 업체들이 있는지는 모르겠다. 카누는 영암과 잘 어울릴 것 같다.

예로부터 영암은 배와 친했다. 왕인 박사는 구림 상대포에서 배를 타고 일본으로 떠났고 왜구들은 배를 타고 강을 거슬러 쳐들어왔다.

어릴 때부터 카누를 타고 만드는 일과 친숙해지면 자연스레 진로가 그 방향으로 갈 수도 있고, 아니라도 관련된 일을 할 가능성이 높아질 것이다.

어린 학생들부터 어른들까지 카누를 즐기고, 시합을 하고, 페스티벌을

열고... 상상이 끝없이 날개를 편다.

　나주에서도 그런 생각을 했다. 거북선을 만든 나대용 장군의 출생지이기 때문이다. 임진·정유 두 왜란이 끝난 후 나대용 장군은 수군에서 계속 복무했다. 거북선을 개량하고 속도가 빠른 해추선을 만들었다. 영산강에서 용선대회 같은 걸 하면 장관일 것이다.

　쌍정마을에서 생각지도 못했던 카누를 만났다. 두 달 동안 제법 여기저기 누비며 다녔지만 아직도 모르는 것들이 많다. 영암은 의외로 깊고 넓고 재밌다.

송계마을의
왕버들

흔한 느티나무나 팽나무가 아닌 왕버들이 정자목인 동네가 있다. 송계松溪마을이다. 소나무와 시내를 합친 이름이다. 마을이 처음 생겼을 때 소나무가 많았던 모양이다.

마을 앞을 제법 널찍한 시내가 지난다. 송계천이다. 거슬러 올라가면 회문리 위 대동저수지를 지나고 큰 골 위쪽에 있는 상수지에 이른다. 거꾸로 보면 월출산에서 발원한 물이 시내가 되어 송계마을을 지나고 영암천이 되고 영산강에 합쳐져 바다에 이른다.

동네 가운데 정자가 있고 왕버들 세 그루가 있다. 버드나무는 물가에서 자라고 성장속도가 빨라 금세 크지만 대신 수명은 짧은 나무다. 왕버들은 버드나무 종류 중에서 수명이 가장 길다. 송계마을 왕버들은 나이가 2백 살로 원래 방풍림으로 심은 것이다. 오랫동안 네 그루가 함께 있었는데 지금은 세 그루만 남아 있다. 한 그루가 없어지게 된 사연이 있다.

옛날, 마을의 어떤 이가 버드나무에 소를 묶어 도살屠殺했다. 얼마 안 가 그이는 급살을 맞아 죽었고 버드나무는 비바람이 몰아치던 날 뿌리째 뽑혀 죽었다.

↑ 송계마을의 왕버들

　우리 조상들은 자연물에도 영이 있고 온갖 곳에 신이 거처한다고 믿었다. 자연을 훼손하지 않고 노목을 함부로 베지 않는 것은 자칫하다가는 신의 노여움을 사 동티가 날 수 있기 때문이다.

　나무를 벨 때도 폭풍우에 나무가 뽑히거나 부러져 죽었을 때도 사람들은 나무의 영을 위로했다. 씻김굿을 하기도 했다. 우리 조상들의 노목에 대한 경외심은 특별했다.

　이명박이 대통령 취임을 앞둔 어느 날, 숭례문이 불탔다. 숭례문을 복원하기 위해 삼척에 있는 이성계의 5대조인 준경묘역에서 금강송을 베었다. 벌목은 격식에 따라 진행됐다. 고유제에서 시작해 벌채목 옆 나무에 북어와 창호지를 실타래로 묶는 소매지기, 벌채목 밑동의 껍질을 벗기는 근부

박피, 검인 도장 낙인 찍기를 거친 뒤 비로소 도끼질 절차를 시작했다.

대목수가 소나무 밑동을 도끼로 세 번 내리치면서 "어명이오"라고 외쳤다.

목수들은 백 년 이상 산 소나무를 영물로 여겼다. 함부로 베었다가는 동티가 날 수 있기 때문에 내 맘대로 도끼질을 하는 것이 아니라 임금의 명이어서 어쩔 수 없이 하는 일이라고 고하는 것이다.

우리 조상들의 소에 대한 대우도 남달랐다. 지금은 고기로만 팔리지만 농사가 주업이던 시대, 소는 가족이나 마찬가지였다. 식구처럼 생각하여 생구生口라고 불렀다.

소는 또 말과 함께 나라의 재산이었다. 쇠백정이 아닌 일반 백성이 함부로 소를 잡을 수 없었다. 조선시대에 일반 백성이 소를 잡으려면 관청의 허가가 필요했다. 밀도살을 하다가 잡히면 곤장 백 대에 처해졌고 도살한 사람을 붙잡은 사람에게는 포상으로 면포 열네 필을 주었다.

율곡 이이는 평생 소고기를 먹지 않았다고 전한다. 평생 힘들게 일만 하다가 죽은 소의 고기까지 먹는 것은 어질지 못하다고 생각했다.

그런 소를 왕버들 노목에 묶어 놓고 함부로 죽인 이는 무슨 배짱이었을까. 왕버들은 영문도 모르고 살생에 이용당했다. 급살 맞아 죽은 이는 소의 저주 때문이었을까 왕버들의 저주 때문이었을까.

왕버들은 송계마을의 당산목이었다. 지금은 사람이 없어 못하지만 오랫동안 송계마을 사람들은 당산제를 지냈다. 전해오는 또 다른 이야기가 있다.

어느 날 밤 마을에 도둑이 들었다. 훔친 물건을 짊어지고 도망쳐야 했는데 마을을 빠져나갈 수가 없었다. 알 수 없는 힘에 이끌려 버드나무 주위만 계속 뱅뱅 돌다가 붙잡혔다. 도둑 입장에서 보자면 귀신에게 씐 것이다.

그런데, 사실 버드나무는 귀신과 관련이 있다. 우리나라에서는 버드나무가 양기가 센 나무로 알려져 있어서, 귀신이 싫어한다는 속설이 있다. 무당이 버드나무로 사람을 때린다면 귀신을 쫓기 위해서다.

한편 일본이나 중국에서 버드나무는 음기가 세고 바람에 흔들리는 모습이 풀어헤친 여자의 머리나 가늘고 요염한 허리 같다고 해서 귀신을 불러들이는 나무로 여겨진다.

도둑의 발을 붙든 송계마을 왕버들은 무슨 기운을 발산했던 것일까. 옛날 버드나무는 떠나는 님에게 꺾어주던 나무였다. 가지 말라는 속마음의 표현이었다. 버들 류柳가 머물 류留와 발음이 같기 때문이다.

왕버들이 도둑에게 머물러라 머물러라 하며 강력한 주문을 걸었는지도 모를 일이다.

나는 송계마을에서 태어나 자랐다. 여섯 살 때 나주로 이사하면서 떠났

↑ 송계마을

지만 언제나 그리운 고향이었다.

엊그제 송계마을을 찾았다. 정자목 아래 오토바이를 세워두고 천천히 걸으면서 둘러봤다. 60년 전 마을을 떠난 후 두번 째였다. 첫번 째는 6년 전, 광주MBC 사장이 되어 광주에 내려왔을 때였다.

거동이 불편해 방안에서만 지낸다는 어르신이 "네가 일준이냐"고 두 손을 맞잡았다. 치매를 앓고 있어 방금 전 일은 잊어버려도 옛날 일은 또렷히 기억한다는 어르신은 돌아가신 아버지의 친구였다.

어머니가 말했다.

"그 양반 이름이 천바우여. 아들이 귀한 집이라 이름을 그렇게 지었다드라. 천 년 가는 바우처럼 오래 살라고. 느그 아부지 하고 엄청 친하게 지냈어야."

송계마을 문성현 이장에게 그 얘기를 하니 "그 어른 성함이 문천암이여요"라고 했다. 몇 년 전에 돌아가셨단다.

어머니께 말씀 드리니

"송계에 느그 아부지 친구나 내 또래 사람들은 다 죽은 모양이구나."라고 하신다.

그러면서 동네 사람 누구는 어땠고 그 각시는 어땠고 그 집 자식들은 어땠고 좌악 읊으신다. 순식간에 고향 마을의 흥미진진한 옛 이야기가 아흔 두 살 어머니 입에서 실타래처럼 술술 풀려 나온다.

"어떻게 그런 얘기까지 다 알아요?"

"대놓고 말은 안 해도 동네 사람들은 다 알제."

여섯 살 무렵 내가 마을 어디서 무얼 하고 놀았는지 모른다. 맥락 없이 몇 개의 조각들로만 남아 있는 기억은 쓸모가 없다. 아마 마을 옆을 흐르는 시내에서 멱을 감았을 테고 왕버들나무 아래에서 딱지 치기를 하거나

↑ 송계마을에서 바라본 월출산

술래잡기를 하며 놀았을 것이다.

우리집은 사라지고 없었다. 6년 전, 뒷집 살던 분이 우리 집을 사서 헐고 마당을 하나로 합칠 것이라는 얘기를 들은 기억이 난다. 과연 뒷집과 우리 집이 합쳐져 넓은 마당을 가진 집이 되어 있었다.

온통 초가집이었던 마을은 사라지고 깨끗하게 새로 지은 집들이 들어섰지만 여기 저기 버려진 채 쓰러져 가거나 마당 가득 풀이 자란 폐가들도 보였다. 우리 일가 친척들은 아주 오래 전에 전부 마을을 떠나 대부분 서울로 또 다른 도시로 흩어졌다. 1960년대, 농사로는 미래가 보이지 않았던 시절이다.

송계마을의 현재는 당시와는 많이 달라졌지만 내 마음 속 고향은 60년 전 그대로다. 까닭 없이 그리워지는 건 당연히 나이 탓일 테고.

어머니가 돌아가시기 전에 꼭 한 번 보여드리고 싶은데, 방법이 없다.

송계로 시집와 너무 고생을 많이 해서 절대로 가고 싶지 않다고 하신다.

질곡의 한국 현대사와 겹치는 집안의 역사. 전장에 나간 신랑을 기다리며 식구가 열 명이나 되는 시댁에서 이십 대 초반의 어머니는 이루 말할 수 없는 고생을 했다. 아버지는 비전이 보이지 않는 고향을 떠나 나주로, 다시 서울로 이사했지만 어머니의 고생은 그 후로도 한참 이어졌다.

그렇더라도 구순이 넘은 나이에 한 번 쯤은 고향에 가보고 싶을 법도 한데 어머니는 전혀 그럴 마음이 없으시다. 어머니 친정은 송계에서 멀지 않은 도포 인덕마을이다.

마을을 한 바퀴 돌고 정자목으로 돌아왔다. 마을에 경사가 있을 때, 승천하는 용의 모습을 한 1번 왕버들은 빛을 발하고 상서로운 기운을 내뿜는단다. 왕버들의 두텁고 갈라진 껍질을 만진다. 문득 젊은 시절 고된 노동으로 거칠어지고 갈라졌던 아버지의 손 같다고 생각했다. 아버지의 커다란 손이 추운 겨울 시커멓게 갈라진 유년 시절의 내 손을 포근히 감싸는 듯한 느낌이 들었다.

나는 기억하지 못하지만 왕버들은 어린 시절의 나를 기억하고 있을지 모른다. 지금 살아 있는 마을 사람 모두가 세상을 떠난 뒤에도 왕버들은 오랫동안 같은 자리에서 마을을 지키고 있을 것이다. 누구든 역사의 증인이자 스토리텔러인 노목을 함부로 대해선 안 되는 까닭이다.

왕버들 노목을 보러 갔다가 진한 추억 여행을 했다. 육십여 년 전의 천진난만했던 어린 아이로 돌아가 행복한 시간을 보냈다. 떠나며 돌아보니 두 마리 용이 금방이라도 날아오를 듯 꿈틀거리고 있었다. 오토바이 시동 소리에 놀라 잠에서 깼을 수도 있겠다고 생각하며 부드럽게 스로틀을 열었다.

정겨운 광암마을과
찻집 명다헌

처음 만났는데 왠지 모르게 포근하고 편안해지는 마을들이 있다. 광암마을도 그중 하나다.

마을 뒤에 영암과 해남의 경계를 이루고 있는 흑석산이 있고 앞에 너른 들이 있다. 마을 옆으로 흑석산에서 발원한 물이 개천을 이루고 흘러가고 마을 집 담을 따라 도랑물이 흘러간다. 사시사철 맑고 시린 물이 흐르는 도랑은 구불구불 집 안팎을 넘나든다. 생활용수를 얻기 위해 마을 사람들은 도랑을 이용했다.

마을 입구에 미륵불과 고인돌이 모여 있다. 키가 4미터인 미륵상을 조각한 화강암은 다듬지 않고 원래 모습 그대로를 사용한 듯 아래쪽은 넓고 위쪽은 좁다. 왼쪽 어깨 쪽이 떨어져 나간 듯도 보인다.

세련된 예술 작품과는 거리가 먼 소박한 조각에 외려 마음이 푸근해진다. 왼손은 배에 대고 오른손은 늘어뜨린 모습으로 서있다. 큰 귀 큰 얼굴에 비해 눈과 입이 작다. 뭔가 마음에 안 드시는 게 있는 듯 앙다문 입술이 뾰루퉁하다. 불상에서 흔히 보는 잔잔한 미소와는 거리가 멀다. 그게 재밌다.

자료를 보니 전에는 기와 지붕으로 된 보호각 안에 들어 있었던 듯한데,

↑ 광암마을 미륵불. 마을 입구에 있다.

보호각은 사라지고 네 귀퉁이 주춧돌만 남아 있다.

보호각 안에 있는 미륵불보다 지금이 더 낫다고 생각하지만 철거한 이유가 무엇인지는 궁금하다.

미륵불에 얽힌 전설이 있다.

옛날 정고자라는 사람이 있었다. 자식이 없어 외로웠다. 어느 날 꿈에서 미륵을 봤다. 돌을 구해 미륵을 조각하고 벗 삼아 지내다 죽었다. 동네 사람들은 미륵제를 지내며 미륵불에게 바치는 젯상 옆에 정고자 상을 따로 차렸다.

미륵과 정고자에게 마을의 안녕을 비는 미륵제는 과거엔 마을의 일대 행사였다. 제사를 준비하는 유사는 집과 중요한 곳들에 왼새끼로 꼰 금줄을 치고 황토를 뿌렸다. 제사는 음력 대보름 하루 전인 정월 14일 밤 11 경

지냈다.

지금은 옛날 같은 금기와 절차는 다 사라졌다. 광암마을만이 아닌 농촌 마을 공통의 현상이지만 전통적인 공동체 행사가 사라지는 건 안타까운 일이다.

미륵 옆에 크고 널찍한 바위들이 여기 저기 놓여 있다. 너럭바위 혹은 마당바위라고 하는 고인돌이다. 광암廣巖마을이라는 이름의 유래와 관련이 있을 걸로 추측된다. 그다지 많아 보이지 않는데 스물 한기나 된단다.

미륵과 고인돌들 옆에 폐가가 있다. 모두 세 채. 방치된 지 오래인 듯 무너져가는 모습이 흉물스럽다. 미륵은 전남 유형문화유산이고 고인돌군은 전남 기념물이니 문화재 보호구역이라 사람이 살 수 없는 것인가. 어떻든 폐가는 철거하고 구역을 정리하고 단장할 필요가 있어 보인다.

세련되고 고급스런 예술작품만 관광자원이 아니다. 주강현 박사의 책 '마을로 간 미륵'에 나오는 미륵불들처럼 동네 석수들이 조각한 소박한 석상들도 얼마든지 매력있는 관광자원이 될 수 있다.

지금은 외지인들이 많이 들어와 산다지만 원래 광암마을은 연주 현씨 집성촌이다. 원래 연주 현씨는 구림마을에 살았다. 시조 현담윤의 12세 손 현윤명이 난포 박씨 박지번의 딸과 결혼해 구림마을에 살게 되면서 영암 입향조가 되었다. 오랜 세월이 흐른 후 연주 현씨의 후손 현진택이 광암마을로 이주했다. 이후 광암마을은 구림마을과 더불어 연주 현씨 집성촌이 되었다.

솟을대문을 한 집. 연주 현씨 사직공파 종중이라는 간판이 걸려 있다. 전라남도 민속문화재인 현종식 가옥이다. 현정은 회장의 증조부 현기봉이 1902년에 지었다. 현기봉은 광암마을 입향조 현진택의 4세 손이다. 현종식 가옥은 전형적인 근대 상류층의 주택 구조를 하고 있다는데 문이 잠겨 있어 둘러보지 못했다.

　마을 안을 걷는데 문득 달콤한 향이 콧속으로 파고든다. 집 마당에 진한 노랑꽃이 잔뜩 달린 여러 그루의 금목서가 있다. 집의 분위기가 좀 튄다. 대문이 없고 양쪽에 장승이 세워져 있다. 돌담이 높지 않아 훤히 노출된 정원의 나무들은 심은 지 얼마 안 된 듯 지주대를 받쳐 놓았다.

　사람 모양으로 만들어 세워둔 파란 나무판엔 '스치면 인연', 빨간 나무판엔 '스며들면 사랑'이라고 쓰여 있다. 분수가 설치된 작은 연못도 있는데, 물은 없다. 정자도 있고, 나무 토막들로 만든 말도 있다. 이것저것 잡다하게 많은 오브제들이 설치된 마당 한 켠에 너른 나무 데크가 깔려 있고 인조 볏짚으로 지붕을 인 초가집이 있다. 그냥 집은 아닌 듯하다. 뭐지? 카페를 만들고 있는 건가.

　맞은 편 집은 옥상에 천문대 돔 같은 게 설치된 하얀 콘크리트 건물이다. 잔디 깔린 너른 정원 한 켠에 바비큐 파티를 할 수 있는 정자가 있다. 나무 토막들로 만든 말도 있다. 대문의 장승, 정원의 형태, 설치한 오브제 등 컨셉이 맞은 편 집과 같다. 골목을 사이에 두고 떨어져 있는 두 집을 한 사람이 소유하고 있는 모양이다.

　집 안을 들여다봐도 인기척이 없다. 돌아 나오려는데 안쪽에 허름한 집 한 채가 보인다. 가만 보니 통로가 연결돼 있다. 집으로 들어가 소리친다.

　"안 계셔요?"

　방문이 열리더니 중년 여성이 나온다. 주인이냐니 아니란다. 거동이 불편한 할머니를 보살피고 있는 요양보호사란다. 이 여성에게 들은 얘기다.

　앞 집 주인은 독천 출신 김모씨인데, 서울에서 돈을 많이 번 사업가다. 건물들은 원래 있던 집을 사서 헐고 새로 지었다. 주말마다 내려와 정원을 조성하고 있다. 카페나 펜션이 아니라 세컨하우스를 만들고 있단다.

↑ 광암마을의 돌담. 돌담 아래 도랑에는 사계절 맑은 물이 흐른다.

"이렇게 넓게요?"

"네. 이 집도 할머니 돌아가시면 인수하기로 돼있는데요."

작은 농막, 텃밭 하나 유지하는 데도 엄청나게 힘들다던데, 대단히 부지런한 사람임에 틀림없다.

광암마을엔 깨끗하게 현대식으로 지은 집이 있는가 하면 폐가도 있다. 시골 어느 마을이나 비슷한 상황이다. 폐가를 사고 싶어 하는 사람들이 있어도 팔려는 주인이 드물다. 부모님이 돌아가시면 빈집이 되는데, 외지에 사는 자식들 입장에선 큰돈도 안 되는데다 고향과 연결된 끈마저 사라지는 듯해 싫기 때문이다.

개천 가에 찻집 간판이 보인다. 명다헌茗茶軒. 이런 곳에 찻집이? 지나칠 수 없다. 다리도 아프고 목도 마르다. 빨간 지붕을 한 단층 찻집은 한옥을 개조한 것이다.

"돌담과 도랑에 반해 이십 년 전 무턱대고 이 집을 샀습니다."

명다헌 주인 이영란 씨의 말이다.

"무슨 이유가 있었습니까?"

있었다. 가족은 수십 년 동안 광주에서 살았다. 남편은 평생 공기업에서 일했다. 직업 상 술자리가 잦았다. 퇴직할 무렵이 되자 건강에 문제가 생겼다.

남편 건강을 위해서라도 도시가 아닌 시골에서 살아야겠다고 마음 먹었다. 시골집을 물색하기 시작했다. 지인이 마침 광암마을에 팔려고 내놓은 집이 있는데 가보자고 했다. 주인은 삼십 년 전에 이 집을 사 고친 뒤 십년을 살던 사람이었다. 집도 정원도 깔끔하고 좋았다. 무엇보다 뒤뜰 돌담 밑을 흐르는 도랑에 반했다.

↑ 명다헌 주인 이영란 씨

"바로 계약금 2천만원 걸었습니다."

이십 년 전 가격으로는 터무니없이 비싸게 집을 샀다.

"동네 사람들 모두 나를 제정신이 아니라고 생각했답니다."

하지만 아무리 비싸도 사고 싶었다. 흑석산, 돌담, 도랑, 정원, 개천…
너무 마음에 들었다. 십 년을 별장처럼 쓴 후 십년 전 찻집으로 리모델링
했다.

이영란 씨는 직접 녹차도 만들고 발효차도 만든다. 만든 차를 따로 팔지
는 않지만 찻집에서 쓰는 양만큼은 손수 만든다. 뒤뜰에 차를 덖는 가마솥
이 있다. 과일 주스도 팔고 있다. 살구주스는 정원에 열린 살구로 만든 것
이다.

황토 찜질방도 만들었다. 부부는 오랫동안 살던 광주 아파트를 팔고 아
예 영암으로 이사했다. 남편은 그토록 좋아하는 술을 자주 마시기 어렵게
됐다. 집 앞에 있는 흑석산을 수시로 올랐다. 술독이 빠지고 건강이 하루

가 다르게 좋아졌다.

명다헌의 차는 향기롭고 맛있었다. 차를 다 마시자 서비스로 쑥차를 내주었다.

"직접 덖은 것입니다. 차는 구증구포를 해 직접 만듭니다. 구증구포라고 하면 무조건 아홉 번 덖으면 되는 줄 알지만 아닙니다. 기술이 필요합니다. 잘못하면 타서 먹지도 못하는 걸 구증구포니 뭐니 하면서 내놓는데, 조금만 먹어봐도 압니다. 못마십니다."

뒤뜰 구경을 했다. 아기자기 한 작은 정원이 예뻤다. 가장 마음에 드는 건 도랑이었다. 뒤뜰 테이블에 앉아 졸졸 흐르는 도랑물을 바라보며 차를 마시다 보면 심신이 저절로 치유될 것 같다. 이 집을 처음 대면했을 때 왜 반했는지 알 것 같다.

정원의 나무는 많지도 적지도 않다. 종류는 제각각이다.

"정원의 나무는 우리 전에 살던 분이 심은 것들도 있고 우리가 사다 심은 것도 있습니다. 나무 한 그루마다 다 사연이 있습니다."

정원에 내리쬐는 햇살이 뜨겁다. 찻집 앞 산은 흑석산이고 이웃한 산은 가학산이다. 그 너머는 해남이다. 광암마을은 영암군의 남쪽 학산면 학계리에 있다.

동네 어귀의 소박한 미륵석상, 고인돌, 연주 현씨 집성촌, 현정은 현대그룹 회장 증조부가 지은 현종식 가옥, 정겨운 돌담과 도랑, 모두 광암마을을 찾을 충분한 이유가 된다.

벼락 맞은 이팝나무와
한옥펜션 월인당

모정마을에 있는 이름난 한옥 펜션 월인당을 보러 갔다. 월인당 입구. 지팡이를 짚고 금방이라도 쓰러질 듯 위태로운 노목이 서있다.

"살아 있습니까?"

불에 탄 지 얼마 안 된 듯 몸통이 숯처럼 시커먼 노목. 사방으로 뻗은 가지에 잎사귀들이 제법 달려 있는 것을 보면서도 믿기지 않아 물었다.

"살아 있습니다."

군서면 모정마을에서 한옥 펜션 월인당을 운영하고 있는 김창오 씨_{모정 행복마을추진위원장}가 말했다. 노목은 이팝나무다.

1930년대 어느 해 여름, 당산나무로 마을 사람들의 섬김을 받던 이팝나무에 벼락이 떨어졌다. 김창오 씨가 쓴 책 '모정마을 이야기'를 보면 말 그대로 마른 하늘에 날벼락이었던 모양이다.

> 나무 아래에서 낮잠을 자고 있던 해전 하네(=할아버지)는 벼락 때문에 귀가 먹었다. 시끄럽게 울던 매미들은 우박처럼 우수수 땅바닥에 떨어졌다.

벼락에 맞는 순간, 나무 속 수맥을 따라 흐른 수억 볼트의 전기로 이팝나무의 몸은 폭발하듯 터지고 수천 도 뜨거운 불에 휩싸였을 것이다. 몸통의 반이 떨어져 나가고 중화상을 입은 이팝나무는 그러나 용케 살아남았다.

가장 잘 알려진 이팝나무의 유래는 꽃송이가 사발에 담은 흰 쌀밥 같아서 이밥나무라 하던 것이 이팝나무로 변했다는 것이다. 다른 설은 여름으로 들어가는 입하에 꽃이 피는 나무라고 해서 입하목_{발음 이파목}=이파나무=이팝나무가 되었다는 것이다.

모정마을에서는 이팝나무를 외암나무라고 한다는데, 전라북도 일부 지역에서 이암나무라 하는 것과 같은 말일 것이다.

책 '모정마을 이야기'를 인용한다.

조선 중기 간척으로 논이 되기 전까지 모정마을 앞은 바다였다. 서재(=서쪽 언덕)에 있는 이팝나무는 배줄을 묶어 놓는 지줏대였다. 여름철 이팝나무 그늘은 쉼터였다. 농민들은 꽃이 풍성하게 피면 풍년이 든다고 믿었다. 쌀밥처럼 하얀 꽃이 시들어가면 보리가 익어가기 시작한다.

보통 당산나무 하면 느티나무나 팽나무인데, 모정마을 당산나무는 희귀하게도 이팝나무다. 모정마을은 많은 집들이 언덕 위에 자리하고 있다. 월인당도 마찬가지다. 원래 평지가 적은 바닷가였기 때문일 것이다.

월인당 이팝나무는 흥미로운 이야기까지 얽혀 있어 훌륭한 관광자원이다. 아니나 다를까. 이팝나무 꽃이 필 때 모정마을에서는 작은 음악 축제와 달빛 차회 같은 행사를 연단다.

모정마을은 월출산 위에 뜨는 달을 감상하기에 최고의 포인트 중 하나다. 마을 앞 너른 저수지, 툭 트인 들판, 그 뒤 월출산은 한폭의 그림이다.

"5월부터 8월까지가 달을 감상하기에 좋은 때입니다. 월출산 위에 뜬 달이 모정저수지에 푹 빠집니다. 데칼코마니로 그린 환상적인 그림이 연출됩니다."

상상만 해도 설렌다. 5월부터 영암에 있었으면서 왜 한 번도 밤에 와보지 않았지?

보름달이 환하게 비추는 밤. 만개한 이팝나무꽃은 어떤 느낌일까.

안내판의 내용이다.

소나무 위에 쌓인 함박눈을 떠올리게 한다.

과연 그렇겠다. 쌀밥 먹기 힘들었던 시절, 이팝나무꽃은 부모님께 지어

드리고 싶은 흰 쌀밥으로 보였다. 전설도 있다. 오래 병을 앓던 늙은 어머니가 쌀밥이 먹고 싶다고 했다. 아들이 마지막 남은 쌀로 어머니 밥을 짓고 자기 그릇엔 마당에 핀 큰 나무의 흰 꽃을 따 가득 담았다. 어머니는 쌀밥을 맛있게 먹었다.

오랜만에 맛있게 식사하는 모습을 본 아들이 크게 기뻐했다. 어머니도 좋아서 웃었다. 마침 임금이 지나가다 웃음소리를 들었다. 연유를 알아보고 아들에게 상을 내렸다. 이후로 그 나무는 이팝나무가 되었다_{월인당 팸플릿}.

하지만, 쌀이 남아 돌아가는 지금 사람들에게 그런 이미지는 없지 않을까. 쌀농사를 짓지 않는 서양 사람들 눈에도 이팝나무꽃은 하얀 눈으로 보였던 모양이다. 이팝나무의 학명에 '하얀 눈꽃'이란 치오난투스란 단어가 들어 있다_{Chionanthus Retus}.

여러 사람들이 월인당 이팝나무를 보고 시를 지었다. 시인 홍산희가 지은 '밥 짓는 나무'라는 시의 한 구절이다.

영암 모정마을

정월 대보름 풍물소리 받아

아직 태어나지 않은 아기들까지 깨우는

징소리로 불씨 당겨

고봉 고봉 이밥꽃 지으신다

없는 육신의 아궁이에

월출산 일출 지펴

지치거나 아프거나 의욕이 없는 이들 누구라도 월인당 앞 이팝나무를 친견해 보시라. 벼락 맞은 늙은 몸으로 찬란한 꽃을 피워내는 이팝나무의 놀라운 의지와 생명력에 저절로 고개가 숙여질 것이다. 삶의 의욕이 다시 채워지는 걸 느낄 수 있을 것이다. 내년 꽃 필 때 기필코 다시 와야겠다.

"모정마을에서 월출산 위에 뜨는 달은 가을 겨울에는 볼 수 없지만 대신 일출이 기가 막힙니다. 월출산 도갑사 위쪽 산등성이에서 아침 해가 서서히 올라오는 모습이 그렇게 장관일 수 없습니다."

일년 내내 월출산이 선사하는 기막힌 경치를 볼 수 있는 곳이 모정마을이라며 김창오 씨가 말했다.

월인당으로 간다. 주변에 낮은 울타리처럼 차나무들이 심어져 있다. 빽빽한 푸른 잎사귀들 가운데 드문드문 앙증맞은 흰 꽃이 피어 있다.

너른 잔디마당으로 들어선다. 마당 한 켠에 작은 연못이 있다. 구석의 작은 정원. 모두 모두 힘내세요라는 팻말이 걸려 있다. 흔들 벤치도 있다. 꽃들과 배롱나무와 소나무들이 있다. 잘 다듬어진 마당에서 바베큐 파티를 하면 좋겠다.

월인당은 전통 한옥이다. 앞쪽에 길게 툇마루, 왼쪽에 누마루가 있다. 누마루는 창호를 바른 세살문을 사이에 두고 '산노을 방'과 연결된다.

불을 넣으면 뜨끈뜨끈해지는 황토 구들방이다. 하룻밤 묵으며 몸을 지지면 아픈 곳도 금세 나을 것 같다. 누마루에 앉아 차를 마시고 음악을 들으면서 지는 저녁노을을 바라보면 환상적일 것이다.

월인당에서 가장 큰 방은 다향유운실이다. 큰 방과 작은 다실, 욕실과 부엌이 있다. 먹거리를 가져오면 뭐든 해먹을 수 있다. 초승달과 들녘이라는 이름이 붙은 두 개의 객실이 더 있다. 모두 황토구들방이다.

마당까지 포함해 2백평 커다란 한옥 한 채를 통째로 빌려준다. 딱 한 팀만 받기 땜에 모르는 사람들과 부딪히지 않고 편하게 쉴 수 있다. 평일 25

만원 하는 숙박료가 비싸지 않다. 두 명이 기본인데 추가 손님이 오면 한 명당 3만원만 더 내면 된다.

코로나 전에는 독일, 영국, 프랑스 등 서양 사람들도 많이 찾아 왔단다. 영어로 홍보하고 있는 걸까.

"아닙니다. 에어 비앤비Air B&B에 내놨어요. 거기서 보고 오는 것 같아요."

현대식 호텔이나 모텔과 전혀 다른, 한국 전통 가옥의 분위기를 느껴보고 싶은 사람들이 의외로 많은 듯하다. 외국인들의 관심이 서울이나 부산을 넘어 지방으로 넓어지고 있다. 잘만하면 시골에도 얼마든지 외국인들을 오게 할 수 있다.

"격년으로 스무 명 정도 되는 프랑스 사람들이 묵으러 옵니다. 프랑스에서 태권도장을 운영하는 분이 제자들을 데리고 오는데요. 너무들 좋아합니다. 돌아가서 여기서 찍은 사진들을 갖고 전시회를 열었다고 하더라고요."

월인당은 반려동물과 함께 묵을 수 있다. 코로나 사태가 터지기 전까지 반려동물은 안 받았단다.

"부산에서 온 젊은 손님이 개를 데려올 수 있게 하면 좋지 않겠냐고 진지하게 얘기하더라고요. 바야흐로 반려동물이 대세인 시대라면서. 개를 받은 후로 손님 중 80% 이상은 반려동물 가족입니다."

반려동물이라고 해도 개만 되고 고양이는 안 된다.

"높은 데 올라가서 다 긁고 헤집어 놓습니다."

반려동물 가족이 그렇게 많고, 갈 데가 그렇게 부족한지는 반려동물을 받아들이고 나서 알게 됐다.

"어떤 손님이 개를 데리고 도갑사에 갔다가 쫓겨 났답니다."

월인당은 한 달에 80% 이상 손님이 든다.

"여름 휴가철인 8월에는 백 퍼센트 예약입니다."

한옥 펜션 한 채에서 나오는 수입으로 농촌 생활이 가능하다는 얘기다.

월인당 주위를 한 바퀴 돈다. 뒤쪽에 황토를 쌓아 만든 높은 굴뚝이 있다. 장작불을 때는 아궁이도 있다. 전에는 장작을 패서 구들장을 덥혔지만, 너무 힘들어 그만두고 지금은 기름보일러를 쓴단다.

월인당은 숙박 시설이면서 복합문화공간이다. 희망자들은 저렴한 비용으로 다도, 풍물, 천연염색, 전래놀이, 한지 공예 등을 체험할 수 있다. 차회, 음악회 등을 개최하고 세미나, 워크숍, 가족모임을 가질 수도 있다.

월인당에서 집까지 낮은 울타리처럼 빙둘러 심어져 있는 건 차나무다.

앙증맞은 하얀 꽃은 차꽃이다. 만개했다면 주변이 향기로 가득할 텐데, 아직은 몇 송이밖에 피어있지 않다.

한옥 카페 이팝나무 안에서 김창오 씨에게 월인당 얘기를 듣고 차 대접을 받았다. 아내 김인순 씨가 찻잔에 차꽃을 띄웠다. 미각, 후각, 시각으로 즐기는 호사.

"서울에서는 누리기 힘든 사치를 여기선 이렇게 쉽게 누릴 수 있습니다."

김창오 씨가 말한다.

"차나무는 일부러 심은 건가요?"

"예. 20년 전 월인당을 지을 때 심었습니다. 찻잎을 따서 여러 가지 차를 만들어 즐기고 있습니다. 녹차, 황차, 청차 다 직접 만듭니다."

몇 년 전에는 걸어서 십분 쯤 걸리는 곳에 차밭을 마련했단다. 오백 평정도 되는 밭에 차씨를 뿌리고 묘목을 심어 유기농으로 기르고 있다. 집주위 차나무에 비해 잘 자라지 않는데, 아마 밭이 황토라서 그런 것 같다. 김창오 씨 부부는 유기농 차밭이 완성되면 찻잎 따기, 차 만들기 등 체험 프로그램도 본격적으로 해볼 생각이다.

결혼 후 서울에서 살던 부부는 26년 전 모정마을로 내려왔다. 큰 아들이 세 살 때였다.

"어머니 간병도 해야 했지만, 아이를 시골에서 키우고 싶었어요."

김창오 씨는 모정마을이 고향이고 김인순 씨는 광주 무등산 자락 산골에서 자랐다.

도시인들이 시골에 살고 싶어도 못 사는 까닭은 안정적 수입원을 찾기 어렵기 때문이다. 김창오 씨 부부가 내려왔을 때 전라남도가 한옥 체험 민박을 장려하기 위한 지원 정책을 폈다. 2007년, 김창오 씨는 월인당을 지었다.

펜션과 더불어 김창오 씨는 농업법인을 세우고 농촌 유학센터도 운영했다. 적을 땐 서너 명 많은 땐 일고여덟 명을 뒷바라지 했다. 서울에 사는 아이들이 전학와 구림초등학교 1년을 다녔다. 어떤 아이들은 지원금이 끊긴 1년 후에도 자비로 학교를 더 다니고 구림초등학교를 졸업했다.

경비는 도와 군, 부모들이 내는 약간의 돈으로 충당했다. 김창오 씨는 대학에서 영문학을 공부하고 아내는 수학교사로 일했다. 아이들도 얼마든지 가르칠 수 있다.

"애들이 우리말 단어를 놓고 서로 다투는 겁니다. 안 되겠다 싶어 한자를 가르쳤어요. 서울로 돌아갈 때 모두 한자 7급을 따갔어요. 부모들이 너무 좋아하더라고요."

아내 김인순 씨가 말한다. 한자를 배운 아이들은 구림을 보면 '저건 비둘기 숲'이라는 뜻이지, 하고 말했다.

"아이들에게 한자를 가르쳐야 합니다. 한자를 모르면 우리 전통 문화와 정신을 제대로 알 수 없어요. 나는 한자를 안 가르치는 건 우리문화 말살이라고 생각합니다."

김창오 씨의 어조가 단호하다.

김창오 씨는 도에서 실시하는 '한 달 살기 프로그램에 응모해 선정되었다.

"우리가 제일 먼저 참여했는데, 대박이었어요. 크게 화제가 되고."

'두 지역 살아보기' 프로젝트에도 영암군과 손잡고 응모해 당선됐다. 폐교된 모정초 운동장에 스무 평 짜리 주택 일곱 채를 짓고 도시에서 내려온 일곱 가족을 받아들여 살아보게 하는 사업이었다.

김창오 씨는 정부와 지자체가 농촌유학이나 두 지역 살기 같은 프로

↑ 월인당

그램을 더욱 적극적으로 실시해야 한다고 생각한다.

"어린 시절 농촌에 살아본 경험은 평생 갑니다. 나이 들어 퇴직하고 귀농 귀촌에 대해 생각할 때 어린 시절을 보낸 곳을 가장 먼저 떠올리지 않을까요. 꼭 정착해 살지 않더라도 이런 식으로 '관계인구'가 늘어나면 농촌에 큰 도움이 됩니다. 그 사람들 전부가 자발적인 지역 홍보맨이 됩니다."

김창오 씨는 26년 전 귀향한 후 모정 행복마을 추진위원장을 맡아 일해 온 14년 동안 마을을 위해 많은 일을 했다.

"아이디어가 많고 지원사업을 따오는 데 탁월한 능력이 있어요. 덕분에 모정마을이 유명해졌어요."

동행한 박광자 해설사가 말한다. 김창오 씨 부부 덕분에 농촌에 대한 이

해가 조금 더 깊어졌다.

살기 좋은 마을로 소문난 모정마을은 젊은이들의 비율이 상대적으로 높다. 전체 백 가구 중 30~40대가 열 집 정도 된다. 초중고생을 합해 스무 명 정도 되는 아이들이 모정마을에 살고 있다. 그중 열 명의 아이는 모정마을로 들어온 네 쌍의 신혼부부가 낳았다.

김창오 씨네 두 아들은 모두 장성했다. 한 명은 농생명대학원에 다니는 대학원생, 한 명은 역사 교사다.

김창오 씨 뒤 벽 전체를 덮은 한국화가 있다. 월출산 그림이다.

"양평에 사는 원문 백승동 화백 그림입니다. 쌍정마을 쪽에서 사자봉을 바라보며 그린 겁니다. 저 뒤에 희미하게 그려진 봉우리가 천황봉, 그 앞에 사자봉, 육형제봉입니다. 여기쯤 구름다리가 있어요."

백 화백은 김창오 씨와의 오래된 인연 때문에 모정마을에 내려와 2년을 살았단다. 영암에 머무르면서 월출산 풍경을 그렸다. 지자체에서 할 레지던시 사업을 개인이 한 셈이다.

김창오 씨 부부의 웃기고 재밌는 신혼 여행 이야기를 들으며 모처럼 큰 소리로 웃었다.

해가 떨어지기 전에 모정마을 구경을 할 차례다. 집 옆으로 난 좁은 오솔길을 걸어 동네 가운데로 향한다.

모정마을
한 바퀴

　모정마을에서 눈에 띄는 건 벽화다. 어디를 가나 흔한 게 벽화고 많은 경우 차라리 없는 게 낫겠다는 생각을 하지만 모정마을 벽화는 좀 다르다. 마을의 역사와 원풍정 12경, 향수를 불러 일으키는 풍경이 그려져 있고, 시도 적혀 있다.

　가령, 원풍정 12경 중 아천마을 앞 백사장의 밝은 모래를 표현한 아천명사雅川明沙. 뾰족뾰족 솟은 산봉우리들과 그 아래 자리한 마을을 배경으로 마을 앞 강에서 고기를 잡는 배 세 척. 맨 앞의 배에 두 사람이 타고 있다. 노를 젓는 사공과 투망을 하는 어부 바로 머리 위, 갈매기들이 날고 있다.

　갑사모종岬寺暮鍾=도갑사의 저녁 종, 은적청람隱跡晴嵐=화창한 날 은적산의 아지랑이, 용강어화龍江漁火=영산강 고깃배의 불빛, 구림조연鳩林朝煙=구림의 아침밥 짓는 연기 등 원풍정 12경의 다른 그림들도 볼만하다.

　십여 년 전 모정마을은 참 살기 좋은 마을로 선정되어 원풍정 보수와 골목 벽화 그리기 사업을 진행했다. 골목에 가득한 벽화는 그 결과물이다.

　마을의 역사를 그린 벽화. 양반 김구해1718~1799의 이야기가 그려져 있다. 조선 정조 때, 흉년이 들었다. 기아에 허덕이는 마을 사람들을 위해 마을

↑ 김구해의 선행을 그린 벽화

선비 김구해가 곳간을 열었다. 600여 명에게 쌀 한 말 씩을 나눠주니 백성들은 밥을 짓고 제사를 지낼 수 있었다. 조정에서 알고 임금이 김구해에게 감사를 표하는 표창완문을 내렸다1784년.

"당시 쌀값을 요즘 가치로 계산해보니 엄청난 돈이더라고요. 김구해야말로 조선판 노블리스 오블리주의 표본입니다. 널리 알리고 기념하면 좋을 텐데, 민간이 하기엔 힘이 부칩니다."

김창오씨의 말에 답답함이 묻어 있다.

영암에는 베풂을 실천한 이가 김구해 말고도 있다. 통일신라 후기 때 사람 덕진 여사다. 주막집을 운영하던 덕진은 큰물이 지면 건널 수 없어 곤란을 겪던 사람들을 위해 푼푼이 모은 돈 전부를 다리 놓는 데 희사한다. 감사를 표하기 위해 영암 사람들은 매년 단오절에 덕진 여사 추모제를 지낸다.

제주도에도 김구해 같은 인물이 있다. 정조 때인 1795년 제주도에 흉년

이 들었다. 기생 출신으로 객주가 되어 큰 돈을 번 김만덕은 백성들이 굶주리자 기꺼이 사재를 털어 육지에서 곡식을 사와 나눠줬다. 임금은 김만덕을 한양으로 불러 표창하고 소원을 들어줬다.

거상 김만덕의 선행은 2010년 KBS 드라마로 만들어졌다. 제주도는 객주와 기념관을 지어 김만덕을 기리며 홍보하고 있다.

김구해의 선행 또한 김만덕과 덕진 여사에 못지 않다. 더구나 덕진 여사 스토리는 구전인데 비해 김구해의 이야기는 역사적 사실이다. 영암의 자랑으로 기념하고 가르치기에 충분하다.

벽화를 감상하며 골목길을 걷는다. 김창오 씨의 안내를 받는다.

"이 골목은 한골목이라고, 큰 골목이라는 뜻입니다. 줄다리기를 할 때 이 골목을 기준으로 동서로 나눕니다."

모정마을은 매년 정월 보름에 한골목 위에 있는 공터 울춤사장에서 줄다리기를 한다. 그냥 줄이 아니라 고가 달려 있고 사람이 올라탈 수 있도

록 밑부분에 통나무 세 개를 단 엄청나게 길고 두꺼운 줄이다. 용줄이라고
한다.

줄다리기를 할 때는 고에 골목대_{비녀목}를 끼워 암줄과 숫줄을 연결한다.
풍년 농사와 마을의 안녕을 기원하는 행사인데, 풍수와도 관련이 있다. 소
모양을 한 마을 땅의 기운을 주기적으로 눌러주는 의미도 있고, 마을 일부
가 배 지형을 하고 있어 태풍에도 끄덕없게 튼튼한 줄로 묶어 놓는다는 의
미도 있다.

줄꼬기, 줄다리기 전 마을을 돌며 하는 줄놀이, 줄다리기, 줄을 잘라 가
져가기 등, 오랜 세월 마을축제로 진행되어 온 줄다리기는 모정마을 축제
를 넘어 영암의 훌륭한 문화유산이다.

여러 가지 사정으로 옛날처럼 하기 힘든 모정마을 줄다리기는 지자체에
서 관광자원으로 살려갈 필요가 있다. 고싸움 못지 않은 흥미진진한 볼거
리가 될 것이다.

흙돌담으로 둘러싸인 커다란 솟을대문이 나온다. 세현문世顯門이란 현판
이 달려 있다. 삼효자문이라고도 한다. 앞에 큼지막한 설명 간판이 세워져
있다.

"물어보는 사람이 하도 많아 세웠습니다."

18~19세기, 광산 김씨 집안에서 3대에 걸쳐 유명한 효자가 나왔다. 조
선 팔도 선비들이 임금에게 효자문을 내려달라는 상소를 올렸다. 임금이
교지를 내려 벼슬을 추증하고 효자문을 짓도록 했다. 글씨는 고종의 다섯
째 아들 덕혜옹주의 오빠인 의친왕 이강이 썼단다.

세현문으로 들어간다. 세현문의 화려한 단청과 정교한 조각이 범상치
않다. 안에 있는 기와집은 사권당이다. 특이하게 현판이 좌우 양쪽 두 군
데에 걸려 있다. 세현문도 마찬가지다.

"문도 집도 네 칸으로 돼있잖아요. 현판을 가운데 걸 수 없는 구조입니다. 그래서 좌우 대칭이 맞게 양쪽에 같은 현판을 건 것입니다."

사권당思勸堂의 사권은 조상을 생각하고 학문을 권한다는 뜻이다. 사권당의 구조가 독특하다. 사방에 툇마루가 있다. 이런 집은 구림마을에도 없다. 한옥을 공부하는 학생들이 교수와 함께 보러온단다.

강진의 다산초당을 짓고 김창오 씨네 한옥 펜션 월인당을 지은 이용채 도편수는 평생 목수 생활을 했지만 사권당처럼 잘 지은 한옥은 좀처럼 보지 못했고, 세현문은 당장 문화재로 지정해도 손색이 없을 만큼 독특한 공법으로 지은 건축물이라고 감탄했단다.

"세현문 지은 비용이나 사권당 지은 비용이나 거의 같았답니다."

툇마루에 올라 사권당을 한 바퀴 돌고 실내를 구경했다. 임금이 내린 '효자정백 교지'와 규장각 학사 민경호가 쓴 '광산 김씨 삼효자 유적 후', 이승욱이 쓴 '세현문기' 편액이 걸려 있다.

세현문 옆에 돈의재라는 현판이 달린 기와집이 있다. 광산 김씨와 함께 모정마을에 모여 살아온 평산 신씨들의 문각이다. 함께 모여 담론하고 학문을 논하던 곳이란다. 옛날엔 댓돌 위에 늘 신발이 가득했고 아이들은 얼씬하기 힘들었던 곳이라는데, 지금은 텅 비어 있다.

"이런 고택들을 관광자원으로 활용할 수 있었으면 좋겠습니다. 그냥 비워놓기에는 너무 아깝잖습니까."

김창오 씨의 궁리가 끊이지 않는다.

"별 일 없으셨어요?"

김창오 씨가 동네 할머니에게 인사를 건넨다. 할머니는 뭔가를 발로 짓이기고 있다. 가만 보니 땅콩 껍질을 벗기는 듯하다.

"이 마을에서 땅콩 농사를 짓는가 봐요?"

그렇단다.

시야가 환히 트인다. 모정저수지, 황금들판, 월출산이 한 눈에 들어온다. 저수지 둘레에 잡초가 무성하다. 16세기 임구령은 제방을 쌓아 바다를 막고 논을 만들었다. 새로 생긴 지남들 한쪽에 작은 방죽을 만들었다. 방죽가에 버드나무를 심고 모정이란 정자를 지었다. 나중에 정자 이름을 쌍취정으로 바꿨다.

여기서 잠깐, 영암에서 자주 듣게 되는 이름 임구령이 누구인지 알아볼 필요가 있다.

임구령 1501~1562은 선산 임씨로 해남 출신이다. 아버지 임우형의 다섯 아

↑ 모정저수지

들 중 막내다. 형제들 이름이 재밌다. 큰 아들부터 천령, 만령, 억령, 백령, 구령이다. 왜 억 만 천 백 구 순서로 짓지 않았을까. 아들이 다섯 이나 태어나리라고 미처 예상하지 못했던 것일까.

임구령은 난포蘭浦 박씨와 결혼해 영암 구림으로 입향했다. 셋째 형 임백령과 더불어 높은 벼슬을 했다. 1545년 일어난 을사사화 때 소윤 윤원형 편이 되어 대윤 윤임 일파를 숙청하는 데 힘을 보탰다.

윤임과 윤원형은 같은 파평 윤씨로 왕실의 외척이었다. 윤임은 중종의 첫번 째 계비 장경왕후의 오빠, 윤원형은 두번 째 계비인 문정왕후의 동생이다. 둘이 서로 권력을 놓고 대립했다.

중종이 죽고 인종이 즉위하자 대윤으로 불린 윤임 일파가 득세했다. 윤원형 일파는 숨을 죽이고 때를 기다렸다. 인종이 즉위 8개월만에 병사했다. 열두 살 명종이 즉위하고 왕대비 문정왕후가 수렴청정을 했다. 윤원형 일파가 정권을 잡았다.

임구령의 넷째 형 호조판서 임백령은 윤원형 일당인 병조판서 이기, 공조판서 허자, 중추부사 정순명 등과 함께 음모를 꾸몄다. 형조 판서 대윤 윤임과 그 일파인 이조판서 유인숙, 좌의정 유관 등을 반역음모죄로 몰아 귀양 보낸 뒤 죽였다. 계림군과 봉성군도 모함하여 죽였다. 계림군은 성종의 형인 월산대군의 손자이고 윤임의 외조카다. 봉성군은 중종과 희빈 홍씨의 아들이다.

윤원형 일파는 윤임이 경원군_{명종} 대신 계림군이나 봉성군을 왕으로 추대하려 했다고 모함했다. 계림군은 강원도 안변으로 도망쳤다가 붙잡혀 유배된 뒤 사약을 받았다. 봉성군은 울진 평창으로 유배 되었다가 사사되었다.

6년 동안 지속된 을사사화의 여파로 유배 당하거나 죽은 사람들의 숫자가 백여 명에 달했다.

임백령은 을사정난의 1등 공신, 동생 임구령은 2등 공신이 되었다. 나주목사, 남원부사, 광주목사를 역임했다. 승승장구하던 임구령은 광주목사로 재임 중이던 1552년에 파직되었다. 장성 출신의 청백리 전라도 관찰사 박수량의 보고 때문이었다.

임구령은 윤원형과 함께 영의정 이기를 아버지처럼 모셨다. 이기가 양사_{사헌부와 사간원}의 탄핵을 받았다. 명종이 이기가 거느린 양인의 숫자가 몇이나 되는지 팔도 관찰사에게 조사하라고 명했다.

관찰사들은 문정왕후를 뒷배로 둔 이기의 눈치를 보느라 감히 조사할 엄두를 못냈다. 전라도 관찰사 박수량이 조사에 나서자 광주목사 임구령이 방해했다. 박수량은 명종에게 임구령이 공무집행을 방해한 사정을 보고하고 파직을 상소했다. 박수량이 어떤 사람인지는 세상이 다 아는 바였다. 1552년 2월 명종은 임구령을 파직했다.

같은 해 12월 민란이 일어나자 명종은 임구령을 남원도호부사로 임명했다. 민란을 평정한 임구령은 병을 얻어 1562년 11월 남원에서 세상을 떠났다.

임구령의 무덤은 내가 묵고 있는 용성도서관에서 멀지 않은 영모정 마을 뒷산 기슭에 있다. 무덤 부근에는 임구령의 영정을 모신 월당月堂=임구령의 호 영당도 있다.

찾았을 때 영당 문은 잠겨 있었다. 뒤에 있는 산 중턱에 가파른 돌계단이 보인다. 집 뒤 밭을 통과해 가는 것 같은데 길이 없다. 꽉 들어찬 마른 잡초 덤불을 헤치고 올랐다.

오른 쪽에 월당 임구령, 왼쪽에 부인 난포 박씨가 묻힌 합장묘가 있다.

묘에서 내려디보는 풍경이 근사하다.

근데, 왜 길이 없지? 다시 밭을 헤치고 내려왔다.

산으로 난 길을 향해 걸었다. 커다란 무덤이 나타난다. 선산임씨 월당공파 납골묘다. 깔끔하게 단장된 걸 보니 오래된 것 같지 않다. 옆에 있는 헌성기념비를 보니 이십 년 전에 조성했다.

납골묘 오른쪽 대숲 사이로 길이 나 있다. 걸어 올라가니, 임구령의 묘가 나온다. 바로 밑에서 올라오는 길이 있으면 좋을 텐데 빙 둘러 가야 한다.

임구령의 형제들은 서로 다른 길을 걸었다. 큰 형 임천령과 둘째 형 임만령은 기묘사화 때 희생되었다. 조광조의 문하생이라는 이유로 함경도 단천에 유배 당한 후 생사가 불명해졌다.

셋째 형 임억령은 담양 부사, 광주 목사, 강원도 관찰사 등을 역임했다. 셋째 동생 임백령과 막내 동생 임구령이 윤원형과 한 패가 되어 을사사화를 일으키자 격분해 관직을 버리고 낙향해 은둔했다.

사위가 지은 담양의 정자 식영정에서 시를 쓰고 학문을 논하며 지냈다. 제자인 김성원, 고경명, 정철과 함께 식영정 사선四仙으로 불린다. 호남 시학의 아버지로 평가 받는 임억령은 최부, 윤선도 등과 함께 해남 해촌서원에 모셔졌다.

존경할만한지 아닌지와 상관없이 영암의 역사에서 월당 임구령은 빼놓을 수 없는 인물이다.

임구령이 만든 방죽이 커져 모정저수지가 되었다. 저수지는 잘 정비되어 있다.

"저수지를 걸어서 한 바퀴 돌 수 있는 둘레길을 만들었습니다."

저수지 한 쪽이 연잎으로 가득하다. 예로부터 모정저수지는 홍련으로 유명하다. 연꽃이 피면 일대 장관이 연출된다. 물에 비친 월출산과 핑크빛 꽃송이들. 예쁜 사진 찍기에 더할 나위 없이 좋다. 버드나무들도 보인다. 옛날 모습을 복원하기 위해 일부러 심은 것이다.

날이 어두워졌다. 배가 불러가는 반달이 중천에 떴다.

백쉰 살 먹은 팽나무 노목이 있고 정자가 있다. 원풍정이다. 열두 기둥 하나 하나에 원풍정에서 보는 영암 풍경을 네 글자로 적은 주련이 걸려 있다.

"이것이 철비입니다."

원풍정 앞 절벽 위에 특이하게 생긴 쇠로 된 비가 서있다. 한참 전 낮에 와서 본 적이 있는 전라도 관찰사 김병교 영세불망비다. 앞면에 답궤관수언실속중畓櫃灌水堰實屬衆이라는 글이 새겨져 있다. 논에는 물을 대야 하므로 방

죽은 주민들에게 속한다는 뜻이다. 관찰사 김병교의 판결문이다.

　임구령은 방죽 옆에 120 마지기 정도 되는 논을 갖고 있었다. 선산 임씨 후손들은 1800년대 초반 논을 팔고 영암을 떠났다. 한참 세월이 흘렀는데 뜬금없이 선산 임씨들이 나타나 저수지는 안 팔았다고 주장했다. 소송이 붙었다. 관찰사 김병교가 양쪽 주장을 듣고 판결을 내렸다.

　"본시 논은 물을 대는 시설과 불가분인 것이다, 논을 팔았다는 것은 물을 대는 방죽을 함께 판 것이다, 고로 방죽은 모정 백성들에 속한다."

　1857년, 명판결에 감동한 모정 주민들이 멀리 김제까지 가 철제 공덕비를 만들어와 세웠다.

　짧은 시간 모정마을을 둘러보며 많은 이야기를 들었다. 마을을 위해 사

↑ 원풍정

↑ 철비. 관찰사 김병교 영세불망비

재를 기꺼이 기부한 사람들 얘기도 들었다. 모정마을 출신으로 서울에서 사업을 하는 향우가 사들여 기부한 알춤 할머니 쉼터 건물, 동네 어른이 돌아가시기 전 기부한 알춤주차장 부지, 광산 김씨 문중이 기부한 마을 진입로 땅 등.

모정마을에는 굶주린 주민들을 위해 아낌없이 곳간을 열어 쌀을 나눠준 김구해의 정신이 살아 있다.

영암의 오래된 마을들 하나하나에 엄청나게 많은 이야기들이 있다. 긴 역사를 통해 만들어지고 쌓인 스토리는 모두 소중한 문화유산이자 관광자원이다. 없는 스토리도 만들어내 팔아먹는 시대, 넘치는 스토리 유산을 더 적극적으로 활용할 아이디어와 노력이 절실하다.

아름다운 폐교
학신분교

"멋진 폐교가 있는데 한 번 구경해보실랍니까?"

쌍정마을을 안내한 오복영 해설사가 말했다. 쌍정마을에서 멀지 않단다. 폐교로 향하는 길, 오른 쪽에 제법 큰 저수지가 있다. 쌍정저수지다.

"저 저수지가 있는 곳 지명이 수박골입니다. 물 수, 머무를 박. 옛날에 지명을 어떻게 그렇게 지었는지 기가 막히지 않습니까. 민가들이 있었는데 저수지가 생기면서 수몰지역이 됐습니다."

그런 지역들이 제법 있다. 영암 삼호를 두고 그렇게 얘기하는 이들이 있었다. 미래를 예견하고 지은 이름 같다고.

영산강하구언 공사로 영산호가 생기고, 영암방조제로 영암호, 금호방조제로 금호호가 만들어졌다. 합해서 세 개의 호수, 삼호다.

우연의 일치겠지만, 조상들의 작명 예지력을 거론하는 게 얘기로는 훨씬 재밌을 것이다.

폐교 입구에서 내린다. 문은 없고 양쪽에 기둥만 남아 있다. 원래부터 문이 없었는지도 모르겠다. 오른쪽에 서있는 커다란 간판. 영암교육지원청에서 설치한 구 영암초 학신분교 체육시설 이용 안내 간판이다. 아하,

↑ 학신분교 입구

폐교에 주민들을 위해 운동시설을 설치했구나.

기둥에 붙은 동판에는 영암교육지원청 영암 학생의 집이라고 새겨져 있다.

교정으로 들어가는 진입로에 들어서자 우와! 하는 감탄이 절로 터진다. 길 양 옆에 곧게 뻗은 나무들이 빽빽히 흘립해있다. 차렷 자세로 도열한 나무들 사이를 걸어 학교로 들어간다.

쭉쭉 뻗어 올라간 나무들 사이 좁은 등교길. 이 학교 졸업생이라면 가장 먼저 떠오르는 모교의 이미지가 아닐까. 재잘재잘 아이들 떠드는 소리가 들리는 것 같다.

운동장은 풀로 뒤덮여 있다. 관리를 하는 건지 쑥대밭은 아니다. 오른쪽 커다란 나무들 사이로 일자형 교사가 보인다. 작고 귀엽다.

운동장 왼쪽 가장자리엔 여러 가지 운동기구들이 설치돼있다. 운동하고 나서 씻을 수 있는 세면시설도 있다.

이용하는 사람들은 있을까. 영암교육지원청이 홈페이지에서 학신분교의 주민체육시설 활용을 홍보하고 있는 걸 보면 아직 찾는 사람이 많지 않은 것 같다.

작고 귀여운 학교. 육안으로도 확연하지만 항공사진으로 거듭 확인하니 네 변 모두 나무가 심어진 반듯한 직사각형이다. 아이들은 "일동차렷 어린이들께 경례!" 하고 외치는 나무들의 환영을 받으며 동화 속으로 들어갔을 것이다.

2022년 초, 전남도 교육청은 관내 폐교 여덟 곳을 예술체험 창작 공간 조성 및 학생 지역 교육 프로그램 체험장으로 조성하여 개방하겠다고 발

↑ 학신분교

표했다.

그런데, 폐교된 학신분교가 그런 공간으로 활용되고 있는 흔적은 보이지 않는다. 지금이 2024년 7월이니 3년이 다 되어간다.

폐교를 개인한테 팔지 않는다는 도교육청의 방침은 바람직하지만 활용하지 않고 비워둘 것이면 지자체나 공익법인이 활용할 수 있게 하는 게 훨씬 나을 것이다.

"주민들이 법인을 만들어 활용하는 길이 없을까 제가 나서서 마을 이장들과 논의하고 있습니다. 주민들은 돈이 없으니 지자체가 매입해주면 좋겠습니다. 당장 캠핑장으로 사용해도 너무 좋을 것 같지 않습니까. 아까 쌍정마을에서 본 카누 만드는 친구도 작업장이 좁아 애를 먹고 있고요. 여기 입주할 수 있다면 정말 좋을 텐데요. 폐교된 것도 안타까운데 그냥 방치돼 있는 걸 보면 속이 쓰립니다."

마을 이장도 했었다는 오복영 해설사가 탄식한다. 허락 없이는 곤란하겠지만, 생각 같아서는 당장이라도 캠핑을 한 번 해보고 싶다. 캠프파이어도 하고, 밤 하늘의 별도 보고.

지금까지 많은 폐교를 봐왔지만 학신분교처럼 예쁜 데는 드물었다. 서울 생활이 긴 나 같은 사람 눈에는 기가 막히게 아름답다. 영암읍에서 가까우니 접근성도 좋다.

라이딩 길에 만난 폐교,
서호북초등학교

방안에 박혀 글만 쓰는 것도 못할 일이다. 오토바이를 몰고 라이딩에 나섰다. 융성도서관을 출발해 서호로를 타고 가다 영산로를 따라 달렸다. 들판을 가로지르고 강을 따라 달리는 영산로는 라이딩 하기 좋은 길이다. 바다를 연상시키는 너른 영산강 하구와 억새가 무성한 풍경을 감상하며 가을을 만끽했다.

시종 사는 지인집에 갈 때 늘 지나는 성재마을 끄트머리 길가에 폐교가 있다. 자주 지나다니면서도 내려서 살펴본 적은 없었다.

교문 앞에 주차하고 안으로 들어갔다.

학교 앞 운동장은 전부 시멘트 포장이 돼있고 바깥 쪽 공터는 자갈이 깔려 있다. 너른 서호들 너머 멀리 월출산까지 거칠 것 없이 트여 있다. 가슴이 확 열리는 개방감. 기 막힌 장소에 폐교가 있다.

제멋대로 자란 풀숲에 반공소년 이승복 동

상, 이순신 장군 동상, 책 읽는 소녀 동상이 쓸쓸하게 서있었고 일렬 횡대
로 정렬한 향나무들이 동상들을 지키고 있다.

　가로로 긴 건물은 군데 군데 파손되었지만 조금만 손 보면 충분히 쓸 수
있어 보였다. 대부분의 교실들은 비어 있었는데 어떤 교실에는 소파들이
놓여 있고 누가 가져다 놓았는지 당구대도 있었다.

　폐교는 활용되지 않은 채 오랫 동안 방치된 채로 있다. 너무 아깝다는
생각이 들었다. 대문 밖 무성한 풀숲에 가려져 있는 학교 연혁비와 대문
기둥에 붙은 동판을 보고 이곳이 서호북초등학교였고 유치원이었다는 사
실을 알았다.

　서호북초등학교는 1941년 4년 과정의 장천국민학교 금강간이학교로 출

발했다. 1944년, 6년제 서호북국민학교가 되었다. 1996년, 서호북초등학교로 이름이 바뀌었다가 1999년, 장천초등학교와 통합되면서 문을 닫았다. 제50회 졸업생까지 총 3,176명의 학생을 배출했다.

지난 주 여수시 화양면에 있는 예술인촌을 방문했다. 예술인촌 안 옥적 갤러리에서 입주 작가들의 전시가 열리고 있었다. 양해웅 화가의 설명을 들으며 전시를 보고 양 작가의 아틀리에를 구경했다.

여수 예술인촌은 2005년 폐교된 옥적초등학교를 여수시가 사들여 리모델링을 한 후 지역작가들에게 제공한 것이다. 건물들은 다섯 화가들의 작업실, 거주공간, 갤러리와 함께 여수 시민들의 문화예술 체험과 학습 장소로 활용되고 있다.

한국미술협회 여수지부가 여수시의 위탁을 받아 관리 운영을 하고 있는

↑ 이순신 장군 동상(왼쪽)과 반공소년 이승복 동상

↑ 서호북초등학교에서 바라본 월출산

데 여수시가 1년에 천오백만원의 예산을 지원한다.

쌍정마을 앞 폐교된 영암초 학신분교 이야기를 쓴적이 있다. 작고 아름다운 폐교인데 활용되지 않고 방치돼 있다. 소유자인 교육청 입장에서는 쓸 데가 없어 그냥 버려두고 있다고 하더라도 지자체는 달리 생각해야 하지 않나.

지자체가 직접 뭘 하기 그렇다면 사들여 아이디어를 가진 공적 성격의 민간 단체에 위탁해 운영하게 하면 좋을 것이다.

폐교를 사들여 복합문화예술공간, 갤러리, 뮤지엄으로 만들면 훌륭한 관광자원이 될 수 있다. 장성의 오투 스토리 같은 캠핑장도 좋을 것이다. 거듭해도 축적되는 게 없는 휘발성 이벤트들도 필요하겠지만 시간이 갈수록 가치가 높아지는 관광자원 확보에 더 관심을 가져야 한다.

3

영암 사람들

영암은 고대부터 전라도 해상 물류의 중심이었다.
월출산은 뱃사람들의 이정표였다.
영암에서 태어나거나 영암과 관련이 있는
역사적 인물들이 얼마나 많은지
알면 알수록 놀라울 따름이다.
하지만 이런 역사적 인물들을
제대로 활용하고 있지 못한 것 같아 안타깝다.

엄길마을
산책

일요일 오후. 융성도서관을 나와 엄길마을로 향한다.

길가에 엄길리 암각매향명이라는 표지판이 서있다. 마을로 가는 골목으로 꺾어든다. 엄길리 지석묘군Dolmens in Eomgil-ri이라는 표지판이 나온다. 고인돌을 영어로 돌멘dolmen이라고 한다는 게 새삼 재밌다. 우리말 돌을 먼 옛날 영어로도 돌이라고 했을까. 실없는 생각을 한다.

지석묘군은 농가 뒤 자그마한 감나무 밭 옆에 있다. 빙 둘러 친 철책 한 쪽이 열려있다. 입구에 커다란 나무가 서있다. 크고 작은 고인돌들이 여럿 모여 있다. 그중 두 개는 지름이 6m에 달한다.

영암군에 있는 고인돌 수는 1,037개란다. 서호면은 서남해안에서 대표적으로 고인돌이 조밀하게 모여 있는 지역인데 167개가 있다. 서호면에서 대표적인 고인돌 조밀지역이 엄길리다. 과거 지석묘군 바로 옆에 교회가 있었던 모양이다. 설명문에 교회를 건축하느라 지석묘가 여럿 파괴되었고, 2007년 교회 철거 과정에서 네 개가 추가로 확인되었다고 적혀 있다.

조심스레 안으로 들어가 사진을 찍는다. 거대한 바위를 어루만진다. 먼 옛날 이 크고 무거운 돌을 힘을 합해 들어 옮겼을 이들의 손길이 느껴지는

↑ 엄길마을 고인돌군

듯하다. 간척이 이뤄지기 전, 엄길마을은 바로 앞까지 바다였다. 고인돌들은 바닷가에, 가까이 은적산과 멀리 월출산 사이에, 놓여 있었다. 지금보다 한층 더 신비로운 풍경이었을 것이다.

밭에서 할머니 한 분이 고추를 따고 있다. 고추밭 옆은 콩밭이다. 녹색 꼬투리가 주렁주렁 달려 있다. 그런데, 거의 모든 콩잎에 구멍이 숭숭 나 있다.

"왜 이렇게 구멍이 뚫려 있어요? 벌레가 먹은 모양이네요."

그렇단다. 꼬투리째 따서 삶아 맥주 안주로 먹으면 맛있겠다 생각한다.

"다 익었어요?"

아니란다. 서리가 내릴 때가 돼야 익는단다.

"무슨 콩이에요?"

"서리태여요."

아하! 서리태는 서리가 내린 후 수확한다고 해서 붙은 이름이다. 흑태黑

☆처럼 검은 콩이지만 종류가 다르다. 흑태는 껍질을 벗기면 알맹이가 노란 색인데 반해 서리태는 녹색이다. 그래서 속청이라고도 한다. 같은 검은 콩으로 알이 작은 쥐눈이콩도 있다. 최근에 부쩍 건강에 좋다고 소문나 많이 먹는 콩이다.

길가 감나무에 주황색 감이 주렁주렁 달렸다. 멀리 보이는 월출산. 날개를 활짝 펼친 독수리 한 마리가 하늘을 향해 솟구친다. 버려진 아기 도선을 날개를 펴 보호했다는 그 독수리. 머리에 해당하는 봉우리가 문필봉이다. 그 아래 구림마을이 있다. 일본을 문명 개화시킨 왕인 박사와 고려 건국과 안정에 기여한 공로자들인 도선국사와 별 박사 최지몽이 태어난 곳이다.

돌담과 흙담이 푸근하다. 허물어진 채 방치된 집도 있다. 집으로 들어가는 골목길에 잡초가 무성하다.

누렇게 익은 벼가 가득한 논. 보기만 해도 풍요로운 느낌이 드는 풍경이다. 그런데, 군데 군데 벼가 푹 꺼져 있다. 태풍이 오고 큰 물이 진 것도 아닌데. 원형 탈모가 연상되어 기분이 거시기하다.

벼 멸구 때문이란다. 벼 멸구 피해가 저런 식으로 나타나나? 논 전체가 아니라 군데 군데? 그나저나 쌀값도 싼 판에 벼 멸구 피해까지, 농민들 걱정이 클 것이다.

담위의 능소화. 파란 하늘을 배경으로 주황색으로 피었다. 나팔을 부는 듯한 모습이다. 옛날에는 양반집에만 심을 수 있다 하여 양반꽃이라고 하는 꽃. 꽃말이 많다. 여성, 명예, 자존심, 그리움, 기다림 등이란다.

↑ 능소화

골목을 빠져 나오니 시야가 확 열린다. 황금 들판, 거대한 느티나무, 그 뒤로 월출산. 와, 예쁘다. 부지불식간에 탄성이 터져나온다.

지난 토요일. 엄길마을 느티나무 아래서 늦녘 콘서트가 열렸다. 풍물부터 청소년 오케스트라, 가수 정용주의 노래와 재즈피아니스트 허욱의 피아노 연주까지 시간 가는 줄 모를만큼 즐거웠다. 중간에 <u>트로트</u> 노래도 있어 재밌었지만 시종일관 쿵짝거리지 않아 좋았다.

황금들판과 월출산을 배경 삼아, 오래된 정자 옆, 청명한 가을하늘 아래, 수관樹冠의 폭이 십 미터에 달하는 수령 800년 느티나무 그늘에 마련된 무대는 기가 막히게 멋졌다. 재즈 연주 때 할머니 몇 분이 자리를 뜨긴 했지만 대부분의 관객들이 뜨겁게 호응했다.

상대적으로 문화 소외 지역인 농촌마을 곳곳에서 작은 예술 이벤트들이

↑ 엄길마을

종종 열린다면 좋을 것이다. 온 국민의 문화예술적 소양이 올라가야 나라의 경쟁력도 높아진다. 우리 드라마가 세계적으로 환영 받는 것도 우리 국민들이 드라마를 좋아하고 볼 줄 아는 수준 높은 시청자들이기 때문이다.

콘서트로 뜨거웠던 곳이 조용했지만 월출산, 황금들판, 오래된 정자와 느티나무가 어우러진 풍경은 그야말로 한 폭의 그림이다. 높이 23m, 가슴높이 둘레 8.4m, 수관의 폭이 10m에 달하는 800살 된 느티나무의 잘생긴 자태와 위용에 압도 당한다. 저 정도 나무라면 영혼이 깃들 만하다. 엄길리 느티나무는 당산나무다.

과거 마을 사람들은 정월 대보름날 제를 올리고 지신밟기를 했다. 지금은 인구감소와 노령화로 어렵다는데, 아쉽다. 누구든 나서서 제대로 된 이벤트로 만들어 보면 어떨까.

느티나무를 바라보며 마을로 들어선다. 작은 개 한 마리가 따라오며 왕왕 짖는다.

마을 가운데 개천이 흐르고 작은 다리가 놓여 있다. 길촌교라고 쓰여 있다. 길촌? 왠지 낯익다. 그러고보니 예전 MBC 선배 중에 드라마를 연출하던 유길촌 PD가 있었다. 문체부 장관 유인촌의 형이다. 누군가 유길촌 선배를 요시무라라고 호칭하는 걸 들은 적이 있다. 일본에 흔한 성과 이름이어서 그랬을 것이다.

마을 입구 표지판에 엄길마을의 유래가 적혀 있다. 구전에 의하면 원래는 이 마을에 남포 박씨와 탐진 최씨가 살았으나 1504년 조선 연산군 때 강진군 토동마을에서 천안 전씨 길촌 승문과 길림 승무 형제가 이곳으로 입향한 후 전씨 집성촌이 되었다. 후손들이 입향조에 대한 존경의 의미를 담아 엄할 엄자와 형제의 아호에 쓰인 길자를 합해 엄길이라 했단다.

개천은 잘 정비되어 있고 수량은 많지 않으나 물이 흐르고 있다. 길촌교 옆에 마을회관이 있고 맞은 편에 장동사가 있다.

장동사는 전몽성·몽진·몽태 삼형제를 배향하는 사우다. 원래는 장동마을에 있었던 것이다. 1677년 전몽성을 기리는 사당으로 지어졌는데, 후일 1706년 중수할 때 둘째 전몽진을 추가 배향하고, 1836년 셋째 전몽태를 추가 배향했다. 1868년 대원군의 서원 철폐령으로 헐렸는데, 해방된 이듬해 엄길마을로 옮겨 다시 지었다.

전몽성은 임진왜란 때 고경명 휘하에서 왜군과 싸웠다. 금산 전투에서 왜군을 크게 무찔렀고, 후일 함평현감을 지냈다. 정유재란 때는 동생 몽진과 함께 율치와 월출산, 장흥, 강진, 등지에서 왜군과 싸웠다. 영암 해암포 전투에서 형제 모두 순국했다.

1624년 이괄이 난을 일으키자 전몽태는 외조카인 김완*을 도와 난을 평정했고, 진무원종공신으로 녹훈되었다. 전몽태는 죽은 두 형을 대신하여 부모를 극진하게 봉양해 효자로 명성이 자자했다. 엄길마을에서 멀지 않은 장천리에 전씨 충효문이 있다. 1898년 고종 때 세운 것인데, 전에 둘러본 적이 있다.

장동사는 낮은 담장에 빙 둘러싸여 있다. 담 안으로 들어선다. 마당에 잡초가 무성하다. 오른쪽에 검은 돌에 흰 글씨로 새긴 장동사묘정비가 서 있다.

사당으로 들어가는 외삼문. 가운데가 높이 솟은 솟을삼문이다. 혼이 다니는 가운데 어문御門에 천안문天安門이라는 현판이 걸려 있다. 북경에 있는 천안문과 같은 한자다. 어문은 닫혀 있고 좌우 양쪽은 열려 있다. 참배객

---

*   본서 486쪽 '상남자 호랑이 장군 김완' 참조.

은 오른쪽으로 들어가 왼쪽으로 나와야 한다. 우측으로 들어간다.

내삼문인 덕립문德立門을 지난다. 잡초가 무성한 마당은 가운데만 풀이 말라 있다. 제초제를 뿌린 것인가? 정면 세 칸 측면 두 칸의 단아한 기와집. 장동사다. 문이 잠겨 있어 안을 볼 수 없다. 안에 전몽성, 몽진, 몽태 세 분의 위패가 모셔져 있을 것이다.

나라가 위기에 처하자 전몽성 삼형제는 목숨을 초개와 같이 던지며 적과 싸웠다. 조상 중에도 그런 인물이 있었다. 천안 전씨 시조 전섭의 29세손으로 중시조인 전락. 고려 개국 공신으로 천안부원군에 봉해졌다. 그후 후손들이 천안을 본관으로 삼았다. 강진에 천안 전씨가 살게 된 것은 영암 입향조 전승문의 5대조 전사문이 강진에서 유배생활을 했기 때문이다.

전락은 왕건 밑에서 견훤과 싸운 장군이었다. 927년 대구 공산 동수현재의 팔공산에서 후백제군에게 포위되어 왕건의 목숨이 위험에 처했다. 전락과 신숭겸이 왕건에게 건의했다. 목숨을 보전하는 것이 우선이다. 병사의 복장으로 갈아입고 말을 타고 탈출하시라.

왕건이 건의를 받아들였다. 전락과 신숭겸은 견훤의 주력부대를 유인해 공격했다. 왕건은 탈출했지만 전락과 신숭겸 두 장군을 비롯한 여덟 명의 장수와 많은 병사들은 목숨을 잃었다. 그후 전장이었던 동수는 지명이 팔공산으로 바뀌었다. 순절한 여덟 장수를 기리는 이름이다.

태조 왕건은 전락의 충절을 높이 사 정2품 벼슬을 내리고 충달이라는 시호를 하사했다. 전락 장군의 피가 후손들에게 전해진 것인가. 조선시대 천안 전씨 가문이 배출한 많은 과거 급제자 중에는 무인이 문인보다 훨씬 많다.

장동사를 나와 길촌교를 건넌다. 다리 끝 왼쪽에 장동사의 재각이자 전씨 문중 강학소인 원경재가 있고 오른쪽에 전씨 문중의 정자인 수래정이 있다. 원경재를 일별하고 수래정으로 간다.

하천 옆, 수래정 앞, 길가. 보호수인 수령 400년 회화나무가 있다. 몸통 절반 이상이 시멘트로 채워져 있다. 이런 몸으로 살아있다는 게 신기하다. 잎이 무성하다. 대단한 생명력이다.

수래정 주변은 작은 공원이다. 조그만 연못은 물이 말랐다. 수래정 주변에 제법 근사한 소나무 여러 그루가 있다. 철책 안에 서있는 소나무는 두터운 껍질이 거북등처럼 갈라져 있다. 수령 400년 된 보호수다.

수래정을 둘러본다. 문외한의 눈에 특이하게 보이는 것이 있다.

나무 기둥을 받치고 있는 돌기둥이 굉장히 길다. 네 귀퉁이를 받치고 있는 활주도 마찬가지다. 당연히 긴 돌 위에 얹힌 나무 기둥은 아주 짧다. 또 하나 눈에 띄는 건 정자의 좌우 측면에서 대들보 위로 걸어놓은 충량衝樑이다. 매우 크게 휘어있다. 원래 그렇게 생긴 나무를 살짝만 다듬어 그대로 사용한 것이다.

우리 눈에는 자연스럽지만 곧게 자라는 나무가 많은 나라 사람의 눈에는 이상하게 보일 수도 있겠다. 색깔이 다른 서까래들도 보인다. 오래되어

↑ 수래정

썩은 나무를 갈아 끼웠을 것이다.

수래정은 전씨 가문의 정자지만 원래는 선산 임씨가 모정마을 방죽^{현 모정}_{저수지} 가에 지은 정자였단다*. 모정마을에 사는 김창오 씨가 쓴 책 〈모정마을 이야기〉를 인용한다.

해남 출신으로 1534년 경 나주목사를 지낸 임구령은 영암 구림에서 여생을 보내기로 한다. 임구령은 군서면 양장리와 동호리 사이 물목을 막아 바다를 논으로 바꾸는 간척사업을 벌였다. 1540년 둑이 완성되자 커다란 간척지가 생겼다. 논이 늘어나자 모정리, 양장리, 동호리에 있는 마

---

*　　책 〈모정마을 이야기〉, 김창오, 2021.

을들도 커졌다.

임구령은 형 임억령과 함께 모정마을 앞 방죽 가에 정자를 짓고 이름을 모정이라고 붙였다가 나중에 쌍취정으로 바꿨다.

쌍취雙醉는 쌍으로 취한다는 뜻이니 형과 아우 둘이서 풍류를 즐기며 재미나게 살자는 형제동락의 바람을 담은 이름이다.

"19세기 초 선산 임씨들은 모정리 앞 논을 팔고 영암을 떠났다. 엄길마을 전씨들이 쌍취정을 사서 이설했다. 사라진 쌍취정은 수래정修来亭으로 바뀌었다."

쌍취정을 그대로 옮겨 재조립했다는 얘긴데, 구조가 그전과 달라졌단다.

조선 중기의 선비 진천 사람 이하곤(1677~1720)은 전남 강진으로 유배된 장인을 찾아 가는 길에 호남을 유람하고 남유록이란 문집을 남겼다. 그가 쓴 쌍취정에 관한 글에 '창문을 열면 월출산의 푸르름을 대할 수 있으니, 이것이 최고의 승경이다'라는 구절이 있다. 이것으로 미루어 쌍취정에 작은 방이 있었다는 걸 알 수 있는데, 수래정엔 방이 없고 정자 바닥 전부가 마루로 돼있다.

쌍취정은 또 불에 탄 적이 있었단다. 이 책 '이순신 장군과 죽림정'에 관한 글391쪽에 나오는 문곡 김수항은 1678년 쌍취정 중수기를 썼다.

석천 선생(=임억령)이 담양부사가 되어 이 정자에 놀러 와서 시를 지었는데, 그 후 정자가 병화에 불타고 오랜 뒤에 복구하였으나 시는 흩어져서 그 소재를 알 수 없었다.

임억령이 담양 부사가 된 해가 1557년이니 쌍취정이 그 후에 일어난 전쟁 때 화재로 불에 탔다면, 왜란 아니면 호란 때일 것이다.

불에 타고, 중수하고, 이설하고, 우여곡절은 있었지만 쌍취정부터 따지면 수래정의 역사는 400년이 훌쩍 넘는다. 이설한 때로부터 따져도 200년의 역사를 갖고 있다. 본 모습과는 달라졌지만 수래정에서는 소박한 멋과 품격이 느껴지고 오래된 역사의 향기가 풍긴다.

수래정 공원 옆에 너른 잔디마당을 가진 거대한 한옥이 있다. 무슨 펜션인가 하고 가봤더니 서호아라리마을 체험동이라는 현판이 걸려 있다. 조금 작은 다른 기와집은 교류동이다. 뭘 하는 델까? 이럴 땐 검색이다.

2008년 농촌마을 종합개발사업으로 서호면 엄길리, 장천리, 쌍풍리 세 마을을 한 권역으로 묶어 서호 아라리마을이라 이름 붙였다. 마을 담장을 정비하고, 은적산에 물방아골 산책로와 공원을 조성하고, 커뮤니티 센터를 마련했다. 두부 만들기, 한옥 체험, 세미나도 할 수 있고, 숙박도 가능하다.

더 알고 싶은데, 물어볼 사람이 없다. 기사들이 한결같이 오래된 것을 보니 예전만큼 활발하게 이용되고 있지 않은지도 모르겠다. 그나저나 예상치 못한 곳에 있는 근사한 한옥이다. 체험하고 숙박하는 시설로 아주 좋겠다.

마을을 돌아보며 천천히 걷는다. 깔끔하게 단장된 집들이 많다. 주말에만 이용하는 것처럼 보이는 집도 있다. 고개 숙인 벼로 가득한 마을 안 작은 논. 허수아비들이 지키고 있다. 마을 뒷산 대나무 숲에서 참새 소리가 요란하다. 어릴 적 외할머니집 기억 탓인지 대나무 숲이 좋다.

　마을 가장자리. 아주 작은 동산이 있다. 커다란 나무와 작은 집이 있다. 올라간다. 운동기구들이 설치돼있다. 작은 집에는 동문각이라 쓴 현판이 달려 있다. 언덕 위 벤치에 앉는다.

　눈앞에 노랗게 익은 벼들로 가득한 황금 들판이 있고, 멀리 병풍처럼 펼쳐진 월출산이 보인다. 수직 상승하는 독수리 한 마리. 문필봉을 머리로 좌우로 펼쳐진 능선이다. 그림같은 풍경 속에 앉아 공상에 젖는다.

　유명한 관광지를 찾아가는 것만 여행이 아니다. 평범한 시골 마을 어디든 역사가 있고 스토리가 있고 아름다운 풍경이 있다. 특히 나지막한 산과 평야와 호수와 강과 바다가 있는 남도는 최고의 여행지다.

　유명 관광지를 주마간산으로 훑는 여행이 아니라면 느긋하게 마을 골목길을 산책하고, 새소리를 듣고, 아늑한 풍경 속에서 편히 쉬며 시간을 보내는 것도 아주 좋은 여행의 방법이다.

　도시의 삶에 지친 이들에게 남도, 그중에서도 영암은 훌륭한 힐링 관광지다.

복다회마을의
돌미륵

복다회마을 돌미륵을 찾아 나섰다. 마을 안 길가에 있어 찾기 쉬웠다는 주강현 박사의 기억에 의존해 사방을 살폈지만 보이지 않았다. 마을 외곽에 있는 커다란 우사 앞까지 갔으나 아닌 것 같아 되돌아 나왔다.

주강현 박사가 31년 전에 쓴 '마을로 간 미륵'의 205 페이지에 실려 있는 사진과 설명을 다시 읽는다.

> 복다회 미륵불 고인돌 무더기 가운데 서있는데 그 표정이 극히 토속적이다.

고인돌 밭에 있다고? 좋은 지표가 될 것 같다.

"이 근처 어디 고인돌 무더기 있는 데 없어요?"

문화해설사 이세용 씨가 전에 어디선가 본 적이 있다며 차를 몬다. 국도를 따라 나있는 좁은 농로를 달린다. 짐작으로 올라간 작은 언덕 위에 과연 고인돌 무더기가 있다. 그중 하나는 받침돌 위에 얹혀 있는 덮개돌의 크기가 엄청나다.

"정말 보기 힘든 고인돌이 여기에 있네." 이구동성으로 말했다.

"이 고인돌만으로도 훌륭한 관광자원이 되겠네." 주박사가 말했다.

그런데, 아무리 찾아봐도 미륵불 석상은 없다.

"누가 훔쳐간 모양이네." "관리를 안 해서 그런 거겠지." "아, 아깝다."

말들이 교차했다.

그런데, 뭔가 이상하다. 고인돌들은 복다회마을에서 한참 떨어진 곳에 있다. 지도앱을 열고 확인해보니 화송리라는 곳이다.

"복다회마을에 고인돌 있는 데는 없어요?"

대답이 없다. 음, 오늘 중으로 찾기 어렵겠네. 없어져버린 지도 모르고.

혹시나 해서 이세용 해설사한테 부탁한다. 좀 더 알아봐 주셔요.

점심을 먹고 헤어져 이동하는 중에 이세용씨한테 연락이 왔다.

"찾았습니다. 사진 보냈으니까 함 보세요."

↑ 복다회마을 돌미륵. 마을 뒤 야트막한 동산 위에 있다.

↑ 복다회마을 돌미륵

　목소리에 흥분기가 묻어 있다. 사진 석 장이 와있다. 미륵불 석상이다. 두 팔을 아랫배에 모으고 왼손을 오른손 위에 얹고 있다. 웃는 듯한 얼굴 둘레로 광배가 조각돼 있다.

　다음 날 오후, 다시 복다회마을로 향했다. 어제 왔다가 돌아섰던 축사에 차를 세우고 이세용씨와 영상통화를 한다. 가는 길을 보여주며 일러주는 대로 걷는다. 축사 옆 좁은 길을 따라 조금 올라가니 경사지에 평장을 한 묘소가 나온다.

　경사지를 올라 수풀을 헤치고 나아가니 넓은 고구마밭이다. 푹푹 발이 빠지는 황토밭 가장자리를 따라 한참을 걷는데, "반대방향인 것 같은데요."라고 전화 저편에서 이세용씨가 말한다. 되돌아가려 몸을 돌리는 순간, 보였다, 고구마밭 대각선 모퉁이 위 언덕에 돌 하나가 서있었다.

서둘러 걸었다. 고구마밭 위 언덕으로 올라가자 돌미륵불이 의연하게 서있다. 비바람에 시달려 많이 닳았고 마른 버짐이 가득했지만 천진하고 정겨운 얼굴로 뜬금없는 방문객을 반갑게 맞아준다. 미륵불 앞에 선 순간, 형언하기 어려운 감동이 밀려온다. 이렇게 멋진 미륵부처님이라니.

전화벨이 울린다. 다시 이세용 해설사다. 목소리가 들떠있다.

"혼자서 복다회마을 주변을 샅샅이 훑었어요. 한참을 헤매다 포기하고 돌아가려 차를 후진하는데, 언뜻 석상이 보였어요. 달려가 봤더니 바로 미륵불이었습니다. 감동했어요. 황홀했습니다. 한참을 바라보고 서 있었습니다."

투박하기 짝이 없는 돌미륵을 두고 웬 호들갑이람. 모르는 사람은 그렇게 생각할 수도 있을 것이다. 하지만 세련미에만 가치를 두는 건 천박한 미의식이다.

미륵불이 있는 곳은 31년 전 출간된 '마을로 간 미륵'에서 주강현 박사가 서술한 내용과 정확히 일치한다.

> 농로를 끼고서 복다회마을에 도착하면 길가에 짚으로 지은 정자인 모정이 나온다. 모정을 끼고서 조금 가면 작은 다리가 나오고, 그 다리에서 야산으로 올라가면 고구마밭이 나온다.... 미륵은 고구마밭을 바라보고 있다.

영보정 마을,
구림과 더불어 영암을 대표하는 명촌

덕진면에 영보정 마을이 있다. 호남 최대 규모의 정자 영보정이 있어 그렇게 불린다. 조선 초기에서 현대까지 긴 역사를 관통하는 수많은 이야기를 품고 있는 문화역사마을이다. 영암의 대표적인 항일농민운동인 형제봉 만세사건이 일어난 현장이다. 9년 전 이 마을 사람이 가슴 아픈 뉴스의 주인공이 된 사건이 일어났다.

2015년 8월 12일 낮 12시 40분.

일본대사관 앞에서 위안부 문제 해결을 위한 수요집회 도중 한 노인이 분신했다. '7천만 동포에게 고함'이라는 글에서 노인은 반성을 모르는 일본의 아베정권을 규탄하고 친일반민족행위자들과 일제에 동조했던 부유층, "친미친소주의자들"이 실권을 쥐고 나라를 지배하는 현실을 개탄했다.

박근혜 대통령 동생 박근령이 일본을 방문해 망언을 쏟아낸 데 대해 분노했다. 온 국민이 이순신 장군과 같은 결연한 의지와 3.1정신으로 똘똘 뭉쳐 아베 정권에 맞서 싸워야 한다고 호소했다.

노인의 이름은 최현열, 여든 살이었다. 영암 영보정마을에 살며 몇 년 전부터 일제 강제징용 피해자들을 후원해왔고 매주 상경해 수요집회에 참석했다.

　뉴스를 들었을 때 피 끓는 청년 같은 어르신이 있구나라고 생각했다. 선생이 영암 출신이라는 말에 고향 분이시구나 생각했다. 9일 후 돌아가셨다는 소식에 가슴이 아팠다.

　박근혜 정권 부역자들이 장악한 공영방송은 최현열 선생의 분신 소식을 다루지 않았다.

　영암에 내려와 영보정 마을을 알게 됐다. 영암과 영보정 마을의 역사를 알게 되자 선생의 행동이 뜬금없지 않다는 사실을 이해하게 됐다.

　영암에는 대표적인 양반 마을이 두 군데 있다. 구림과 영보다. 영보에는 14개 자연마을이 있다. 반촌 12개 마을, 민촌 2개 마을이다.

　민촌 2개 마을은 노송리의 홍암과 운암리의 대촌동이다. 반촌 12개 마을은 이들 두 마을을 제외하고 노송리, 운암리, 백계리, 영보리에 속하는 마을들이다. 영보정 마을=내동은 관곡, 서당동, 은행정, 냉천동참새굴과 함께 영보리에 속한다.

　조선시대 영암의 향촌사회를 이해하려면 구림과 영보를 알아야 한다. 둘 다 영암의 대표적인 양반마을이지만 그 성격은 대조적이다. 19세기 말에서 20세기 초. 구림의 양반들은 개화의 물결을 적극 받아들였다. 자녀들에게 신교육을 시키고 유학을 보냈다. 신교육을 받은 이들이 1919년 3.1 만세운동을 주도했다.

　영보는 최익현의 위정척사에 동조했고 한말 의병에 참여했다. 3.1운동 때는 별다른 움직임이 없었다. 1920년대가 되어 개화의 흐름을 수용하고 자녀들에게 신교육을 시키기 시작했다.

　1930년대 구림과 영보의 청년들은 영암에서 민족 사회운동을 펼친다. 1932년 영암에 공산주의자협의회가 결성되고 영보 항일농민운동형제봉 만

↑ 문화 명촌 영보정 마을

세운동이 일어난다. 리더들이 있었다. 1910년대 동경 유학 중에 무정부주의 사회주의 운동에 참여했던 김판권이 1931년 7월 영보로 돌아왔다. 군산에서 청년운동을 하던 최판옥과 서울에서 활동하던 곽명수가 영암으로 귀향했다.

유용의 최상호 최규창 등이 사회주의 운동을 위한 비밀결사 조직을 논의했고, 김판권 최석호 최동림 최동환 최병수 등이 연구회를 만들었고, 영암농민조합 창립준비위원회를 만들었다.

1931년 가을부터 1932년 봄에 걸쳐 이들은 영보의 청년들을 대상으로 선전활동을 했다. 자본가에 의한 무산계급 착취, 사회제도의 결함, 일제의 압제에 시달리는 조선의 현실, 평등한 노농러시아 등에 대해 얘기했다.

그 즈음 운암리에서 소작권 이전 문제로 말썽이 생겼다. 나주 공산면장 김상수가 영암에 있는 자기 논의 소작권을 뜬금없이 다른 소작인들에게 넘겼다. 영암청년회가 강하게 반발했다. 물리력을 동원해 신 소작인들의 경작을 막고 구 소작인들이 계속 농사를 지을 수 있도록 하는 활동을 전개했다.

김판권 최판옥 등은 5월 1일 메이데이 기념행사를 치를 예정이었다. 하지만 일경의 감시로 쉽지 않았다. 할 수 없이 기념식을 음력 5월 1일로 연기했다. 6월 4일 토요일, 운암리 영보리 노송리 장암리의 청년들이 영보정에 모여 노동절 기념식을 했다. 영보정 뒷산^{형제봉}으로 옮겨 뒷풀이를 하다가 소작인 교체 문제에 대한 항의 시위를 하기로 결정했다.

백여 명의 청년들과 농민들은 영보리 운암리 백계리 등지에서 시위를 벌였다. 소작인들을 폭행하는 일도 발생했다. 시위자들은 "우리 논밭을 돌려달라, 마름의 횡포를 중단하라, 일본인은 물러가라"고 외쳤다. 소작쟁의 만세, 노동가를 부르며 행진했다.

일본 경찰이 출동했다. 신문기사는 150여 명이 연행돼 조사받고, 74명이 기소되고, 68명이 실형을 선고 받았다고 쓰고 있는데*, 한양대 사학과 박찬승 교수의 연구와는 내용이 다르다.

박찬승 교수는 1933년 일제 경찰은 검거한 이들 가운데 22명을 구속 상태로, 45명을 불구속 상태로 예심에 회부했다고 썼다.** 박교수가 책을 낸 때는 2010년이니, 그후 연구로 숫자가 달라졌을 수도 있겠다.

시위 주동자인 김판권, 유용희, 곽명수 등은 징역 5년, 최판옥 최상호는 징역 2년 6개월, 최규창 징역 2년, 나머지는 징역 1년과 20원에서 70원까

---

* 영암신문, 2022.8.11.
** 책 〈마을로 간 한국전쟁〉, pp. 129~175.

지 벌금형을 받았다.

형제봉 만세운동과 관련하여 재판에 넘겨진 이들 가운데 최씨가 21명으로 가장 많았다. 모두 1920년대 서울과 광주에서 중등교육을 받은 사람들이었다. 그 가운데 광주농고를 졸업하고 300석 정도 농사를 짓는 부농이었던 최병수가 있었다. 2015년 일본대사관 앞에서 분신한 최현열 선생의 부친이다. 최병수는 1년 징역형을 선고받고 옥고를 치렀다.

실형을 산 사람들 가운데 최씨와 더불어 신씨들도 있다. 영보촌은 최씨와 신씨의 집성촌이었다. 영암 출신으로 교보생명을 창업한 대산 신용호 선생의 맏형 신일선도 시위에 참가했다. 징역 6개월을 선고 받고 옥고를 치렀다. 그 공으로 2018년 대통령 표창을 받았다. 둘째 형도 항일운동에 투신했다.

신용호는 6형제 중 다섯 째 아들이었다. 부친 신예범은 독립운동을 하느라 늘 집에 없었고, 감옥 생활을 했다. 집안 생계는 어머니가 꾸려가야 했다. 어린 신용호는 문학을 하고 싶었지만 가정 형편 때문에 일찍이 사업의 길에 뛰어들었다. 중국에서 사업하며 독립운동 자금을 댔다.

사람은 책을 만들고 책은 사람을 만든다는 모토로 유명한 교보문고. 신용호 선생은 주위의 만류에도 불구하고 광화문 사거리에 서점을 냈다. 교보문고의 5대 운영 지침은 신용호의 뿌리와 삶의 이력에서 나온 것이다.

- 모든 고객에게 친절하고 초등학생에게도 반드시 존댓말을 쓸 것
- 책을 한 곳에 오래 서서 읽는 것을 절대 말리지 말고 그냥 둘 것
- 책을 이것저것 빼보기만 하고 사지 않더라도 눈총 주지 말 것
- 책을 앉아서 노트에 베끼더라도 말리지 말고 그냥 둘 것
- 책을 훔쳐 가더라도 도둑 취급하여 절대 망신 주지 말고 남의 눈에 띄지

　시위 주동자 중에 변절한 사람들도 있었다. 최판옥은 재판 도중 전향서를 발표하였고, 형을 얼마 살지 않고 석방되었다. 김판권은 전향한 최판옥을 강하게 비판하였다. 하지만 김판권도 일제 말기 변절하여 친일 활동을 했다. 마지막까지 변절하지 않은 사람은 유용의, 곽명수 정도였다고 한다.

　영보 농민시위사건―영암농민항일운동은 해방 후 오랫동안 제대로 평가받지 못했다. 시위 주동자들이 사회주의자라는 이유 때문이었다. 문재인 정부 때 기준이 달라졌다. 국가보훈처가 사회주의 활동을 했더라도 북한 정권 수립에 기여하지 않은 인사들은 포상한다고 독립유공자 인정 범위를 확대했다.

　2018년부터 2022년까지 매년 운동 참가자들이 독립유공자로 인정 받았다. 총 62명의 독립유공자가 탄생했다. 단일 사건으로 한 마을에서 이렇게 많은 독립유공자를 배출한 경우는 전국 어디에서도 찾아보기 힘들다.

　2015년 8월, 일본대사관 앞에서 분신한 최현열 선생은 아버지의 피를 이어받았다. 2018년 11월 17일 순국선열의 날, 최현열 선생의 부친은 독립유공자로 인정 받고 건국포장을 받았다. 최현열 선생은 광주 망월동 5.18 묘역에 묻혔다.

　해방 후 영보촌 사람들은 여운형의 건국준비위원회에 참여했고 이어서 인민위원회를 주도했다. 좌익마을로 알려진 탓에 한국전쟁 시기 엄청난 희생을 치렀다. 낮에는 경찰이, 밤에는 빨치산이 관장하는 상황이 벌어졌다. 마지막에는 대부분의 마을 사람들이 금정면 국사봉 일대 산속으로 피난을 떠났다가 목숨을 잃었다.

　영암의 다른 양반 마을 구림에서도 비극이 일어났지만 영보촌의 그것과는 성격이 달랐다. 구림에서는 마을 안팎의 평민 이하 계층 사람들이 자신

↑ 영보정

들을 차별하던 양반들에게 보복했다. 마을의 상징 회사정을 불태우고 교회 방화와 교인 학살에 관여했다. 상황이 바뀌자 이번엔 경찰에 의한 학살이 벌어졌다. 마을 내부의 좌우대립으로 많은 구림 사람들이 억울한 죽임을 당했다.

2016년 모든 희생자의 유가족들이 힘을 모아 구림에 위령탑을 세웠다. 좌우할 것 없이 억울하게 희생된 민간인 303인의 혼을 위로하는 위령탑은 유가족들 간의 화해와 용서의 상징으로, 이 땅에 다시는 동족상잔의 비극이 일어나서는 안 된다는 평화의 염원을 담고 우뚝 서있다.

영보정 마을에는 귀중한 문화유산이 집중돼있다. 보물 두 점 외에 민속문화재들이 있고, 안평대군의 친필과 한석봉이 썼다는 현판이 있다. 마을 입구에 영보정이 있다.

영보정 앞에 거대한 노거수들이 있다. 가장 큰 느티나무는 수령 350년 된 보호수다. 높이 18m, 둘레가 2.4m로 수문장처럼 수하들을 거느리고 뒤에 있는 영보정을 든든히 지키고 있다.

영보정은 조선 초기 문신 최덕지1384~1455와 그의 사위 신후경이 함께 지었다. 정확한 연도와 장소는 알지 못한다. 현재의 영보정은 이후 후손들인 최정과 신천익이 1630년 경에 현재의 자리로 옮겨 새로 지었다.

영보정은 오랜 역사, 향약 정자로서의 희소성, 큰 규모, 독특한 구조, 장식의 다양성, 뛰어난 목재 가공 기술과 조형성 등이 높은 평가를 받아 2019년 국가 지정 보물이 되었다.

전주 최씨 참의 최덕지는 네 아들을 두었다. 광지, 직지, 득지, 덕지다. 막내인 최덕지는 스물한 살 때인 1405년태종 5년 문과에 급제했다. 여러 직책을 거쳐 마지막으로 문종 원년 예문관 직제학에 임명되었다.

하지만 그 이듬 해 겨울 고령을 이유로 사직하고 처가가 있는 영암 영보촌으로 내려왔다. 부인은 조안정의 딸이었다. 최덕지가 입향하기 전까지 원래 영보촌은 평양 조씨들의 마을이었다.

처가로 내려온 최덕지는 살 집을 짓고 학문을 수련하기 위해 존양루를 지었다. 존양存養은 본심을 잃지 않고 착한 성품을 기른다는 뜻이다.

대부분의 자료와 기사에는 존양루를 최덕지가 지었다고 나오는데, 영암 문화원에서 펴낸 '문화명촌 영보정 마을'이라는 팸플릿에는 최덕지가 72세에 죽자 주민들이 사당을 세워 제사하고 존양루라 이름지었다고 쓰여있다. 헷갈린다. 역사적 사실을 두고 서로 다른 정보들이 유통되고 있다. 전해지는 이야기가 서로 다를 수 밖에 없는 전설이나 설화도 아닌데 이런 식이어선 곤란할 것이다.

↑ 영보정 마을

　현재의 존양루에서 처음의 모습을 찾아보기는 어렵다. 정유재란 때 소실되었다가 1633년에 중수했고, 1971년 화재로 상당 부분이 소실된 후 신축 개념으로 다시 지었다. 현판은 안평대군의 친필이다. 이름에서 보듯 존양루는 누각이었으나 지금은 사랑채 형식의 건물이 되어 있다.

　최덕지가 사직하고 낙향할 때 사육신을 비롯해서 함께 벼슬한 문인들 28인이 노량진까지 나와 시부를 지어 송별을 아쉬워했다. 성삼문, 박팽년, 정인지, 신숙주, 김종서, 유성원, 이개, 서거정 등 익숙한 이름들이다. 이들이 써준 시는 존양루 안에 걸려 있다는데 보지 못했다.

　연촌의 사위 신후경은 거창 신씨 15대 손으로 전라도 관찰사를 지낸 거창 사람 신기의 넷째 아들이다. 통례원 좌통례를 지냈는데, 연촌의 둘째 딸과 결혼하여 영보촌에 들어왔다. 나중에 나주 남평 사람 문인화가 연촌의 외손녀와 결혼하여 영보촌으로 왔다.

이후 영보촌은 전주 최씨와 거창 신씨가 집거하는 마을이 되었다. 신후경의 후손들은 영암에 송양서원을 짓고 학문을 진작했다. 현재 덕진면 노송리에 있는 이우당이 그것이다.

신후경의 후손 신희남거창 신씨 18세 손은 조선시대 3대 명필 중 한 명인 한호=한석봉의 스승이었다. 신희남의 유집 말미에 한호1543~1605에 대한 이야기가 실려 있다. 한호는 열두 살 때 영계 신희남의 문하에 들어갔다. 신희남은 영암읍 농덕리에 있는 죽림정사에서 한호를 가르쳤다. 나중에 신희남은 한호를 자신의 스승 성수침과 백인걸에게 추천했다. 한호는 스무 살 때까지 이들 문하에서 학문을 배웠다.

한호의 어머니는 떡장사를 해서 아들에게 종이와 먹을 사주었다. 한석

↑ 연촌 최덕지 영당影堂

봉 어머니가 떡을 팔았다는 얘기가 영암에 전해오고 학산면 아천포구 앞에 있던 장터가 그 장소였다는 설이 있다. 어둠 속에서 어머니는 떡을 썰고 아들은 글씨를 쓰는 내기를 했다는 이야기의 배경은 영암이다.

전주 최씨와 거창 신씨 두 가문의 후손들은 1932년 형제봉 만세 사건에 적극 참가했다.

낙향하는 최덕지에게 문종은 영정 세 본을 하사했다. 세 본의 영정은 각각 녹동서원, 존양루, 임실 주암사에 나눠 보관했다.

영보정 마을 존양루에 있는 영정이 유일한 진본인데 왜란을 거치면서 손상된 것을 보수한 흔적이 있다.

영정의 실물을 보고 싶었다.

영보정 근처 작은 기와집 기둥에 '연촌선생 현창보존회'라고 쓰여 있다. 문화재 지킴이 김용준 씨의 안내를 받아 영당으로 갔다. 최덕지 초상 및 유지 초본은 유리상자 안에 들어 있다. 초상화를 그리기 전 스케치인 초본이 함께 보존돼있다는 점이 특이하다.

초본은 유지에 필묵으로 스케치했는데 원본과 거의 같은 크기다. 당시 초상화 제작 과정을 보여주는 중요한 자료다. 반사광 때문에 사진을 찍어도 제대로 나오지 않는다. 가까이 다가가 살핀다.

청포에 홍대를 두른 복장은 원나라의 영향을 받아 고려말 조선초에 유행한 스타일이란다. 모자 역시 원나라 영향을 받은 것으로 돌기가 있고 반투명이어서 안의 상투가 들여다 보인다.

우리 전통 초상화의 기본은 겉으로 드러난 모습만이 아니라 인물의 정신까지를 표현하는 것이다. 한 올 한 올 정성 들여 그린 짙은 눈썹, 갈색조의 얼굴, 작은 눈과 형형한 눈빛, 세밀하게 표현한 검은 구레나룻과 희고 긴 수염. 최덕지라는 인물의 내면을 제대로 그려냈다. 사료적 가치와 뛰어난 작품성이 최덕지 초상화와 초본을 보물 594호로 지정한 까닭일 것이다.

이 보물도 하마터면 화를 입을 뻔 한 적이 있다. 정유재란 때 후손들이 최덕지의 초상화를 나주에 있는 묘산에 묻었다. 전쟁이 끝나고 파보니 일부 손상은 있었지만 그대로였다. 보수하여 종손가에 보관했다. 임실 주암서원에는 최덕지 영정 모사본이 보관돼있다.

판각 안에 보관 중인 목판들과 인쇄물을 보고 싶어 문화재 지킴이 김용준 씨에게 부탁했으나 볼 수 없었다. 자물쇠가 채워져 있었는데, 관리하는 이가 열쇠를 잃어버려 열 수가 없단다.

존양루 앞에는 합경당이 있다. 최덕지를 기리는 재실이다.

이웃에 국가민속문화재로 지정된 삼성당 고택이 있다. 구경하러 가는데 줄에 묶인 큰 개 두 마리가 이빨을 드러내고 요란하게 짖는다. 무서워서 집 구경을 포기하는 사람도 있겠다. 안으로 들어가자 할머니 한 분이 방문을 연다. 사정을 얘기하니 편히 둘러보란다.

삼성당 고택은 요즘 보기 드문 초가집인데 구조가 특이하다. 안채, 사랑채, 문간채, 헛간채, 네 동이 마당을 가운데 두고 사방에 배치돼 있다. 'ㅁ'자 구조로 되어 있는데 사방 네 채가 연결되어 막혀 있는 중국 화북지방의 전통 가옥 사합원四合院과는 다른 '튼 ㅁ자' 구조다.

문간채 상량문에 적힌 글로 보아 1848년에 건립된 것으로 추정되나 안채와 사랑채는 그 이전에 지어진 것으로 추측된단다. 건물 각각은 조선 후기 일반 서민 가옥 규모와 구조로 지어졌지만 한데 모여 'ㅁ'자를 이루는 구조는 영암에서 달리 볼 수 없는 삼성동 고택만의 특징이다.

다시 영보정으로 나왔다. 비석들 뒤에 소나무 한 그루가 서 있다. 400년 전 이 마을 전주 최씨와 거창 신씨 두 가문의 화의를 다짐하며 심은 것이란다. 한때 고사할 위기에 처했으나 지자체와 마을의 정성스런 치료와 보살핌으로 기사회생했단다.

설명 간판의 내용이 최씨와 신씨 두 가문의 역사와 겹쳐 재밌다. 오랜 세월 사이좋게 지내던 최씨와 신씨 두 가문의 관계도 한때 파탄난 적이 있다.

최씨와 신씨 두 가문은 1589년 영보동계를 만들어 함께 운영해왔다. 구한말 고종 때 영보동계가 깨지는 일이 생겼다. 이른바 '원삼족두리 사건'이다. 영보촌 최씨와 신씨들은 혼례가 있을 때 원삼 족두리를 오랫동안 공동으로 사용했다.

구한말 국정이 문란해지자 벼슬을 팔고 사는 일이 흔했다. 갑오경장 이래 경술국치에 이르는 16년 동안 한성부윤=서울시장이 70번 바뀔 정도였다. 고종 때 세도가로 안동김씨인 김병국이 있었다. 영보 출신 신병욱은 김병국 모친의 친정 조카뻘이 된다며 김병국의 집에 무시로 출입하면서 벼슬 매매의 거간 노릇을 했다. 신병욱은 신서울이라는 별명으로 불렸다.

최씨 가문에서도 신병욱에게 벼슬을 청탁했지만 거절당했다. 신씨 가문 사람들은 더 이상 최씨들과 원삼 족두리를 같이 쓰지 않겠다고 선언했다. 두 가문의 대립이 심해져 영보동계가 깨지고 영보정을 철거하자는 말까지 나오는 지경에 이르렀다.

영암군수가 말려 영보정은 그대로 남았지만 영보동계사는 철거되고 말았다. 상당 기간 지속되던 두 가문의 갈등은 신종봉의 딸이 최씨 집안에 시집 가고, 최씨 가문 딸이 종손부가 되면서 끝났다. 파기되었던 동계도 부활했다.

죽어가다 살아난 소나무의 스토리와 비슷하지 않은가.

영보리에서는 매년 5월 5일 영보풍향제를 지낸다. 올해로 46회째를 맞은 마을 축제는 영보리 열두 마을 주민들과 향우들이 모은 기부금으로 진

↑ 판각 안에 보존된 목판들

행한다. 올해는 전야제 콘서트를 개최하고 형제봉 만세 사건을 재현했다. 당일에는 지역민들의 화합과 풍년을 기원하는 제를 올렸다. 출향 인사들은 고향을 위해 기부금을 내고 보존회는 장학금을 기탁했다.

그런데, 영보정 앞 소나무는 아무리 봐도 400살 먹은 노령목 같지 않다.

영보정 마을 뒤에 울창한 대나무숲이 있다. 대나무숲을 향해 걷는다. 개울이 흐르고 길이 나있다. 그늘 속을 천천히 걸으며 심호흡을 한다. 대나무 향기가 가슴 속에 들어찬다. 군데 군데 집들이 들어서 있다.

영보리에서 가까운 운암리에 선암船岩=배바위 마을이 있다. 해상왕 장보고가 태어난 곳이라고 전해진다. 옛날 마을 앞 뜰은 궁복뜰로 불렸다. 궁복은 어린 시절 장보고의 이름이다. 선암마을 뒤쪽에는 장보고 어머니가 기도했던 건덕바위가 있고, 동네 옆에는 장보고가 군사를 훈련했다는 동백장이 있다.

동네 앞에 있는 커다란 바위는 국두암国頭岩이다. 국가의 두령이라는 뜻의 국두는 장보고를 가리킨다*. 영암은 고대부터 전라도 해상 물류의 중심이었다. 월출산은 뱃사람들의 이정표였다.

영암에서 태어나거나 영암과 관련이 있는 역사적 인물들이 얼마나 많은지 알면 알수록 놀라울 따름이다. 하지만, 이런 역사적 인물들을 제대로 활용하고 있지 못한 것 같아 안타깝다.

파란만장한 역사를 품고 있는 영보정 마을은 아무런 내색 없이 평화롭다. 영보정에 올라 영암들과 월출산을 바라본다. 벼슬을 내던진 최덕지가 고향 전주로 가지 않고 영암으로 입향한 까닭을 알겠다.

영보정 앞에서 문화관광해설사 김성수 씨를 만났다. 영보정 마을에 항일농민운동 기념비를 세우는 일과 관련해서 담당 공무원들을 안내하고 있었다. 민간에서 기념비 건립 비용 모금 운동을 벌이고 지자체가 힘을 보태 영보정마을에 조만간 기념비가 세워질 예정이다.

항일농민운동의 성지라 부를만한 영보정 마을을 떠나며 고 최현열 선생의 명복을 빌었다.

---

*   조선일보, 2022.10.31.

쭈암마을 아천정과
경회 김영근 선생

영암군 군서면 월곡리 주암마을. 배를 닮은 커다란 바위 즉 주암舟岩이 있어서 붙은 이름이다. 거대한 배바위는 현재 주암마을 주민의 집 마당가에 있다.

주암마을을 찾았다. 아천정에 걸린 주련, 경회 김영근 선생이 지은 아천정 중건 축하시를 보고 싶어서다.

강진 출신인 경회 김영근 선생1865~1934은 강진을 노래한 여덟 수의 시〈금릉팔경〉을 지은 화서학파 유학자다. 1,500여 수의 시를 남긴 걸출한 시인이자 일제에 맞서 저항한 항일 지사다. 친한 김환균 후배PD수첩 CP, 전 대전 MBC 사장의 증조부이기도 하다.

재작년 말 증보역주 경회집 다섯 권이 출판되었다. 김후배가 보내준 경회집을 들춰보다 영암과 관련된 내용들을 발견했다. 1권 134쪽에 아천정 주련에 관한 글이 있다.

영암 주암촌의 함양 박씨 아천정으로 써서 보내다. 고인이 된 성균생원

↑ 아천정

박응원은 효행이 있었는데, 처음에 아천에 살면서 아천정을 지었다.

본관이 함양이고 호가 아천옹인 박응원은 효자로 유명했다. 열 살 때 스스로 손가락을 베어 낸 피를 병환으로 위중한 아버지에게 드렸고 어머니가 아팠을 때도 두 번씩이나 그렇게 했다.

부모님이 돌아가신 후 시묘살이를 했는데, 겨울 어느 날 눈이 너무 많이 내려 묘소로 가는 길이 보이지 않았다. 그때 홀연히 호랑이가 나타나 박응원을 묘소로 안내했다. 부모 봉양에 쓰라고 호랑이가 노루를 잡아다 주고 닭은 매일 쌍란을 낳았다는 이야기도 전한다. 박응원의 효행에 짐승조차 감복할 정도였다.

경회 선생이 성균생원 박응원이 효행이 있었다고_{故成均生員朴公諱應元有孝行} 적은 까닭이다.

이어지는 경회 선생의 글이다.

> 후손이 주암으로 이사하자 이때에 동섭씨가 주암에다 아천정을 지었는데, 이름은 옛 이름을 그대로 썼다. 나에게 오언시 한 수를 지어 주련에 붙여 달라고 청하였다. 선조의 뜻을 이으려는 효성을 존경하여 마침내 사양하지 못하였다.

선생이 박동섭에게 지어 보낸 오언시는 다음과 같다.

孝悌傳家法	효도와 공경으로 가법 전하니
遠孫述祖風	먼 후손들도 조상의 유풍을 잇네
鵞亭重建日	아천정을 중건하는 날에
光德耀無窮	선조의 덕은 무궁히 빛나리라

아천정은 주암마을 초입에 있어 찾기 쉽다고 했는데, 처음엔 모르고 그냥 지나쳤다. 홀로 있는 대부분의 정자와 달리 빙둘러 담으로 싸여 있어서 잘 안 보였다. 솟을대문으로 돼있는 정문을 통해 안으로 들어가니 아천정과 그 우측에 작은 기와 벽돌집 한 채가 있다. 작은 기와집에 영월재라는 현판이 걸려 있다. 원래는 초가집이었고 일제강점기 때 강학과 주민 집회소로 쓰였다고 한다.

아천정은 정면 세 칸 측면 두 칸의 단층 팔작집이다. 기둥이 직접 보를 받치는 민도리식 구조이고, 기둥은 나무를 둥글게 가공한 두리기둥이다.

↑ 아천정의 주련(왼쪽)과 현판

그렇게 큰 건물이 아닌데 활주를 세워 처마 귀퉁이를 받치고 있다. 기둥들
에는 한자로 쓴 주련이 걸려 있다.

경회 선생이 써보냈다는 오언시를 찾았다. 오언시는 바깥쪽 두리기둥이
아니라 마루 안쪽 네모기둥 위에 걸려 있다. 그런데, 오른쪽에서 왼쪽으로
읽어가는 주련의 순서가 조금 이상하다.

鵝亭重建後 光德耀無窮 孝悌傳家法 遠孫述祖風

가만 보니 앞의 두 구절과 뒤의 두 구절 순서가 바뀌었다. 경회 선생이
지어보낸 시의 순서는 孝悌傳家法 遠孫述祖風 다음에 鵝亭重建日 光德耀
無窮이다. 내용상으로도 이게 자연스럽다.

김후배에게 말했더니 자신도 오래 전 증조부의 흔적을 찾아 아천정에
간 적이 있는데, 그때 잘못된 주련의 순서를 발견하고 그 사실을 지적했었

단다. 그런데, 아직도 그대로더냐며 놀랐다. 언제부터 잘못 걸려있는 건지는 알 수 없으나 지금이라도 원 순서대로 바로잡는 게 맞지 않을까*.

아천정은 지금 박씨 문중만이 아니라 마을 주민들이 공동으로 사용하는 쉼터로 사용되고 있단다.

끝으로 경회 선생이 기록한 20세기 초 조선의 풍경 중 영암관련 부분을 경회집을 참고해 적어둔다 증보역주 경회집 5권 73~219쪽.

1906년 5월, 을사늑약으로 조선이 사실상 일제의 식민지로 전락하고 반년쯤 지난 때, 경회 선생은 강진을 떠나 함경도 갑산까지 긴 여행을 했다. 매일의 일정을 선생은 '원유일록'이라는 이름 아래 기록했다. 원유일록에는 선생이 거쳐간 영암의 여러 곳들이 나온다.

5월 22일 강진을 떠난 선생은 23일 대월촌-24일 영암 부춘리-24일 도갑사, 구림마을, 회사정-25일 영암읍-26일 모산리-27일 나주 영포 영산포를 거쳐 나주 도청리에 숙박한 후, 일로 북상하며 여행을 계속했다.

5월 25일 영암읍에서 참빗을 구입했다는 내용이 있다. 참빗은 영암의 특산물이었다.

원유일록에는 또 조선이 일제 식민지가 되어가던 당시의 상황이 기록돼

---

*   영암문화원에서 발간한 〈영암의 누정〉 아천정 편에도 잘못된 순서로 오언시가 소개되고 있다. 주련의 순서를 따른 탓일 것이다.
    아천정 주련과 관련해 또 하나 궁금한 점이 있다. 경회집에는 鷲亭重建日 (아천정을 중건하는 날)이라고 돼있는 구절이 아천정 주련에는 鷲亭重建後로 돼있다. 왜일까.
    〉〉실은 鷲亭重建後의 끝자가 후後자라는 건 나중에 알았다. 처음 주련을 보고는 무슨 자인지 몰랐다. 초서로 쓰여있어서다. 김후배가 아는 초서 전문가가 후後자를 초서로 쓰면 그렇게 된다고 알려주었단다. 그런데, 왜 원래 일日로 돼 있던 것을 후로 고쳐 새겼을까. 후배의 추측은 주련을 건 날이 중건일보다 늦어져서 그러지 않았겠느냐는 것이다. 그럴듯하지만 확인할 길이 없으니 어디까지나 추측일 따름이다.

있다.

1906년 5월 24일, 선생은 도갑사를 구경했다. 도갑사는 황량했고 단청은 떨어져 있었다. 망해가는 나라의 사원이 아니랄까 초라한 모습이었다.

그날 선생은 영암까지 진출한 왜인을 봤다.

왜인이 통역하는 사람과 함께 와서 면화 재배를 관리하는 것을 보고 또
공연히 가슴을 메우는 분노를 금할 수 없었다.

영암에서 만난
아프리카 마콘데 조각

마콘데 조각은 모잠비크, 탄자니아, 케냐 등 동아프리카 국가들에서 만드는 흑단 조각의 통칭이다. 모잠비크에 사는 마콘데 부족이 처음 시작했기 때문이다.

마콘데 부족은 루부마강을 사이에 두고 모잠비크 북부의 무에다 고원과 탄자니아 남부의 뉴왈라 고원에서 살아왔다. 험한 지형과 부족한 물 때문에 극도로 살기 어려운 지역이었다.

고원에 사는 마콘데의 창조 신화가 있다. 사람을 닮은 존재manlike being가 황야에서 방황하고 있었다. 외로움을 달래고자 나무로 조각을 했다. 조각품을 나무에 기대어 세워두고 잠이 들었다. 다음 날 해가 뜨자 나무 조각은 여자로 변했고 사람을 닮은 존재는 남자가 되었다.

아이가 태어났는데 곧 죽었다. 바로 옆에 강이 있어서 그런가라고 생각한 여자가 남자와 함께 높은 곳으로 이동했다. 또 아이가 태어났다. 또 곧 죽었다. 여자는 더 높은 곳으로 가자고 했다. 거기서 태어난 아이들은 죽지 않았다. 그들은 그곳에 정착했다.

척박한 땅에서 살아가는 마콘데인들은 강인한 전사들이었다. 얼굴에 상처를 내서 흉터를 만들고 가슴과 등에 기하학적 문양.
문신을 했다. 식민지 개척자들과 노예상인들에 맞서
극렬하게 저항했다. 마을을 찾기 어려운 곳에 숨기
고, 길목에 두터운 덤불로 장벽을 세우고 그 사이
에 복잡한 미로를 만들었다. 길바닥에는 뾰족한 못
을 뿌렸다.

외부인들은 마콘데인들을 화난 자들angry ones이라
고 불렀다. 여자들은 윗 입술에 구멍을 내고 나무로
만든 동그란 판을 끼웠다. 아름다움을 나타내는 시
그니처 마크였다.

↑ 아프리카 마콘데 조각

마콘데인들은 나무 조각에 뛰어난 솜씨를 가지고
있었다. 전통적으로 일상 용품과 결혼식 성인식 주술의식 등에 쓰는 가면
과 조각들을 만들어 사용했다.

15세말기부터 모잠비크를 식민통치하던 포르투갈이 1917년 무에다고원
에 대규모 군대를 보냈다. 루부마강 북쪽에 진주한 독일군의 침략에 대항
하기 위해서였다. 포르투갈 군대는 험한 지형을 뚫고 도로를 냈다. 그 길
을 따라 식민지 개척자들과 선교사들이 들어왔다.

그들은 마콘데인들이 대를 이어 계승해온 나무 조각 솜씨를 보고 깜짝
놀랐다. 성인식에 쓰는 마스크와 나무 인형들은 놀라웠다. 포르투갈인들
은 마콘데인들에게 이런 저런 조각을 주문했다. 선교사들은 종교적 형상
들과 십자가를 주문했다.

포르투갈의 식민통치는 가혹하기로 악명이 높았다. 마콘데인들은 강제
노동을 해야 했고 과도한 세금에 시달렸다. 마콘데 조각을 사 본국에 파는
사업을 시작한 식민지 개척자들과 선교사들이 큰 돈을 벌었다. 조각가들

은 공예가 면허를 따면 강제노동을 하지 않아도 됐다.

1920년대 조각이 돈이 된다는 걸 안 미울라 마을에 사는 조각가 은예케냐 난군두가 마을 사람 모두에게 조각을 가르치고 협동조합을 조직했다. 난군두는 포르투갈인들이 원하는 대로 더 단단한 나무에 조각을 하기로 했다. 원주민들이 음핑고Mpingo라고 부르는, 흑단의 일종인 아프리카 블랙우드를 선택했다.

마콘데 조각과 흑단이 결합한 새로운 전통이 만들어졌다. 새로운 양식들도 태어났다. 구매자들의 요구에 부응하고 새로운 수요를 만들어내기 위해서였다.

마콘데 조각에 지대한 영향을 미친 후원자patron가 있었다. 다르에스살람에서 보석, 수석, 특이한 수집품을 파는 가게를 운영하던 인도인 3세 사업가 모하메드 피이라라는 사업가였다. 그때까지 마콘데 조각은 주로 마콘데인들의 일상을 주제로 한 작품들이었다. 가령, 담배 피우는 남자, 집안 일을 하는 여자. 이런 유형의 작품을 비나다무Binadamu=사람, 스와힐리어 라고 한다.

피이라의 공방에는 많은 마콘데 조각가들이 일하고 있었다. 조각가 사마키 린카코아는 맨날 비나다무만 조각하면서 동료들과 경쟁하는 데 한계를 느꼈다. 그걸 본 피이라가 뭔가 영적인 작품을 만들어보라고 권했다. 고민하던 린카코아는 마콘데 부족의 내적이고 상상적인 세계에 바탕을 둔 작품을 창작했다. 인간 세상 밖에 거주하지만 인간의 행동과 상호작용을 하고 영향을 미치는 신화 속 존재를 형상화한 작품이었다.

가게에 내놓기 무섭게 팔리는 걸 본 린카코아는 그동안의 사실적 조각을 그만두고 새로운 스타일에 매진했다. 다른 조각가들이 따라하기 시작했다. 비나다무에 이어 셰타니Shetani 조각이 탄생했다.

↑ 아프리카 마콘데 조각

　스와힐리어로 악령을 뜻하는 셰타니는 마콘데 조각의 세 가지 주요 양식 중 하나가 되었다. 마콘데 신화에서 셰타니는 주로 다섯 가지 형태로 나타난다고 한다. 사람, 포유동물, 물고기, 새, 파충류. 어떤 작품은 여성의 유방이나 물을 운반하는 물통calabash을 새긴 작품도 있는데, 마콘테 문화에서 두 가지 다 생명을 상징한다.

또 하나의 새로운 양식이 피라의 공방에서 일하던 조각가 야코보 산과니에 의해 탄생했다. 산과니는 둥그렇고 긴 통나무의 맨 꼭대기에 레슬링 대회에서 우승한 챔피언을 새기고 그 아래 서로 연결된 사람들이 챔피언을 떠받치고 있는 모습을 조각했다. 곧 다른 조각가들이 따라하기 시작했다. 주제는 달랐지만 등장하는 존재들이 모두 서로 연결되어 맨 위에 있는 주 인물을 아래에서 지지하고 있는 모습은 공통적이다.

서로 얼키고 설킨 사람들은 세대에서 세대로 이어지는 연결성, 가족이나 부족 공동체 구성들 간의 관계, 상부상조의 정신을 나타낸다. 이런 유형의 조각을 우자마Ujama라고 부른다. 스와힐리어로 가족, 연대, 관계를 뜻한다. 영어로는 라이프 트리Life Tree 생명 나무 혹은 파워오브 스트렝쓰Power of Strength라고 한다.

큰 우자마 조각은 높이가 2미터나 되는 것도 있다. 이런 작품을 만들려면 1년 이상을 꼬박 매달려야 한다. 조각가들이 사용하는 도구는 네 가지가 전부다. 도끼, 끌, 나무 망치, 칼.

비나다무에 셰타니와 우자마 양식이 더해지면서 마콘데 조각의 세 가지 주요 양식이 확립되었다.

식민지 시절 많은 마콘데인들이 루부마강을 건너 탄자니아당시 이름 탕가니카로 이동했다. 플랜테이션 농장과 광산에서 일하기 위해서였다. 마콘데 조각도 그들을 따라 이동했다. 1960년대에도 모잠비크 마콘데인들의 탄자니아 이주는 계속됐다.

독일에 이어 영국의 식민지였던 탄자니아는 1964년에 완전히 독립했다. 하지만 모잠비크는 여전히 포르투갈의 지배 하에 있었다.

모잠비크인들은 독립운동을 시작했다. 탄자니아에 있던 마콘데인들은 모잠비크에 저항단체를 조직했다. 마누MANU, Mozambique African National Union다.

1960년 무에다 공원에서 비극이 발생했다. 포르투갈 군대가 평화집회를 하던 사람들에게 발포해 600명이 사망했다. 무에다고원의 학살을 계기로 세 개로 나뉘어 있던 모잠비크 독립운동 세력이 하나로 뭉쳤다. 모잠비크 해방전선FRELIMO의 13년에 걸친 무장 독립투쟁이 시작됐다.

생계를 위해 조각을 하던 마콘데 농부들은 수입의 일부를 해방전선에 보냈다. 마콘데의 우자마 조각은 연대의 훌륭한 상징이었다. 모잠비크의 마콘데 조각은 탄자니아의 마콘데 조각과 달랐다. 탄자니아의 마콘데 조각은 에로틱한 작품을 찾던 서구인들의 기호에 부응했다. 셰타니 조각들의 표현은 더욱 과도해지고 기괴해졌다.

모잠비크에서는 상대적으로 청교도적인 작품들이 만들어졌다. 차별에 반대하고 사회적 연대를 중시하는 해방전선의 영향 때문이었다. 식민통치의 잔인함과 아프리카의 삶, 문화, 가족과 공동체적 가치를 주제로 삼았다.

1975년 오랜 무장투쟁 결과 모잠비크는 독립을 쟁취했다. 마콘데 조각은 모잠비크를 대표하는 예술이자 자랑이었다. 모잠비크 해방전선의 리더였던 사모라 마첼은 독립 후 초대 대통령이 되었다. 여러 차례 북한을 방문한 마첼은 김일성에게 마콘데 조각을 선물했다.

마콘데 조각은 모잠비크 이상으로 탄자니아와 케냐에서 번성했다. 원래부터 마콘데인들이 살던 탄자니아는 그렇다 해도 케냐라니. 마콘데인들은 탄자니아만이 아니라 더 북쪽에 있는 케냐로도 이주했다.

영국군으로 1차 세계전에 참전하고 돌아온 케냐인이 마콘데 조각을 만들어 팔기 시작했다. 전쟁 중에 접한 마콘데 조각이 돈벌이가 될 거라고 생각했다. 1950년대 마콘데 조각에 대한 수요가 늘어나자 조각가들의 숫자도 급증했다. 1990년대가 되면서 케냐는 마콘데 조각을 가장 많이 수출하는 나라가 되었다. 마콘데 조각을 생업으로 하는 인구가 6~8만 명에 이른다고 한다.

국제적인 수요 팽창으로 마콘대 조각의 재료인 흑단나무가 고갈되었다. 케냐는 음핑고Mpingo를 탄자니아에서 수입하거나 다른 목재로 대체했다. 현재는 50종이 넘는 나무를 사용한다.

아프리카 예술은 유럽의 예술가들에게 영감을 주었다. 특히 가면의 영향이 컸다. 아프리카에는 의도적으로 얼굴에 상처를 내 흉터를 남기는 풍습이 있었다. 마콘데인들이 의식에서 쓰는 가면에는 기하학적으로 배열된 선들이 조각돼있다. 얼굴에 있는 흉터를 표현한 것이다.

피카소가 '아비뇽의 처녀들'을 발표한 1907년, 피카소의 전기를 쓴 작가 존 리차드슨이 피카소의 스튜디오를 방문했다. 리차드슨은 쌓여 있는 캔버스와 함께 수많은 아프리카 조각들이 전시돼있는 모습을 목격했다.

아비뇽의 얼굴로 입체주의의 시작을 알린 피카소는 아프리카 예술, 마콘데 조각과 가면에서 영향을 받았다. 그림 아비뇽의 처녀들Les Demoiselles d' Avignon 오른 쪽 두 여인의 얼굴에 새겨져 있는 선들을 보라. 마콘데인들이 얼굴에 가하고 가면으로 묘사한 칼질scarification의 흔적이다.

야수주의 화가 마티스, 드랭, 블라맹크는 아프리카 가면 수집광이었다. 브라크, 모딜리아니, 에른스트, 미로, 자코메티, 달리… 아프리카 조각의 기법을 도입해 그림을 그린 화가들이다. 아프리카 예술, 마콘데 조각은 유럽 전체의 미술사조에 큰 영향을 끼쳤다.

전세계적으로 마콘데 조각에 대한 수요가 크게 늘어나고 있었지만 아직 그 재료인 흑단에 대한 규제가 비교적 느슨했던 시절, 일찌감치 마콘데 가면과 조각에 관심을 갖고 수집한 사람들이 한국에도 있다.

그중 한 사람이 영암 망호리 월송서원의 주인장 강병연 박사다. 1990년대, 강박사는 300점이 넘는 마콘데 조각을 탄자니아에서 수입했다. 500점이 넘는 가면 대부분 아프라키 가면, 일부 동남아시아 가면 도 수집했다. 강병연 박사의 보물 창고를 구경하러 갔다.

강박사의
보물창고

영암읍 망호리에 월송서원이 있다. 강병연 박사의 쉼터 겸 사랑방이다. 망호리가 고향인 강박사가 옛 집터에 정원과 자그마한 건물을 마련했다. 제법 너른 단층집 거실에 앉으면 큰 유리창 너머 손에 잡힐 듯 월출산이 보인다. 정원의 소나무 건너 월출산 위에 달이 뜨면 얼마나 아름다울지 상상이 간다.

안에는 3만 5천장이 넘는 LP판, 아티스트들의 공연 실황을 담은 DVD 600장, 명품 오디오 기기들이 있고, 수많은 다기들과 차가 있고, 소량의 마콘데 조각들이 전시돼 있다. 단번에 강박사가 엄청난 수집가임을 알 수 있는 풍경이다.

강병연 박사는 원래 청소년 정책과 행정, 교육, 연수, 복지 전문가다. 청소년 인권문제에 열심이어서 한국 청소년 인권센터를 세웠고 현재 이사장을 맡고 있다. 광주를 중심으로 지자체 청소년 수련관을 맡아 운영하고 연수 프로그램을 마련해 교육한다.

강병연 박사의 수집품 중에 대표적인 아프리카 예술, 마콘데 조각이 있다. 강박사는 오래 전부터 가면을 좋아해 기회만 되면 사서 모았다. 현재

500점 가까운 가면을 소장하고 있다. 주로는 아프리카 탈이지만 동남아시아를 비롯한 여러 나라 가면들도 있다.

1990년대 강박사는 우연히 마콘데 조각을 만나 한눈에 반했다. 마침 탄자니아를 왕래하며 사업을 하는 지인이 있었다. 강박사의 부탁을 받은 지인은 탄자니아에 갈 때마다 눈에 띄는 작품을 사들여 컨테이너에 실어 보냈다. 당시만 해도 지금처럼 흑단나무에 대한 규제가 까다롭지 않아 비교적 수월하게 마콘데 조각을 가져올 수 있었다.

버는 족족 작품을 사들이느라 돈을 쓰니 늘 쪼들렸다. 마콘데 조각이 뭔지 아는 사람이 거의 없던 시절, 누가 봐도 제정신이 아닌 걸로 보였다. 그렇게 해서 모은 마콘데 조각이 350점 가량 된다.

강박사의 마콘데 조각은 월송서원에 있는 몇 점을 빼놓고는 모두 다른 곳에 있다. 망호리에서 한참 떨어진 금정면 신유토마을. 창고 앞에는 커다란 바위가 있고 아프리카에서 실어온 나무 기린 세 마리가 불침번을 서고 있다. 강박사가 감시 카메라가 설치된 마콘데 조각 창고 문을 열었다.

널찍한 창고 안은 갤러리나 진배없다. 다양한 마콘데 조각이 어떤 건 바닥에 세워져 있고, 어떤 건 대 위에 전시돼있다. 맨 끝 벽에는 가면들이 걸려 있다.

가장 먼저 눈길이 가는 통로 바닥에 놓여 있는 길고 동그란 나무 조각. 비슷한 작품들이 여러 개 있지만 그중에서 제일 크다. 팔과 다리, 때로는 신체 부위로 서로 연결되어 있는 사람들을 나무 한 토막에 전부 새겨 넣었다. 사람 위에 사람, 사람 밑에 사람, 가히 인간 탑이다. 우자마 양식 Ujamaa style이다.

스페인 까딸로니아에서 열리는 축제에서 쌓아올리는 인간 탑 까스뗄 castell이 생각난다. 모두가 짐을 나눠지고 균형을 유지하지 않으면 탑은 무

↑ 아프리카 마콘데 조각 (강병연 소장)

너진다. 까스뗄처럼 우자마의 테마 역시 사람들 간의 연대다.

입구 오른 쪽에 나무 토막이 놓여 있다. 가장자리는 누렇고 가운데는 새까맣다. 흑단 원목이다.

"흑단은 규제가 너무 까다롭고 반출이 안 돼서 지금은 구하기 힘듭니다. 흑단이라고 유통되는 나무 중에 장미목이 많아요. 열대 우림에서 대부분의 나무가 빨리 자라는데 유일하게 흑단만 엄청 천천히 자라요. 심재는 돌처럼 단단합니다."

우리나라에서 유통되는 흑단 원목이 있다. 대부분 동남아시아나 인도산이다. 아프리카 흑단이라면 벌목이 금지되기 전 자른 것을 구입해 보관해 온 것들이다.

우자마 조각. 어떻게 이 단단한 나무에 이렇게 많은 사람들을 조각했을까. 도끼로 패고, 칼로 자르고, 끌과 나무망치를 사용해 파내고, 마지막에 사포로 문질러 광택을 내고. 창고 입구 가장 가까운 통로에 서있는 우자마 조각은 만드는 데 족히 1년 이상 걸렸을 것이다.

"마콘데인들의 삶, 가족, 관계를 조각한 거예요. 가만보면 각기 다른 모습이고 기가 막히게 팔과 다리로 서로 연결해 놓았어요."

가족이든 부족이든 서로 연결되어 지지하는 굳건한 공동체가 절묘하게 표현되어 있다. 마콘데 조각가들은 요즘엔 고등 교육을 받은 유명한 작가들도 있지만 학교 문턱에도 못 가본 사람들이 훨씬 많다.

사전에 무슨 디자인을 해놓고 파는 것도 아니고 나무 모양을 보고 머릿속에 떠오르는 이미지를 그냥 조각해가는 것인데 어떻게 이런 작품을 만들어낼 수 있을까. 타고난 느낌과 상상력만으로 완성해낸 조각들. 감탄하지 않을 수 없다. 문맹과 창조성, 예술적 능력은 아무런 상관이 없는 것 같다.

하반신은 물고기고 상반신은 인간인데 많은 부분이 생략된 얼굴이 특이한 작품이 있다. 밑에 깔린 사람(?)을 몽둥이로 찍어 누르며 서있는 남자에게 커다란 날개가 달려 있는 조각도 있다. 박쥐 인간인가. 아무리 봐도 정체를 알 없는 괴기스런 조각도 있다. 비인간적 형상, 거대한 귀, 과도하게 커다란 입과 이빨과 눈알, 혹은 특정한 신체 부위의 결여. 모두 셰타니 양식 Shetani style의 작품들이다.

마르고 키 큰 여인이 지팡이를 들고 서있다. 앞쪽에는 작게 바나나가 가득 든 바구니를 머리에 인 여인이 새겨져 있다. 키 큰 여인은 과도하게 큰 귀를 하고 있고 머리 뒤쪽에 뿔(?)이 나 있다. 크게 확대된 윗입술에는 구멍이 뚫려 있고 동그란 나무판이 끼워져 있다. 마콘데 여인이다. 거대하고 뾰족한 송곳니 두 개가 아래로 솟아있다. 일부 과장은 있어도 사실적이다.

목이 길고 귀가 크고 배가 물통처럼 볼록 나왔지만 보통 인간처럼 사실적인 조각이 있다. 누런 변재와 까만 심재를 섞어서 조각한 작품도 있다. 보통의 사람들과 일상을 묘사한 작품들, 비나다무 양식 Binadamu style이다.

"여기와 보니 유럽의 입체파니 뭐니 하는 유파들의 작품이 이런 아프리카 예술의 영향을 크게 받았다는 사실을 실감할 수 있네요."

"그렇습니다. 유럽의 회화와 조각이 아프리카 예술의 원초적 생명력, 자연스럽고 자유롭고 기발한 상상력으로부터 많은 영감을 받았지요."

한 쪽 벽에 아프리카 탈들이 걸려 있다.

"이건 일부입니다. 나머진 지난 번 전시하고 나서 그냥 박스에 담긴 상태로 보관하고 있어요."

500점 중 되는 가면들 가운데 일부만 걸어둔 것이란다. 가면의 모양이 다들 특이하고 기발하다.

머리 위에 새 두 마리가 앉아 있고 갸름한 얼굴 아래 길고 뾰족하게 한 가닥으로 난 수염이 있는 가면, 정수리에서 양옆으로 흘러내려 귀 부분에서 묶은 풀로 엮은 머리에 하얀 눈가리개를 한 가면, 조개 껍질처럼 줄이 간 얼굴에 머리 위로 길게 뻗은 코와 그 아래 가로가 아니라 세로로 세워 놓은 그래서 여성의 성기처럼 보이는 입을 가진 가면, 뺨과 이마에 기하학적 문양이 그려져 있고 머리에는 작은 조개껍질들을 붙여 놓은 가면....

아프리카 가면은 보통 사람의 얼굴이나 동물을 본 떠 만든다. 지역에 따라 다른데, 눈을 반쯤 감고 있는 가면은 평화와 인내심을, 작은 눈과 입은 겸손함을, 넓은 짱구 이마는 지혜를, 큰 턱과 입은 권위를, 동그란 눈은 놀람과 분노를 나타낸다. 구체적인 것들이 많지만 매우 추상적인 것들도 있다.

살아 있는 것들을 표현한 것 말고 죽은 자들을 조각한 것들도 있다. 젊

↑ 아프리카 마콘데 조각

은 나이에 죽은 여성을 기리는 가면은 여성미와 죽음을 표현하고 있다. 태양 안대는 죽음을 상징하는 것인데, 강병연 박사가 소장하고 있는 하얀 안대를 한 여성 가면인 것 같다. 성적 상징을 표현한 가면도 있는데, 코는 남근을 상징한다. 내가 본 강병연 박사의 소장품 중에 비슷한 것이 있다.

가면의 겉에 붙이는 재료는 동물의 털, 이빨, 뿔, 조개 껍질, 시앗, 짚, 달걀 껍질, 깃털 등 다양한 것들을 사용한다. 강박사의 소장품 중에 머리에 작은 조개껍데기를 잔뜩 붙인 가면이 있다.

아프리카의 조각 중에서 특히 가면의 예술적 가치는 일찍부터 높은 평가를 받았다. 마콘데 조각이 유럽 예술에 영향을 미쳤지만 그중에서도 가면이 회화에 미친 영향은 지대하다. 각양각색의 가면을 가만히 들여다보고 있으면 아프리카인들에게 내재하는 예술적 감성이 그대로 느껴진다.

물이 없어 고통 받고 굶어 죽어가는 앙상한 아이들을 보여주며 후원을 호소하는 광고들 때문에 강화된, 아프리카에 대한 우리들의 전형적 인식에는 문제가 있다.

아프리카는 최근들어 급속하게 경제가 성장하고 있고, 한 아이를 키우려면 온 마을이 필요하다는 속담이 있을 정도로 전통적인 공동체 의식이 있고, 창조성과 생명력이 넘치는 예술이 있는 곳이다.

강병연 박사는 혼자 보기 아까워 여러 차례 마콘데 조각과 가면 전시회를 열었다. 지난 3월 말과 4월 초, 영암군의 지원을 받아 열흘 정도 '세계의 탈 아프리카의 흑단 특별전'을 열었다. 영암군이 해마다 벚꽃이 필 무렵 개최하는 왕인문화 축제와 맞춘 기획이었다. 예상보다 많은 사람들이 찾아 예정보다 전시가 길어졌다.

20여 년 전 광주시 북구 청소년수련관장 시절, 인천과 광주에서 연 전시는 관람객들에게 신선한 충격을 주었다.

"어떤 관람객이 이렇게 말하는 걸 들었어요. 이제보니까 피카소니 뭐니 유럽 화가들, 전부 아프리카 꺼 베꼈구만. 지나친 말이긴 하지만, 생전

접해보지 못한 아프리카 예술품들을 보고 그 분은 바로 그런 느낌을 받았던 거지요."

계속 전시회를 개최하고 생각 같아서는 아프리카 미술관도 열고 싶지만 혼자 힘으로는 벅차다. 아프리카 예술 전체를 망라하는 것은 아닐지라도 강박사가 소장하고 있는 마콘데 조각과 가면들은 힘들게 수집한 소중한 자산이다.

"혼자서 혹은 몇 사람만 감상하고 즐기면 뭐합니까. 사회에 기증하고 싶어요. 많은 사람들, 특히 청소년들이 아프리카 예술을 접하고 알고 배울 수 있는 기회를 주고 싶습니다."

강박사는 고향인 영암에 아프리카 예술, 마콘데 조각 박물관을 만들고 싶다. 개인으로는 벅차니 지자체가 도와주면 좋겠다고 생각한다.

"사실 신안군이 저보고 오라고 했어요. 저도 그러는 게 좋겠다고 생각하고 조건을 논의했습니다. 협상이 막바지에 이르렀을 때 영암군에서 우리 지역에 있어야지 어딜 가느냐고 했어요. 그냥 주저 않았어요."

"그 후에는요?"

"아무런 진전이 없습니다."

우리나라에도 아프리카 예술, 마콘데 조각만이 아니라 아프리카 현대 회화까지를 수집해 뮤지엄을 만든 이들이 있다.

서울 사간동에는 아프리카 조각에 빠져 하던 철학 공부를 포기하고 진로를 바꾼 뒤 평생 아프리카 예술품을 수집해온 정해광 씨가 연 아프리카 미술관이 있다. 갤러리 통큰을 운영하면서 아프리카 예술 전문가로 활동하고 있는 정해광 관장은 책으로 공부하던 철학보다 아프리카의 예술에서 인간성의 단서와 인간성을 상실한 현대인에게 던지는 깊은 철학적 메시지를 발견했다고 한다.

강원도 영월에는 아프리카미술박물관이 있다. 외교관으로 일하다 퇴직한 조명행 관장이 영월군과 협약을 맺고 지어 2009년에 오픈했다. 아프리카 20여개 국에서 수집한 예술품을 상설전시한다. 또 한국에 주재하고 있는 아프리카 16개국 대사관에서 협찬해 기증한 생활용품들과 장신구들을 전시하고 있다.

아프리카를 테마로 정원을 조성하고 캠핑장도 운영하고, 다양한 체험과 교육 프로그램을 운영하면서 관광객들을 끌고 있다.

볼거리 먹을거리 즐길거리는 관광의 핵심이다. 규모는 크지 않더라도 작은 미술관, 작은 박물관들은 지역의 매력을 끌어올리는 중요한 관광자원이다. 이런 저런 작은 박물관들이 있고, 맛있는 음식이 있고 깨끗한 잠자리와 즐길 거리가 있는 곳에 사람들은 모인다.

적소위대, 티끌 모아 태산이다. 작은 것들이 모여 큰 자산이 된다. 대단한 것만 관광자원이 될 수 있는 게 아니다.

일본 특파원 시절 취재했던 사례다. 눈snow밖에 없는 일본 홋카이도의 어느 마을은 눈사람을 수출했다. 누가 그걸 사나 하지만 싱가포르에 구매자가 있었다. 그걸로 화제를 불러 일으켜 지역을 알렸다.

30여년 전 시코쿠의 어느 산골마을은 주업이던 감귤농사가 냉해로 괴멸적 타격을 입자 고민 끝에 나뭇잎 비즈니스를 시작했다. 일본 요리에 첨부하는 장식품 나뭇잎을 보고 보고 착안했다. 우여곡절은 있었지만 현재 일본에서 가장 많은 나뭇잎을 파는 마을이 되었다.

마을이 유명해지자 많은 사람들이 따뭇잎 따기 체험을 하고 싶다고 신청하고 구경하러 찾아오게 되었다. 흔해 빠진 나뭇잎이 사업 아이템이 되고 관광자원이 된 것이다.

니이가타의 한 지역은 쌀농사 말고는 딱히 관광자원이랄 게 없다. 인구 감소, 고령화, 소자화... 농촌지역에 공통된 문제들 투성이다. 어떻게 하면 외지 사람들에게 우리 지역을 알릴까. 사람들을 오게 할 수 없을까. 추수가 끝난 논에 남은 지푸라기에 착안했다. 사료로 만들기 전 지푸라기를 이용해 뭔가 할 수 없을까.

지역 미술대학과 의논해 지푸라기로 거대한 오브제들을 만들어 공원에 설치하기로 했다. 해마다 테마를 정해 작품을 정했다. 학생들이 디자인을 하고 지역민들과 협조해 뼈대를 세우고 짚을 엮어 필요한 부위를 덮었다.

↑ 아프리카 탈(강병연 소장)

거대한 지푸라기 조각품들이 설치됐다. 매스컴을 타고 유명해지자 사람들이 몰려왔다. 2008년 첫 회 이래 해마다 9월이 되면 니이가타 우와세키가타 공원에서는 지푸라기 조각 페스티벌이 열린다. 해를 거듭하자 점점 더 널리 알려지면서 많은 사람들이 찾아오는 축제가 되었다.

나뭇잎보다 눈보다 지푸라기보다 훨씬 좋은 자원들이 있는데 왜 우리는 못 살리고 안 살리는 것일까.

일본의 지방인 야마나시현 나가사키쵸에는 또 아프리카 마콘데 미술관이 있다. 많은 마콘데 조각을 전시하고 있고 다양한 전시와 이벤트로 관광객을 끌어들이고 있다.

중국 장춘에는 세계조각공원 안에 세계에서 가장 큰 마콘데 아트 뮤지엄이 있다. 리쏭산과 한룽 부부가 1970년대 아프리카에 가 20년 넘게 살면서 12,000점이 넘는 마콘데 조각을 수집했다. 부부는 작품 전부를 사회에 기증했다. 쏭산-한룽 아프리카 아트 컬렉션 뮤지엄이라는 이름으로 2011년 길림성 장춘시에서 개관했다.

규모는 작을지라도 강병연 박사의 창고를 털면 최소한 두 개 이상의 관광자원을 만들어 낼 수 있다. 마콘데 조각을 통해 아프리카 예술에 대해 배우고 체험할 수 있다. 관광객들을 오게 하는 건 물론이고 아프리카에 관심이 생긴 청소년들 중에서 아프리카 전문가가 탄생할 수도 있다. K-콘텐츠가 전세계 청소년들에게 미치는 영향을 보면 알 수 있다.

다음으로 LP음악감상과 공연 실황을 감상할 수 있는 공간이다. 음악애호가들, 특히 70,80 세대들을 불러올 수 있다.

다기와 차까지는 욕심이라 하더라도 위의 두 가지는 마음만 먹으면 어렵지 않게 실행에 옮길 수 있다. 액세스가 편한 중심지가 좋겠지만, 아니라도 상관없다. 지역에 폐교가 얼마나 많은가.

발견한 지 15년이 된 월출산 큰 바위 얼굴도 마찬가지다. 월출산박물관이든 큰 바위 얼굴 갤러리든 있다면 얼마나 좋겠는가. 사람이 안 오는데 뭐 하러 만드느냐고 할 게 아니다. 닭이 먼저냐 달걀이 먼저냐는 논쟁처럼 쓸 데 없는 것도 없다.

말보다 행동이다. 다양하고 작은 매력적인 관광자원을 많이 발굴하고 흥미로운 스토리텔링을 통해 '거기 그런 것들이 있어? 가보고 싶네'라는 생각이 들게 만들면 된다. 볼 게 없는데 누가 찾아 오겠는가.

농촌 유토피아
신유토마을

신유토마을 이야기를 들었을 때 '아, 뉴 유토피아 마을인가 보다' 했다. 아니었다. 신新은 뉴new인데 유토楡土는 느릅나무 땅이란 뜻이다. 옛날 느릅나무가 많았던 모양이다. 신유토마을이 있으니 구 유토마을도 있을 것이다. 있다. 23번 지방도가 신유토마을 쪽으로 꺾어지는 입구 쪽에 있다. 이름은 그냥 유토마을이다.

유토마을은 원래 현재의 신유토마을 자리에 있었다. 무슨 사연이 있을까. 해발 614미터 국사봉 중턱 계곡에 포옥 안겨 있는 마을. 평화롭게 살던 마을에 비극이 닥친 건 한국전쟁 때문이었다.

인근 지역을 한 눈에 내려다볼 수 있는 국사봉은 군사적 요충지다. 한말 의병이 이곳을 근거지 삼아 활동했고 한국전쟁 때는 빨치산의 본거지였다. 빨치산 토벌 때 유토마을은 쑥대밭이 됐다. 살아남은 사람들이 버리고 떠난 마을은 폐허가 됐다. 그렇게 50년 세월이 흘렀다.

2003년, 박말녀 대표와 딸, 그리고 다른 두 가족이 이곳으로 들어왔다. 모두 장애인이 있는 가족들이었다. 박말녀 대표의 딸은 교통사고 후유증으로 거동이 불편하고 뇌까지 다친 중증 장애인이었다.

"지금은 올라오는 길이 좋지만 그때는 좁은 비포장 산길이었어요. 지역 사람들이 '오메, 저 귀신 나오는 데서 어쩌께 살라 그라요?' 하면서 놀란 눈으로 쳐다보더라니까요. 전기도 없고 수도도 없고. 텐트 치고 집 짓고, 개간하고, 우리 손으로 다 했습니다. 사방에 뱀이고요. 여기 오다 두꺼비 못 보셨어요?"

박말녀 대표는 건강을 회복하기에 좋을 것 같은 곳을 찾아 안 가본 데 없이 돌아다녔다. 버려진 땅이라 값이 싸기도 했지만 이곳만큼 마음에 쏙 드는 데가 없었단다.

신유토마을이 속한 주변 일대는 연소리燕巢里다. 튼튼한 울타리 안에서 엄마 제비가 물어다 주는 먹이를 받아먹으며 안전하게 자랄 수 있는 곳, 제비둥지를 닮은 지형에서 유래했을 것이다. 마을은 숲이 내뿜는 피톤치드, 계곡을 흐르는 맑은 물, 산에서 자라는 약초들로, 다친 심신을 치유하기에는 더할 나위 없는 곳에 위치해 있다.

박말녀 대표를 비롯한 세 가족은 살 집을 짓고 마을 이름을 신유토마을이라고 붙였다. 유토마을의 스토리를 모르는 사람들은 누구나 나처럼 새로운 유토피아라는 뜻인가 할 것이다.

박말녀 대표한테는 건강한 식초를 만드는 비결이 있었다. 외할머니에게서 어머니에게로 이어진 것을 물려받았다. 어린 시절, 집집마다 식초를 만들어 먹던 때였는데도 어머니의 식초는 특별했다.

씨초가 든 항아리에 감을 넣고 그 위에 누룩을 뿌린 뒤 여러 차례 막걸리를 부었다. 삼 년 후 항아리 뚜껑을 열고 식초를 걸러 보관 항아리에 담아 숙성시켰다. 다시 2년이 지난 후에야 어머니는 식초를 먹기 시작했다.

부뚜막에는 늘 초병이 여럿 놓여 있었다. 매년 삼월 초하루, 일년 동안

↑ 신유토마을

먹었던 초병을 씻고 항아리에서 발효숙성된 식초를 다시 담았다. 그늘진 곳에 보관해야 하는 씨초 항아리는 부엌 나무청 안에 묻어두었다. 그런 어머니를 생각하며, 박말녀 대표는 부엌 대신에 토굴을 만들었다. 어머니는 2008년 만 아흔 살에 돌아가셨다.

담기 시작해 5년이 지나야 먹을 수 있는 식초. 어머니는 늘 "식초는 세월이 약이어야."라고 하셨다. 긴 발효와 숙성 기간을 거쳐 인체에 완전히 무해한 상태가 된 다음에야 먹기 시작하는 박말녀 대표의 식초는 어머니의 식초를 그대로 물려받은 것이다.

박말녀 대표는 마을사람들과 함께 만든 식초를 서로 나눠 먹었다. 식초는 구할 수 있는 모든 재료로 만들 수 있다. 현재 토굴에 보관하고 있는 식초의 종류는 80여 가지에 이른다. 토굴에 들어가 본 항아리에 각기 다른 이름들이 적혀 있었다.

전통 발효 된장, 고추장, 건강하게 기른 채소, 뒷산에서 캐온 나물과 약초들로 차린 건강한 밥상. 신유토마을 사람들의 건강이 눈에 띄게 좋아졌다.

알음알음 소문을 듣고 식초를 사겠다고 찾아오는 사람들이 생겼다. 2009년 박말녀 대표는 마을 사람들과 함께 신유토토종약초영농조합을 세웠다. 식품을 본격적으로 팔려면 관련 법을 따라야 하기 때문이다.

어머니의 방식대로 식초를 만든 박말녀 대표는 한국전통명인협회가 인정하는 전통발효 명장이 되었고, 부뚜막 촛병 전통발효산업 부분의 신지식인상을 받았고, 전통발효발전부문의 자랑스런 한국인 대상을 받았다. 얼마전에는 2024년도 대한민국식품명인 지정 신청을 하고 심사를 받았다. 그 결과를 기다리고 있는 중이다.

"심사위원들이 현장 실사를 와서 꼼꼼하게 체크하고 묻고 했어요. 어머니가 쓰던 초병도 그대로 있고, 어릴 적 살던 동네 어른들의 증언도 있고,

↑ 신유토마을 발효저장고(왼쪽)와 각종 발효소제품들

지금까지 제가 해온 실적도 있고 해서 큰 걱정은 안 하지만 그래도 옛날 사진 같은 게 있으면 더 좋았을 거 같아요. 이럴 줄 알았으면 어머니 살아 계실 때 사진을 좀 찍어두는 건데.”

박 대표는 별 거 아닌 거 같아도 평소에 글과 사진으로 기록해두는 것이 얼마나 중요한지를 새삼 실감했단다.

박 대표가 이끄는 신유토마을에 살겠다고 찾아오는 이들이 있었다. 처음 세 가구로 시작한 마을이 지금은 스물 세 가구에 마흔 두 명으로 늘었다. 귀한 초등학생 어린이가 한 명 있고 노인들도 있지만 상당수는 젊은 사람들이다. 평일에는 직장 근처에서 살다가 주말에 들어오는 사람도 있고 출퇴근 하는 사람도 있다.

“다 수용하기는 힘들지만 살고 싶다고 찾아오는 사람 중에서 신유토마을의 철학에 맞다고 생각되는 사람이면 받아들입니다. 대신 땅은 팔지 않고 빌려줍니다. 집을 짓고 살다가 떠나는 경우가 생길 수 있으니까요. 그럴 땐 그 집을 반드시 영농법인에 팔아야 합니다.”

박말녀 대표의 남편 강병연박사가 말한다. 참, 마콘데 조각 수집가 강병연 박사는 박말녀 대표의 남편이다. 5년 전 부인과 사별한 후, 딸과 둘이 지내던 박말녀 대표와 재혼했다. 신안이 고향인 박 대표와 영암이 고향인 강 박사는 영암에서 활동하며 알게 되었고 부부가 됐다.

박말녀 대표는 영농조합의 사업 범위를 넓혔다. 식초 판매만이 아니라 식초 만들기 체험교실, 치유센터, 숙박시설 등을 운영한다.

농협이 주관하는 팜스테이마을, 녹색농촌체험휴양마을로 지정된 신유토마을에서는 공무원 교육, 학교 체험학습, 단체를 대상으로 한 발효에 대한 강의와 실습이 활발하게 이뤄지고 있다.

신유토마을 내에 자그마한 적석지포졸란공원이 있다. 지자체의 도움을 받아 조성했다. 적석지赤石脂, red bole는 붉은 색 돌이다. 강도가 약해 쉽게 부서진다. 포졸란pozzolan이라고도 하는데 다양한 미네랄을 함유하고 있다. 이로운 성분이 너무 많아 '신의 마지막 선물'이라고까지 불릴 정도다.

희한하게도 신유토마을에 적석지 바위들이 많았다. 묻혀 있던 바위들을 캐내 여기 저기 세우고 눕혀 배열했다. 적석지는 그 어떤 돌보다 원적외선 음이온 방출량이 높다. 가루로 만들어 가축 사료에 섞어 먹이기도 하는데, 가축들의 면역력을 높이기 위해 항생제를 과다 투입하지 않아도 된다.

사람들은 적석지 공원에서 체조를 하고, 바위에 앉아 명상을 한다. 적석지 바위가 내뿜는 음이온, 좋은 기운을 듬뿍 받고 나면 그렇게 개운할 수가 없다. 기분 탓이겠지만 치유효과가 없다고 단언할 수 없다. 마음에서 비롯되는 병이 얼마나 많은가.

신유토마을은 몸이 아픈 사람들만이 아니라 도시 생활에 지치고 마음을 다친 사람들까지 찾아오는 치유마을로 알려지게 되었다. 하지만 박말녀 대표는 아직도 갈 길이 멀다고 생각한다. 나이든 이들의 귀촌도 좋지만 젊은

↑ 적석지 포졸란 공원

이들이 살러 오는 마을, 일자리를 찾아 굳이 도시로 나가지 않아도 되는 마을, 삶의 여유를 즐기며 행복하게 살 수 있는 지속가능한 마을로 만들고 싶다. 그러기 위해선 마을을 더 널리 알리고 사람들이 찾아오게 해야 한다.

신유토마을에서는 매년 축제가 열린다. 2021년부터 2023년까지 해마다 '국사봉 여성 의병 양방매 치유 축제'를 열었다. 산에서 나는 약초와 건강한 재료들로 차린 밥상을 '양방매 치유밥상'이라 이름 붙였다. 금정면 출신 여성 의병 양방매 할머니는 구한말 남편을 따라 의병 활동을 했다. 일본군과 맞서 싸우다 체포되었다. 남편 강무경 의병장은 순국했지만 아직 어렸던 양방매 의병은 풀려나 평생 혼자 숨어 살다시피 했다.

발효식품을 판매하면서 동시에 양방매 의병 이야기도 알리면 좋겠다는 생각에서 축제 이름을 그렇게 붙였던 것인데 세 번만에 중단했다. 양방매 의병을 팔아 무슨 짓을 하는 거냐는 지역민들의 항의 때문이었다. 굳이 오해를 사면서까지 하고 싶지 않았다.

2023년에는 이름을 바꿔 보리수 체험 축제를 열었다. 신유토마을에서는 열매로 발효식초를 만들기 위해 보리수를 많이 재배한다. 참가자들이 직접 딴 보리수 열매로 발효식초를 담가보는 체험이 큰 인기를 끌었다.

지난 봄에는 두 번째 보리수 체험 축제를 열었다. 이번에는 축제명칭을 대한민국 포리똥 축제라고 바꿨다. 포리똥은 보리수 열매를 가리키는 전라도 사투리다. 조용한 산골마을에 사람들이 몰려와 북새통을 이뤘다.

박말녀 대표의 남편 강병연 박사를 따라 마을 뒷산에 올랐다. 무성하게 자란 풀과 관목들을 헤치고 나가는 게 쉽지 않았다. 깊이 파인 구덩이가 있고 주변에 돌들이 쌓여 있었다. 무너져 흘러내린 돌들도 있었다.

"인공적으로 구축한 것 같지 않은가요?"

"그렇게 보이네요."

분명히 사람이 만든 구조물로 보였다. 국사봉 일대에서 치열한 전투가 벌어졌을 것이다. 참호나 엄폐물처럼 보이는 인공 구조물 주변에 묘소도 보였다.

신유토마을. 완전히 폐허가 돼 귀신 나온다고 꺼리던 골짜기가 세 가구에서 시작해 스물세 가구 마흔두 명의 주민이 사는 이름난 휴양·체험·치유마을이 되었다. 도회지의 삶에 지친 심신에 에너지를 충전하고 나빠진 건강을 회복하는 데 최적인 마을, 명성을 듣고 멀리서 신유토마을을 찾아오는 이들이 많다.

금정면 소재지에서 23번 지방도인 영나로를 따라 장흥 유치 쪽으로 달리다 나오는 유토마을 입구에서 왼쪽으로 꺾어 산길을 따라 올라가면 나온다. 하긴 그냥 내비에 신유토마을이라고 치면 간단하다.

김 시식자始植者
영암 사람 김여익

추석 쇠러 상경 하기 전 뜻밖의 선물을 받았다. 영암 지역 자활센터가 만든 '기品은 수제 건강 간식 세트'다. 부각 세 봉지, 쌀강정 세 봉지에 누룽지 네 봉지, 거기에다 무슨 이름으로 불러야 할지 모르는 강정 여섯 개가 들어있다.

가장 먼저 눈길이 간 것은 눈꽃부각이란 예쁜 이름이 붙은 김 부각이다. 부각을 좋아하기도 하거니와 옆에 자리한 설명문 때문이다.

영암 사람 김여익_우리나라 최초의 김 양식자.........

이미 알고 있는 사실이지만 김 부각을 팔면서 김 양식을 처음 시작한 이가 영암 사람이라고 내세우는 아이디어가 훌륭하다. 스토리텔링이 가진 힘을 잘 알고 있는 이가 대표일 것이다.

김여익은 1606년 내가 머물고 있는 융성도서관에서 가까운 서호면 몽해리에서 태어났다. 옆길로 새지만 잠깐 몽해리 얘기를 하고 가자. 하춘화가 부른 영암 아리랑에도 나오는* 들판 몽해夢海는 조선 중기의 명장 김완 장군이순신 장군 밑에서 활약한 사도첨사 김완과 동명이인과 관계가 있다.

김완 장군은 약관 스무 살에 무과에 급제했다. 임진정유왜란 때 큰 전공을 세웠다. 남원과 구례에서 왜군을 격파했고 선무 원종공신이 되었다. 이괄의 난을 진압할 때도 크게 활약했다. 그 공으로 진무공신에 책록되고 학성군에 봉해졌다. 황해도 병마절도사를 지냈고 사후 병조판서에 추증되었다.

김완 장군을 낳을 때 어머니가 꿈을 꿨다. 영암만 바닷물이 치마폭으로 밀려드는 태몽이었다. 이후 집 앞의 들을 몽해라 불렀다. 현재 영암 서호면에는 몽해리가 있고 몽해리 앞을 지나는 도로 이름은 '꿈바다 길'이다. 유래를 몰랐을 때, 꿈바다길을 지날 때마다 '이토록 로맨틱한 길 이름이라니' 하며 감동했다. 김완 장군과 관련된 재미있는 스토리들이 더 있지만 생략한다.

김완 장군처럼 몽해에서 태어난 김여익도 대를 이은 무인이었다. 이괄의 난을 평정하기 위해 아버지와 형과 함께 출정했다. 아버지가 전사하자 형과 함께 적진으로 뛰어들어 시신을 수습했다. 반란군들은 목숨을 돌보지 않고 아버지를 모시는 효심에 감동해서 형제를 공격하지 않았단다.

병자호란이 일어나자 김여익도 참전했다. 인조가 청나라에 항복하자 오랑캐 연호를 써야 하는 나라에서 살기 싫다며 고향을 떠났다. 광양 앞 바다에 있는 섬 태인도에 은거했다. 김여익의 호가 바다에 은거하다는 뜻인 해은海隱인 것과 관련이 있을 것 같다. 현재 태인도는 이웃에 광양제철소가 들어서 있고 육지와 연결되어 있다.

---

* 　　　서호강 몽햇들에 풍년이 온다 아리랑 동동 쓰리랑 동동

어느 날 바닷가에 떠밀려온 해초를 먹어 봤더니 맛있었다. 모양이 바닷물에 떠내려온 옷과 비슷하다고 해서 해의海衣라고 불렀다. 그러고보니 어렸을 적 김을 해우라고 했던 게 생각난다. 이제 보니 해의의 사투리 발음이었다.

김여익은 맛있는 해의를 쉽게 길러 먹을 방법을 궁리했다. 나뭇가지를 세워서 달라붙게 하고 종잇장처럼 건조하는 법을 고안했다. 광양에는 김여익의 공적을 기리는 김 시식지가 있다.

해의가 김이 된 데도 재밌는 스토리가 있다. 인조가 수라상에 오른 해초를 먹어 보니 맛있었다. 기미상궁에게 물었다.

"이것의 이름이 무엇이냐?"

"광양 사는 김여익이란 자가 진상한 것이온데 딱히 이름은 없다 하옵니다."

"그래? 그럼 그 자의 성씨를 따라 김이라 부르도록 하여라."

"예, 전하."

뭐, 이리 되었다는 것인데... 아니 그 전에 이미 해의라고 불렀다고 하지 않았나? 또 삼국유사에는 김이 신라 때 왕의 폐백 물품이라고 기록되어 있다는데 이건 또 어찌된 일인지.

아무튼 김여익이 김을 최초로 양식한 이후 400년의 세월이 흘렀다. 한국, 일본, 중국에서만 생산되는 김은 이제 세계적인 음식이 되었다.

작년 우리나라 김 수출액은 1조원을 넘었다. K푸드 열풍 덕에 급증한 라면 수출에 이어 두번 째로 많은 금액이다. 수출액은 또 매년 급증하고 있다. 김을 '바다의 반도체'라고 하는 게 납득이 간다. 전세계 김시장에서 우리나라 김이 차지하는 비율은 일본 중국을 누르고 압도적이다. 70%를 넘는다.

↑ 기氣품은 수제 건강 간식 세트

혐오 어린 시선으로 '사람이 어떻게 저런 걸 다 먹어?' 하며 김을 검은 종이black paper라고 부르던 서양인들이 이제는 우리나라 냉동 김밥을 사기 위해 수퍼마켓 오픈런을 한다. 조미 김만이 아니라 김부각 김튀김 등 김으로 만든 간식들도 인기다.

고소하면서 맛있고, 단백질을 비롯해 비타민 아연, 철분, 요드, 마그네슘 등 미네랄이 풍부하고, 글루텐이 없는 글루텐프리 음식, 수퍼푸드라고 소문나 채식주의자는 물론 건강에 신경 쓰는 사람들이 열광한다.

김은 국내 김 생산의 70% 이상을 차지하고 있는 전라남도의 큰 산업이 되었다. 신안군에는 년 1억 달러가 넘게 수출하는 김 회사가 있다.

선물 받은 김부각을 먹는다. 맛있다. 그러다 불현듯 의문이 생겼다.

남들은 세계적인 김 열풍 덕을 톡톡히 보고 있는데 영암은 그저 지켜볼 수 밖에 없는 것인가. 김 시식자가 영암 사람이고 관련된 재밌는 스토리가 있는데. 스토리텔링을 잘하면 뭔가 길이 있지 않을까.

바다를 막아 논을 만든 탓에 김을 기를 데가 없다고 하는데 실은 바다가 없다고 김 생산을 할 수 없는 것도 아니다. 육지에서도 김 생산이 가능해졌기 때문이다. 풀무원이 성공했고 다른 벤처기업들도 성공했다.

같은 면적이라면 육상 양식이 바다 양식 보다 백 배 이상 생산량이 많단다. 거기에 기후에 관계없이 1년 내내 안정적으로 생산이 가능하다는 장점도 있다. 아직은 초기 비용이 많이 들어가는 게 흠이지만 효율성과 생산성을 고려하면 장기적으론 큰 문제가 아니란다.

풀무원에서는 이미 수조에서 재배한 물김으로 만든 음식을 출시했다. 스타필드 코엑스에서 '물김 들깨 칼국수'를 팔고 있다. 영암도 얼마든지 김 생산지가 될 수 있다는 얘기다. 김 양식 스마트팜? 그럴 듯하지 않나.

영암지역자활센터가 만든 '기품은 수제 간식 세트'를 선물로 받고, 안에 들어 있는 눈꽃김부각을 먹으면서 상상의 나래를 폈다.

영암군립
하정웅미술관

구림마을에 제법 큰 뮤지엄이 둘 있다. 도기박물관과 하정웅미술관이다. 영암은 우리나라 역사상 최초로 토기에 유약을 발라 구운 도기를 생산하기 시작한 곳이다. 영암의 가마들에서 구운 시유도기는 영산강 뱃길을 따라 전국 각지로 팔려나갔다. 멀리 떨어진 다른 지역에서 영암 도기가 발굴되는 까닭이다. 구림마을에는 먼 옛날 도기를 굽던 가마터가 발굴되어 보존되고 있다.

도기박물관에서는 우리나라 도기사를 알 수 있는 전시는 물론 다양한 도기 유물과 작품들을 구경할 수 있다. 현관을 들어서면 보이는 판매장에서는 박물관 소속 도예가들이 직접 구워내는 도기를 살 수도 있다.

하정웅미술관은 재일동포 사업가 동강 하정웅 선생이 일평생 수집한 많은 미술품을 영암군에 기증해준 덕에 설립된 군립미술관이다. 그림을 위주로 도자기와 조각 같은 예술품을 소장하고 있는데 작품 총수가 무려 4,600점에 달한다.

구림마을. 영암에 머물며 수시로 찾는 곳이지만 이번엔 특별히 도예박물관과 하정웅미술관을 둘러보러 들렀다. 도기박물관에서 열리는 특별기획전 '월출산 만월, 달항아리전'과 '하정웅도자컬렉션 소장품전 ~ 붓으로 도자를 빚다'를 구경한다. 국내외 작가들이 우리 전통 달항아리를 변주해 창작한 다양한 작품들과 하정웅이 수집한 세계 각국의 도자기들이 흥미롭다.

도예박물관을 나와 바로 옆에 있는 하정웅미술관으로 간다. 현관을 들어서니 정면에 보이는 상설전시실에서 '월출산, 달이 피다'라는 전시가 열리고 있다. 월출산을 소재로 한 여러 화가들의 작품. 월출산의 장관이 한 벽면 전체를 차지한 거대한 그림과 작은 그림들 속에 펼쳐져 있다. 너른 평야 가운데 뜬금없이 우뚝 솟아난 거대한 바위산, 기암괴석으로 가득한 남도 소금강산의 위용이 그림에서도 느껴진다. 이상호 작가의 작품 월출

↑ 영암군립 하정웅미술관

산 구정봉 판화가 반갑다. 광주에서 생활하던 시절, 내 고향이 영암인 걸 알고 작가가 선물로 준 것과 같은 작품이다.

상설전시실 맞은 편에 있는 기획전시실. 하정웅컬렉션전 '고귀한, 나눔' 전기회가 열리고 있다. 휴대폰을 꺼내 전시실 외경을 찍고 안으로 들어가려는 순간, 안내 데스크에 있던 나이 든 남자분이 돌연 묻는다.

"어떻게 왔어요?"

"예?"

질문의 의도를 몰라 잠시 당황스러웠지만, 뻔한 대답을 한다.

"전시회 구경하려고요."

이어지는 말투가 부드럽지 않다.

"함부로 사진 찍으면 안 돼요."

그런 경고문은 보지 못했지만, 그런 규정이 있는가 보다.

"아, 그런가요? 알겠습니다."

대답은 했지만 살짝 불쾌한 느낌이 든다. 관람객을 대하는 자세가 조금 더 상냥하면 좋을 텐데.

전시실 입구에서 정면으로 바라보이는 먼 벽에 커다란 작품이 걸려 있다, 햐얀 바탕의 너른 캔버스 아래쪽에 그릇처럼 보이는 작은 회색 물체 하나가 그려져 있다. 재일 화가 이우환의 그림이라는 걸 금새 알 수 있다. 가로 182.4cm 세로 227.5cm 대작에 '다이어로그'라는 제목이 붙어 있다.

재일 화가 이우환. 물物 자체에 대한 탐구를 통해서 미학적인 면을 발견하는 일본 모노파物派 운동의 토대를 구축한 작가다. 모노파는 돌, 철판, 유리, 전구, 솜, 스펀지, 종이, 나무, 가죽, 기름, 물 등과 같은 자연 재료와 산업 재료 사이의 만남을 탐구했다. 이들 다양한 요소들과 주변 공간의 상호 의존성에 초점을 맞춘다. 의미는 재료들 간의 관계에서 또 재료와 보는 이

↑ 기획전시실

의 만남에서 태어난다. 만남=대화. 아하, 그래서 제목이 다이어로그구나. 크기는 작지만 '선으로부터'라는 제목이 붙은 이우환의 그림도 있다.

이우환이 지금처럼 세계적인 거장이 된 데는 동강 하정웅의 도움이 있었다. 하정웅은 이우환이 파리에서 연 첫 전시회를 후원했다.

전시실 입구 바로 오른쪽 벽. 미륵반가사유상 그림과 고 전화황 작가의 초상화가 나란히 걸려 있다. 하정웅이 스물다섯 살에 첫눈에 반해 구입했다는 미륵보살 그림이다. 미륵보살과의 만남 이후 하정웅은 재일동포 화가들의 작품을 수집하기 시작했다. 재일 화가들의 작품은 일본 화가들의 작품과는 달랐다. 세상에 대한 재일한국인들 특유의 시선과 고통스런 삶의 경험이 고스란히 담긴 작품들은 같은 재일 한국인인 하정웅의 가슴을 흔들었다.

값도 안 나가는 무명 재일 화가들의 작품에 뭐 하러 돈을 낭비하느냐는 사람도 있었지만 한 귀로 듣고 흘려보냈다. 재일 화가들의 작품 수집은 하정웅에게 있어서 가난한 작가들을 후원한다는 뜻을 초월하는 의미 있는 일이었다. 하정웅이 후원한 전화황, 이우환, 곽덕준, 곽인식, 문승근, 손아유 등은 후일 일본에서 중요한 자리를 차지하는 작가들이 되었다.

벽에 붙어 있는 하정웅의 글을 읽는다.

> 내 컬렉션의 첫 번째 특징은 기록의 유산이다. 내가 재일한국인 화가들의 작품을 소중히 여기는 까닭은 그 작품들이 내 분신이나 다름없기 때문이다. 내 삶을 포함해서, 재일한국인 전체의 역사가 투영된 거대한 자화상이기 때문이다.
>
> 두 번째 특징은 기도의 미술이다. 전화황의 미륵보살이 기도의 출발이고 재일한국인 작가의 작품들 또한 기도가 근간이다. 사회 정치적으로 불우하고 소외당한 사람들의 작품이자, 역사의 소용돌이 속에서 억울하게 희생당한 사람들을 애도하는 작품이다.
>
> 세 번째 특징은 행복의 확장이다. 처음에는 재일한국인 작가의 작품들을 수집했고, 이어서 한국 작가들, 일본인 작가들, 그리고 전세계의 작가들로 나아갔다.
>
> 마지막 특징은 기쁨의 공유다. 아름답고 따뜻한 미술작품은 조건 없는 기쁨을 선사한다. 좋은 작품과의 만남은 영혼을 정화시킨다. 정치도 이념도 사상도 넘어서는 순수한 즐거움을 선사한다. 좋은 작품과 만나면 그냥 미치도록 기쁘다. 그 기쁨을 많은 사람들과 공유하고 싶을 뿐이다.(하정웅, 「날마다 한 걸음」)

전시된 컬렉션에 재일 화가 외에 일본 작가와 서양 작가들의 작품이 있

↑ 미륵보살(왼쪽)과 전화황 작가 자화상

다. 그런데, 작품 옆에 붙어 있는 작가명을 보다가 깜짝 놀랐다. 타나카 아츠, 무나카타 시코 같은 일본의 유명한 화가들과 더불어 쿠사마 야요이, 벤샨, 베르나르 뷔페, 마리 로랑생, 살바도르 달리 같은 세계적인 화가들 아닌가.

그런데, 군립미술관에 이토록 귀한 작품들이 다량으로 소장되어 있고 일부씩 돌아가며 전시되고 있다는 사실을 아는 이들이 얼마나 될까. 아니 그 전에 일반인들 중에 하정웅이라는 인물에 대해 알고 있는 사람이 얼마나 될까.

같은 이름의 미술관이 광주에도 있다. 광주시립미술관 분관 하정웅미술관이다. 하정웅이 기증한 총 2,500점을 넘는 작품을 소장하고 있다. 박서보, 김창열, 오승윤, 홍성담 등 국내 유명작가들은 물론 피카소 같은 세계적인 작가들의 작품이 즐비하다.

하정웅은 광주와 영암만이 아니라 부산, 대구, 포항, 제주, 대전 등의 공공미술관과 대학교에도 작품을 기증했다. 서울 홍릉에 있는 사설 김희수* 기념 수림아트센터에도 하정웅갤러리를 만들고 작품을 기증했다. 이렇게 고국에 기증한 작품의 총수가 무려 만 점을 넘는다.

이쯤해서 동강 하정웅이 누구인지 조금 자세히 소개할 필요가 있겠다. 하정웅은 일제강점기인 1939년 일본에서 태어났다. 부모의 고향이 영암이다. 두 살 때 어머니를 따라 영암에 와 2년 정도를 살다가 다시 일본으로 갔다. 일본이 일으킨 중일전쟁이 계속되고 있었고 태평양전쟁이 발발한 때였다. 너무 어릴 적이라 하정웅의 기억 속에 영암에 대한 기억은 없다.

하정웅의 부친 하헌식과 모친 김윤금은 아키타현 오보나에 수력발전소 공사 현장에서 하루 열두 시간 일했다. 상상을 초월하는 가혹한 노동이었지만 생활은 가족들이 연명하기에도 힘들 정도로 궁핍했다.

하정웅은 어린 시절 자신의 손을 잡고 다자와 호수로 갔던 어머니를 기억한다. 어머니는 고통스런 삶을 그만 끝내고 싶어 다자와 호수에 몸을 던질 생각이었지만 자식들 생각에 차마 결행하지 못했다. 수력발전소 건설 현장에서 종종 일어난 사고로 많은 조선인 노동자들이 목숨을 잃었다.

부모님이 일하러 간 사이 하정웅은 어린 동생들을 데리고 학교에 갔다. 초등학교 교실에서 업고 간 갓난아이의 기저귀를 갈았다. 그런 하정웅 소년을 일본인 담임 선생은 나무라지 않았다. 그저 기저귀 가는 건 쉬는 시

---

*   김희수. 전 중앙대 명예이사장. 경남 창원 출신으로 일제 강점기 때 일본으로 건너가 공부한 후 기업가로 성공했다. 1987년 중앙대 이사장을 맡아 사재 천억 원을 중앙대에 희사했다. 2008년 두산그룹에 학교법인 경영권을 매각한 후 수림재단 수림문화재단 이사장을 맡아 장학사업, 학술연구, 문화예술지원사업을 했다.

간에 하는 게 좋지 않겠느냐는 말뿐이었다. 성인이 된 하정웅은 선생님을 다시 찾아뵙고 감사드렸다. 운이 좋아선지 하정웅 주변에는 좋은 일본인들이 많았다. 대다수 재일동포들과 달리 하정웅은 일본인들에게 차별을 당한 기억이 많지 않다. 외향적이고 리더십이 있는 하정웅에게 함부로 대할 수 없는 카리스마가 있었던 덕도 있었을 것이다.

대학 갈 형편이 못되었던 하정웅은 공고에 진학했다. 그림 그리기를 좋아해 미술반에서 활동했다. 고등학교 3학년 졸업 기념 수학여행을 가는 날. 하정웅은 몸이 아프다는 핑계를 대고 졸업여행에서 빠졌다. 대신 졸업여행 경비로 기차표를 사고 도쿄행 기차를 탔다. 도쿄에서는 반 고흐 전시회가 열리고 있었다.

그림을 좋아하고 화가가 되고 싶었던 하정웅은 그러나 꿈을 포기했다. 어머니의 반대도 심했다. 그림쟁이는 평생 가난하다는 어머니의 편견은 강력했다. 어머니는 하정웅이 그린 그림들을 보면 찢어버리고 화구들을 강물에 던져 버렸다.

고등학교를 졸업한 하정웅은 전기용품 상회에 취직했다. 일본인 주인은 성실한 하정웅을 좋아했다. 어느 날 사업을 그만두게 된 주인이 하정웅에게 자기 사업을 인수하면 어떻겠는가 제안했다. 뜻하지 않게 전기용품 가게를 맡아 경영하게 된 하정웅은 사업 수완을 마음껏 발휘했다. 어느 누구보다 먼저 할부판매제를 실시하는 등 새로운 아이디어를 사업에 적극 도입했다.

패전으로 바닥까지 추락했던 일본 경제는 한국전쟁 특수로 급속하게 되살아났다. 신 삼종의 신기로 불리는 TV, 냉장고, 세탁기는 잘 살게 된 일본인 가정의 상징이 됐다. 일본은 전세계에 전후 복구와 놀라운 경제성장을 과시하기 위해 올림픽을 유치했다. 도쿄올림픽 개최를 앞두고 도입된 컬러

TV가 날개 돋친 듯 팔려나갔다. 하정웅은 짧은 시간에 큰 돈을 벌었다.

스물다섯 살 때 한 전시회에서 하정웅은 재일 화가 전화황의 미륵보살 그림을 만났다. 그 순간 하정웅의 미술품 컬렉터로서의 여정이 시작되었다. 시간이 가면서 하정웅 컬렉션의 범위는 재일화가들의 작품에서 한국과 일본 화가들의 작품, 그리고 세계적인 화가들의 작품으로 넓어졌다. 수집품의 장르도 회화에서 도자기와 조각품까지 다양해졌다.

하정웅은 한일 양국에서 불우한 이들을 돕는 일에 적극 나섰다. 목포 공생원을 후원하고, 광주 시각장애인복지센터를 설립할 수 있도록 지원하

↑ 이우환, 마리 로랑생, 벤 샨, 살바도르 달리, 쿠사마 야요이, 다나카 아츠코 등 유명 화가의 작품들(시계 방향, 윗줄 왼쪽부터)

고, 일본의 도쿄 오사카 등에 재일동포 노인들을 위한 복지시설 고향의 집 설립을 지원했다.

어린 시절을 보낸 일본 아키타에서 수력발전소 건설에 동원되었다 희생 당한 조선인 노동자들을 위한 추모사업을 진행했다. 수집한 책들을 지역 의 도서관에 기증하여 카와모토문고河本文庫를 조성하고, 일제 강점기 조선 의 문화와 민예를 사랑하고 정리와 보존에 헌신한 아사카와 타쿠미와 아 사카와 노리타카 형제의 기념관 건립을 후원했다.

접한 자료에 바탕해 인간 하정웅을 소개하자면 끝이 없기도 하지만 아 무리 길게 설명한들 충분치 않을 것이니 이 정도로 줄인다.

미술관 이층에 하정웅을 기념하는 공간이 있다. 둘러보고 밖으로 나온 다. 정원에 많은 조각품이 설치돼있다. 모두 하정웅이 기증한 것들이다. 하정웅 본인의 작품들을 비롯하여 정윤태, 박병희 같은 한국 조각가들과 후나다마사히로, 오츠카 이츠지 같은 일본 작가들의 작품이다.

돌로 된 커다란 문, 홍살문보다 단순한 형태인 일본의 도리이를 연상시 킨다. 위에 걸쳐져 있는 가로대 위에는 비둘기 조각품들이 얹혀 있다. 하 정웅 작품이다.

그러고 보니 도처에 비둘기 조각들이 많다. 주로 박병희 작가의 작품들 이다. 비둘기는 알다시피 구림마을의 상징이다. 바닷가 바위 위에 버려진 아기 도선에게 먹이를 물어다 준 새. 비둘기는 구림마을의 상징이면서 하 정웅의 상징 같다는 생각이 든다.

축적한 부로 호의호식하고 자식들에게 대물림 할 궁리를 하는 대신 방 대한 양의 예술품을 사들인 다음 정리하여 다시 사회에 환원함으로써 한 일 양국에 화해와 우호의 메시지를 쉬지 않고 발신해온 인간 하정웅이야 말로 비둘기가 상징하는 생명과 평화 아니겠는가.

하정웅미술관은 비상하는 비둘기를 모티브로 하정웅이 설계한 것이다.

미술관 뒤쪽, 코믹한 표정의 돌장승이 서있다. 생김새나 얼굴 표정으로 보아 만들어진 지 오래되지 않은 듯하다. 구림마을 사는 어느 분에게 물으니 미술관 건립 때 학교 마당에서 발굴된 것이란다. 설마, 믿어지지 않아 다른 분에게 다시 물으니 미술관 건립할 때 어디선가 사와서 세워둔 것이란다. 위치도 언뜻 이해가 가지 않고 작품과 작가명도 없으니 궁금하지만 어쩔 수 없다. 바라보고 있으면 묘하게 웃음이 나고 끌린다.

하정웅미술관 꼭 관람해 보시라. 아니 이런 곳에 이런 근사한 미술관이 있다니 하고 놀랄 것이고 메세나가 뭔지 노블리스 오블리주가 뭔지 진지하게 생각해볼 기회가 될 것이다. 특히 자녀들이랑 함께 가면 좋을 것이다.

목판화가
김준권

    지난 8월, 가보고 처음 알았다. 충북 진천에 우리나라 유일한 판화미술관이 있다는 사실. 진천 군립 생거판화미술관이다. 진천에 자리를 잡은 김준권 판화가의 아이디어를 진천군이 적극 수용했다. 나라와 지자체가 돈을 합해 지난 2009년에 문을 열었다. 판화교육관이 함께 있어 지역민들을 대상으로 판화를 가르치고 있다. 판화미술관을 기지로 진천은 대한민국 판화의 중심을 지향하고 있다.

    옆에는 2005년에 개관한 종박물관이 함께 있어 시너지 효과를 내고 있다. 진천에 사는 원광식 주철장이 복원 재현한 우리나라 범종 150여 종과 함께 세계의 종을 전시하고 있다. 판화박물관과 종박물관은 새롭게 만들어낸 진천의 관광자원이다.

    진천 판화미술관 탄생의 기폭제 역할을 한 판화가 김준권은 수묵 채묵 판화의 대가다. 한중일 삼국의 전통 목판화를 연구해서 자신만의 독특한 목판화의 세계를 구축했다. 어딜 가나 시야에 들어오고 높은 곳에 올라가면 멀어지면서 희미해지는 첩첩한 산들. 김준권은 그런 우리 국토의 전형적인 풍경을 나무에 새겼다. 판화로써 전통 산수화와 다른 현대적 관조의 산수, 문인화의 새로운 경지를 열었다는 평가를 받는다.

지난 5월, 구림 마을 하정웅미술관에서 열린 전시회 '김준권~백두대간에 스미다'를 봤다. 김준권 작가는 영암 출신이다. 57년 전 영암초등학교 5학년을 마치고 서울로 떠났다. 전시회는 김준권의 판화 작업 40년 기념전이면서 57년만의 귀향전이었다.

전시장 입구 가까운 벽에 형형색색의 목판들이 붙어 있다. 하나의 작품을 만들기 위해 작가는 수십 장의 판을 차례대로 겹쳐가며 찍어낸다. 노랑 파랑 주황 등 목판들은 작품 제작에 사용한 것들이다.

전시장에서 김준권 작가를 처음으로 만났다. 같은 영암 출신이고 나랑 한 살 차이 밖에 나지 않는 동년배이고, 내가 방송 피디일을 시작한 해와

↑ 김준권 판화가

비슷한 시기 판화의 길을 걷기 시작했다는 사실도 처음 알았다.

그 후 몇 번 만나지 않아 우리 사회와 역사에 대한 시각, 세계관이 비슷하다고 느꼈다. 칠순을 바라보는 나이에도 여전히 청년처럼 생각이 젊고 마음이 열려있는 사람을 만날 수 있다는 건 기쁜 일이다.

김작가는 전시 기간 중 한 달을 영암에서 지내면서 여러 앵글에서 월출산을 스케치하고 있었다. 발길이 자연스레 월출산을 다룬 작품들로 향했다.

"이건 구름다리가 있는 사자봉 쪽 모습이예요."

김작가가 설명한다. 스테고사우르스의 등처럼 생긴 뾰족한 봉우리들이 줄지어 솟아 있는 육형제봉을 그린 작품이다.

"이건 바람재에서 바라본 큰 바위 얼굴이고, 이건 천황봉입니다."

아직 큰 바위 얼굴을 보지 못했던 때이니 실감은 나지 않았지만 범상찮은 에너지가 느껴진다.

"이건 송평리에서 바라본 월출산이예요."

"예? 송평리요?"

송평리는 내가 태어나 여섯 살때까지 살던 송계마을이 있는 곳이다. 가로로 긴 두 개의 작품이 위아래로 나란히 전시돼있다. 아래쪽은 낮에 본 월출산이고 위쪽은 밤에 본 월출산이다. 산에서 솟아난 듯한 보름달이 산 위에 떠있다. 왜 산 이름이 달을 낳는 산=월생산이었고, 달이 나오는 산=월출산인지 알 수 있다. 전신이 다 노출된 산 위에 환하게 뜬 둥근 달. 단순하지만 강력한 이미지다.

전시 작품들 중에 눈에 익은 그림이 있었다. 2018년 4월 27일 오전, 남북정상회담을 위해 평화의 집으로 들어선 김정은이 방명록에 서명했다. 서서 지켜보는 문재인 대통령과 서명하는 김정은의 배경이 된 그림. 산운

↑ 송평리에서 바라본 월출산〈김준권 작가〉

山韻-0901이다. 김준권 작가가 오랫동안 천착해온 백두대간 시리즈 작품
중 하나다. 백두대간의 상징성이 남북정상의 만남을 더욱 감동적으로 만
들었다.

　농담이 다른 첩첩한 산의 능선들이 파도처럼 출렁인다. 가만히 들여다
보고 있자니 가슴 속에 바람이 불고 물결이 인다. 신비롭고 황홀하다.

　한반도의 등뼈를 이루고 있는 백두대간. 백두대간과 지역마다 뻗어있는
여러 정맥들을 골격으로 삼은 한반도에서 우리 민족은 유사 이래 수천 년
을 살아왔다. 분단 이후 섬에 갇혀 산 세월이 길어지다 보니 원래는 우리

가 대륙국가였다는 사실조차 잊어버릴 지경이 됐다.

　김준권은 백두대간이 우리 민족을 상징하는 존재라고 생각한다. 백두대간 시리즈를 통해 관객들에게 우리 민족의 근원이 대륙에 있다는 것, 백두대간과 거기서 뻗어나간 수많은 산들, 그 품에 안겨 우리가 살아왔고 살고있다는 것, 지금은 허리가 부러진 채로 있지만 반드시 하나로 이어져야만한다는 이야기를 들려주고 싶다.

　지금은 판화가로 유명하지만 김준권 작가는 원래 대학을 졸업하고 유화를 그렸다. 전시회도 열었다. 1980년대 초 갑자기 행로가 바뀌었다. 광주민주화운동을 소재로 그린 그림이 문제가 됐다. 이후 판화를 무기로 독재에 항거하는 미술운동에 뛰어들었다.

　목판화는 1980년대 미술운동에서 핵심적이고 혁명적인 시각매체였다.

↑ 국회의장실에 걸려 있는 김준권 작가의 수묵판화

목판화운동은 군사독재 정권 하 우리나라의 정치 사회 경제적 문제를 비판하면서 민주화 운동에 복무한 실천적 변혁운동이었다. 서울미술공동체의 일원이었던 목판화가 김준권은 칼로써 칼에 맞서 싸운 투사였다.

"이게 당시 내가 새긴 판화들이에요."

김 작가가 꺼내 보여준 휴대폰 속 판화들은 눈에 익은 것들이었다. 무릎을 꿇고 두 팔을 들고 벌을 서고 있는 청년들은 광주 항쟁 때 찍은 사진에서 본 모습이다. 불꽃(?)에 둘러싸인 쇠사슬 원 안에 승무를 추는 여인이 있고 여인의 허리를 가시 철선이 가로지르고 있다. 쇠사슬과 철선은 태극 문양을 이루고 있다.

한복 입은 남자가 큰 칼을 머리 위에 들고 칼춤을 추고 있다. 바탕은 빨간 핏빛이다. 손에 손을 잡고 백두산 천지를 둘러싼 한 무리의 사람들이 누구는 물구나무를 서고 누구는 무릎을 굽히고 앉고 누구는 덩실덩실 춤을 춘다. 세차게 북을 치는 사람. 집회에서 늘 보던 모습이다. 각기 주제는 다르지만 공통되는 건 수묵 채묵 작품들에서는 느끼기 힘든 거친 칼 자국이다.

"1987년 이후 민주화가 진행되고 1980년대말부터 1990년대 초 동구권 여러 국가들에서 혁명이 일어나고 사회주의가 몰락했지요. 새로운 길을 모색해야 할 때라는 생각이 들었어요.

판화 작업을 하면서 우리나라가 가진 판화의 전통이 세계 어느 나라보다 우수하다는 걸 깨달았습니다. 해인사에 있는 팔만대장경은 목판화로 찍어낸 것입니다. 우리나라 고서들에는 문자만이 아니라 그림도 실려 있는데, 바로 판화입니다. 판화를 제대로 연구해보자 결심했습니다."

김준권은 일본을 오가며 일본 판화를 연구했다. 중국 판화를 공부하러 중국 유학을 떠났다. 루쉰미술대학 목판화 연구원으로 있었고, 같은 대학

명예부교수로 임명돼 학생들을 가르쳤다.

1993년 진천에 작업실을 마련했다.

"수도권은 너무 비쌌어요. 경기도만 벗어나도 땅값이 확연히 쌌어요. 그래서 진천을 택했습니다. 서울과 가까우면서도 형편에 맞는 곳에 땅을 샀어요."

한국목판문화연구원을 세우고 우리 목판화 전통의 바탕 위에서 실험적인 시도를 계속했다. 무채색에서 채색으로, 소형에서 대형으로, 판화의 한계를 끊임없이 확장했다. 수십 개의 목판을 중첩해서 찍어 높은 수준의 조형미를 가진 수묵 목판화의 경지를 개척했다. 목판화는 동판과 다른 특성상 인쇄할 때마다 작품에 미묘한 차이가 난다.

"미국에서 미국인들에게 수묵 목판화를 설명하는 데 잘 이해를 못하는 거예요. 자기들 상식으로는 같은 판으로 인쇄한 그림이라면 완전히 똑같아야 한다는 거죠."

김준권 작가가 우리 판화는 실은 판화보다 인화라고 하는 게 맞다라고 주장하는 까닭이다.

"우리 조상들이 그랬어요. 파는 것보다 찍는 행위에 초점을 맞췄어요. 인화라고 해야 서양 판화하고 다른 차이가 드러납니다."

화각인書刻印이라는 작가의 호에 그런 생각이 담겨 있다.

판화는 근대 일본이 처음 사용하기 시작한 단어를 우리가 받아들였을 가능성이 높다. 일본에서도 19세기 말까진 판화가 아니라 인쇄물을 뜻하는 스리모노刷り物, 摺物 말을 썼다. 물론 스리모노는 전통 판화 외에도 상업적 인쇄물과 신문 같은 보도물까지를 다 아우르는 단어였다.

에도시대에 유행했고 유럽 인상주의 예술에 큰 영향을 미친 우키요에는 스리모노摺物였다.

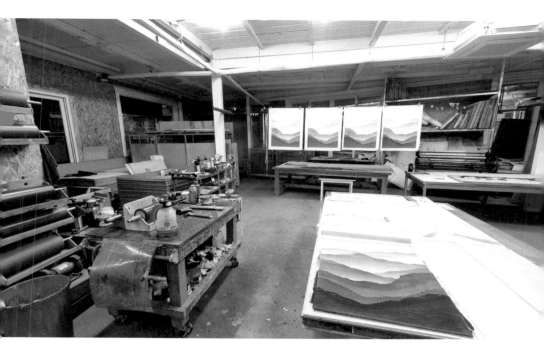

　　1906년 일본의 미술문예지 헤이탄平旦은 '서양목판에 대해서'라는 연재 기사에서 처음으로 판화라는 말로 창작판화의 정의를 시도했다. 1909년 '문예백과전집'에서는 복제판화와 창작판화를 구분해 설명했다.

　　수천 수만 번의 칼질 끝에 김준권 작가의 손에서 탄생하는 수묵 채묵 판화에서 칼은 느껴지지 않는다. 강한 독소가 긴 발효를 거친 끝에 인체에 좋은 효소로 승화하듯 삼십 년 각고의 세월 끝에 김준권의 칼은 붓이 되었다.

　　목판woodcut, 동판copperplate, 석판lithography. 역사를 관통해 발전해온 판화의 기법은 다양하다. 쉽게 부드럽고 섬세한 그림을 찍어내는 데 좋은 기법인 리쏘그래피는 이제는 돌 외에 다른 재료를 이용한 평판 기법으로 확장 발전했다.

판면에서 물로 농담을 조절해 찍어내는 평판 기법으로 탄생한 김준권의 작품들은 손으로 그린 어떤 수묵화보다 아름답다.

"판화 하면 일반적으로 일반 회화보다 싸다는 인식이 있잖아요?"

김준권 작가에게 직설적으로 물었다.

"판화에 대한 인식이 대개 그렇지요. 일반 회화보다 훨씬 많은 노력과 시간이 들어간다는 사실을 잘 몰라요. 나는 일부러라도 절대 싸게 팔지 않습니다. 수묵 판화는 동판에 찍어내는 서양식 판화와는 질적으로 달라요."

김준권 작가의 작품은 청와대를 비롯해 여러 기관, 주요 미술관에 소장돼있다. 국회의장 방에 걸려 있어 국회의장이 손님을 접견할 때마다 텔레비전에 자주 등장한다.

지난 8월 하순, 김준권 작가의 초대로 진천에 있는 작업실과 집을 방문했다. 김 작가의 영암초등학교 동기생들 몇 명과 진천을 구경하고 하룻 밤을 묵었다. 늦은 시간까지 판화를 주제로 이야기꽃을 피웠다. 수장고에는 작품 수백 점이 보관돼 있었다.

진천 생거판화미술관 구경을 하면서 생각했다. 모처럼 대한민국 최고의 판화가가 영암 출신인데, 영암에 김준권 판화미술관이 있다면 얼마나 좋을까. 하정웅 미술관처럼 크진 않더라도 상관없다. 작은 미술관, 박물관, 갤러리가 많을 수록 여행지로서 지역의 매력은 상승한다.

파리가 유명한 가장 큰 이유가 무엇인가. 문화예술의 도시라는 이미지 때문이다. 수많은 화가들, 문학인들, 음악가들의 자취를 찾아 전세계 여행자들이 몰려온다. 막상 가보고는 크게 실망한다고 파리 증후군 Paris Syndrome 이라는 말이 있긴 하지만 도시를 알리는 데 가장 중요한 요소가 문화예술임을 보여주는 본보기가 파리다.

김준권 작가도 나이가 들면서 고향 생각을 더 많이 하게 됐단다. 수구초

심이랄까. 고향이란 그런 것 같다.

　김준권 작가는 월출산을 주제로 해 판화 작업을 하고, 내가 선물한 큰 바위 얼굴 티셔츠를 입고 방송 다큐멘터리에 출연했다.

　"여러분, 여기 이 책 보이죠, 불교의 이야기를 그림과 글씨로 만든 거여요. 그림 동화책이예요. 뭘로 만들었다? 목판화."

　"당시 유럽에서는 어떻게 책을 만들었는지 알아요? 일일이 손으로 베껴써서 만들었어요. 필경, 필사라고 해요."

　김준권 작가가 학생들에게 우리 목판화의 역사와 우수성을 강의하고 있다. 하정웅 미술관 전시회 기간 중에 마련한 특별수업이다. 스크린에 띄워 놓은 그림. 묘법연화경 목판1666,직지성보박물관 소장이다.

　김준권 판화미술관이 영암에 있다면 지역 학생들이 판화를 배울 수 있는 기회가 생길 것이다. 김준권 작가의 뒤를 잇는 훌륭한 판화가가 탄생할 수도 있을 것이다. 상설 전시되고 있는 작품을 보러 사람들이 찾아올 것이다. 영암에 매력적인 관광자원이 또 하나 늘 것이다. 김 작가에겐 물어보지 않은 나 혼자만의 상상이다.

　추석을 서울에서 쇠야 하니 월출산 위에 뜨는 보름달을 볼 수가 없다. 추석 쇠자마자 내려가면 그래도 보름달 비슷하게 둥근 달을 볼 수 있을까.

인생은 미완성
작사가 김지평

영암 출신 가수 하면 하춘화를 떠올리는 분들 많을 것이다. 하춘화는 영암에서 태어나지도 자라지도 않았지만 아버지가 영암 출신인데다 열일곱 살에 불러 크게 히트한 '영암 아리랑' 덕에 자연스럽게 영암과 연결되었다.

영암은 한국트로트센터를 짓고 2층에 하춘화 전시관을 마련하여 하춘화를 지역 홍보와 마케팅에 활용하고 있다. 트로트센터 1층에서는 마이크 앞에서 노래하는 하춘화의 소녀 상을 만날 수 있다.

영암에 내려온 후 하춘화 말고도 영암 출신 가수와 음악인들이 제법 있다는 사실을 알았다. '여고 시절'을 부른 이수미와 '땡벌' '막걸리 한 잔'으로 유명한 강진, 이들 만큼 유명하진 않지만 김정은, 케이, 김정희, 류경 같은 트로트 가수들, 그리고 작사자와 작곡가들.

영암 아리랑의 작사자 백암은 과거 MBC 사장이었던 이환의다. 경향신문 정치부장으로 있다가 박정희 대통령 눈에 들어 서른일곱 살에 전북 도지사가 되었고 서른아홉 살에 MBC 사장이 되었다. 영암을 알리는 노래가 있었으면 좋겠다는 고향 사람들의 요청을 받고 직접 나서서 만든 노래가 영암 아리랑이다.

방송사 사장이 작사자로 본명을 내세울 수 없어서 백암이라는 호를 썼다. 영암 아리랑이 발표된 해인 1972년 영암을 소재로 한 노래 한 곡이 더 발표되었다. 박춘석이 작곡하고 이미자가 부른 낭주골 처녀다. 낭주는 고려 때 한동안 사용되었던 영암의 지명이다.

낭주골 처녀의 작사자는 전순남, 이환의 사장 부인이다. 스무 살 처녀 시절, 두 살 위 대학생 이환의를 만나 연애하던 때의 심정을 글로 썼다. 가사에 월출산, 천황봉, 낭주골, 초수동 범바위, 용당리 등 영암 여러 곳이 나온다.

서른세 살 이미자가 취입한 낭주골 처녀, 열일곱 살 하춘화가 부른 영암 아리랑은 두 곡 모두 크게 히트하여 전국에 영암을 알렸다.

유명세로 치자면 영암 출신 음악인 누구도 하춘화를 따라갈 수 없다. 하지만, 우리 가요에 기여한 정도로 순위를 매긴다면 작사가 김지평 본명 김종호 을 앞에 놓아야 할 것이다.

김지평은 1942년 영암 덕진면 금산마을에서 태어났다. 고등학교를 졸업한 후 영암을 떠났다. 사형수 담당 교도관으로 일하면서 사형수들을 상담했다. 틈틈이 음악 공부를 하고 작사를 배웠다. 죽음을 앞둔 사형수들과 접하면서 느낀 감정과 깨달음을 글로 적었다.

1972년, 영암 아리랑이 나온 해에 김지평이 작사한 '당신의 마음'이 세상에 나왔다. 유명 작곡가 김학송이 곡을 붙이고 방주연이 노래했다. 사랑하는 이에 대한 그리움을 서정적인 글과 멜로디로 표현한 당신의 마음은 앨범 발매 후 곧 인기가 폭발했다.

당신의 마음 1절 가사다.

바닷가 모래밭에 손가락으로

그림을 그립니다. 당신을 그립니다.

코와 입 그리고 눈과 귀 턱 밑에 점 하나

입가에 미소까지 그렸지만은

아~아~ 마지막 한 가지 못 그린 것은

지금도 알 수 없는 당신의 마음

가사에 나오는 모래밭은 김지평이 태어난 금산마을 앞에 있는 덕진강-영
암천 가 백사장이다. 지금 바다는 논이 되어 있지만, 옛날엔 바닷물이 영산
강을 거슬러 덕진까지 올라왔다. 바닷가 모래밭에서 사람들은 해수욕을
하고 모래찜질을 했다.

크게 히트한 당신의 마음은 김지평에게 1973년 TBC 방송가요대상 작사
부문 대상과 한국가요대상 작사부문 대상을 안겨주었다. 아마추어 작사가

↑ 김지평 작가

↑ 한국가요정신사(김지평 저)

였던 김지평은 하던 일을 그만두고 전업 작사가의 길을 걷기 시작했다.

김지평은 3백곡이 넘는 노래의 가사를 쓰고, 수많은 상을 받았다. 3백 곡 중에는 한때의 유행으로 끝나거나 히트하지 못한 노래들도 있지만 수십 년이 지나도 변함없이 사랑 받고 있는 곡들도 많다.

당신의 마음, 인생은 미완성, 먼 훗날, 뚜야의 편지, 건곤감리 청홍백, 삼백초, 막막조, 숨어 우는 바람소리, 수국의 찻집, 바람 불어도....

7080 세대라면 작사자는 몰라도 들으면 아는 노래들이 꽤 있을 것이다. 숨어 우는 바람소리는 31년 전인 1993년 이정옥이 처음 불렀다. 최근 MBN 음악 프로그램 현역가왕에서 전유진이 불러 큰 호응을 받았다. MBN 뮤직이 유튜브 채널에 올린 영상의 조회수가 8개월 동안 천만 회를 넘었다.

> 갈대밭이 보이는 언덕 통나무집 창가에
> 길 떠난 소녀같이 하얗게 밤을 새우네
> 김이 나는 차 한 잔을 마주하고 앉으면
> 그 사람 목소린가 숨어 우는 바람소리
> 둘이서 걷던 갈대밭 길에 달은 지고 있는데
> 잊는다 하고 무슨 이유로 눈물이 날까요
> 아아 길 잃은 사슴처럼 그리움이 돌아오면
> 쓸쓸한 갈대숲에 숨어 우는 바람소리

눈을 감고 노래를 들으면 선명하게 영산강변 가을 갈대밭 풍경이 떠오른다. 쓸쓸함과 그리움이 밀려온다. 가을에 특히 중년 여성들에게 사랑받는 곡이다.

김지평 선생은 여든세 살 나이에도 아직 현역으로 활동하고 있다. 한국

예술인총연합회 감사로 매일 사무실에 출근하고 있다. 김지평 선생에게 전화했다.

"마을 앞에 넓게 펼쳐진 갈대밭이 있었습니다. 종종 야산 기슭에 올라 바람에 흔들리며 서걱대는 갈대숲을 바라봤습니다. 갈대숲은 그리운 고향의 이미지로 가슴 속에 자리 잡았습니다. 나중에 문득 갈대숲이 억울해도 하고 싶은 말이 있어도 참고 숨죽이며 살아가고 있는 힘없는 민초들의 이미지와 겹쳤습니다."

가사는 서정적이기 이를 데 없지만 작사의 동기는 현실 비판적이었다.

긴 시간 김지평 선생에게 노랫말과 관련된 이야기를 들었다. 흥미진진한 얘기가 무궁무진했다. 일부만 소개한다.

1974년 김유정이 부른 '뚜야의 편지'는 김지평이 작사와 작곡을 다 했다. 김지평은 작사자이면서 동시에 작곡가 시인 평론가 저술가다. 젊은이들은 모르겠지만, 뚜야의 편지는 내가 고등학생이었을 때 크게 히트했다.

낙엽을 모아서 불을 질렀네
뚜야의 편지도 같이 태웠네
옥 같은 그 사연 재가 될 적에
돌 같은 이 마음 눈물 되었네
아빠가 왜 우냐고 물었을 때
낙엽 타는 연기가 맵다고 했네
낙엽에 불 질러 편지 태울 때
뚜야의 얼굴이 앞을 가렸네

이 노래 역시 영암과 관련이 있다.

"옛날 영암에서 목포를 가려면 주로 용당에서 철선을 탔습니다. 편수는 적지만 해창에도 목포까지 가는 여객선이 있었습니다. 이름이 영암호였는데 집에서 해창까지 걸어가 배를 탔습니다."

내게도 추억이 있다. 대학생 때 고모네 집을 가려고 용당에서 배를 타고 목포로 간 적이 있다. 목포항에 내리자마자 깡패한테 붙들려 강제로 돈을 뜯겼다. 뜬금없이 날아온 주먹에 고꾸라져 별다른 대응도 못해보고 당한 것이 두고두고 분했다. 오랫동안 목포 하면 그때의 기억이 떠올라 불쾌했다.

"고등학교를 졸업하고 긴 여행을 했습니다. 해창에서 배를 타고 목포 선창에 내리니 뚜우집이라는 주점이 있었어요. 장사하는 엄마를 도와 일하는 소녀가 있었어요. 주점 앞에 놓인 의자에 앉아 물어 봤어요. 왜 뚜우집이냐고. 소녀가 대답했어요. 뚜우뚜우 하는 뱃고동 소리를 따 지은 거라고."

여행을 마치고 집에 돌아오니 소녀가 보낸 엽서가 있었다. 뒤늦게 답장을 썼지만 편지는 다시 돌아왔다. 김지평은 이름 모르는 그 소녀를 뚜야라고 부르며 노랫말을 썼다.

어떤 창작물도 작가의 경험을 자양분으로 삼아 꽃을 피우고 열매를 맺는다. 어린 시절에 접한 5.18 자료의 강력한 충격이 한강의 소설 '소년이온다'의 모티브가 된 것처럼 김지평이 쓴 수많은 노랫말의 자양분은 영암에서 얻은 것이다.

사랑이 아니어도 좋으리. 1982년 유연실이 불렀다. 작곡은 같은 영암출신 김용재가 했다. 노랫말을 쓴 사연이 재밌다.

"같은 동네에 사촌 누나가 살았어요. 영암읍에서 친구들이 놀러올 때 종종 가서 같이 놀았어요. 그런데, 어느 날 사촌 누나가 친구 중 한 명을 에쓰s 누나로 삼으라고 소개했어요."

"에쓰 누나요? 그게 뭐예요?"

당시 친남매가 아닌데 친남매처럼 친하게 지내는 S남매가 유행이었단다. 김지평 선생이 고등학생 때면 1960 년 전후인데. 그 시절에 그런 유행이 있었다고? 헐! 그나저나 S는 무슨 뜻이지?

S남매가 된 두 사람은 영암읍에 나가 기념사진도 찍었다. 자주 만나다보니 정이 깊어졌다. 지평의 마음 속에 사랑의 감정이 싹텄다. 어느 날 눈치를 챈 S누나가 말했다.

"종호야, 더 이상은 안 돼. 너도 나이 들면 네 말을 이해하게 될 거야."

지평은 "누나, 사랑이 아니어도 좋아."라고 말했단다. 그냥 동생이어도 좋으니 계속 S누나를 만나고 싶었다. 작별할 때 S누나는 작은 하모니카 하나를 손에 쥐어 주었다. 지평은 S누나가 생각나면 하모니카를 불었다. 사랑이 아니어도 좋으리의 가사는 S누나와 헤어지던 때의 감정을 표현한 것이다.

인생은 미완성은 1984년에 나왔다. 이진관이 불러 큰 인기를 끌었는데 시적이고 의미심장한 가사가 높은 평가를 받았다. 1985년 초부터 석달 동안 라디오 방송 횟수 1위를 기록했고 KBS 가요 톱텐에서 3주 동안 1위를 차지했다. 1985년 KBS 가요대상 작사부문 대상, 1986년 가톨릭가요대상 작사부문 대상, 같은 해 PCI 최고 인기 가요대상을 연거푸 수상했다.

> 인생은 미완성 쓰다가 마는 편지
> 그래도 우리는 곱게 써가야 해
> 사랑은 미완성 부르다 멎는 노래
> 그래도 우리는 아름답게 불러야 해
> 사람아 사람아 우린 모두 타향인 걸
> 외로운 가슴끼리 사슴처럼 기대고 살자
> 인생은 미완성 그리다 마는 그림
> 그래도 우리는 곱게 그려야 해
> 친구야 친구야 우리는 모두 나그넨 걸
> 그리운 가슴끼리 모닥불을 지피고 살자
> 인생은 미완성 새기다 마는 조각
> 그래도 우리는 곱게 새겨야 해

이 노래의 가사 역시 김지평의 인생 경험에 바탕을 두고 있다. 김지평은

↑ 인생은 미완성을 부른 가수 이진관

교도관 생활을 하면서 사형수를 담당했다. 지금 우리나라는 실질적 사형 폐지 국가가 되었지만 당시는 박정희 군사정권 시절이었다. 죽음을 앞둔 사람들을 상담하면서 삶과 죽음을 생각했다.

사형수든 아니든 죽음을 피할 수 있는 인간은 없다. 인생은 나그네처럼 왔다 가는 것이다. 두려워할 것도 슬퍼할 것도 없다. 그저 살아 있는 동안 착하고 아름답게 살려고 애쓸 일이다.

가수 이진관이 노래를 부르면 사람들이 "도대체 인생의 의미가 뭔데?" 하고 물었다. 그때마다 대답에 궁했던 이진관은 2009년 '인생 뭐 있어?' 라는 노래로 답을 대신했다.

아이들 뒷바라지 이 한몸 아낌없이
한 세월 가고 나니 내 모습은 어딜 갔나
커피 한 잔 수다 떨고 소주 한 잔 울고 웃지
모든 걱정 모든 서러움 한 방에 날려 보내자

아무 것도 필요 없어 아무 것도 필요 없어

인생 뭐 있어 그냥 가는 거야

아무 것도 필요 없어 아무 것도 필요 없어

인생 뭐 있어 건배하는 거야

김지평이 서울구치소에서 사형수 상담 일을 하기 훨씬 전인 어린 시절의 경험 또한 작사의 밑거름이 되었다.

만 여덟 살에 일어난 한국전쟁. 낮에는 국군과 경찰, 밤에는 인민군과 빨치산이 마을을 차지하고 벌이는 약탈과 학살을 어린 지평은 직접 지켜봤다.

하마터면 가족이 인민군에게 죽임을 당할 뻔한 적도 있었다. 경찰이었던 매형은 전투 중에 죽었다. 누나의 어린 딸은 열병으로 죽었다. 절망한 누나의 얼굴을 오랫동안 잊을 수가 없었다. 허망한 게 인간의 목숨이지만, 그렇다고 자포자기할 수는 없는 노릇. 어떻게 살아야 할까. 설사 미완성으로 끝나더라도 살아 있는 동안은 최선을 다해 살아야 한다는 생각이 노랫말이 되었다.

1985년 KBS방송대상 수상과 관련해 웃픈 일화가 있단다. 인생은 미완성이 작사 부문 후보에 올라 수상작으로 선정되자 제동이 걸렸다. 방송사에 정보부 요원들이 무시로 출입하던 전두환 군사독재 시절이었다. 내가 입사한 1984년, MBC에서도 정보부 요원이 사장실을 마음대로 들락거리고 있었다. 전두환 정권은 방송을 정권 홍보를 위한 도구로 여기고 수시로 편성에 간섭했다.

안기부는 인생은 미완성의 가사가 국가 방침에 어긋난다며 수상작 선정에 문제를 제기했다. 온 국민이 안 되면 되게 하라는 정신으로 임해야 할 때, 쓰다 말고, 부르다 말고, 그리다 말고, 새기다 마는 자세는 용납할 수 없다는 것이었다.

근거없는 왜색 운운하며 '동백 아가씨'도 금지하고 김대중이 미워 '유달산아 말해다오'도 금지한 박정희 군사독재정권을 계승한 전두환 정권다운 웃픈 코미디였다. 심사위원장이 설득하여 결국 수상을 하게 됐지만 참으로 어처구니 없는 시절이었다.

몇 노래에 관한 에피소드를 소개했지만, 재미있는 얘기는 끝이 없다. 작사한 노래가 3백 곡이 넘으니 얼마나 많을 것인가.

전에 소개한 한국트로트가요센터 설립은 하춘화가 소장한 자료를 기증한것이 계기가 되었다. 건물 안에는 상설전시관, 기획전시실, 공연장, 명예의 전당, 트로트창작소 등이 있고 2층에 하춘화전시관이 있다.

하춘화가 대중가요의 역사에서 중요한 가수라는 사실을 부인하는 사람은 없을 것이다. 하지만, 영암에는 하춘화 말고도 영암에서 태어나 자란 음악인들이 여럿 있다. 1970년대, 학산면 광암마을 출신 이수미는 하춘화와 어깨를 나란히 하며 가요 순위를 다퉜고 김추자 정미조와 함께 여가수 트로이카로 불렸다.

때늦은 후회지만, 방울새, 여고시절, 두고 온 고향, 내 곁에 있어 주, 사랑의 의지, 별이 빛나는 이 밤에 등 히트곡도 많다. 1972년에 MBC 10대 가수상과 TBC 7대 가수상, 1975년에 MBC 10대 가수상과 TBC 최고 여자 가수상을 수상한 이수미는 2021년 안타깝게 폐암으로 세상을 떠났지만 가요사에서 빼놓을 수 없는 대가수다.

시종면 출신 가수 강진은 1986년 이별의 신호등으로 데뷔했지만 오랫동안 무명가수 생활을 하다가 영화 비열한 거리의 삽입곡 땡벌이 뜨면서 일약 유명해졌다. 화장을 지우는 여자, 아내는 지금, 남자는 영웅, 삼각관계 등 여러 곡을 불렀고 가수 영탁이 불러 유명해진 막걸리 한 잔을 처음 불렀다.

"문화예술 콘텐츠가 없는 고장은 양념이 빠진 음식과 같습니다. 세계를 휩쓸고 있는 한류의 바탕에도 우리 문화예술이 있습니다."

김지평 선생이 말했다.

한국트로트가요센터가 있는 영암은 노래를 통해 영암을 알리고 활성화하는 데 좋은 여건을 갖고 있다. 훌륭한 하드웨어를 플랫폼 삼아 사람들을 끌어들이는 소프트웨어를 얼마든지 만들어낼 수 있다.

무려 3백곡이 넘는 곡을 작사하고 수많은 히트곡을 낸 영암 출신의 걸출한 작사가가 있는데도 제대로 활용하지 않는다면 아깝기 그지없는 일이다.

당신의 마음과 숨어 우는 바람 소리의 배경이 된 장소를 찾아갔다. 덕진교 부근 덕진 여사 사당이 있는 곳에서 김지평 선생의 고향 금산마을을 바라볼 수 있는 데까지 덕진천을 따라 걷는다. 황금빛으로 일렁이는 논이 바다였던 때를 상상한다. 바닷가에 펼쳐져 있던 백사장과 갈대숲을 상상한다. 영암천을 따라 계속 내려가면 강폭이 넓어지고 강변에 있는 너른 갈대숲이 나타난다.

자기 지역 출신 음악가의 이름을 딴 가요제를 오랫동안 개최하고 있는 지자체가 있다. 하지만 영암은 걸출한 작사가를 보유하고도 활용하지 않고 있다. 김지평이 작사한 노래의 기념비 하나 없다. 트로트센터도 마찬가지다. 영암출신 음익인들에 관한 전시 코너가 따로 있을 법한데, 없다.

김지평 선생의 나이, 올해 여든셋이다. 생전에 고향 영암에 도움이 되는 일을 하고 싶은 마음이 크다. 하지만 중이 제머리 못 깎는다고 자신의 입으로 이런 저런 제안을 하기는 쉽지 않다. 김지평 작사가를 지역 활성화에 활용할 방법을 진지하게 모색해야 하지 않을까.

원하는 청소년들에게 대중음악을 가르쳐 가수가 될 길을 열어주고 김지평전국가요제를 개최해 영암을 가요의 성지로 만들어 가면 어떨까.

따사한 가을 햇살 속을 걸으며 이런 저런 생각에 잠겼다. 외지인의 시선으로 지역을 바라보면 관광자원은 얼마든지 있다. 구슬을 꿰어 보석으로 만들어 낼 아이디어와 노력이 모자랄 뿐이다.

죽림정,
이순신 장군 영암에 오다

　영암 구림마을에 이순신 장군과 관련된 이야기가 있다. 전설이 아니라 역사적 사실이다.

　구림마을에는 대대로 여러 양반 가문이 살아왔다. 낭주 최씨, 선산 임씨, 해주 최씨, 함양 박씨, 창녕 조씨, 연주 현씨 등이다. 이 가운데 연주 현씨는 이순신 장군의 외가 쪽 인척이란다.

　연주=영변의 옛 이름 현씨의 시조는 고려 의종 때 대장군 현담윤이다. 중시조는 현담윤의 12세 손 사직공 현윤영으로 1500년 경 천안에서 구림의 난포 박씨 가문에 장가들어 영암으로 내려왔다.

　연주 현씨들은 영암 구림마을, 학산면 광암마을, 신북면 용산리에 많이 산다. 18세기, 현윤영의 9대손 현진택은 현재의 학산면 학계리 광암마을로 이주했다. 이후 광암마을은 연주 현씨의 집성촌이 되었다.

　1593년 7월 16일, 이순신 장군은 현덕승에게 편지를 보냈다. 본영을 여수에서 한산도로 옮긴 다음 날이었다. 현덕승은 사헌부 지평을 지낸 연주 현씨 영암 사직공파 14세 손이다.

　"가만 생각해보면 호남은 우리나라의 보장이니 만약에 호남이 없다면

이는 국가가 없는 것이므로 한산도로 진을 옮겨서 바닷길을 차단하려고 계획하였습니다. 앞으로 왜적이 바닷길을 통해 우리나라를 어지럽히는 일은 없도록 할 것입니다."

이순신은 임진왜란이 일어나기 전인 1589년과 1591년에도 현덕승에게 두 통의 편지를 보냈다. 현건에게는 임진왜란 발발 이전인 1585년과 1589년, 정유재란 후인 1597년과 1598년 각각 두통씩 총 네 통의 편지를 보냈다.

임진왜란 때 왜군은 의병과 이순신 때문에 호남을 침범하지 못했고 군량미 확보에 차질을 빚었다. 이순신은 곡창 지대인 호남을 지키는 것이 나라를 살리는 것이라고 생각했다. 약무호남 구절 다음에 이순신이 선물을 보내준 현덕승에게 감사를 표하는 내용이 나온다.

"이 난리 통에도 예부터 사귀어 온 정을 잊지 않고 멀리서 위문해주시고 각종 선물까지 보내주시니 고맙기 이를 데 없습니다. 진중에서는 모두 귀한 물건이기에 깊이 감사드립니다."

구림의 현씨 가문은 왜란 발발 전부터 그리고 전쟁 기간 동안 이순신을 크게 지원했다.

2018년 전라남도와 영암군은 구림마을에 '약무호남 시무국가' 어록비를 세웠다. 연주 현씨 종손 집 입구 옆이다.

"여수 오동도에 약무호남 비석을 크게 세워놨더라고요. 당시 이낙연 전남도지사한테 얘기 했어요. 그 글이 있는 서찰은 우리한테 보낸 것인데 정작 영암에 비석이 없다는 게 말이 되느냐고요. 이 지사가 바로 그렇게 하겠다고 하더라고요."

비석 뒤쪽에 있는 집에서 살고 있는 사직공파 18세 손 현삼식 씨가 말한다.

"나는 비석을 한 6미터쯤 되게 세우고 싶었어요. 그랬더니 공무원이 여기는 문화재 보호구역이라 안 된다고 하더라고요."

가운데 키 큰 비석에 이순신의 원래 필체대로 약무호남 시무국가라는 글씨가 세로로 새겨져 있다. 한자에 조예가 깊은 사람이 아니고서는 읽기 쉽지 않다. 양쪽으로 가로로 길게 날개처럼 세운 비석. 오른쪽에는 정서로 약무호남 시무국가를 새기고 그 옆에 해석을 새겼다.

"만일 호남이 없으면 그대로 나라가 없어지는 것입니다."

해석 옆에는 판옥선 그림을 새기고 여러 색을 칠했다. 그 오른쪽에는 이순신이 현덕승과 현건에게 보낸 서찰이 원래 글씨대로 새겨져 있다.

왼쪽 비석. 부서지는 파도 옆에 갑옷을 입고 칼을 차고 앞을 응시하는 이순신 장군의 모습을 새기고 역시 색색으로 칠했다.

↑ 이순신 장군과 약무호남시무국가

↑ 약무호남 시무국가비碑

"자동차 도색하는 페인트로 칠했다고 하대요. 오래간다고."

그래선지 7년이 지나가는데 색깔이 선명하다. 음각한 글씨들은 검정색으로 칠했는데 군데군데 벗겨져 잘 보이지 않는다.

"원래는 판옥선 위에 타고 있는 이순신 장군 모습을 동상으로 만들어 세우고 싶었어요. 그런데, 그렇게 못했습니다."

현삼식 씨가 애초 자신의 생각대로 못했다며 아쉬워한다.

"동상이요? 크게 세우지 않으면 폼도 안 나고, 수준 높은 작가가 제대로 만들지 않으면 조악해서 못 봐줍니다. 동상은 안 세우길 잘 한 것 같은데요."

이순신 장군의 얼굴. 얼마 안 되는 함선과 병사들을 이끌고 압도적 병력의 왜군을 무찌른, 후일 왜인들이 전쟁의 신으로 숭상한 장군의 얼굴이 너무 순하다. 필생즉사 필사즉생의 각오가 느껴지는 표정이었으면 더 좋지 않았을까.

그림 왼쪽에 '이순신 장군 1596년 영암에 오시다'라고 새겨져 있다. 비문의 내용이다.

1596년 9월 1일, 이순신 장군은 병참 물자를 구하기 위해 영암에 왔다. 향사당에서 조팽년과 최숙남을 만났다. 두 사람 다 영암 출신 정랑이었다. 선조가 신임한 조팽년은 청렴결백하고 군무에 능통했다. 선조는 조팽년에게 남해에 가서 이순신과 함께 군무에 종사할 것을 명했다. 조팽년에게 그 말을 들은 이순신은 크게 기뻐했다.

9월 2일 이순신은 영암에 머무르며 전략을 논의했다.

9월 3일 아침 이순신은 영암을 떠났다.

현삼식 씨를 따라 죽림정으로 간다. 죽림정에는 이순신이 보낸 서찰 사본 7통이 보관돼 있다. 원본이 아니라 사본이다.

현건의 손자인 현징1629~1702, 호는 사휴은 1660년에 사마시에 합격하고 광릉 참봉을 지냈다. 사직하고 낙향한 후 죽림정을 지었다. 실은 새로 지은 것이 아니라 원래 내동에 있던 취음정就陰亭을 옮겨왔다. 현징은 숙부 현유휴가 지은 정자가 숙부가 돌아가신 후 황폐해져가는 모습을 두고 볼 수 없었다. 옮겨와 다시 지으면서 영의정을 지낸 문곡 김수항에게 부탁해 죽림정이라는 이름을 받았다. 김수항은 옛 중국 고사 죽림칠현을 떠올리며 지었다고 말했다.

죽림정으로 들어가는 입구에 거대한 팽나무 노목 두 그루가 약간의 거리를 두고 떨어져 있다. 보호수인데 팻말에 적힌 설명에는 수령 250년이라고 돼 있다. 수백 년을 같은 자리에 서있는 팽나무가 한때 위기에 처한 적이 있었단다.

"어느 해 봄이 됐는데 잎이 안 나와요. 군에다 얘기했더니 와서 보고 하는 말이 시멘트 때문이래요. 내가 여기서부터 죽림정, 집까지 시멘트로 포장했거든요."

시멘트를 벗겨내고 듬성듬성 보도블록을 깔았다. 사이 사이 드러난 흙으로 물이 스며들어서인지 이듬 해에는 다시 잎사귀가 무성해지더란다. 왼쪽 팽나무의 옆에 길이 나있다. 원래는 두 그루 팽나무 사이로만 출입할 수 있었는데, 큰 나무를 베어내 실어낼 때 트럭이 드나들 수 있도록 한쪽을 텄단다.

죽림정으로 가는 길. 정원을 가로지른다. 양쪽에 대나무가 심어져 있다. 원래는 집과 마당, 죽림정을 제외하고 거의 대부분이 대나무 밭이었단다. 죽림정은 말 그대로 대나무숲 속에 있는 정자였다.

"1973년에 내가 군에서 제대하고 돌아왔더니 죽림정이 말이 아니었습니다. 방문을 열었더니 구들장은 꺼져 있고 죽순이 자라서 엉망이더라고요. 쥐가 돌아다니고 지네가 기어다녔어요."

"아니 부모님이 계셨을 거 아녜요? 그런데도 그랬다고요?"

그랬단다. 죽림정은 그냥 방치된 채였단다.

"옛날에는 대나무밭을 생금밭이라고 했잖아요. 돈이 된다고. 그런 대나무가 전혀 팔리지 않았어요."

플라스틱이 나오면서 대나무는 더 이상 쓸모가 없어졌다. 현삼식 씨는 대나무를 전부 베어내고 뿌리까지 들어냈다.

"지금 있는 대나무는 나중에 군수가 죽림정인데 대나무가 없어서 되겠냐고 하길래 심은 겁니다. 대밭 자리에 누가 감나무를 심으라고 하데요. 그래서 감나무를 심고, 또 소나무를 심었어요. 키워서 팔았어요. 저기 보이는 소나무 몇 그루는 안 팔리고 남은 것들이 자란 겁니다."

대나무 숲은 사라졌지만 길 양쪽에 심은 대나무가 죽림정의 의미는 그런대로 살리고 있는 셈이다. 집도 낡아서 비가 새고 허물어지기 일보 직전이었단다.

"저기 저 집을 새로 지었습니다. 기와집처럼 보이지만 실은 슬라브로 지은 겁니다. 나중에 군에서 마을에 기와집들 지으라고 지원금 주면서 장려할 때 군의 도움을 받아서 함석 기와를 씌웠습니다."

집에 삼벽당三碧堂이라는 현판이 걸려 있다. 삼벽은 대나무, 소나무, 오동나무를 이른다. 늘 푸르게 지조를 지키며 살라는 뜻이다. 우암 송시열 선생 글씨란다.

죽림정 현판 글씨도 우암 송시열이 썼단다. 원래는 문곡 김수항이 썼는데, 나중에 송시열이 쓴 글씨로 바꿨단다.

↑ 죽림정 입구

↑ 죽림정

"문곡 선생이 쓴 글씨는 안에 걸어두었습니다."

과연 죽림정 안에 다른 필체로 된 죽림정 편액이 걸려 있다. 김수항은
또 죽림정기를 쓰고 죽림정 십영 시를 지었다. 강진에서 요양 중이던 오산
이직도 현징의 간곡한 부탁으로 죽림정기를 쓰고 문곡의 시를 차운해 죽
림정 십영 시를 지었다. 다른 여러 선비들도 김수항의 죽림정 십영 차운시
를 지었다.

도대체 문곡 김수항은 죽림정과 무슨 관계이고 어떤 사연이 있는 걸까.

김수항은 안동 김씨 집안에서 태어난 금수저다. 매우 총명하여 반시, 진
사시, 문과 등 세 번의 과거에서 모두 장원을 했다. 숙종 때 영의정 벼슬에
올랐는데 형 김수흥도 영의정, 아들 김창집도 영의정을 지냈다. 창자 돌림

여섯 아들창집, 창협, 창흡, 창업, 창즙, 창립이 모두 학문이 깊고 문장이 뛰어났다. 세간의 칭송이 자자했고 사람들은 그들을 육창六昌이라고 불렀다.

조선 중기, 당쟁이 시작되던 시기, 우암 송시열과 문곡 김수항은 같은 당인이었다. 둘 다 서인 노론에 속했다. 김수항은 한결같이 송시열을 지지했다.

젊은 나이에 높은 벼슬을 하며 승승장구했다. 1차 예송논쟁에서 송시열을 지지하여 승리했고, 벼슬이 대제학까지 이르렀다. 1674년 2차 예송논쟁에서 패배하여 관직에서 물러났다. 1, 2차 예송논쟁은 왕인 아들과 왕비인 며느리가 죽었을 때 어머니와 시어머니가 얼마나 오래 복상을 해야 하는가를 두고 서인과 남인이 논쟁을 펼친 것이지만 실제론 결사적인 권력투쟁이었다.

1675년 김수항은 숙종 즉위 후 좌의정에 올랐다가 정권을 장악한 남인의 공격을 받고 강원도 원주에 이어 영암에 유배되었다. 김수항은 영암에 3년 동안 머물렀다. 대나무로 풍옥정을 짓고 풍류를 즐겼다. 김수항은 영암 사람들, 특히 현징과 친했다.

김수항이 영암에 머무르는 동안 아들들이 아버지를 찾아 영암을 방문했다. 김수항은 자식들과 함께 월출산에 오르고 도갑사를 둘러보고 영암 곳곳을 탐방했다. 큰 아들 창집, 둘째 아들 창협, 셋째 아들 창흡은 아버지의 죽림정 십영을 차운해 시를 지었다. 그 시들이 죽림정에 남아 있다.

1678년 김수항의 유배지가 영암에서 강원도 철원으로 변경되었다. 김수항이 구림마을 선비인 조경창 그리고 교류하던 모든 이들에게 쓴 작별시가 전한다.

"북으로 돌아가며 고개 돌려 바라보니 험한 산이 참으로 고향사람처럼 느껴진다今日北歸回首望 峴山眞似故鄕人"는 구절에서 김수항이 영암과 얼마나 친하게 지냈는지 알 수 있다.

　1660년 남인이 축출되고 다시 서인이 정권을 잡은 경신환국이 일어났다. 김수항은 영의정이 되었다. 8년 간 영의정으로 재직한 후 영돈녕부사의 자리에 있던 김수항은 1689년 다시 진도 유배형을 받는다.

　노론의 영수, 공자 맹자처럼 '자'자가 붙은 이름 송자로 불린 송시열도 제주도 유배형에 처해졌다. 무슨 일이 있었던 걸까.

　송시열이 장희빈의 아들을 원자로 삼은 숙종에게 반대 상소를 올렸다. 숙종은 송시열, 김수항 등 서인들을 내쳤다. 정권은 다시 남인들의 손에 들어갔다. 김수항은 남인들의 탄핵으로 관직이 삭탈되고 진도 위리안치 유배형에 처해졌다. 위리안치는 집의 울타리 바깥으로 벗어날 수 없는 가택연금이다.

　진도로 가는 도중, 김수항은 다시 구림에 들른다. 김수항은 죽림정 현 참봉—현징 집에서 점심을 먹고, 비 때문에 하룻밤을 묵는다. 음력 2월 25일이었는지라 화분 안에 서둘러 핀 영산홍과 한창인 동백꽃이 마치 김수항을 환영해주는 듯 화사했다.

　김수항은 오랜만에 반가운 얼굴들을 만나 술잔을 기울이며 회포를 풀었다. 그때의 소감을 김수항은 문장과 시로 표현했다. 당시에는 자신이 머잖아 사약을 받게 되리라곤 생각하지 못했을 것이다.

　진도에 위리안치된 김수항은 얼마 지나지 않아 사약을 받는다. 김수항 사후, 셋째 아들 김창흡이 구림마을을 방문했다. 가장 먼저 회사정에 들렀고 이어서 아버지의 자취가 서린 곳들을 찾아 돌아다녔다. 김창흡이 지은 '구림'이란 시에 그때의 심정이 절절하게 표현되어 있다. 김창흡에게는 구림마을에서 보이고 들리는 모든 것이 슬펐다 怊悵滿視聽.

　정자 오른쪽에 있는 방으로 들어간다. 방안 벽 가득 한문과 사진들이 잔

뜩 붙어 있다. 이순신이 현덕승과 현건에게 보낸 서찰 일곱 통의 복사본이
액자에 담겨 걸려 있다.

"원래 원본을 갖고 있었는데, 언젠가 이순신 장군 후손이라는 분들이 찾
아와서 서찰을 자신들에게 줄 수 없겠느냐고 간곡하게 청하더라고요. 그
래서 주었는데 국보로 지정되어 지금은 현충사에서 보관하고 있습니다.
보이시죠? 여기 약무호남 시무국가라고 써있는 거."

보통 사람이 그 글귀를 찾기는 쉽지 않다. 편지를 그대로 복사해 새긴
바깥의 비석도 마찬가지다. 찾느라 한참 헤맸다.

연주 현씨 시조 현담윤, 현건과 현징 세 사람의 초상도 걸려 있다. 그 아

래 있는 것은 죽림정을 다녀간 역사 인물들이다. 충무공 이순신, 우암 송시열, 문곡 김수항, 김수항의 아들인 몽와 김창집의 영정이 걸려 있다. 이낙연 총리의 사진이 든 액자도 있다. 총리가 과거의 영의정일 터이니 이순신을 빼고 모두 영의정인 셈이다.

그런데, 이낙연 전 총리를 제외하고는 모두 비극적으로 세상을 떠났다. 이순신 장군의 죽음은 다 잘 아는 사실이고, 송시열과 김수항은 기사사화 때 각각 제주도와 진도로 유배되었다가 사약을 받고 죽었다. 김수항의 아들 김창집도 벼슬이 영의정까지 올랐으나 결국 불행한 죽음을 맞았다. 1721년 경종 때 왕세제의 대리청정 상소문을 올렸다가 소론의 반대로 실패했다. 소론의 탄핵으로 거제도에 위리안치 된 이듬해 성주에서 사사되었다.

부자 모두 벼슬이 영의정에 이르렀으나 부자 모두 사약을 받고 죽었으니 이런 인생을 어떻게 생각해야 할까. 반면 죽림정 주인 현징은 과거에 합격하고 광릉참봉을 지냈으나 일찌감치 벼슬을 던지고 낙향했다. 죽림정을 짓고 유유자적 생활했다. 사휴士休라는 호에서 벼슬에 대한 생각과 삶에 대한 태도가 느껴진다.

죽림정 그리고 죽림정과 인연을 맺은 사람들의 이야기를 찾아 읽으며 새삼 느낀다. 구림은 참으로 하나의 거대한 역사박물관이다. 수많은 역사적 인물들의 사연을 품고 있는 무진장한 스토리의 보고다. 하지만 이 소중한 자원을 제대로 활용하고 있는지는 의문이다. 정자에 걸려있는 편액의 한문을 한글로 번역한 소책자가 비치돼 있다면 좋을 텐데, 없다.

하루 종일 구림을 둘러봐도 시간이 모자라다. 흥미진진한 이야기를 좋아하는 이들에게 구림마을만한 여행지는 드물다.

도림사
장군당

전에 생수회사 건물이었다가 지금은 굿당으로 쓰이고 있다는 곳으로 향한다. 좁은 논길을 따라 달리다 도림사 장군당이라고 쓰인 커다란 표지판이 있는 곳에서 월출산 쪽으로 꺾는다.

전에 이 간판을 본 적이 있다. 주암마을에 있는 정자 아천정을 보러 갔을 때다.

대한불교 도림사 장군당. 보면서 고개를 갸웃했다. 영암에 내려온 직후라 서낭골도 굿당도 생수회사도 들어보지 못한 때였다.

대한불교 도림사? 사찰 이름을 이렇게 적던가?

현재 우리나라에 있는 종단은 백 개가 넘고 앞에 대한불교가 붙은 종단이 가장 많다. 대한불교+조계종, 천태종, 진각종, 진언종, 정토종, 조동종.... 대한불교 외에는 한국불교, 해동불교, 국제불교, 대승불교, 보국불교 등이 있다. 종단 이름도 조계종, 태고종, 정토종 등이어서 헷갈린다.

일반적으로 사찰명은 맨 마지막에 적는다.

가령, 종로에 있는 조계사의 풀네임은 대한불교 조계종 조계사다.

그런데, 대한불교 다음에 종파명이 없고 그냥 도림사라고 적혀 있으니 고개를 갸웃할 수 밖에. 또 사찰명이 아니라 장군당으로 끝나는 표지판이라니. 토속신앙과 타협한 불교의 역사야 전래 초기부터 시작된 것이라 절 안에 칠성각 같은 건물이 있는 것이 전혀 이상한 일은 아니지만 장군당? 무속의 느낌이 났지만 당시엔 확인해볼 상황이 아니었다.

시멘트로 포장된 언덕 길을 올라가자 일자형 긴 건물이 나타나고 그 앞에 꽤 너른 주차장이 있다. 차들이 가득하다. 사람들이 많이 오는 데구나.

차에서 내리니 광광광광 징소리와 함께 무당의 사설 소리가 들린다. 건물 오른쪽에 엄청나게 크고 평평한 바위가 있고 그 앞에 신당이라고 하기엔 좀 그런 작은 시설물이 있다. 장군 복장을 한 신이 모셔져 있다. 장군당이라더니 이것 때문인가.

그 앞쪽 한 단 아래에도 작은 신당이 있다. 여인네 둘이 한창 진설 중이었다. 돼지머리가 올려져 있고 갖가지 음식들이 풍성하게 차려져 있다. 나중에 일행에게 들으니 다른 굿방에는 삶은 돼지 한 마리가 통째로 있더란다.

"안녕하세요. 굿할 준비 하시는 건가요?"

바로 묻는다.

"예." 대답에 망설임이 없다. 그러더니 "누구신데요?"라고 묻는다.

여차저차 설명하니 "아, 그러세요" 한다. 쿨하다.

무슨 굿이냐니 당산제란다.

"예? 무슨 당산제를 이런 데서 지내요?"

여기서 당산제를 지내달라는 고객의 의뢰를 받고 광주에서 왔단다.

"월출산이 기가 센 데잖아요?!"

"그렇죠. 근데, 어떤 사람이길래 개인이 당산제를 지내요?"

이름만 대면 알만한 분이니 말해줄 수 없단다. 하얀 옷을 입은 남자가 트럭에서 내린다. 남편인가.

↑ 도림사 장군당

"어떤 신을 모시나요?"

"열두 신이요."

"예? 동자신이나 장군신이나, 그런 신이 아니고요?"

"아이고, 전혀 무속을 모르시네."

무당이 혀를 찬다.

"무속이 뭔지 조금만 공부하면 내 말이 무슨 말인지 금방 알아요."

무식하다고 핀잔을 들었다.

"여유가 있으면 자세히 말씀해 드릴 텐데, 지금은 시간이 없네요."

바쁘다니 더 물어볼 수도 없다.

"굿 잘하세요."

인사하고 자리를 뜬다.

뒤쪽 장군신이 모셔져 있는 자그마한 신당(?). 굉장히 큰 너럭바위 앞에 있다. 장군신의 복장이 화려하다. 삼국지에 나오는 관우 같기도 하고, 투구나 갑옷 등 차림을 보면 조선의 장군 같기도 하다.

일자형 건물은 여러 개의 룸으로 구분돼있다. 1호실 2호실... 특실. 모두 여섯 개다. 비어 있는 방, 진설 중인 방, 옷을 입으며 굿 준비를 하고 있는 방. 1호실 옆 입구로 들어가니 제법 너른 온돌방이 있고 사람들이 있다. 한 남자가 묻는다.

"식사하시게요?" 그러고보니 식당이다.

"왜요? 그냥 주시게요?" 농담조로 반문했다. 이곳 주인이냐니 아니란다. 저기 안경 쓴 사람이 여기 사장이에요,라고 가리킨다.

안경 쓴 이에게 다가가 물으니 맞단다. 여차저차 찾아온 이유를 밝히고 몇 가지 질문해도 되느냐니 괜찮단다. 경상도 억양이어서 물으니 부산 사람이란다. 명함에 이렇게 적혀 있었다. 월출산 기도도량 장군당 당주. 전화번호까지 다 있는데 이름이 안 써있다. 물으니 선선히 가르쳐준다. 하○준씨다.

"왜, 무속 이미지가 안 좋아서 이름을 안 쓰신 겁니까?"

"아뇨. 그래서는 아니고요, 전에는 썼었는데, 굳이 안 써도 되겠더라고요."

그러더니 덧붙인다.

"순기능 역기능 하면 모든 종교가 마찬가지 아닌가요?"

맞는 말이다. 물신숭배에 빠진 기성 종교의 장사꾼들이 얼마나 많은가. 혹세무민해서 엄청난 돈을 벌어들이며 대궐 같은 집을 짓고 최고급 차를 타고 다니며 신 흉내를 내는 사이비 종교사기꾼들은 또 어떤가. 그런 걸 대기업이라고 치면 무속은 대개의 경우 동네 수퍼나 구멍가게 수준이다.

하○준 당주에게 들은 내용이다.

　하○준 씨는 칠팔 년 전 우연히 지인의 소개로 여기 방치돼 있던 빈 건물을 인수했단다. 무속인도 아니고 무속에 특별히 관심이 있었던 것도 아니지만, 순전히 비지니스 관점에서 생각해보니 비전이 보였단다.

　"무속인들이 바위를 좋아하잖아요. 월출산은 전체가 거대한 바위산이잖아요. 기가 세기로 유명한 데잖아요."

　민원이나 단속 때문에 아무데서나 함부로 굿을 하기 힘든 무속인들이 마음 놓고 굿을 할 수 있는 곳으로 이만한 데가 없겠다 생각했단다.

　인수한 후 구조를 바꾸고 업태를 변경했다. 미리 허가가 나있지 않으면 불가능한 일이었다.

　굿을 할 수 있는 룸은 건물 앞쪽에 여섯 개가 있고, 뒤쪽에도 있다.

　"이용료는 시간 당 얼마로 받는 건가요?"

"아닙니다. 하루에 얼마로 계산합니다."

아까보니 방마다 거의 사람들이 있었다. 무속인들과 고객들을 합하면 제법 많은 수가 될 것이다. 식사도 하고 음료수도 마실 것이다. 꽤 괜찮은 사업일 것 같다.

"하 당주님은 부산에 주로 계시고 가끔 영암에 오십니까?"

"아닙니다. 주로 여기 있고 부산에는 한 달에 한 번 정도 갑니다."

영암에서 번 돈을 부산에서 쓰는 거냐고 묻는 것 같은 뉘앙스를 받은 듯하다. 이럴 땐 단도직입으로 묻는 게 낫다.

"외지에서 온 무속인들이 굿 끝나고 바로 돌아가면 영암엔 특별히 득 되는 게 없겠네요?"

"아닙니다."

하 당주가 강하게 부인한다.

"영암에서 구하기 힘든 음식은 준비해서 가져오지만 떡이라든가 다른

것들은 영암에서 주문합니다. 또 무속인들만 오는 게 아니라 여러 사람들이 같이 옵니다. 그 사람들이 영암에서 물건도 사고 식사도 합니다. 영암에서 돈을 쓰는 겁니다."

최근 천공인가 뭔가 하는 자가 나라를 휘젓고 있는 통에 무속에 대한 부정적 이미지만 크게 부각되어서 그렇지 무속은 수천 년 동안 우리 민족의 삶과 함께 해왔다. 무당은 민중을 웃고 울게 만드는 가수였고 춤꾼이었고 만능 탤런트였다. 정신의학이 없었던 시절, 무당은 민초들의 한을 풀어주고 홧병을 낫게 하고 위안을 가져다 주는 심리치료사였다.

더 먼 과거, 제정일치 시대에는 무당이 곧 왕이었다. 일본 고대사에 나오는 히미코 여왕도 무당이었다. 중국의 사서인 삼국지 위지 왜전은 히미코가 귀신의 힘을 빌려 사람들을 다스렸고, 뼈를 태워 그을린 자국을 보고 점을 쳤다고 기록했다. 한반도에서 건너간 샤먼이라는 연구도 있다.

아무리 무속을 부정적으로 보더라도 우리나라에서 무속신앙이 사라질 일은 없을 것이다.

워낙 안 좋은 얘기를 들은 게 많아 내키지 않아서 그렇지 직접 만나서 얘기를 나눠보면 무속인들도 그냥 우리 이웃에 사는 사람들이다. 나쁜 사람도 있고 좋은 사람도 있다.

굳이 찾아갈 데가 아니어서 영암 사람들도 잘 모르는 월출산 서낭골 대한불교 도림사 장군당. 혹 궁금하시면 한 번 방문해 보시라. 굿을 구경하거나 무속인과 얘기를 나눠보면 의외로 재미있을 것이다. 주암마을과 호동마을 중간쯤 되는 산기슭에 있다.

4

지독한 사랑

여성들의 사회 활동이 불가능했던 조선시대
기생만이 유일하게 갈고 닦은 지식과 기예로
엘리트 지식인들과 교감하고 교류할 수 있었다.
최경창과 홍랑은 신분제 사회의 굴레와 나이 차를 뛰어넘어
범인이 흉내낼 수 없는 사랑을 했다.
최경창은 스캔들의 희생자가 되었고
출세길이 막혔지만 후회하지 않았다.
홍랑은 그런 최경창을 살아서도 죽어서도 사랑했다.
최경창과 홍랑의 러브스토리는 영암이 활용할 수 있는
귀중한 무형 문화유산이다.

마한시대 고분들과
마한문화공원

영암에 내려왔을 때는 봄이었다. 내려온 지 얼마 안 돼 마한문화공원과 고분들을 보러 갔다. 고분들은 퇴직 후 영암 시종면에 살고 있는 지인의 세컨하우스에서 가까웠다.

시종면 소재지 중심가를 빠져나가면 도로변에 커다란 무덤이 있다. 내동리 쌍무덤이다. 남쪽에 있는 1호분과 그 위 북쪽에 있는 2호분이 거의 붙어 있어 쌍무덤으로 불린다. 왼쪽에 떨어진 무덤이 하나 더 있다. 원래는 총 네 기가 있었는데, 하나는 민간인이 묘를 쓰느라 훼손되어 세 기만 남아 있다.

2020년 봄, 내동리 쌍무덤에서 금동관편조각이 발굴되었다. 한 해 전인 2019년 7월 발굴조사에서는 금동관에 장식되었던 유리구슬, 팔찌, 목걸이, 금동관 조각들이 나왔다. 형태가 일제강점기 때 발굴된 나주 신촌리 고분의 금동관과 매우 흡사하다. 금동관의 주인은 영암 일대를 지배한 마한 세력의 최고 권력자였을 것으로 추정된다.

무덤은 최고의 풍수적 길지인 매화낙지梅花落地에 위치하고 있단다. 매화낙지에선 매화가 떨어진 곳에 향기가 진동하듯 자손들이 번창하고 세상을

↑ 내동리 쌍무덤

교화할 인물이 태어난다는데, 무덤을 썼던 당시에도 풍수사상이 있었을
까. 도선국사가 탄생한 건 훨씬 후다. 낙화지지니 하는 건 후대 사람들의
얘기일 것이다.

　내동리 쌍무덤을 비롯하여 영암에는 마한시대의 고분들이 많다. 전남지
역에 분포하고 있는 452개소 마한 고분군 가운데 40개군 150기에 달하는
독무덤이 영암군에 있고 시종면에 25개 군, 100여기가 모여있다_{향토문화전자}
_{대전}. 인접한 나주시 반남면과 더불어 시종면은 대표적인 마한시대 고분 밀
집지역이라고 할 수 있다.

　내동리 쌍무덤에서 조금만 더 가면 옥야리 장동방대형고분이 나온다.
도로변에 표지판이 없어 찾기 어려웠다. 도로변 밭 둑을 걸어 야산으로 올라가면 오솔길이 있다. 오솔길이 거의 끝나는 지점에 제법 큰 민간인 묘가 있고 그 뒤에 장동방대형고분이 있다.

방대형이라는 네모난 띠 모양이라는 뜻이다. 과연 봉분은 네모난 모양으로 아래에서 위로 올라갈 수록 좁아지는 식으로 만들어져 있다. 맨 아래 사각형은 길이가 38미터, 너비가 35미터이고 맨 위 사각형은 대략 그 반 정도되는 사이즈다.

무덤 안에서 여러 형태의 매장 유구가 확인되었는데, 특이한 것은 나무 기둥을 세워 석실 벽을 축조한 돌방무덤이다. 영산강 유역에는 없고 가야 지역에서 발견되는 양식이라는데 이유는 모른다. 토기류, 철기류, 곡옥 및 유리구슬 등 많은 유물이 출토되었다.

마한문화공원은 장동방대형고분에서 멀지 않다. 공원에 거의 다다르면 왼쪽 언덕 위에 고분들이 보인다. 공원 입구에 이르기 전, 왼쪽으로 들어가는 길이 있다. 핸들을 꺾어 조금 올라가자 길을 사이에 두고 고분들이 있다.

왼쪽 고분 주위와 봉분 위의 풀을 깎는 작업이 한창이었다. 감독하는 이는 한국인이고 예초기를 들고 벌초하는 이들은 외국인 노동자들이다.

오른쪽에 컨테이너가 있다. 발굴현장 안전수칙이라 쓰인 안내문이 붙어 있다. 고대문화재연구원 이름으로 돼있는 걸 보니 발굴조사를 진행하는 주체인 모양이다. 옥야리 고분군 18호분 발굴조사 현장, 조사 기간은 2023년 10월 4일부터 12월 31일까지다. 발굴조사는 이미 작년 말로 끝났다.

잔디를 심은지 얼마 안 된 봉분들이 여럿 보인다. 그중에서 가장 잔디가 안 자란 민둥머리 봉분이 18호 고분일 것 같다.

고분군 아래 마을이 있다. 옥야리다. 마을이나 민가 옆에 고인돌이나 고분이 있는 풍경은 남도에서 어렵지 않게 볼 수 있다. 조상들이 수천 년 전에 살았던 땅에서 지금 우리가 살고 있다는 사실이 실감난다.

마한문화공원으로 간다. 입구를 들어서면 왼쪽에 야산이 있고 나무데크
전망대가 설치돼있다. 위로 올라가자 마한공원의 전경이 한 눈에 들어온
다. 대나무 밭 앞 좁고 긴 나무데크길을 따라 걷는다.

지붕 위로 술독 같은 모양이 솟아 있는 건물은 관리사무소 겸 월지관이
다. 옹관을 모티브로 한 디자인이란다. 앞에 제법 너른 공터가 있다. 푸릇
푸릇한 모판으로 가득하다. 농민들이 벼 육묘장으로 쓰고 있는 모양이다.

데크를 내려와 월지관으로 간다. 로비에 안내 데스크가 있지만 앉아 있
는 사람은 없다. 도자기들이 들어 있는 진열장이 놓여 있다. 대부분 마한
시대의 것들과는 관련이 없는 것들이다.

↑ 마한문화공원

왼쪽은 사무실이고 오른쪽은 소극장이다. 불이 꺼져 있다. 사무실로 가 직원에게 영상을 볼 수 없느냐니 틀어주겠단다. 시설이 오래돼 스크린 영사는 불가능하고, 대신 큰 텔레비전 모니터로 볼 수 있단다. 컴퓨터에 저장해 놓은 비디오 파일을 틀어준다. 오래 전에 만든 짧은 마한 소개 영상이었다. 굳이 앉아서 볼 것까지 없었다.

월지관 뒷편에 국토미니어처 연못이 있다. 팻말에 적힌 영어가 Kooktoe Miniature Pond로 돼있다. 국토를 Kooktoe로 써놨다. 웃긴다. 설치된 나무데크 위로 올라가 조망한다. 둥근 연못 가운데로 한반도 지형이 튀어나온 모양으로 조성했다는데, 무성한 갈대와 잡초로 뒤덮여 있어 알기 어려웠다.

관리 상태도 그렇지만, 애초에 왜 국토미니어처 연못을 조성한 것인지 의아했다. 5만 7천여 평의 넓은 공원을 무슨 콘텐츠로 채워야 하나 고민이 많았던 것 같다.

기차 레일이 설치돼있다. 레일바이크 용으로 보이는데 방치돼 있다. 과거에 운영된 적은 있을까. 선로 주변에 토끼풀이 무성하다. 하얀 꽃이 피어 있다. 불현듯 뭔지 모를 그리움에 사로잡힌다. 내가 살던 나주 교동 위 저수지 둑에 지천으로 피어있던 토끼풀 꽃, 서울로 이사한 후엔 보지 못했다. 소박한 토끼풀 꽃은 유년시절의 추억과 향수를 불러일으키는 꽃이다.

고인돌군이 있다. 9호 고인돌, 14호 무덤방 식으로 팻말이 세워져 있다. 도로공사로 삼호읍 서호리에 있던 고인돌군이 파괴될 위험에 처하자 47기 가운데 29기를 교육과 홍보 목적으로 옮겨 놓은 것이다.

고인돌에서 3천 년 전인 기원전 1050년 것으로 추정되는 유물들이 다수 발견되었다고 한다. 전국에 있는 고인돌 총수가 약 4만여 기라고 하는데 그 절반인 약 2만 기가 전남에 있고 그중 1,152기가 영암에 있단다.

농경체험이라 새겨진 동판이 붙어 있는 비석이 있다. 동판의 설명에 의하면 마한인들의 주식은 보리 콩 조 수수 등이었다고 한다. 비석 뒤에 있는 땅에 그런 작물들이 심어져 있어야 할 것 같은데, 아니었다. 얼마 전 가봤더니 밭 가득 코스모스가 피어 있었다.

공원 안 잔디밭. 숫자가 적힌 깃발들이 꽂혀 있다. 파×라고 써있는 팻말도 보인다. 파크골프를 하는 사람들이 있다. 마한문화공원에는 18홀 규모의 파크골프장이 조성돼 있다.

나중에 공원 구경을 끝내고 나올 때 보니 입구에 파라솔을 펴놓고 앉아 출입자들을 통제하는 사람들이 있었다. 뭐 하는 거냐 물으니 회원이 아닌 사람들이 파크골프를 못하게 통제하고 있단다. 근처에 사느냐니 나주에서 왔단다.

쉼터로 쓰이는 정자들이 있고 초당연못이라는 작은 연못이 있다. 멀리 거대한 우주선 같은 모양을 한 집이 보인다. 몽전=꿈의집이다. 몽전으로 가는 길 입구에 서있는 비석에 동판이 붙어 있다. 제행로祭行路. 우리나라 3대 해신의 하나인 남해 해신을 모신 제당으로 가는 길이란다. 인근 여섯 고을의 수장들이 제사를 지내러 갈 때 말에서 내려 걷던 길을 복원했단다.

우주선 같은 몽전의 디자인은 난생설화를 모티브로 한 것이고, 외관은 옹관의 형상을 이미지화한 것이란다. 몽전은 내동리 초분골의 고분을 발굴했을 때의 모습을 재현해 놓은 전시관이다. 옹관 발굴 과정, 시신 매장 형태 등을 모형으로 복원해 놓았다. 빙 둘러 벽에 사진과 함께 설명이 붙어 있다. 한쪽에 모래밭이 있는데, 아이들을 위한 유물 찾기 체험장이란다.

외양을 보고 갖게 되는 기대감과 큰 차이가 나는 몽전 안의 전시는 실망스러웠다. 이 정도 빈약한 전시를 하자고 이렇게 근사한 건물을 지었나.

나주 복암리고분전시관과 국립나주박물관의 마한 관련 전시를 생각하니 몽전의 전시가 더욱 초라하게 느껴졌다.

몽전을 지나 남해망루와 남해신사로 간다. 남해망루 앞에 많은 깃대가 세워진 공간이 있다. 마한에 있었다는 소국들의 숫자를 본따 모두 쉰네 개다. 오월에 갔을 땐 깃대만 있었는데 십일 월에 갔을 때는 깃대마다 깃발이 달려 있었다. 시월에 개최한 마한축제를 위해 새로 단 것들인 듯했다.

54개 부족국가의 연맹체였던 마한의 규모는 전체 호수가 십만 호에 이르렀다. 큰 나라는 만여 호, 작은 나라는 수천 호였다. 가장 큰 나라는 목지국 혹은 월지국이었다. 세력이 강해 변한 진한에까지 그 영향력이 미쳤고, 수장을 특별히 진왕이라 칭했다.

나중에 목지국 휘하의 거수국*이었던 백제국의 세력이 강해져 주변 소국들을 차례로 병합해 나갔고 근초고왕 때 마한 전체를 통합했다고 한다.

---

*   거수가 각자 독립적으로 다스리는 자치국. 제후국과 비슷하지만 독립성이 더 강하다. 단군조선의 통치 체제. — 사학자 윤내현 교수가 만든 개념.

하지만 계속되는 고고학적 발굴을 통해 마한 통합 시기가 근초고왕 때보다 훨씬 늦은 6세기 중엽이라는 주장이 설득력을 얻고 있다.

마한의 권역은 한반도 중서부 즉 현 경기지역에서 남쪽 해안까지였다. 한반도 가장 남쪽에 있는 해남의 소위건국이나 영암의 일난국은 맨 나중에 백제에 통합되었을 것으로 추정된다.

월지국 노림국 고리국 일리국 일난국…. 한자 아래 한글을 병기한 쉰네 개의 깃발이 바람에 나부낀다. 마한 각국 수장의 호칭은 큰 나라가 신지, 작은 나라는 읍차였다고 한다.

남해망루 앞 통로 가운데 커다란 청동거울이 있다. 화순군 대곡리 고분에서 출토된 국보 143호 청동잔무늬거울을 스무 배로 확대한 것이다.

망루에 오른다. 너른 들판과 강이 내려다 보인다. 남해망루 아래 남해포 마을이 있다. 간척 전 지금의 들판이 바다이고 개펄이었을 때 남해포에는 배가 드나들었다.

망루 가까이 남해신사가 있다. 강원도 양양의 동해묘, 황해도 풍천의 서해신사와 더불어 우리나라 3대 해신제 중 하나가 거행되는 곳이다. 해신제는 봄 가을 두 차례 지내는데, 고려 시대 현종의 목숨을 구해준 해신에게 감사하고 국태민안과 안녕을 기원하는 제사다.

1010년 거란의 40만 대군이 고려를 침공했다. 강조의 정변을 구실로 거란의 성종이 직접 군사를 이끌고 쳐들어왔다. 고려군 30만이 통주전투에서 대패하고 개경까지 함락되자 현종은 남쪽으로 피난을 떠난다. 지금은 영암이지만 당시엔 나주에 속했던 시종 옥야리 남해당에서 묵었고 세자는 멀지 않은 치차산에 머물렀다.

현종이 잠을 자는데 꿈속에 남해신이 나타나 빨리 피신하라 말했다. 일어나보니 바닷물이 빠져 개펄이 드러나 있었다. 현종은 세자와 함께 재빨리 피난해 목숨을 구했다. 현종은 나주목사에게 명해 나주목 관할 여섯 개 현을 통괄해 매년 남해신에게 제사를 드리게 했다.

남해신사 해신제는 조선시대에도 계속되었으나 일제강점기 때 폐지되었다. 2001년 남해신당 터에 남해신사가 복원되었고, 2003년 남해신사 제례 보존위원회가 결성되었다. 이후 매년 봄 가을 두 차례 제사를 지내고 있다.

남해신사의 오른쪽 문이 열려 있다. 안으로 들어간다. 신당의 문을 연다. 정면에 할아버지 얼굴을 하고 있는 남해신의 상이 걸려 있다. 수염이 희끗희끗하다. 왼손으로 길게 난 수염을 쓰다듬고 있고 오른손은 보이지 않는다. 가슴에 용의 발톱 같기도 하고 닭발 같기도 한 것이 그려져 있다.

↑ 남해망루

오른손으로 쥐고 있는 것처럼 보이기도 한다. 뭔지 모르겠다. 현종의 꿈에 나타난 해신의 모습이 이렇게 구체적이었을까.

남해 바다를 관할하는 신은 고려 현종과 세자의 목숨을 구하고 종묘사직을 구했다. 두 손을 모아 남해신의 초상에 절하고 발길을 돌렸다.

마한문화공원을 둘러본 소감은 한마디로 너무 아깝다는 것이다. 주변에 많은 고분이 있고, 나주의 고분 밀집지역인 반남과도 인접해 위치는 좋다. 하지만 규모에 비해 콘텐츠가 너무 빈약하다. 볼 게 없으니 찾아오는 관광객도 없고 그래선지 관리도 제대로 되고 있지 않다. 관광지로서의 기능은 거의 못하고 벼의 육묘장으로, 또 파크골프장으로 활용되고 있는 것 같다. 그래도 호젓하게 산책하고 쉬기에는 좋다.

마한문화공원을 떠나 신연리 고분군으로 간다. 마을 뒤 언덕에 많은 고분이 자리하고 있다. 4차 학술조사가 진행 중이라는 간판이 세워져 있다.

오륙 년 전, 어릴 때 떠난 고향 근처로 반세기가 지나 다시 내려왔을 때 고분을 보고 놀랐다. 고분 하면 경주만 생각하고 있었는데, 전남에 이렇게나 많은 고분이 있다니. 마을 안에, 민가 옆에 밭 가운데, 아무렇지도 않게 솟아있는 거대한 흙무덤들. 도시에서 태어나 살고 있는 사람들에겐 처음 보는 신기한 광경일 것이다.

영암은 다른 지자체에 앞서 마한의 역사문화적 가치에 주목했다. 2004년 마한문화공원을 조성했다. 국립박물관을 유치하려 애썼지만 나주와의 경쟁에서 밀렸다. 2013년 국립나주박물관이 나주 반남의 고분 밀집지역에 들어섰다. 덕분에 나주박물관을 중심으로 한 주변지역은 영암에 비해 훨씬 예쁘게 잘 정비돼있다. 마한 고분에서 출토된 유물들의 대부분을 소장하고 있고 박물관의 전시도 수준이 높다. 나주박물관은 본래 기능 외에 나주의 관광자원으로서의 역할을 훌륭하게 해내고 있다.

↑ 남해신사

　다행히 영암에도 2025년 마한역사문화센터 건립 공사가 시작된다. 다른 지자체들과의 경쟁에 이겨서 유치한 것이다. 총사업비 400억원을 들여 짓는 센터가 마한과 관련된 유물 기록물 들을 체계적으로 관리 연구 전시 활용하는 통제센터로서만이 아니라 관광자원으로서 영암에 기여하게 되길 바란다.

　위치 등 여러 가지로 아쉬운 점이 있지만 모처럼 얻는 기회이니 잘 살리면 좋겠다. 중요한 것은 시설이 아니라 그것을 채우는 콘텐츠이고 얼마나 잘 운영해서 사람들을 끌어들일 수 있는가이다.

나주에서 만난
영암 고분 출토품들

국립나주박물관을 다녀왔다. 좋은 전시가 열리고 있으니 가보자는 주강현 박사의 말에 이끌려서다. 주강현 박사는 유명한 해양문명사가다. 지금까지 많은 책을 써냈고 많은 책들이 베스트셀러가 됐다. 융성도서관 은적산 방에 머무르고 있다. 내가 묵고 있는 월출산 방 옆방이다.

31년 전에 주강현 박사가 쓴 '마을로 간 미륵'은 엄청난 베스트셀러였다. 2021년에는 '조기평전'이란 책이 크게 화제가 되었다. 작년에는 무려 1,300 페이지가 넘는 '해양실크로드 문명사'라는 책을 냈다. 최근에는 '명태 평전'이 나왔다. 깊이 있는 책을 끊임없이 그렇게 써낼 수 있다는 사실이 놀랍다.

융성도서관에서 나주 반남에 있는 국립나주박물관까지는 30분 정도면 갈 수 있는 거리다. 7월 28일까지 국립중앙박물관 기획 특별전시인 '영원한 여정, 특별한 동행'이 열리고 있다. 신라 가야 지역 고분에서 발굴된 상형 토기와 토우 장식 토기들을 볼 수 있는 좋은 기회다.

박물관 현관에 들어서자 안내 데스크에 앉아 있던 정유선 씨가 반갑게 맞는다. 나주에 있을 때 알게 된 분인데 박물관에서 일하고 있다.

먼저 특별전시실. 신라 가야 지역의 고대 장송의례를 상형 토기와 토우 장식 토기를 통해 상상해 볼 수 있다. 디지털 기술을 사용해서 정적인 전시를 동적으로 구현하고 있었다. 작아서 자세히 보이지 않는 토우도 쉽게 보여주고 재미있게 설명한다.

전시된 유물들 모두 하나같이 좋다. 토우에 얽힌 스토리가 흥미롭다. 압권은 맨 처음 만난, 웃는 얼굴을 한 조그만 늑대 토우였다. 현대 작가의 작품이라고 해도 의심하지 않을 것이다. 고 이건희 회장이 기증한 것이다. 이회장 기증품은 이외에도 여럿 있었는데, 한결같이 일품이었다.

전시실 깊은 쪽 중앙에 제법 큰 토기 항아리 두 점이 간격을 두고 양쪽 각각 하나씩 진열돼 있다. 국립중앙박물관 소장품인 국보를 특별히 운송해왔다. 이번 순회전시의 무게를 보여준다.

신라와 가야 토우, 토기장식 토우들과 더불어 영산강 유역에서 발굴된 토우와 토기 장식 토우들도 전시하고 있으니 비교해보는 재미도 있다.

찬찬히 보면 하루도 모자랄 특별전시를 서둘러 보고, 상설 전시실로 향

↑ 마한 고분에서 출토된 옹관들

한다. 다음 약속 때문에 시간이 충분치 않다. 여러 개의 전시실이 있지만 고분 문화실 1, 2의 전시에 집중한다. 영산강 일대 마한고분에서 출토된 옹관과 토기 등 부장품들을 볼 수 있다.

5년 쯤 전이려나. 나주에 있는 복암리고분전시관과 나주박물관을 방문해 처음 옹관들 앞에 섰을 때 그 인상이 얼마나 강력했던지. 에일리언 영화의 한 장면이 눈앞에 펼쳐져 있는 느낌이었다. 상상속에서나 존재했던 마한이라는 이름이 갑자기 현실감을 갖고 다가왔다.

고대 마한인들의 장례식에 쓰였던 독널옹관들 뒤 벽에 투사되는 영상. 독널에 묻힌 영혼들이 튀어나와 한 바탕 춤을 추고 다시 독으로 사라진다. 바라보고 있으니 순간 고대로 타임슬립한 듯한 신비한 느낌에 사로잡힌다. 잘 만든 한 편의 미디어 아트 작품이다. 전에 비해 전시가 더 생동감 있는 것 같다.

마한시대의 여러 고분에서 출토된 토기들과 장신구들을 만난다. 영암 고분들의 출토품에 초점을 맞춘다.

영암의 만수리 2, 4, 5호분, 내동리 초분골 고분과 유적, 금계리 유적, 신연리 연소고분, 태간리 자라봉 고분에서 발굴된 구슬 장신구들이 전시 중이다. 구슬은 유리만이 아니라 돌이나 수정으로 만든 것들도 있다.

그 옛날, 토기를 쓰던 시대의 사람들이 저토록 화려한 장신구들로 치장을 했다는 사실이 놀랍다. 그만큼 이 지역에 상당한 부와 권력을 가진 세력이 높은 수준의 문화를 갖고 살고 있었다는 증거다.

영암에 내려온 이후 둘러본 고분들이 적지 않다. 신연리 고분군, 옥야리 고분군, 장동방대형 고분, 내동리 고분군 등. 굳이 찾아가지 않아도 자주 마주치는 고분은 시종 내동리 쌍무덤이다. 교차로 가까이 있어 눈에 잘 띄기 때문이다.

↑ 마한 고분에서 출토된 장신구들

2020년 내동리 쌍무덤에서 금동관 일부⌐편⌐가 발견됐다. 마한 고분에서 금동관이 발굴된 것은 일제강점기 나주 신촌리 9호분에서 완전한 형태의 금동관이 나온 이래 백 년만의 일이다. 모양 또한 신촌리 금동관과 유사하다. 본체는 도굴당해 사라졌지만 발굴된 금동관편만 보더라도 고분의 주인이 당대 최고의 권력자였으리라는 걸 짐작할 수 있다.

그런데, 아쉽게도 내동리 쌍무덤에서 발굴된 금동관편은 볼 수 없었다. 학예사에게 물어보니 나주박물관에 없단다. 발굴기관인 전남문화재연구소에서 보존처리를 하고 연구 중에 있을 거란다.

상설전시실에는 만수리 1,2,4호분, 내동리 초분골 고분 등에서 발굴된 토기들도 전시되고 있다.

완전한 형태의 목걸이 팔찌들은 당장 착용해도 손색이 없을 것 같다. 영롱한 색으로 빛나는 천오백 년 전 과거의 유물들이 엊그제 만들어진 제품 같다.

마한시대 고분들을 직접 보고 박물관에 들러 출토된 유물들을 직접 눈으로 확인하면 까마득히 먼 존재로 여겼던 고대인들이 바로 곁에 있는 듯한 느낌을 받을 것이다.

요즘 것들과 하등 다르지 않은 장신구들을 착용하고 패션쇼라도 한 번 열어보면 어떨까. 천오백 년이라는 시간의 간극이 한 순간에 사라져버릴 것이다.

영산강 유역에서 수준높은 문화를 구가하며 살았던 마한인들. 영암, 나주, 해남 등 전남지역에 무려 452개의 고분이 산재하고 있다. 영암에는 전남 지역에 산재한 452개 소 마한고분 중 약 41개소가 있다. 그 가운데 20여개 고분군은 내동리 쌍무덤 주변에 분포하고 있다.

그런데, 내동리 쌍무덤. 마한 다큐멘터리를 많이 만든 곽판주 광주 MBC 피디에게 물어보니 내동리 쌍무덤에서는 금동관편만이 아니라 무려 3,800여 점에 이르는 구슬 외에도 영락_{관에 다는 반짝이}, 금동관 조각들이 발굴되었다고 한다. 발굴 직후 금동관편을 직접 대면하고 촬영하는 행운도 누렸단다.

발굴 당시엔 지역 관광자원으로 적극 활용하겠다고 의욕이 넘치더니 현재 내동리 쌍무덤을 보면 그런 것 같지 않다.

고분을 더 실감나게 감상할 수 없을까. 디지털 기술을 박물관에서만 구현하지 말고 현장에 적용해보는 건 어떨까. 모든 고분을 다 그리 할 수는 없을 테지만 대표적인 데를 골라. 내동리 쌍무덤 같은 곳에서 실물과 디지털 AR 기술을 융합한 전시를 한다면 엄청 재미있지 않을까. 장동대방형 고분도 임팩트 있었지만 역시 많은 유물이 나온 곳이 스토리텔링에는 좋을 것이다.

성기동공원
왕인박사 유적

성기동聖基洞. 흔히 구림마을이라 하는 동네다. 많은 역사적 인물이 태어난 성스러운 터가 있는 동네다. 대표적 인물로 백제시대 왕인박사와 통일신라 시대 도선국사가 있다.

주소가 동구림리 440인 성기동에는 왕인박사와 관련된 유적이 모여 있다. 흔히 왕인박사 유적지라고 하는 성기동공원을 찾았다.

주차장에 차를 세우면 가장 먼저 눈에 띄는 건물이 2층 한옥건물인 영월관이다. 영월관 앞 왼쪽에 거대한 석조 조형물이 있다. 한중일 세 나라 천명에게 부탁해 완성한 천자문을 새긴 것이다. 여기 얽힌 에피소드는 전에 소개한 적이 있다.

하늘천따지로 시작하는 양나라 주흥사의 천자문은 시기적으로 보아 왕인이 전한 것일 수 없다는 지적에 나중에 천인천자문 옆에 추가로 왕인 시대 때 이미 존재하고 있던 주나라 종요의 천자문을 새기고 그 사연을 적은 비석을 세웠다는 사실과 군수가 하늘천자를 쓰고 김대중대통령이 땅지자를 쓰게 된 사연 등.

영월관迎月館은 공원으로 들어가는 대문격의 건물이다. 달맞이 집인가 했

↑ 왕인박사 동상

더니 한자를 보니 신령스런 달 집이다. 영월관은 왕인박사 기념전시관이
다.

　현관 한켠에는 거대한 왕인석상 모조품이 서있다. 전에 산에 올라 실물
을 본 적이 있어 익숙한 얼굴이다. 왕인석상이 아니라는 주장도 있지만,
일반인으로서는 판단할 길이 없다. 왕인 전설과 관련된 문산재 양사재 지
침바위 책굴 근처에 함께 있어 왕인석상이라고 하는 게 자연스러워서일
테다.

　1층에 전시실이 둘 있다. 제1 전시실. 왕인박사에 관해 기록하고 있는 고
사기古事記와 일본서기日本書紀 사본이 전시돼있다. 왕인을 언급한 페이지를 보
여주면 좋을 텐데, 없다.

따로 찾아본 고사기의 기록이다.

> 천황이 백제 조고왕에게 현자가 있으면 헌상하라고 명했다. 조고왕이 헌상한 인물의 이름은 화이길사 和邇吉師다. 논어 열권 천자문 한 권, 합해서 열한 권을 화이길사에게 맡겨서 보냈다. 이 화이길사는 서수書首(후미노오비토 : 문필로 왜 왕권에 봉사한 도래계 씨족)의 조상이다.(고사기 중권, 응신천황 20년 을유)

화이길사는 왕인이다. 화이和邇와 왕인王仁의 일본어 발음은 와니로 같다.

조고왕이 누구인지, 일본왕이 백제왕에게 명령하는 위치에 있었다는 건지, 따지고 들면 한정이 없는 일이라 생략하고, 기록된 팩트만 취하면 될 것이다.

다음은 일본서기.

> 아직기는 경서에 정통했다. 그래서 황태자 토도치랑자菟道稚郎子(우지노와키이라츠코)의 스승으로 모셨다. 천황이 아직기에게 물었다. '그대보다 나은 학자가 달리 있는가.' 아직기가 '왕인이라는 자가 있습니다. 뛰어난 사람입니다.'라고 답했다. (중략)
> 16년 봄 2월에 왕인이 와서 곧 태자 토도치랑자의 스승이 되었다. 많은 경전을 왕인한테 배웠는데, 왕인은 어떤 일이든 통달하여 모르는 바가 없었다. 왕인은 서수書首의 조상이다.(권 제10, 응신기)

응신천황 16년은 곧이곧대로 하면 서기 285년이다. 하지만 일본서기가 천황가의 역사를 끌어올려 조작했다는 사실120년=2주갑 인상을 감안해 계산하면 서기 405년이 된다. 응신 이전은 다 만든 것이고 실질적인 첫번 째 천황은 응신이라는 주장이 있다.

우리나라 역사서에 왕인에 관한 언급이 최초로 등장하는 것은 1655년이다. 을미통신사로 일본을 다녀온 남용익이 쓴 부상록이다. 남용익은 토쿠카와이에츠나의 4대 쇼군직 세습을 축하하기 위한 사절로 일본에 갔다. 부상록은 1655년 6월부터 1656년 2월까지 9개월 간의 기록이다.

> 응신왕 갑진년에 백제가 경전과 여러 박사를 보냈고, 을사년에 왕인을
> 보냈다.(부상록)

이후 1719년 신유한의 해유록, 1763년 원중거의 화국지 등에도 비슷한 내용이 있다.

오래된 우리 역사서에 왕인에 대한 기록이 등장하지 않는다는 점, 왕인 박사 현창사업이 일제강점기에 일본과 친일파들에 의해 시작되었다는 사실에 대한 반감 등으로 왕인의 실재에 의문을 제기하는 이들이 있다.

하지만, 일본 역사서의 기록이라고 해서 믿지 않을 이유는 없다. 일본서기가 고대 천황들 이야기를 지어낸 것과는 차원이 다르다. 백제인 왕인이 일본에 문자와 학문을 전해주었다는, 어찌 보면 일본인으로서는 자존심 상하는 이야기인데, 그런 이야기를 거짓으로 지어낼 이유가 있겠는가.

게다가 일본인들이 유사 이래 줄곧 왕인을 학문의 시조로 숭상해온 사실을 감안하면 고사기와 일본서기의 기록을 무시할 이유는 없을 것이다.

일본에도 왕인의 실재를 부인하려는 이들이 있다. 천자문은 왕인 도일 시기에는 존재하지 않았기 때문에 왕인도 존재하지 않았다거나, 왕씨는 중국 성이므로 중국인이었다거나 아니면 원래 일본인이라는 식의 주장을

↑ 왕인박사

한다.

　하지만, 앞서 말했듯 천자문을 근거로 드는 것은 주흥사의 천자문 훨씬 전에 종요의 천자문이 존재했었다는 사실을 모르는 데서 나오는 주장이고, 왕인이 중국인이니 일본인이니 하는 주장은 일본인 스스로 일본 역사서에 기록된 팩트를 완전히 무시하는 것이니 귀 기울일 필요가 없다.

　전시실 입구 벽에 설치된 모니터에서 흐르는 다큐멘터리 영상이 눈길을 끈다. 벽에 '1600년 전 왕인 뱃길을 찾아서'라는 타이틀이 적혀 있다. 2001년 4월, 영암군과 왕인박사현창협회가 무동력 떼배를 타고 일본까지 가는 왕인뱃길 재현 프로젝트를 진행했다. 조류와 바람만을 이용한 항해는 106 시간 동안 계속되었고, 출항 8일째 목적지에 도착했다.

　왕인과 도공, 야공, 와공 등 45명의 수행자들을 태운 배는 영암 상대포를 출발하여 목포-진도 울돌목-완도 남쪽 - 거문도 - 오도열도 - 북큐슈 - 사가를 거쳐 오사카에 도착했을 것으로 추정되나 정확한 항로는 알 수 없다.

전시실 천장에 주황색 천이 매달려 있다. '왕인박사호 떼배 황포돛'이라 쓰여 있다. 뱃길 재현 때 썼던 돛인 모양이다.

제1 전시실에서 영암지역 고대문화, 백제의 복식, 마한지역 고분에서 출토된 유물들을 보고 배운다. 한참 구경하는데 전시실 입구에서 사람들이 대화하는 소리가 들린다. 관광객이 영암에서 가볼만한 데가 어디냐고 해설사들에게 묻고 있는 듯하다. 해설사들 생각이 나랑 비슷하지 않을까.

구림마을, 왕인박사 유적, 그 다음에는 한국트로트센터, 조훈현바둑기념관, 가야금산조테마공원이 있어 구경할 만한 기찬랜드. 여름이니 월출산의 맑고 찬 물에서 더위를 식히고 싶다면 기찬랜드 물놀이장 정도를 추천할 것이다.

영암은 관광도시의 이미지가 없다. 왕인유적지처럼 엄청나게 넓은 관광지 이상으로 작지만 아기자기한 관광콘텐츠가 중요하다. 영암에 자원이 없는 게 아니다.

누구한테 이런 말을 들었다.

"영암 사람들 잘 살아요. 관광으로 돈 벌려는 노력을 굳이 안 할라고 해요. 숙소가 부족하니 군에서 민박을 하시라고 지원해줬어요. 집을 깨끗하게 고치고 필요한 설비들도 해줬는데, 처음 조금 하는가 싶더니 안 하더라니까요. 시끄럽고 눈꼴스런 짓거리들을 하는 게 보기 싫다고, 안 하고 만다더라니까요."

선뜻 믿기 어렵지만 혹시라도 그런 마음이라면 큰 일이다.

제2전시실로 향한다. 바깥에서 봐도 크게 눈에 띄는 전시물이 입구 안쪽에 크게 배치돼있다. 얼핏 보면 공자인가 할 인물이 그려져 있고 옆에 글이 적혀 있다.

해신의 바다와 수많은 흰 파도를 넘어서 여덟 섬나라에는 글이 전해졌노라.

943년 일본의 스자쿠천황이 있는 자리에서 궁정 고관 다치바나노나오모토가 읊었다는 시다. 일본에 문자를 전해주고 글을 가르쳐준 왕인박사의 업적을 칭송하고 있다. 왕인박사는 단순히 천자문과 논어를 전해준 것이 아니다. 학문과 각종 전문 기술들을 가르쳐줌으로써 암흑 속에 있던 일본에 문화의 빛을 비춰주었다.

고대 일본은 여덟 섬나라로 구성되어 있었다. 오키, 시코쿠, 아와지, 큐슈, 잇키, 쓰시마, 사도, 그리고 혼슈. 왕인박사가 전한 문명의 빛은 여덟 섬나라, 전 일본으로 퍼졌다. 고대 일본의 아스카문화는 왕인박사가 있었기에 가능했다. 왕인박사가 일본에 오지 않았다면 일본의 역사와 문화는 백년 정도 늦어졌을 것이라고 일본 학자가 말하는 까닭이다.

1995년 일본의 유명 출판사 고단샤는 '일본사를 만든 101인'이라는 책을 펴냈다. 유식자들이 모여 일본사의 대표적 인물 백한 명을 선정해, 가십을 섞어가며 비평하고 평가한 내용을 정리한 것이다. 101인 중 첫번 째가 왕인이었다. 두번 째는 쇼토쿠태자, 세번 째는 천무천황이었다. 101인에 포함된 다른 인물들로는 두보, 승려 도경, 쇼와천황, 맥아더장군, 타나카카쿠에이 총리 등이 있다.

커다란 왕인 그림 앞에 있는 작은 간판. 왕인은 백제 근구수왕 때의 학자라고 쓰여 있다. 근구수왕 때라고?

왕인박사현창회에서 펴낸 왕인학당 인성교재 충효와 생활예절 6페이지에는 왕인이 백제 14대 근구수왕375~384 때 성기동에서 태어났다고 적혀있다. 만화p.10에는 373~384년 사이에 태어났다고 돼있다. 373년이나 374

년이면 근초고왕346~375 때다. 375년이면 근구수왕375~384 때일 수 있다.

만일 왕인이 근구수왕 재위 첫 해인 375년에 태어났다면, 근구수왕 재위 마지막 해인 384년에는 아홉 살이다. 373년 근초고왕 때 태어났더라도 마찬가지다. 열여덟 살에 오경박사가 될 정도로 뛰어났을지라도, 학자로 활약할 나이가 아니다. 왕인을 백제 근구수왕 때의 학자라고 써놓은 설명문은 잘못 아닌가.

왕인이 일본에 도착한 해 백제의 왕은 누구였는지에 대해서도 서로 다르게 적은 자료들이 있다. 하지만 어렵지 않게 특정할 수 있다. 일본서기의 기록에 따르면 왕인은 응신천황 16년 2월에 일본에 왔다.

서기 405년은 백제 아신왕392~405이 석연치 않게 죽은 뒤 왜에 가있던 전지가 귀국해 우여곡절 끝에 왕위전지왕 405년~420에 오른 해다.

왕인이 일본에 온 건 405년 2월, 아신왕이 죽은 건 9월이다. 왕인을 일본에 보낸 왕은 아신왕일 수밖에 없다.

제2전시실은 주로 일본에 있는 왕인 관련 유적지들과 유물들을 전시하고 있다. 히라카타시에 있는 왕인묘, 왕인신사와 왕인을 모시는 신사들, 일본에 보존되고 있는 아직기, 왕인, 토도치랑자 상들, 아스카문화의 주요 유적과 유물들. 유물은 모두 모조품이다.

백제계 권력자 소가노우마코가 지었다는 비조사飛鳥寺 아스카데라 모형도 있고 왕인이 학문을 가르치고 백제 기술자들이 쌀농사와 제철기술을 가르치는 모습을 인형으로 만들어놓은 전시물도 있다. 문화의 전수라는 이름이 붙어 있는 전시물 앞에 버튼이 있어 눌러보니 작동하지 않는다.

낡은 것이 한 눈에도 무척 오래되어 보이는 천자문이 전시돼있다. 가만 보니 하늘천따지로 시작하는 양나라 때 주흥사의 천자문이다. 영월관 앞 천인천자문 조형물 옆에 왕인이 가져간 천자문은 주나라 때 종요의 천자문이라고 해명한 비석까지 세워놓았으면서 전시관 내에 전시된 천자문은 그대로 주흥사 천자문이다.

그 아래 설명에는 천자문과 논어를 가져간 왕인과 함께 간 기술자들이 아스카문화와 나라문화의 원조가 되어 일본의 정치 경제 문화예술의 꽃을 피웠다고 되어 있다. 설명을 좀 수정해야 하지 않나.

일본인들도 엉터리여서 히라카타의 왕인묘에 있는 천자문 조형물도 주흥사의 천자문이다. 깊이 있게 공부하지 않은 이들 입에서 왕인이 허구의 인물이라는 주장이 나오는 까닭일 것이다.

왕인박사가 지었다는 시 난파진가難波津歌, 나니와즈노우타=난파나루의 노래가 유려한 필체의 일본어로 쓰여 있다. 실은 쓴 게 아니라 서예가가 쓴 글씨대로 나무(?)를 오려 벽에 붙인 것이다. 옆에는 해석도 붙어 있다.

↑ 왕인묘

난파는 오사카의 옛 이름이다. 일본식으로 나니와라고 발음하는 이 이름도 왕인이 지었다는 설이 있다.

왕인박사가 쓴 난파진가는 만요万葉가나로 쓴 것이다. 김용운 교수처럼 히라가나와 한자를 섞어 쓴 게 아니다.

왕인박사는 한자의 음과 뜻을 차용하여 우리말을 표기한 신라시대의 이두와 같은 문자를 만들었다. 히라가나 카타카나 이전에 사용된 만요가나다.

난파진가는 5,7음으로 돼 있는 일본 와까和歌의 아버지격에 해당하는 시다. 옛날 일본 왕실과 귀족의 자제들이 붓글씨를 배울 때 난파진가를 교본으로 삼아 연습했다. 글을 배울 때도 기본적으로 암송했다.

먼저 일본어 발음 그대로 난파진가를 읊어보자.

나니와즈니
사쿠야 코노 하나
후유 코모리
이마와 하루베도
사쿠야 코노 하나

5,7,5,7,7. 총 서른한 자로 되어 있다.

이 일본어 발음을 그대로 한자로 표기하려면 어떻게 해야 할까. 왕인은 향찰이나 이두를 떠올렸을 것이다. 일본어 발음과 비슷한 한자의 발음 혹은 뜻을 취해서 표기하는 방법으로 표기한 난파진가는 이렇다.

奈爾波都爾 나니와즈니
佐久夜己能波奈 사쿠야코노하나

布由許母理 후유코모리

伊麻波波流弊止 이마와하루베도

佐久夜己能波奈 사쿠야코노하나

이걸 헤이안시대 만들어진 히라가나로 적으면 이렇게 된다.

なにわづに

さくやこのはな

ふゆこもり

いまははるべど

さくやこのはな

이걸 다시 히라가나와 한자를 섞어 적으면 다음과 같다. 현재의 일본어 표기다.

難波津に

咲くやこの花

冬ごもり

今は春べド

咲くやこの花

이것을 번역해보면 이런 뜻이다.

난파진에 피었구나 이 꽃이

겨우내 감싸고 있다가

이제 봄이 오니 활짝 피었구나

이 꽃이여!

난파진가는 왕인이 응신천황의 아들인 인덕천황의 즉위를 축하한 시라고 전해진다. 인덕천황은 응신천황의 넷째 아들이었다. 태자였던 토도치랑자가 죽자 왕위에 올랐는데, 형제들이 서로 왕위를 양보했다고 한다.

즉위 후 민가의 굴뚝에서 연기가 오르지 않은 것을 보고 3년간 세금을 면제해주는 등 어진 정치를 펴서 인덕仁德천황이라 불렸다는데, 한편으로는 여색을 밝힌 것으로도 유명하다. 일본서기의 기록에 의하면 뿔난 아내가 황궁을 나가 별거하는 중에 죽자, 바람피우던 상대를 황후로 맞아들였다고 한다.

↑ 난파진가

왕인이 노래한 꽃은 매화다. 추위에 웅크리고 있다 봄이 오면 가장 먼저 피는 꽃이다. 난파진가를 매화송이라고도 하는 이유다. 히라카타시의 왕인묘역에 매화가 심어져 있는 까닭이기도 하다. 왕인묘에서는 무궁화꽃도 핀다. 수십 년 왕인묘를 관리한 지역 주민이 심은 것이다.

일본의 저명한 사학자로 교토대학 명예교수였던 고 우에다마사아키에 의하면 왕인의 난파진가가 쓰여 있는 7~8세기 죽간이나 목간이 마흔 개

넘게 발견되었다고 한다. 우에다 박사가 소장하고 있던 나라시대의 한시집 회풍조의 서문에는 왕인박사가 일본에 문자문화를 심어 주었다고 기록돼있다. 왕인박사의 후손들은 대대로 왕실의 기록을 담당했고 외교분야에서 활약했다.

2010년 광주MBC는 다큐멘터리 '바다를 건너간 성자 왕인'을 제작했다기획 곽판주, 연출 백재훈. 다큐멘터리에 나온 내용이다.

효고현 타츠노시에 사는 야세 씨가 족자를 꺼내왔다. 족자에는 특이하게 한글이 적혀 있었다. 야세 씨는 무슨 뜻인지 짐작조차 할 수 없었다. 하지만 왠지 귀한 것 같아 태우지 않고 보관했다. 곰팡이가 슬고 쥐가 갉아먹어 태워버린 많은 유물들 가운데서 유일하게 남겨둔 것이었다.

야세 가문은 대대로 효고에서 살아왔다. 효고는 통신사가 지나는 루트에 위치하고 있다. 야세 가문에서 300명이 넘는 통신사 일행을 접대했다. 통신사 일행 중 한 사람이 한글로 붓글씨를 써주었다. 족자에 적힌 한글은 왕인의 난파진가를 소리나는 대로 적은 것이었다.

문외한이 봐도 보통 솜씨가 아닌 붓글씨는 이렇게 되어 있었다.

나이와주니 사구야 고노하나 후유고모리 이마오할혜도 사구야고노하나

현재의 한글 표기법과 거의 다르지 않다. 통신사가 왕인의 난파진가를 알고 있었다는 사실이 흥미롭다. 그만큼 왕인의 난파진가가 조일 양국 식자들 사이에 알려져 있었다는 얘기가 될 것이다.

905년 편찬된 고금화가집古今和歌集에 실린 난파진가는 예나 지금이나 일본인들이 애송하는 시다. 지금도 일본에서는 카루타대회*를 할 때 난파진 가를 읽은 다음 경기를 시작한다.

일본 중앙공론사에서 시리즈로 발간한 '일본어의 세계'라는 책 16권 중 제1권 '일본어의 성립'의 저자 고 오노스스무大野晋 학습원대학 교수는 왕인박사가 향찰이나 이두처럼 한자의 음을 빌어 일본어를 표기하기 시작했고 이것이 일본문자 가나의 기초가 되었다고 평가했다. 왕인박사를 일본어의 아버지라 칭하는 까닭이다.

영월관 2층은 사진을 통해 영암군의 역사를 알 수 있는 전시실이다. 11개 읍면의 과거와 현재, 영암의 산업 문화 교육 등 분야별 변천사, 영산강 하굿둑 건설과 간척, 대불공단 건설, 영암군민들의 삶과 생활의 변천사를 보여주는 사진들이 가득하다.

어릴 적 해창에서 나룻배를 타고 건너 도포에 있는 외할머니집에 갔던 생각이 난다. 1960년대 초반이었을 텐데, 내가 영암을 떠난 1965년 해창과 도포 사이에 다리가 놓이자 나루터는 사라졌다. 해창교 준공식 모습을 찍은 사진이 있었다. 어렴풋한 유년시절에 대한 그리움이 몽글몽글 피어올랐다.

바깥으로 나오니 날씨가 그렇게 좋을 수 없다. 맑고 푸른 하늘 아래 월출산은 또 얼마나 또렷한지. 바위들이 금방이라도 불뚝 솟아오를 것 같다.

돌이 깔린 통로 왼쪽 가장자리에 영암을 떠나는 왕인박사의 행렬을 증강현실AR로 감상할 수 있다는 안내 간판이 서있다. QR코드가 인쇄돼 있어

---

*   카루타 경기. 가령, 백인일수百人一首카루타 경기. 일본 고대와 중세 시대 시를 써놓은 백인일수카루타에는 시 한 수를 둘로 나눈 구가 쓰여 있다. 카루타 한 장에 윗구 혹은 아랫구가 적혀 있는데, 시합은 아랫구가 쓰인 카루타를 바닥에 펼쳐 놓은 뒤, 낭독자가 윗구를 읽으면 아랫구가 적힌 카루타를 재빨리 쳐내야 한다. 먼저 쳐내는 사람이 이긴다.

어플을 다운 받으려 바로 스마트폰을 켰다. 그런데, 웬걸, '왕인박사AR 앱은 이전 버전의 안드로이드를 위해 만들어진 것이기 때문에 현 기기에서 사용할 수 없다'는 글이 뜨는 게 아닌가.

앱을 만든 뒤 업데이트를 하지 않은 모양이다. 어차피 앱을 다운받아 보려는 사람도 없을 텐데, 하고 애초에 만든 상태로 방치하고 있는 건 아닌지 의심이 들었다.

그런데, 이 도일행차 AR 간판에 적혀 있는 설명이 눈이 갔다.

> 아신왕 14년(405년) 1월 29일, 성기동마을에는 왕인박사 일행의 도일 행차를 구경하기 위해 수많은 인파가 모여들었다.

아신왕의 재위 기간은 서기 392년부터 405년까지다. 서기 405년은 아신왕 14년이다. 아신왕 재위 마지막 해 1월 29일, 왕인은 일본으로 갔다. 정확하게 날짜까지 적어놓았는데 그런 기록이 있는 건가.

월출산을 배경으로 우뚝 서있는 동상. 왕인박사상이다. 왼손으로 책을 받쳐들고 오른 손으로 페이지를 가리키고 있는것으로 보이는 왕인박사의 시선은 먼 곳을 향하고 있다. 시선의 끝은 어디일까? 바다? 그 건너 일본?

가까이서 왕인박사를 올려다 보고 있는데 중얼거리는 소리가 들린다. 가만 귀를 기울이니 일본말 같다.

캡을 쓴 남자가 스마트폰을 들고 혼잣말로 뭐라 뭐라 설명한다. 유튜버인가. 그냥 지나칠 수 없다. 바로 큰 소리로 물었다.

"일본사람인가요?"

남자가 대답했다.

"예, 그렇습니다."

짐작대로 일본인이었다. 질문해서 확인한 신상 명세다.

이름 타나카 타케시_{본명 미츠나가 타케시}, 나이 47세. 왕인박사 묘가 있는 히라카타시에서 왔다. 프리랜서로 무역 일을 하면서 겸해서 여행 유튜버 일을 하고 있다. '타나카타케시의 여행 채널7'이란 유튜브 채널을 갖고 있다.

나중에 확인하니 구독자가 4만2천2백 명, 업로드한 동영상이 430개에 달한다. 최근 올린 동영상은 조회수가 수만 건 정도지만 몇 년 전에 올린 동영상은 조회수가 수십 만에 달하는 것도 적지 않다. 제법 영향력 있는 여행 유튜버다.

"영암까지 어떻게 오게 됐어요?"

"왕인박사 보러 왔습니다. 천자문 아시죠? 왕인박사가 일본에 천자문을 전해준 얘기는 히라카타 사람이라면 대개 알고 있습니다."

들어보니 엄청 먼 길을 달려왔다. 히라카타에서 아홉 시간 동안 버스를 타고 후쿠오카에 내렸다. 후쿠오카에서 페리를 타고 부산에 내려 1박, 아침에 부산에서 고속버스를 타고 광주에 도착했다. 광주에서 시외버스로 갈아타고 왕인유적지까지 왔단다.

"정말로 왕인박사 땜에 그 고생을 하며 여기까지 왔다고요?"

"예. 정말이예요. 한국 여행은 전에도 몇 번 한 적이 있는데, 이번 여행은 오직 왕인 박사 고향 방문이 목적이에요."

코로나 이후 확 줄었지만 이전에는 해마다 많은 일본인이 영암을 찾아왔다고 들었다. 오로지 왕인박사 때문에 영암까지 온다니, 일본인들이 왕인박사를 어떻게 생각하는지 알 수 있을 것 같다.

함께 왕인박사 유적지를 돌아보기로 했다. 왕인상 왼쪽으로 들어가는 길이 있다.

산으로 올라가는 가파른 계단이 보인다. 전망대인 망월정으로 가는 천자문 계단이다. 설마 천 개는 아니겠지만 엄청 길어 보인다. 이 더운 날에, 엄두가 나지 않는다.

크고 작은 돌을 첨성대 모양으로 쌓은 두 개의 탑이 있다. 탑 가운데 한 자로 왕인이라고 새긴 네모난 돌이 박혀 있다. 설명 간판이 있지만 특별히 왕인과 관련이 있어서 설치한 건 아닌 듯하다.

옆에 기와집이 있다. 왕인학당 겸 왕인박사현창협회 사무실이기도 하다. 누구 계신가요? 하고 소리치니 문이 열린다. 자기 소개를 하니 반갑게 맞아준다. 김희석 훈장이 바로 책 네 권을 꺼내온다. 한 사람 당 두 권씩, 선물이란다.

제목이 한자로 쓰인 두꺼운 책과 한글로 되어 있는 충효와 생활예절이라는 얇은 책. 모두 왕인학당 인성교재다. 나는 두 권을 다 받았고, 타나카 씨는 얇은 책 한 권만 받았다. 여행 다닐 때 짐은 가급적 적은 게 좋다. 두꺼운 책은 무겁다. 얇은 책에는 왕인 이야기를 그린 만화가 들어 있다.

김희석 훈장이 무더운 날씨에 한사코 안내를 해주시겠다고 앞장선다.

왕인상 뒤 통로 왼쪽에 세워진 석벽.

"절에 가면 부처님 인생을 그린 여덟 장의 벽화가 있지요. 팔상도라고. 이건 왕인박사의 이야기를 돌에 새긴 겁니다. 여섯 장면으로 돼있으니 말하자면 육상도인 셈입니다."

첫번 째 조각은 왕인박사의 탄생이다. 월출산 위 하늘, 태양 빛 한 가운데 웃고 있는 갓난 아기가 있다. 얼굴과 머리를 가만 들여다보고 있으니 아기가 아니라 어른 같다. 드러내놓고 있는 고추.

김희석 훈장이 설명한다.

"만지면 왕인박사 같은 아들을 낳는다고, 사람들이 하도 많이 만져서 어느 날 고추가 떨어져버렸어요. 그래서 다시 만들어 달았습니다."

내가 말했다.

"그렇게 고추를 만지고 싶어하면 어디 자그마한 왕인 아기 동상을 하나 세워서 실컷 만지게 하면 되지 않나요? 편하게 아무나 만질 수 있으면, 더 재밌어 하고, 화제도 되고, 찾아오는 사람들이 늘어날 수도 있고. 왕인박사현창협회에서 하나 만드시지요."

김희석 훈장이 대답했다.

"아이디어, 참고하겠습니다."

반농담조로 한 제안이지만 꼭 그렇게만 받아들일 것은 아니다.

아주 오래 전, 일본에서 절이나 신사에 가면 이게 뭔 짓이지 하고 거부감이 들었다. 합격기원, 건강기원, 무사고 운전 기원 등등 다양한 부적을 팔고 있다. 돈을 내고 제비뽑기를 해 운수를 점친다. 신성한 장소에서 무슨 이런 장사를 해, 라고 생각했다.

나중에 생각이 바뀌었다. 어느 사이 우리나라 절도 바뀌었다. 찻집이나 카페도 운영하고, 불교용품이나 일반 물건들을 파는 매점도 있다.

시시해 보이는 것도 관광상품으로 만들어 파는 일본인들에게 배울 필요가 있다. 홋카이도 아칸호수에 갔을 때였던가. 호수에서 자라는 마리모라는 수초가 있다. 동글동글하게 공처럼 뭉쳐서 큰다. 관광상품 가게에 마리모 열쇠고리가 있었다. 동그란 녹색 바디에 머리와 팔다리가 달려 있다.

그런데, 삐죽 길게 고추가 달려 있었다. 재밌어서 하나 샀다. 귀국해 한동안 사용했는데, 어느 날 고추가 떨어져버렸다. 볼 때마다 홋카이도 아칸코를 떠올렸었다. 관광상품이란 그런 것이다. 팔아서 돈을 버는 것도 있겠지만 볼 때마다 여행의 추억을 떠올리니 홍보에 큰 도움이 된다.

왕인박사도 얼마든지 관광상품으로 개발할 수 있다. 일본에서 학문의 신으로 추앙받고 있지 않은가. 합격기원 물품들도 팔고, 천자문 공부용 카

드도 팔고, 고추 달린 아기 왕인박사 캐릭터 상품들도 만들어 팔 필요가 있다. 그래야 왕인박사를 더 친숙하게 느끼고, 좋아하게 되는 법이다. 필요 이상의 엄숙주의는 경계해야 한다.

육상도의 나머지 조각들은 문산재에서 공부하고, 열여덟 살에 오경박사의 칭호를 받고, 지침바위에서 종이를 만들고, 상대포에서 배를 타고 일본으로 떠나고, 태자 토도치랑자를 비롯해 일본인들에게 학문을 가르치고 있는 모습들이다. 제자들에 둘러싸인 왕인박사의 모습이 마치 예수님 같다.

왕인문. 2018년 영암군은 칸자키시에 백제문을 세웠다. 그 보답으로 2023년 3월 일본 칸자키시는 영암에 왕인문을 세웠다. 동경대 아카몬赤門을 모티브로 한 것이라고 적혀 있다. 왕인을 매개로 두 지자체가 친하게 교류하고 있다. 좋은 일이다.

신선태극정원. 경사진 언덕에 세워진 바위들이 눈길을 끈다. 월출산을 이미지화한 것인가? 태극 문양이 나타내는 음양의 조화처럼 한일양국이 친하게 지내길 바라는 의미를 담고 있다는 신선태극정원 안쪽에 묘가 있다. 박사왕인지묘. 낮은 제단이 있고, 그 뒤 제법 높게 조성된 대 위에 비석이 서있다. 설마 진짜 왕인박사묘? 당연히 아니다.

일본 히라카타시에 있는 왕인묘를 그대로 본 따 만든 것이다.

묘지 입구 양쪽에 있는 제법 커다란 석비 둘. 왼쪽엔 난파진가, 오른쪽엔 가교라는 타이틀 아래 일본과 한국 시인이 지은 시들이 새겨져 있다. 난파진가는 왕인기념관에 전시된 족자와 달리 전체가 한자로 새겨져 있다.

성담과 왕인수석관을 둘러보고 성천 쪽으로 향하는 길, 거대한 석비를 만난다. 한자로 '고려태사 민휴공 낭주 최선생 위 지몽 생탄 유허비'라고 새겨져 있다. 최지몽이 이곳에서 태어난 것을 기념하는 비다.

최지몽은 고려 태조 왕건부터 성종까지 무려 63년간 여섯 명의 왕을 모셨던 관료이자 정치가였다. 최지몽은 열여덟 살이던 924년 태조 왕건에게 불려가, 과거 왕건이 꾼 꿈이 장차 삼한을 통일할 징조라고 해석했다. 지몽知夢이라는 이름을 얻게 된 연유다.

최지몽은 천문과 복술에 특히 조예가 깊었다고 한다. 고려 왕조의 창건과 초석 다지기에 최지몽이 얼마난 큰 공헌을 했는지는 최지몽 사망 후 태사라는 호칭이 추증된 사실에서 짐작할 수 있다.

영암을 대표하는 위인을 세 명만 든다면 왕인박사, 도선국사, 최지몽이 될 것이다.

최지몽은 고려 초기를 다룬 드라마에서 빼놓을 수 없는 인물이다. 캐릭터는 다르게 나오지만, KBS의 '태조 왕건', '제국의 아침', '천추태후',

MBC의 역사 판타지 드라마 '빛나거나 미치거나', SBS의 '달의 연인 – 보보경심 려'에서 등장한다.

거대한 왕인박사 유적지에서 도선국사와 최지몽을 기리는 기념물을 찾아보기는 쉽지 않다. 영암이 보유하고 있는 인물자원으로서 왕인박사에 더해 도선국사와 최지몽을 더 적극적으로 활용할 필요가 있다. 최지몽은 드라마들이 있으니 훨씬 쉬울 것이다.

왕인박사 탄생지. 탄생설화가 적힌 간판 뒤로 너른 잔디밭이 있고 널찍하고 큰 바위가 둘 있다. 바위 하나에는 한자로 '고최씨원 금조가장古崔氏園今曹家庄'이라는 글이 새겨져 있다. 옛날에는 최씨네 정원이었으나 지금은 조가네 것이라는 뜻이다. 소유주가 최씨에서 조씨로 바뀌었던 모양이다.

길가, 김희석 훈장이 가리키는 바위를 자세히 보니 한자로 성천이라고 새겨져 있다. 정확한 연대는 알 수 없지만 아주 오래된 것이다. 훼손을 막기 위해 낮고 작은 돌담을 둘러쳤다.

성천과 구시바우. 왕인과 도선국사의 전설이 어려있는 곳이다.

성천은 성스러운 우물聖泉과 성스러운 내聖川 두 가지가 있다. 구림 도기 가마에서 일하던 왕순과 아내가 늦은 나이까지 아이를 낳지 못했다. 부부는 삼월삼짇날 샘물을 마시고 구시바우구유바위=槽巖의 물로 목욕하고 기도했다. 뒤늦게 임신을 해 낳은 아들은 총명하기 그지없어 열여덟 살에 오경박사가 되었다. 왕인을 잉태하게 한 성스런 샘물이 성천이다.

1939년에 간행된 조선환여승람에는 영암 성기동에 관해 '백제고이왕시 박사왕인 생어지'라고 기록되어 있단다. 백제 고이왕의 재위 기간은 서기 234년부터 286년 11월까지다. 왕인이 일본에 건너간 해는 서기 405년이다. 일본서기의 기록을 곧이 곧대로 받아들이면 왕인이 건너간 때는 고이왕 재위 때가 되겠지만, 일본서기가 천황가의 역사를 120년 끌어올려 날조한 것2주갑 인상을 감안하면 아신왕 때다.

여기에 관해서는 앞서 이미 말한 바 있다. 조선환여승람의 왕인 출생 관련 기록은 일본서기를 참조해 작성된 것일 가능성이 높다.

왕인이 일본에 도착한 때 나이가 서른한 살이었다는 설에 따른다면 왕인이 출생한 시기는 근초고왕 때다. 그보다 늦게 태어났다 해도 근구수왕 때다.

성천의 용머리에서 졸졸 물이 흘러나온다. 옆에 걸려 있는 바가지에 받아 마신다. 시원하다. 경사로를 걸어 올라오느라 흠뻑 땀에 젖은 몸에 한 바퀴 휘익 냉기가 돈다. 성천 오른쪽은 계곡이다. 경사진 바위에서 푹 파인 구덩이로 물이 떨어진다. 바위 틈 사이, 좁고 깊은 구덩이는 영락없이 구유를 닮았다. 예로부터 물통 바위, 사투리로 구시바우라고 불러온 이유

↑ 성천

를 단박에 알겠다.

구시바우 아래 넓고 완만한 바위, 김희석 훈장이 가리키는 곳으로 내려가 살펴보니 희미하게 새겨진 한자가 있다. 약간 떨어진 곳에 같은 한자가 더 또렷하게 새겨져 있다. 원래 글자들이 희미해지자 후세에 다시 새긴 것이다. 조암槽巖 두 글자다.

구시바우 근처 성천은 도선국사의 전설이 어려 있는 곳이기도 하다. 최씨 집안 처녀가 성천에 빨래하러 갔다가 떠내려오는 오이를 먹고 잉태한 아이가 도선이다.

왕인과 도선의 비슷한 탄생 설화. 일부에서 도선과 왕인 전설이 서로 뒤섞여 있고, 도선국사의 전설을 무리하게 왕인박사 전설로 둔갑시켰다고 주장하는 까닭이다. 정확한 기록이 없이 전설로만 전해지다 보니 생긴 어쩔 수 없는 현상일 것이다.

모든 기념사업에는 정치적 의도와 이해관계가 얽히기 마련이지만, 어느 한쪽에 편중되기보다 왕인박사와 도선국사, 나아가 고려왕조 초기 별박사 최지몽까지 세 분에 대한 균형 있는 기념과 현창, 그리고 지역발전에 도움될 수 있게 활용하는 사업이 필요하다고 생각한다.

왕인박사 사당. 외삼문을 지나고 내삼문을 지나 들어간다.

"안으로 들어갈 때는 항상 세 문 가운데 맨 오른쪽 문을 통과해서 들어가야 합니다. 가운데 문은 신이 다니는 문이고 왼쪽 문은 나올 때 사용하는 문입니다. 제례 때 말고는 가운데 문은 늘 닫아둡니다."

김희석 훈장의 설명이다.

사당 밖에 서서 왕인박사 초상을 향해 예를 표한다. 향을 세 번 집어 향로에 넣은 다음 두 번 절한다. 타나카씨도 김희석 훈장의 인도를 따라 공손히 허리를 굽힌다.

다음 날, 김희석 훈장이 내게 전화를 걸어 말했다.

"어제 타나카씨에게 일부러 한국식으로 왕인박사한테 절을 하게 했습니다. 한국에 오는 일본인들이 어디 가서도 허리를 굽힐 데가 없습니다. 일본인들이 왕인박사에게 예를 표하는 것은 아주 자연스럽잖아요. 일본인을 안내할 때는 꼭 그렇게 합니다."

김희석 훈장의 말에 공감했다. 일본 여행을 간 한국사람들이 별 생각없이 신사에서 두 손을 모으고 절을 하고 돈을 넣고 하는 경우들이 적지 않다. 그런 것까지 역사 운운하며 문제시하는 것은 지나친 것이지만, 김희석 훈장의 말처럼, 한국에 온 일본인들이 절을 할 데는 찾아보기 어렵다.

광대한 왕인박사 유적지에 우리말고는 사람이 거의 없다. 가까운 곳에 먹고 쉬고 놀 수 있는 관광지가 없는 이유도 있을 것이다. 정자에서 느긋하게 쉬면서 천오백년 전 과거로 돌아가 왕인박사와 도선국사를 만나고 최지몽의 이야기를 듣는 시간여행을 해보는 것도 휴가를 보내는 좋은 방법이 될 것이다.

오후 내내, 우연히 히라카타시에서 온 타나카씨와 함께 왕인박사 유적지를 탐방했다. 타나카씨 입장에서는 친절한 한국인을 만나 깊이 있는 여행을 한 셈이다.

어느 새 저녁이 가까워졌다. 타나카씨는 목포시 평화광장 근처 호텔을 예약했단다. 버스를 타고 목포로 갈 생각이란다. 버스를 기다리고, 타고, 걸어가고 하는 시간을 따져보니 두 시간 가량 걸린다. 맵으로 확인하니 호텔은 내가 있는 서호에서 30분 정도 되는 거리다.

일본 여행 중 만난 친절한 일본인들이 생각났다. 호텔까지 태워다주겠다니 한사코 거절한다.

혹시 폐 끼친다고 생각해서 그러는 거라면 괜찮으니 거절하지 말라, 나도 일본 가서 일본인들에게 신세지는 경우가 적지 않아 그러는 것이다,고 하니 비로소 승락한다.

"정 그러시다면, 신세 좀 지겠습니다."

"저녁 시간이 가까운데, 같이 식사하고 태워다 드릴게요. 콩국수 안 먹어 봤죠?"

삼호읍에 있는 달뜬 콩국수 집으로 차를 몰았다. 타나카씨는 한국여행을 여러 번 했지만, 콩국수는 처음이란다. 콩국수집에서 타나카씨가 난생처음 먹어보는, 일본에는 없는, 여름철 음식인 콩국수 먹방을 촬영했다.

큰바위얼굴 티셔츠에 관심을 보이는 타나카씨에게 기념으로 남아 있던 티셔츠 한 장을 선물했다. 티셔츠를 입을 때마다, 큰바위얼굴을 볼 때마다, 영암 구림 왕인박사유적지를 떠올릴 것이다.

홀로 찬찬히 왕인박사유적지를 둘러보려던 계획이 뜻하지 않은 만남으로 전혀 다른 방향으로 전개됐다. 여행이란 그런 것이다. 예상치 못한 우연에 의해 더욱 재밌고 알차지는.

왕인박사, 천자문, 그리고 김대중 대통령

영암 구림=성기동에서 태어난 왕인 박사는 405년 응신천황의 초청으로 왜국으로 건너갔다. 서른두 살 때였다. 당시 국제항이었던 상대포에서 배를 타고 떠났다. 천자문과 논어 10권 외에 각 분야 기술자들까지 데려갔다.

천자문과 논어, 게다가 우리 것도 아닌 중국 책들을 전해준 게 뭐 그리 대수냐고 생각하는 사람이 있을 수 있으나 모르는 말씀이다. 책 몇 권이 아니라 무명無明 속에 있던 왜국에 찬란한 학문과 문화의 빛을 가져다준 것이었다.

일본인들 스스로 왕인박사를 일본을 만든 역사적 위인들 중 첫 자리에 모신다. 왕인박사는 고대 일본의 문화와 학문의 토대를 놓았다. 그 바탕 위에서 일본은 고대 국가의 틀을 다졌고, 아스카 문화를 꽃 피울 수 있었다.

그런데, 왕인이 전해준 천자문이 과연 어떤 천자문이었느냐를 둘러싸고 논란이 있다. 하늘천 따지로 시작하는, 흔히 우리가 아는 천자문인 줄 아는 사람들이 많을 것이나, 아니다.

왕인박사가 왜로 건너간 것은 405년. 하늘천 따지로 시작하는 주흥사의 천자문이 지어진 것은 6세기 초반인 502~521년 사이. 하여, 왕인박사가

← 천인 천자문
(주흥사의 천자문)

← 종요의 천자문

주흥사의 천자문을 갖고 갔다는 건 애초에 성립될 수 없는 얘기가 된다.

주흥사 이전에 천자문을 지은 이가 또 있었다. 중국의 위오촉 삼국 시대, 위나라 정치가이자 서예가인 종요151~230 라는 사람이다. 주흥사의 천자문이 천지현황 우주홍황天地玄黃宇宙洪荒으로 시작하는 데 비해 종요의 천자문은 이의일월 운로엄상二儀日月雲露嚴霜으로 시작한다.

시간 순서로 보면 왕인박사가 가져간 천자문은 종요가 지은 것으로 보는 게 더 자연스럽다.

왕인박사 유적지. 초등생 키만한 높이에 가로로 긴 석벽에 천자문이 새겨져 있다. 이름이 천인천자문이다. 잠시 그런 천자문도 있었나 의아했지만 곧 깨달았다. 아하, 천 명이 각각 한 자씩 쓴 천자문이구나.

맨 앞의 하늘 천자는 누가 썼을까.

"이 천자문에 재미있는 이야기가 있어요."

영암군 문화해설사협회 박복용 회장이다. 호기심이 급발동한다.

천인천자문을 새기기 전 영암 군수가 김대중 대통령한테 하늘 천자를 하나 써주십사 부탁했단다. 그랬더니 김대통령이 '그건 현직 대통령이 써야 마땅하지요. 나는 땅 지 자를 쓰겠습니다.'라고 했다.

영암군이 다시 노무현 대통령에게 부탁하고 기다렸는데, 아무리 기다려도 오지 않았다. 기한이 다가와 재촉했더니 너무 바빠 도저히 쓸 형편이 안 된다는 답변이었다.* 다시 김대중 대통령에게 하늘 천자를 써달라 부탁했다.

김대중 대통령은 땅 지자 쓰는 것도 힘든데 하늘 천자까지 쓰긴 어렵겠다고 답했다. 더불어 지역 수장인 군수가 하늘 천 자를 쓰는 것이 자연스럽지 않겠느냐고도 했다. 결국 지역 수장인 군수가 하늘 천 자를, 군의회 의장이 천자문의 맨 끝 글자인 야자를 쓰기로 결정했다. 이런 연유로 군수 아래 대통령이 위치하게 된 것이란다.

천인천자문으로 다가가 들여다본다. '하늘 천 天 영암군수 김일태, 땅 지 地 제15대 대통령 김대중'이라고 쓰여 있다.

하지만 글쓴이들의 순서를 보고 맥락을 모르는 일부 지역민들이 흥분해서 군수가 대통령보다 위라니 이 무슨 해괴한 일이냐고 항의하는 일이 잇따랐단다. 견디다 못한 군에서 전후 사정을 해명하는 글을 써 붙였다.

이 에피소드는 대통령 이전에 인간 김대중의 깊이를 가늠해볼 수 있는 재미있는 사례다. 지방자치를 위해 단식투쟁을 불사했고 민주주의를 위해 목숨을 걸었던 정치가답다.

왕인박사유적지에 천 명이 쓴 천 글자를 모아 천자문을 새긴 멋진 석비가 세워졌다. 그런데 한 교수가 문제를 지적하고 나섰다.

"왕인 박사가 돌아가신 지 한참 후에 쓰여진 주흥사의 천자문을 마치 왕인박사가 일본에 가져간 천자문인양 새겨 세워놓은 건 넌센스다."

주흥사의 천자문 옆에 왕인박사 탄생 훨씬 전에 쓰여진 종요의 천자문을 새긴 석비가 추가로 세워지게 됐다.

왕인박사 유적지에는 두 개의 천자문을 새긴 석비가 있다. 멋진 대통령의 일화가 있다.

엄길리
암각매향명

융성도서관에서 엄길마을 쪽으로 가다보면 도로 변에 커다란 표지판이 걸려 있다. 엄길리 암각매향명巖刻埋香銘. 화살표는 동네 뒤에 있는 야트막한 산쪽을 가리킨다.

사전 정보 없이 간판만 보고 무슨 뜻인지 안다면 한자 공부를 했거나 나름 역사에 관심이 있고 매향이 뭔지 알고 있는 사람일 것이다. 한자를 모르는 이라면 라틴어만큼 어려울 수도 있다.

암각은 바위에 새겼다는 것이다. 매향은 향을 묻었다는 것이다. 명은 기록하다, 새기다의 뜻이다. 하여, 암각매향명은 바위에 향을 묻은 사실을 새겨 기록한것이 된다.

매향은 미륵사상과 관련된다. 바닷가 마을 사람들은 끊임없이 왜구의 침략에 시달렸다. 조정은 어민들을 보호할 능력이 없었다. 나랏님에게 부탁해봐야 소용없으니 미륵에게 빌었다. 고통스런 세상을 끝내고 용화세계를 열어줄 미륵부처님이 와주시길 빌었다.

간절히 기원하며 향나무를 묻었다. 꼭 향나무만 묻은 건 아니다. 소나무 참나무 상수리나무 등도 묻었다. 묻힌 나무를 침향이라 한다. 도솔천에서

태어나 수행 중인 미륵이 언
젠가 하생하면 바칠 최고의
예물이 침향이었다.

매향이 끝나면 기념비를 세
웠다. 전국에서 발견되는데
스무 개쯤 된다. 신라 때 것부
터 조선시대 것까지 있다.

엄길리를 멀리 뒤에서 감싸
고 있는 산은 은적산이다. 바

↑ 엄길리 암각매향명

로 뒤에서 비호하는 산은 철암산쇠바위산이다. 야트막한 철암산 정상은 커다
란 바위다. 바위 위에서 아래로 검은 줄들이 흘러내린다. 마치 주름치마의
주름 같다. 쇠바위를 치마바위라고도 하는 까닭이다.

옛날 은적산은 섬이었다. 엄길리 앞은 바닷물과 밀물이 만나는 기수지
역이었다. 영양분이 많아 대갱이와 숭어 떼가 득시글거리고 개펄에는 낙
지 게 짱뚱어 맛조개 등 먹거리가 풍성한 곳이다. 향나무는 대개 기수지역
개펄에 묻었다.

마을에서 봤을 때 치마바위 뒤쪽 되는 곳에 암각매향명이 있다. 산꼭대
기 바위에. 왜? 왜구가 볼 수 없게? 이유가 있을 것이다.

표지판을 자주 지나다니면서 꼭 한 번 가봐야지 생각하고 있었는데 기
회가 왔다. 31년 전 '마을로 간 미륵'을 썼던 주강현 박사가 당시 가봤던 암
각매향명을 꼭 다시 가보고 싶다고 했다.

나랑 같이 일주일 예정으로 융성도서관 은적산 방에 머무르고 있는 주
강현 박사, 고향 영암에서 한달살이를 하고 있는 김준권 판화가, 셋이서
이세용 전남문화관광해설사의 안내를 받기로 했다.

↑ 엄길리 암각매향명

  골목을 지나 마을 뒷편 논들 사이로 난 농로를 타고 철암산 쪽으로 가니 간판이 있었다. 산으로 올라가는 길이 제법 넓게 닦여 있다.

  "암각매향명이 보물이라선가1309호, 제법 관리에 신경을 쓰는 거 같네."

  누구랄 것 없이 말했다. 조금 올라가니 커다란 가족묘지가 나타났다. 제법 돈을 들여 번듯하게 조성했다.

  "아하, 어쩐지 길이 넓고 좋더라니. 이 묘소 때문인 것 같구만."

  매향명까지 가는 길은 가파랐지만 그렇게 멀지는 않았다. 커다란 바위 앞에도 설명 간판이 서있었다. 그런데, 간판의 제목이 매향명이 아니라 매향비로 돼있었다. 엄길리 암각매향비.

  왜 도로변과 산길 입구 표지판은 매향명으로 해놓고 여기 간판은 매향비로 썼을까.

왼쪽에 엄청나게 큰 바위 그 아래 오른쪽에 조금 작은 바위. 둘 사이에 제법 큰 바위 하나가 걸쳐 있다. 바위 사이에 사람 하나 겨우 통과할만한 틈이 있다. 대낮인데도 컴컴한 틈으로 비집고 들어가자 오른쪽 바위 면에 매향명이 있었다.

그다지 오래 되지 않은 것처럼 글자들이 선명했다. 좌우와 위의 바위 덕에 풍우의 영향을 덜 받았을 것이라고 쉽게 추측할 수 있다. 바위를 다듬어 암각을 하고 나서 위를 바위로 덮었을까. 바위 크기가 상당하고 경사가 급하고 발디딤도 옹색한 곳인데.

잘 보존된 덕에 매향명의 글자들은 대부분 해독되었다.

새긴 해는 680년 전인 1344년 고려 충목왕 원년이다. 그 해 바닷가 사람들은 고을말 북촌 ○을포 개펄에 향나무를 묻었다.

↑ 주강현 박사가 암각매향명을 살피고 있다.

↑ 엄길리 암각매향명

목적은 용화초회공양이다. 용화세계의 도래를 기원하며 만든 첫 모임의 공양이었던 모양이다.

화주스폰서와 각주조각가는 급암, 진암, 다○이다.

매향 집단과 발원자는 미타계내천만인弥陀契內千萬人, 김금물, 김양정, 김동화, 신일소, 천일미분, 김대○이다.

놀랍지 않은가. 누가 언제 어디서 무엇을 했는지 세세한 정보를 지금도 파악할 수 있다. 돈 있는 신자들이 불사에 큰 돈을 시주하고 보통 신자들은 절에 등을 걸듯 680년 전 이 고장 사람들도 똑 같은 마음으로 개펄에 향나무를 묻고 미륵불이 오시길 염원했다.

왕조말, 쇠약해진 고려는 끊임없이 왜구들에게 시달렸다. 1350년대부터 1380년대까지 수시로 대규모 침략이 있었고 특히 경상도 전라도 충청도가 엄청난 피해를 입었다. 엄길리 매향명이 새겨진 1344년은 왜구의 대

규모 침략이 있기 전이긴 했으나 작은 규모의 침략은 계속 있었다.

고려는 쇠했고 일본은 역사상 전무후무한 두 명의 천황이 대립하던 남북조시대였다. 조정의 통제가 미치지 못하는 틈을 타 지방호족들까지 도적질에 가담했다. 군대 저리가라 할 규모의 병력으로 고려와 원나라를 침략해 약탈과 살육을 일삼았다.

1380년은 왜구 침략의 클라이맥스였다. 충청도와 경상도를 유린한 왜구가 남원 일대에 집결하자 이성계가 지리산 부근 황산에서 크게 무찔렀다. 황산대첩으로 이름을 떨친 이성계는 12년 후 조선을 세웠다. 왜구가 제물이 되어 왕이 되는 초석을 깐 셈이다. 이성계의 황산대첩 이후로 왜구의 침략은 규모가 줄었고 빈도 또한 감소했다.

개펄에 묻은 향나무를 침향이라고 하니 시중에서 파는 침향 제품하고 헷갈릴 수도 있겠다.

동남아시아 패키지 여행 가면 데려가는 침향숍에서 파는 제품은 매향한 향나무가 아니다. 아가르우드 혹은 이글우드 등으로 부르는 침향이라는 나무가 따로 있다. 시중에 팔리는 침향환을 아실 것이다. 벌꿀에 각종 분말, 거기에 침향 분말과 참새 눈물만큼의 침향 에센스를 섞어 만든 것이다. 무슨 엄청난 약효가 있는 것처럼 선전하는데, 많이 팔린단다.

베트남 여행 갔다가 끌려간 침향 상점. 150만원이나 하는 침향 제품을 사는 사람들이 있었다. 앞에서 열을 내며 강의하던 사장은 우리에겐 아예 권하지도 않았다. 말하면서 이미 누구 마음이 흔들리는지 성향 파악을 끝낸 것이다.

그나저나 용화세계는 언제 열리려나. 세상이 칠흑처럼 어두운데 미륵부처가 곧 하생하시려고 그러는 것인가.

도선국사
백의암의 전설

역사상 영암을 대표하는 위대한 인물을 얘기할 때 도선국사를 빼놓는다면 소 없는 찐빵이 되고 말 것이다.

백의암 또는 백암. 도선국사와 관련된 전설이 있는 바위 중 하나다. 군서면 서구림리 백암동 앞 들판에 있다. 왕인박사 유적지에서 차로 금방이다.

백의암은 간척 전에는 바다에 있는 작은 섬이었다. 고대에 국제항이었던 구림의 상대포를 드나드는 배들이 지나는 항로에 위치하고 있었을 것이다.

설명문에 쓰인 도선국사 전설은 이렇다.

중국 황제가 묘자리를 잡으려 하니 꿈에 금인이 나타나 동국진인 도선을 찾아 가르침을 받으라 말했다. 덕배를 타고 영암에 온 사신들이 신령하고 도안이 뛰어난 도선을 만나 황제의 뜻을 전하고 중국으로 모셔갔다. 아시천에서 배를 타고 가던 도선이 이 바위 앞을 지나다가 갑자기 옷을 벗어 던지며 말했다.

"살아 있으면 이 바위가 하얀 채 있을 것이며, 내가 죽으면 검게 변할 것

↑ 백의암

이다."

그 후 사람들은 이 바위를 백의암이라고 불렀다.

　영암이라는 지명의 유래처럼 백의암 전설 또한 중국과 관련돼 있다. 전설 속에서 중국은 대부분 빌런 아니면 우월적 존재로 등장한다. 고대로부터 중국과 한반도는 뗄래야 뗄 수 없는 일의대수의 관계였음을 증거하는 것이지만 중국에 대한 우리 민족의 콤플렉스가 이런 형태로 표출되는 것일 테다.

　전설은 전설일 뿐이지만 백의암 설명문은 역사적 사실과 다르다.

　도선은 중국에 간 적이 없다. 중국에서 유학하면서 밀교 승려 일행一行으로부터 중국 풍수를 배웠다는 설이 있으나 사실로 확인되지 않는다. 뱃길을 통해 당나라와 쉽게 교류할 수 있는 곳에서 출가하고 공부한 바 중국 풍수의 영향을 받았을 것이라고는 짐작할 수 있다.

설명문에 쓰여 있진 않으나 민간 전설에는 보태진 내용도 있다. 바위가 여전히 흰 색을 유지하고 있는 걸로 보아 사람들은 도선국사가 지금도 살아 있을 것으로 믿는다는 것이다.

철책으로 둘러싸인 커다란 바위는 전체가 흰색은 아니다. 검은 부분이 훨씬 많다. 바위 전체가 동일한 지질학적 성분을 가진 하나의 바위인지 아니면 다른 성질을 가진 여러 덩어리가 뭉쳐 있는 것인지 알지 못하는 상태라 뭐라고 얘기하기 곤란하다.

하긴 전설을 두고 바위의 지질학적 성분을 운운하는 것은 넌센스일 것이다. 그래도 알고 싶긴 하다.

도선국사를 명당풍수 음택풍수의 선구자로만 알고 있는 사람들이 있으나 천만의 말씀이다. 도선 국사는 국토를 살아있는 몸이자 부처님으로 보았다. 몸이 아프면 침을 놓고 뜸을 떠 치료하듯 국토도 마찬가지라고 생각했다. 이른바 비보풍수다.

지구를 하나의 살아있는 생명체로 보는 관점은 서양에도 존재한다. 20세기 제임스 러브록이 정립한 가이아GAIA 개념에 의해 본격적으로 확산되었지만 도선국사는 이미 천년도 훨씬 전에 자연과 인간의 관계에 대한 통합적 상보적 지리사상을 주창했다.

최근 화두로 대두한 지속가능성의 관점에서 조금 과장을 보태 말하면 도선국사는 환경의 지속가능성에 기초한 생태학의 주창자라고 볼 수도 있다.

상대적으로 역사적 자료가 풍부한 도선국사보다 일본측 기록이 대부분이고 한국측 사료는 빈약한 왕인박사가 영암에서 더 크고 중요하게 대접

받고 있는 현실에 불만을 토로하는 지역민들이 있다. 일본이 아니라 우리나라에 끼친 영향의 측면에서 보면 도선국사에 비해 왕인박사의 유산은 빈약한 것이 사실이다. 충분히 이해할 수 있는 일이다.

두 위인에 대한 현창 사업의 불균형을 시정하려는 노력이 필요하다는 생각에 공감한다.

하지만, 왕인박사와 도선국사는 상호배타적일 수 없다. 두 분 모두 영암이 낳은 위대한 인물이다. 중요한 건 균형이다. 관련된 모든 장소와 전설을 사람들이 더 쉽게 접하고 경험할 수 있도록 노력하고, 중요한 관광자원으로 활용해 나갈 수 있도록 지혜를 모아야 할 것이다.

월출산이
수리였다?!

시종에서 융성도서관으로 돌아오는 길. 영암천으로 가로막힌 시종과 서호를 이어주는 신금대교를 건너 왼쪽으로 꺾으면 산길로 접어든다. 고도가 높아지면 발 아래 장관이 펼쳐진다. 멀리 월출산이 보이고 왼쪽 저 아래 영암천이 흐른다. 영산강으로 흘러드는 영암천 주변은 드넓은 간척지다.

산길은 821번 지방도영산로다. 짧은 고개를 넘고 계속 달리면 무송동 마을을 만난다. 마을 끝 사거리에서 오른쪽으로 꺾으면 학파로다. 조금만 달리면 나오는 삼거리에서 또 오른쪽으로 꺾으면 서호로다. 그대로 서호로를 타고 달리면 서호 면소재지에 이른다. 내가 머무는 융성도서관이 있는 장천리다.

서호로를 타고 오는 동안 멀리 월출산 문필봉이 계속 보였다. 문필봉을 가운데 두고 좌우로 펼쳐진 능선이 만들어 내는 월출산 스카이라인을 무심코 바라보다 앗! 하고 소리를 질렀다. 문필봉 아우트라인이 수리의 머리이고 양쪽으로 뻗어나가는 능선은 활짝 편 수리의 날개가 아닌가.

바로 떠오른 것은 도선국사의 전설이었다. 수리가 날개를 활짝 펴서 바위=구림마을 국사암에 버려진 갓난아기를 포근하게 감쌌다는 것. 구림을 비취飛
鷲라고도 했다는 것.

월출산의 품에 포근히 안겨 있는 구림마을. 문필봉을 가운데 두고 주변 능선이 만들어 내는 월출산의 스카이라인은 영락없이 날개를 활짝 펴고 수직상승하는 수리의 모습이다. 도선국사를 수리가 보호했다는 버전의 전설과 연결되지 않는가.

예능이니 다큐로 알고 정색하지 마시라. 내 눈에는 그렇게 보였고, 그렇게 생각했다는 것이다. 비둘기는 먹이를 물어와 먹여주고 수리는 날개를

↑ 서호 쪽에서 바라본 해질녘 월출산

↑ 월출산 문필봉. 독수리 대가리를 닮았다. 문필봉 양쪽으로 펼쳐진 능선이 활짝 펼친 독수리 날개 같다.

펴 보호했다. 이 버전이 훨씬 재미있지 않은가. 도선국사 전설은 어차피 팩트가 아닌 픽션이려니.

국사암과
국암사

구림마을. 고대로부터 이어져온 호남의 명촌이다. 왕인박사와 도선국사의 탄생지이고 관련된 전설들이 전한다. 400년 이상을 이어온 대동계는 호남의 대표적 향약으로 유명하다.

구림마을에 도선국사의 전설이 서려있는 바위가 있다. 지역민들이 국사바우=국사암라고 부르는 것이다.

통일신라 말기. 월출산 아래 구림마을의 처녀가 개울(성기천) 구시바우槽岩 웅덩이에 빨래를 하러 갔다. 오이 하나가 떠내려오는 걸 보고 먹을까 말까 고민하다 꺼림칙해서 흘려보냈다. 떠내려가던 오이가 물을 거슬러 자꾸만 처녀에게 다가왔다. 에이 모르겠다 하고 주워 먹었다. 처녀의 배가 자꾸만 불러왔다. 임신을 한 것이다.

처녀의 부모는 집안 망신이라고 쉬쉬하다 딸이 아들을 낳자 바닷가 숲 바위에 내다버리게 했다. 시간이 흐른 뒤 혹시나 하고 다시 가봤더니 비둘기들이 아이에게 먹을 것을 물어다주고 수리가 날개로 덮어 보호하고 있었다.

보통 아이가 아님을 직감한 처녀의 집안에서 아이를 거두어 길렀다.

빛이 들어왔다거나 태몽을 꾸었다거나 알에서 태어났다가 아니라 오이를 먹고 아이를 뱄다니 은유치곤 생경하다.

처녀를 죽어라 사랑한 총각이 있었을 것이다. 거절해도 계속 따라 다녔던 모양이다. 딸이 근본 없는 사내 녀석하고 사랑에 빠져 혼전 임신을 하다니. 부모로선 결코 받아들이기 쉽지 않았을 것이다.

그때 아이를 내다버렸던 바위가 국사암이다. 국사암은 지금 마을 안에 있지만 옛날엔 바닷가에 있었다. 그래서인지 아이를 보호한 새들을 갈매

↑ 국사암

기라고 쓴 글도 있다. 발음은 둘 다 구鳩와 鳩로 같지만 구림鳩林의 구자는 비둘기 구鳩자다. 구림마을은 비둘기숲 마을이다.

마을 이름은 구림 외에 비취飛鷲라고도 했단다. 수리가 날개를 펴서 아이를 보호했다는 설의 흔적이다.

눈을 감고 상상해보시라. 천백여 년전. 월출산 아래 바닷가 마을의 숲. 바로 밑에서 철썩거리는 파도. 물이 튀는 바위. 갓난 아이가 응애 응애 하고 운다. 비둘기들이 먹이를 물어와 먹이고 수리는 날개를 펴서 아이를 포근하게 감싼다.

참 따뜻하고 평화로운 느낌이 들지 않는가.

아이 도선은 자신을 보호해준 바위와 새와 숲 덕분에 살았다. 도선국사가 창시한 비보풍수의 요체는 국토=자연을 살아있는 생명으로 보는 것이다. 국사암 전설의 의미가 예사롭지 않게 다가온다.

국사암엔 작은 구멍들이 숭숭 뚫려 있다. 성혈, 성스러운 구멍이다. 아들을 원하는 여자들이 판 것들이란다. 절구공이 같은 걸 바위에 대고 빙빙 돌리면서 소원을 빌었다거나, 갈아서 돌가루를 먹었다거나, 구멍에 채웠던 쌀을 치마에 싸가서 밥을 해먹었다는 얘기들이 있다. 어느 쪽이든 성혈은 기자祈子신앙이 만든 흔적이다.

국사암 앞에는 고려 태사 민휴공 최지몽을 비롯한 낭주 최씨 조상들을 모신 국암사와 낭주 최씨 구림문중 문각인 덕성당이 있다 낭주는 영암의 옛 지명. 영암 사람 최지몽은 고려 태조 왕건의 꿈을 해석해 왕건이 후삼국을 통일할 것이라고 예언했다. 태조 이후에도 여러 임금을 보좌하며 고려 초기 왕조의 기틀을 굳건히 하는 데 큰 공을 세웠다.

도선은 왕건의 아버지 왕융에게 한 곳을 가리키며 장차 왕이 태어날 터이니 거기에 집을 지으라 권했다. 도선의 말에 따라 왕융이 지은 집에서

↑ 고려 태사 민휴공 최지몽 선생 유적비

장차 왕이 될 아이가 태어났다.

도선국사의 비보풍수는 땅을 보살피고 살리면 온 땅이 살기 좋은 명당이 될 수 있다는 혁명적 지리 사상이었다. 고려시대, 비보풍수의 실천 방안이었던 '산천비보'는 자연재해를 조절하는 실용적 역할과 상징적 경관의 역할을 동시에 수행했고, 지역균형발전의 사회적 담론으로서 사회발전을 추동하는 데 기여했다*.

불교 승려와 유학자로서 왕건의 후삼국 통일, 고려 건국, 그리고 고려의 발전에 크게 기여한 도선국사와 최지몽. 영암 출신의 위대한 두 인물이 인접한 공간에서, 서로 다르지만 공통된 역사를 들려준다.

---

* 　　도선국사에 관한 내용은 최원석의 책을 참고했다. 〈우리 땅 풍수기행〉, 〈한국의 풍수와 비보〉, 〈사람의 지리 우리 풍수의 인문학〉 등.

을묘왜변의 영웅
양달사 의병장과 장독샘

    영암의 위인 가운데 양달사 의병장이 있다. 을묘왜변을 승리로 이끈 영웅이다. 영암읍에 양달사 의병장과 관련된 전설의 샘이 있다. 장독샘=장독천将纛泉이다. 장将은 장군, 독纛은 깃발, 천泉은 샘이니 장군깃발샘이란 뜻이다.

    영암읍 동무리와 서남리가 만나는 교차로 귀퉁이에 작은 정자가 있다. 양달사 쉼터라는 현판이 걸려 있다. 왼쪽에 있는 비는 양달사 의병장 공적비다. 더 왼쪽에 사방이 화강암으로 둘러 싸이고 뚜껑이 덮여 있는 샘이 있다.

    샘이라고는 해도 언뜻 봐서는 샘인지 뭔지 알기 어렵다. 샘 하면 떠오르는 소박하고 정겨운 이미지가 아니다.

    1555년 음력 5월 11일 양력 6월 9일. 왜구 6천 명이 70척의 배를 타고 쳐들어왔다. 달량진 현 해남군 북평면 남창리에 상륙해 남도 열 개 성을 함락시키고 어란진, 장흥, 강진, 진도 일대를 쑥대밭으로 만들었다. 수많은 가옥들이 불타고 백성들이 살해당하고 약탈당하고 잡혀갔다.

    형제들과 함께 거병한 양달사 의병장은 성 앞에 진을 치고 영암을 유린

하던 왜구들을 기발한 전술로 크게 무찔렀다. 영암성대첩이라 부를만한 대승이었다. 5월 25일이니 왜구들이 달량진에 상륙한 지 2주가 지난 시점이었다.

영암에서 대패한 왜구들은 사기가 꺾여 물러갔다. 영암 다음엔 나주, 그 다음엔 일로 북진하여 한양까지 치고 올라가겠다는 왜구들의 계획은 무산되었다.

고려시대부터 조선시대까지 왜구들의 침략은 끊임없이 이어졌지만 을묘왜변은 37년 후 일어난 임진왜란의 전초전이라 할 전쟁이었다.

그러나 남도를 살리고 나라를 구한 양달사 의병장의 공은 제대로 인정받지 못했다. 을묘왜변 승리의 공은 양달사 의병장이 차린 밥상에 숟가락을 얹었던 이들이 챙겼다.

이유가 있었다. 하나는 의병장 자신이 어머니 시묘살이를 하고 있던 중에 의병을 일으킨 몸으로 전공을 운운하는 것은 부끄러운 일이라며 적극 내세우지 않았기 때문이다. 다른 하나는 성에 틀어박혀 싸우길 꺼리던 우도방어사 김경석 도원수 이준경 같은 이들이 양달사 의병장의 공적을 조정에 제대로 보고하지 않은 탓이다.

왜구들은 영암성 지척에 있는 향교에 본영을 차리고 호시탐탐 성을 노렸다. 장독샘에 적혀 있는 전설의 내용이다.

> 왜구들에 포위된 성 안의 군사들은 군량미와 음료수가 부족해 굶주림과 갈증에 시달렸다. 양장군이 한 번 호령한 뒤 군령기를 높이 들어 땅을 내리찍자 그 자리에서 물줄기가 솟아올랐다. 군사들은 솟아오른 물로 갈증을 달래고 사기 충천하여 외적을 섬멸했다. 이후 이 샘을 장독샘이라 부르게 되었다.

   전설은 그냥 전설이다. 양달수 의병장이 샘을 발견해 물 부족 문제를 해
소했다는 사실을 짧게 극적으로 표현하다 보니 이렇게 됐을 것이다. 소설
가 이영현영암학회장이 쓴 소설 '바람 벽에 쓴 시'에 장독샘 발견 장면이 나온
다. 조금 길지만 인용한다.

   성 안의 공동우물은 객사 안의 돌우물石井과 연지 옆 꽃우물花井, 사또우
   물(소양정) 등 모두 세 곳이었다. 몇 군데 개인 우물도 있었으나 이웃과 나
   눠 먹기에는 수량이 부족했다. 이들 세 공동우물이 바닥난다면, 보통 심
   각한 일이 아니었다.
   왜구들이 전열을 정비해서 겹겹이 포위하게 된다면, 성안의 백성과 병사
   들이 기갈에 허덕이다가 떼죽음을 당할 수도 있었다. (중략)

달사는 객사를 나와 작청 어귀에 있던 공방을 불렀다. 문서를 정리하던 공방이 잽싼 걸음으로 달려 나왔다. 괭이나 삽을 하나씩 가져와 보라고 하자, 성곽 수리를 하고 있던 병사 넷을 불러왔다.

달사는 사람들을 데리고 옥사로 향했다. (중략)

달사는 창살들 사이로 안을 들여다보다가 지난 번 덕견이 갇혔던 옥으로 다가갔다. 통로에는 지금도 물기가 배어 있었고, 짚이 두툼하게 깔린 옥사 바닥 널판지 일부는 암갈색의 습기를 머금고 있었다. (중략)

"저 안쪽 널판자를 한번 뜯어내 보시오"

달사는 장독기로 감옥 안쪽을 가리켰다. 병사가 달사가 가리킨 널판자 틈새를 괭이로 내리쳤다. 무릎만큼 파들어 가자 금세 흙탕물이 솟아올랐다. 달사의 짐작이 맞다면, 이곳은 양쪽의 야산 자락을 깎아내고 감옥을 지은 수맥 지점이었다.

"저쪽도 한번 파보시오"

달사가 다시 장독기로 옆 옥사를 가리키자, 지체없이 옥리가 문을 따고 들어갔다. (중략) 깊이 파내려갈수록 맑은 물이 용용하게 샘솟았다. (중략)

훗날 사람들은 이 샘을 장독샘(장독천, 장독시암)이라고 불렀다.

소설의 묘사가 훨씬 리얼하다. 수맥을 볼 줄 알았던 양달사가 장군기로 가리킨 곳에서 샘이 발견된 것이다.

장독샘에서 지금도 물이 솟아나고 있는지 궁금하다. 그렇다면 훨씬 실감이 날 텐데. 육중한 화강암에 둘러싸이고 뚜껑이 덮여 들여다볼 수도 없는 우물이 아니라 친근하고 정겨운 샘이라면 더 좋을 텐데.

장독샘 말고도 영암에는 양달사 의병장과 관련된 곳들이 더 있다. 영암읍성도 그렇다. 양달사 의병장은 암문을 통해 성을 드나들었다. 일전에 향

토사학자이자 소설가인 이영현 영암학회장을 따라 영암 읍성을 탐방했다.

샘을 발견한 후 성을 빠져나온 양달사 의병장은 향교 뒷산에 매복해 있다가 불시에 왜구들을 급습했다. 성문을 열고 나온 관군이 합세하자 왜구들은 수많은 사상자를 남기고 도망쳤다. 을묘왜변 3년 후 양달사 의병장은 전투 중에 입은 부상의 여파인 창상으로 세상을 떠났다. 41세, 너무 이른 나이였다.

앞서 말한 대로 조정은 양달사의 공을 몰랐지만 백성들은 아니었다. 이청강이 기록한 남주역루南州驛樓에 붙은 시 열여덟 구 중 한 구에 양달사 의병장에 관한 내용이 있다.

공이 있는 양달사는 어디로 갔나. 상벌이 명확하지 못하여 공도가 사라졌다.

장독샘에는 우도방어사 김경석의 종사관 양사준이 쓴 정왜대첩이란 시가 새겨져 있다.

  장군의 승전을 만인이 보았고
  병사들은 집으로 돌아갔다
  비바람에 전흔이 씻겨 산해가 티 없이 맑고
  구슬픈 피리 소리와 밝은 달빛이 월출산 자락에 여울진다
  속절없는 연민과 달콤한 말은 마음에 두었거늘
  수많은 헛된 명성이 세상을 떠도는구나
  서늘한 밤 망루에 홀로 앉아 있자니
  연꽃이 꿈인 듯 얼굴을 내민다

만인이 본 승전의 주인공이 영암성에 틀어박혀 싸우려 하지 않았던 방어사 김경석은 아닐 것이다.

양달사 의병장의 공적을 기록한 여러 문서들이 전한다. 호남절의록, 여지도서, 영암군지, 겸재집, 그리고 제주양씨 주부공파 족보 등이다.

정조 때 무안군수를 지낸 이현채는 '고 현감 양공 사적 후'에서 이렇게 썼다.

바람벽에 쓴 시

부녀자와 아이들이 이렇게 노래하고 있다.

세월이 흘러도 양공의 업적은 사라지지 않으니

선비들이 추모하기 때문이고

세월이 흘러도 양공의 절개는 잊혀지지 않으니

월출산의 바위가 부서지지 않기 때문이다.

달량진 바닷물이 마르지 않으니

양공의 명성이 이와 함께 하기 때문이고

세상의 공의도 백세토록 이어질 것이니

증거들이 여기에 있기 때문이다.

을묘왜변이 끝난 후 수백 년 동안 호남 각지의 선비들은 양달사 의병장의 공을 인정해달라는 상소를 끊임없이 올렸다. 거의 3백 년이 지난 1847년 조정은 마침내 양달사 의병장을 좌승지로, 형 양달수를 사헌부 지평으로 추증했다.

장독샘을 안내해 준 향토사학자, 영암학회장, 양달사 현창협회 사무국

장인 이영현 소설가가 절절한 목소리로 말한다.

"임진 정유 두 왜란의 영웅이 이순신 장군이라면 을묘왜변의 영웅은 양달사 의병장입니다. 영암에서 왜구들을 격퇴하지 못했다면 임진왜란 37년 전에 벌써 호남은 물론 한양까지 유린 당했을지도 모릅니다.

하지만 우리 역사는 여전히 조정에서 파견한 자들을 왜구를 격퇴한 주인공으로 기술하고 있습니다. 양달사 의병장의 공은 제대로 평가받지 못하고 있습니다.

고향에서 먼저 대대적으로 양달사 의병장 현창사업을 벌이고 널리 전국에 알려야 합니다. 그런데 현실은 많이 답답합니다."

이영현 소설가는 앞서 소개했듯 을묘왜변을 다룬 소설 '바람벽에 쓴 시'를 썼다. '달사는 어디로 갔나'라는 부제가 붙어 있다.

제목 '바람벽에 쓴 시'는 앞서 소개한 남주역루의 벽에 이름 모를 행인이 썼다는 시를 말한다. 부제는 시의 한 구절 유공달사귀하처有功達泗歸何處에서 따왔다.

이영현 소설가는 1989년 문학사상사 신인발굴 소설부문에 단편 '수렁은

↑ 바람벽에 쓴 시, 달사는 어디로 갔나(이영현 역사소설)

마르지 않는다'가 당선돼 등단했다. 이력에서 관심을 끄는 부분이 있었다.

1992년 제42회 MBC 베스트셀러극장에서 '수렁은 마르지 않는다'가 방영된 것이다. 드라마 왕국 MBC의 전성기 때였다.

이영현의 단편 소설들은 가슴의 통증 없이 읽기 어렵다. 농촌에 사는 인생들의 이야기가 너무도 리얼하고 처절하다. '수렁은 마르지 않는다'의 주인공 윤후와 아내 미경의 이야기도 마찬가지다. 요약한다.

윤후는 고등학교 졸업 후 상경했다가 바로 내려와 어머니를 모시고 농사를 짓는다. 중학 친구 광석의 여동생 미경을 만나 결혼한다. 농사를 그만두고 서울로 가자며 악다구니를 쓰는 아내를 못 참고 폭력을 행사하고 만다.

아내가 가출한 후 윤후는 술을 끼고 산다. 얼마 후 미경이 돈을 벌어 돌아왔지만 윤후는 완강히 거부하고 또 다시 폭력을 휘두른다.

수렁배미에서 경운기 작업을 하던 날. 미경이 하마터면 큰 일 날 뻔한 위험에 빠진다. 윤후는 위로하기는커녕 질책하고 덤벼드는 아내를 논바닥에 내리꽂는다.

떠날 줄 알았던 미경은 다시 돌아와 묵묵히 논일을 한다. 너무도 왜소하고 초라한 아내의 모습에 윤후의 마음이 변한다. 참으로 오랜만에 목이 메인 목소리로 아내를 부른다. 미경이 대신 아들 은철이 이름으로.

마르지 않는 수렁은 윤후가 소유하고 있는 위험한 수렁배미이면서 농사꾼 윤후가 결코 빠져나올 수 없는 현실이다. 아내 미경에게 수렁은 농사꾼 남편과의 결혼 생활이다. 도망쳤지만 돌아올 수밖에 없었다. 서울은 더 큰 수렁이었을 것이다.

수렁에 빠져 허우적대는 부부를 구원할 어떤 길도 없는 듯 보인다. 마지막 순간 물에 빠진 생쥐처럼 초라한 아내 미경을 본 윤후의 가슴에서 연민이 고개를 쳐들기 전까지는.

소설의 끝에 이르러서야 내내 불편하던 감정이 돌연 뭉클함으로 바뀐다.

이영현의 역사소설 '바람벽에 쓴 시'는 양달사가 왜구 침입 소식을 듣고 거병하고 우여곡절을 겪고 대승을 거두기까지의 이야기를 다룬다. 팩트에 바탕해 픽션을 가미한 소설은 픽션이라기보다 팩션이다. 사실감이 있고 극적 재미가 있다.

이영현 소설가가 말했다.

"양달사 의병장을 주인공으로 한 을묘왜변 영화가 만들어지면 좋겠어요. 영암 출신 모 탤런트 하고 의논도 해보고 했는데 잘 안되더라고요."

영화 이순신 3부작 명량, 한산, 노량처럼 영암성 대첩도 영화로 만들면 흥미로울 것이다. 과연 양달사 의병장이 을묘왜변 승리의 주역이고 관군을 지휘한 이들은 소설이 그리듯 그렇게 한심했는지 하는 논쟁이 벌어져도 좋을 것이다. 지금처럼 소수만 아는 이름이 아니라 온 국민이 아는 의병장이 될 터이니.

영화는 아니더라도 지자체 차원에서 할 수 있는 일이 얼마든지 있다.

가령, 연극이나 뮤지컬로 재현할만한 극적인 장면이 얼마든지 있다. 장독샘 발견, 창우대_{놀이패}로 분장한 의병들의 연희, 돌연 광대탈을 벗어 던지고 감행하는 공격, 일시에 뒷산에서 쏟아져 내려오는 병사들, 군더리방죽에서의 왜구 섬멸 등.

지역 행사 때 하는 공연으로도 제격이다. 넓은 곳에서 대대적으로 전투 장면을 재현하면 장관일 것이다. 혹 영암읍성의 일부라도 복원하는 날이 온다면 그 기념행사로서 양달사 의병장의 디데이 전투 재현만큼 흥미진진한 것은 없을 것이다.

장독샘을 둘러본 며칠 후 양달사 의병장과 관련된 또 다른 장소를 찾았다.

양달사
시묘공원

영암읍에서 시종면으로 가다보면 꼭 양달사 의병장을 만난다. 도중에 양달사시묘공원이 있기 때문이다. 양달사는 1518년 도포면 봉호정에서 태어나 1557년에 세상을 떠났다. 마흔한 살_{만 서른아홉 살}, 너무 이른 나이였다. 을묘왜변에서 입은 부상의 후유증을 이겨내지 못했다.

고려 말 대대적인 토벌로 뜸해졌던 왜구들의 침입이 조선 왕조 들어 다시 잦아졌다. 1483년 1차 달량진왜변, 1510년 삼포왜변, 1552년 2차 달량진왜변, 1555년 을묘왜변.

전라도가 겪은 대규모 왜변으로 세 번째인 을묘왜변은 명종 10년_{1555년} 음력 5월 11일에 일어났다. 왜구들이 70척 6천 명의 대규모 병력으로 달량진에 쳐들어왔다. 달량진은 지금은 해남군 북평면 남창리지만 당시엔 영암군에 속했다.

1, 2차 달량진왜변의 피해는 상대적으로 적었지만 을묘왜변은 달랐다. 달량진 방어의 책임자는 40여 명의 병력을 데리고 완도 가리포에 주둔하고 있던 수군 첨사 이세진이었다. 왜구 상륙 소식을 들은 이세진은 성을 버리고 도망쳤다.

↑ 양달사 시묘공원

소식을 들은 강진 병영의 절도사 원적, 장흥 부사 한온, 영암 군수 이덕견이 구원하러 달려갔다. 하지만 고작 수백 명의 병사로 할 수 있는 게 없었다. 원적과 한온이 전사하고 이덕견은 항복했다. 왜구들은 이덕견을 시켜 조정에 협박장을 보냈다. 한양까지 침범하겠다.

순식간에 서남해안 지역 십여 개 성이 함락되었다. 왜구들은 가옥을 불태우고, 마구잡이로 사람을 죽이고 납치하고, 식량과 재물을 약탈했다.

조정은 호조판서 이준경을 도순찰사, 남치근과 김경석을 좌우도 방어사로 임명하여 왜구를 토벌하게 했다. 이준경의 형인 전주 부윤 이윤경도 영암성으로 왔다.

물길을 따라 덕진포까지 올라온 왜구들은 영암성 바로 앞 향교에 진을 쳤다. 성을 포위하고 빈 틈을 노려 일거에 함락시킬 작정이었다.

군수가 없는 영암성 방어의 책임자는 우도방어사 김경석이었다. 김경석은 성에 틀어박힌 채 꼼짝하지 않았다. 이윤경이 나가 싸울 것을 요청해도 소용없었다. 이준경은 나주성에 머무르며 움직이지 않았다. 왜구들은 영암 곳곳을 마음대로 난도질했다.

왜구들이 달량진에 쳐들어 왔을 때 양달사는 돌아가신 어머니의 시묘살이를 하고 있었다. 어머니보다 일주일 앞서 돌아가신 아버지의 시묘살이도 겸한 것이었다.

양달사는 스무 살에 무과에 급제했다. 전라좌우 우후, 진해 현감과 남해 현감을 지냈다. 왜구가 침략해왔다는 소식을 들은 양달사는 잠시 고민했다. 남해 현감을 사직하고 내려와 어머니 시묘살이를 한 지 2년, 끝나려면 아직 1년이 남았는데, 어떡해야 하나. 임금과 어버이는 한 몸이니, 임금이 욕을 당하는 날은 신하도 죽어야 하는 날이다. 어찌 상례에 얽매여 국난을 모른 척 할 수 있겠는가.

양달사의 창의에 싸우겠다는 사람들이 모여들었다. 그 수가 2천 명에 달했다. 영암에 쳐들어온 왜구의 숫자는 4천 명이었다. 왜구들은 영암성을 포위하고 호시탐탐 기회를 노렸다.

장독샘 전설이 전하듯 양달사가 찾아낸 수맥 덕분에 성 안의 기갈은 해소되었고 군사들의 사기는 회복되었다. 하지만 압도적 병력의 왜구들을 무찌르려면 기발한 전술이 필요했다. 남도를 휘젓고 있는 나머지 병력 2천 명이 영암으로 오기 전에 섬멸해야 했다.

양달사의 머리에 아이디어가 떠올랐다. 창우대_{광대패}를 이용하자.

왜구들이 창우대의 마상재, 풍물놀이, 버나잡이, 땅재주, 줄타기 공연을 구경하느라 넋을 놓고 있는 사이 효시로 신호를 보내면 성 안에 대기하고 있던 궁사가 편전으로 왜장을 쏘아 거꾸러뜨린다. 창우대에 잠입한 의병들이 일제히 무기를 꺼내 공격한다. 동시에 향교 뒷산에 매복한 의병부대와 성 안의 군사들이 협공을 개시한다.

소설가 이영현이 쓴 '바람벽에 쓴 시'에 양달사가 전주 부윤 이윤경에게 향교 주둔 왜구들에 대한 공격이 개시되면 동시에 덕진포에 정박한 왜구들을 의병들이 불화살로 공격할 것이니 그때 나주의 관군이 반드시 협공해야 한다고 역설하는 장면이 나온다.

> 반드시 유념해야 할 것은 덕진포구에 정박한 왜선들입니다. 제가 효시를 쏘면 덕진포구에 매복해있던 의병대 1백여 명이 동시에 왜선들을 향해 화전을 퍼부을 것입니다.
>
> (중략)
>
> 화공을 펼치더라도 병력이 적다보니 반격을 당할 수가 있습니다. 가능하시면 도순찰사 어른(전주 부윤 이윤경의 동생)께서 나주의 병력을 이끌고 와 화공부대와 협공을 할 수 있도록 해주셨으면 합니다.

양달사의 양동작전은 주효했다. 혼비백산 도망치는 왜구들을 쫓아가 베던 양달사는 왜구들이 반격하자 도망치기 시작했다. 유인전술이었다. 양달사를 쫓던 왜구들이 군더리방죽_{현 공설운동장} 옆 갈대밭 진흙탕에 빠져 허우적거리자 말머리를 돌려 달려온 양달사가 환도를 휘둘러 참살했다. 전투를 계속하던 양달사도 큰 부상을 당했다.

영암에서 대패한 왜구들은 한 달여 뒤인 6월 27일 제주도를 침범했다. 제주도를 본거지로 삼으려는 생각이었다. 제주목사 김수문을 필두로 군관민이 합심하여 왜구들을 격퇴했다. 소수의 기병으로 구성된 치마_{馳馬}돌격대가 맹활약을 했다.

왜구들이 물러간 뒤 양달사는 미처 못 다한 부모님 시묘살이를 마쳤다.

하지만 전투에서 입은 부상의 후유증이 악화해 끝내 일어나지 못했다.

도포면 봉호정 도로변에 있는 양달사시묘공원. 야트막한 언덕에 아담하게 자리하고 있다. 원래는 따로 있던 묘들을 이장해 가족묘로 조성했다. 입구에 양달사시묘공원이라는 커다란 표지석이 있고 그 뒤에 '호남창의 영수 양달사 선생 순국비'가 있다. 순국비 옆에는 조선 최초 의병장 양달사와 영암성 대첩이라는 간판과 묘지배치도 및 양달사 가계도라는 간판이 나란히 서있다.

'양달사는…열심히 무예를 연마하여 19세인 중종 32년에 급제하였다….'

간판을 읽는데 뭔가 이상했다. 어? 장독샘에 있던 간판에는 20세에 급제하였다고 돼있었는데? 간판과 비석에 적힌 사망 년도도 서로 달랐다. 간판에는 39세, 순국비에는 41세.

나이를 세는 방식에 따라 달라진 것 같다. 하나로 통일할 필요가 있겠다. 만 나이로 하는 게 옳겠지만, 비석을 고칠 수는 없으니 간판을 41세로 고치고 그 옆에 괄호 치고 만 39세로 적는 게 현실적이지 않을까.

묘는 총 아홉 기다. 증조부모, 조부모, 아버지와 두 명의 부인, 양달수 사형제. 양달사와 형 달수 동생 달해는 아버지와 어머니 청주 한씨 사이에서 태어났다. 막내 달초는 두번 째 부인 진주 강씨 소생의 이복 동생이다. 달수 형제들은 모두 양달수 의병장과 함께 왜구들과 싸웠다.

양달사 의병장의 묘소를 참배한다. 효와 충은 하나라며 시묘를 중단하고 창의하여 왜구들을 무찌른 양달사 의병장을 생각한다. 거의 오백 년 전, 먼 과거의 역사가 엊그제처럼 느껴진다.

시묘공원 맨 위로 올라가 돌아서니 멀리 월출산이 보인다. 옛날 그 아래 영암성이 있었다. 지형을 잘 활용해 구축한 요새였다. 내리쬐는 햇빛이 뜨겁다. 그늘에서 잠시 쉬고 싶은데 앉을 데가 없다. 그냥 묘소가 아니라 공원이라면 그늘 쉼터 하나쯤 있어야 하는 것 아닌가.

또 하나 눈에 거슬리는 게 있었다. 시묘공원 입구 주차장 전체가 허연 시멘트로 덮여 있다. 조금만 신경쓰면 훨씬 더 주변 환경에 어울리게 조성할 수 있을 것이다.

양사준이 정왜대첩이라고 표현한 영암성대첩의 주인공 양달사 의병장. 하지만 전에 언급한대로 왜구 격퇴의 공은 공식 보고라인에 있던 전주부윤 이윤경, 좌우도방어사 남치근과 김경석 등이 차지했다.

조선왕조실록에 제대로 기록되지 않은 양달사 의병장의 공적은 호남절의록, 여지도서, 영암군지, 겸재집, 제주양씨 주부공파 족보 등에 실렸다.

의병장 사후 호남의 선비들은 양달사 의병장의 신원에 대한 상소를 끊임없이 올렸다. 1780년, 전라도 유생 444명이 연대 서명한 등장_{호소문}을 관찰사에게 올린 일은 호남 선비들이 얼마나 양달사 의병장을 추모하고 그 공적이 제대로 인정받길 바랐는지 보여준다.

200여 년간 호남 선비들이 끈질기게 애쓴 결과 1847년 10월 19일 마침내 양달사 의병장은 좌승지로, 형 양달수는 사헌부 지평으로 추증되었다.

양달사 의병장의 표준영정이 제작 중에 있다는 소식이 있었다. 후손 70여 명의 골격과 인상을 반영해 제작한 초본이 만들어졌다. 최종 완성본은 조만간 문체부의 심의를 거쳐 확정된다고 한다.

조선 무신의 공식 복장인 철릭을 입고, 지휘봉인 등채를 든 의병장의 영정 초본. 무인 같지 않은 순한 얼굴을 하고 있다. 양달사는 벼슬을 하면서 강직하고 청렴했다고 한다. 전투에선 용맹한 호랑이였지만 평소엔 착하고 순한 양이었을 것이다.

나는 영암에 내려오기 전 양달사란 이름 자체를 몰랐다. 대부분 그럴 것이다. 제대로 알려지지 않은 양달사 의병장을 온 국민이 알게 하는 일에 지역 전체가 적극 발벗고 나서야 할 까닭 아니겠는가.

상남자
호랑이 장군 김완

우리나라 어디를 가든 이야기가 넘친다. 세계인들을 매료시키고 있는 영화와 드라마 등 K-스토리의 원천은 오랜 역사, 수많은 외침(外侵), 격동의 근현대사, 좁은 땅에 비해 다양한 지역 특색과 문화, 그리고 무엇보다 이야기를 좋아하는 국민들이다.

영암에도 많은 이야기들이 있고 그 주인공인 영웅들이 있다. 그중 한 명 김완 장군 이야기가 마음을 사로잡았다.

김완 장군과 관련해서는 앞에서 짧게 언급한 적이 있다. 하춘화의 노래로 유명한 '영암 아리랑' 가사에 나오는 몽햇들, 몽해리와 꿈바다길 같은 지명은 김완 장군과 관련이 있다. 김완 장군 어머니는 호랑이가 품속으로 뛰어들고 영암만 바닷물이 치마폭으로 밀려드는 꿈을 꾸고 아들을 낳았다. 영암 서호에 있는 꿈바다(夢海)라는 로맨틱한 이름은 그 태몽에서 유래했다.

높은 벼슬에 오르고, 국난 때 나라를 구하는 데 공을 세운 사람들의 이야기는 워낙 많아서 특별할 것이 없는데 유독 김완 장군에 끌린 데는 다른 이유가 있다. 김완이라는 인간의 캐릭터를 짐작할 수 있는 일화 때문이다.

김완 장군의 아버지 김극조도 무신이었다. 무과에 급제해 광양현감과

↑ 구고사

이성=김제 현감을 지냈다. 광양현감을 지낼 때 왜적의 침입이 있을 것을 염려해 군사들을 모아 훈련시켰다. 후임 광양현감 한덕수가 전임 현감인 김극조를 모함했다.

정여립 모반 사건으로 동인인 이발 이길 형제가 숙청 당했다. 한덕수는 여러 사람들과 짜고 전임 현감 김극조가 연척인 이발 형제와 함께 난을 일으키려고 군사를 조련했다고 거짓으로 고변했다. 증거도 날조했다. 정여립 모반은 정철 등 서인들이 동인세력을 와해시키기 위해 조작한 것이라는 설이 있으나 어쨌든 서인은 이 사건을 최대한 이용했다.

관동별곡으로 유명한 정철이 국문을 지휘했다. 모반에 연류됐다는 구실로 동인 천여 명을 무자비하게 숙청했다. 약 3년 간1589.10~1591.5 진행된 기축옥사다. 많은 사람을 죽인 정철은 '동인백정'이라는 별명을 얻었다. 기축

옥사가 끝나고 딱 1년 뒤 임진왜란이 일어났다. 기축옥사로 너무 많은 인재가 죽어 전쟁을 수행하는 데 지장이 있을 정도였다.

김완의 아버지 김극조도 체포돼 가혹한 고문을 받았다. 하지만 관련자들을 조사하는 중 날조된 증거로 김극조를 모함했다는 사실이 밝혀졌다. 수하 일곱은 체포돼 처형되었으나 한덕수는 함경도 삼수로 유배되었다.

하지만 김극조는 고문의 후유증으로 출옥 전 세상을 떠났다. 김완의 나이 열다섯 살 때였다.

장례행렬이 몽해를 떠나 엄길리에 이르렀다. 호랑이가 나타나 길을 막고 비키지 않았다. 다가가 살핀 즉 목에 사람뼈가 걸려 있었다. 김완이 손을 넣어 꺼내주자 호랑이는 김완의 옷깃을 잡고 끌었다. 20리 북쪽 매월리 산에 오르더니 앞발로 땅을 후볐다. 지형을 살핀 즉 갈용음수터에 해당하는 명당이었다. 김완은 그곳에 아버지를 모셨다.

김완은 문인이 되고 싶었지만 무인이 되기로 마음을 바꿨다. 아버지의 복수를 하기 위해서는 무인이 낫겠다 생각했다.

1592년 임진왜란이 일어났다. 열일곱 살 김완은 의병이 되어 왜군과 싸웠다. 1597년 정유재란이 일어난 해, 스무 살 김완은 무과에 급제했다. 정유재란에 참전해 큰 공을 세웠다. 남원과 구례에서 많은 왜군을 척살했다. 남원에서 김완에게 척살당한 왜적들이 흘린 피로 붉게 물든 바위를 백성들은 혈암이라 불렀다. 이백여 명의 왜군이 구례 산동에 머물며 살륙과 약탈을 일삼았다. 김안이 십여 명의 병사를 데리고 야음을 틈타 기습했다. 김완의 병력을 알지 못하는 왜군은 혼비백산하여 달아났다. 구례군 산동면에 김완 장군 전승비가 있다.

1차 복수 실패. 1598년. 선조 31년. 김완의 나이 스물두 살.

김완은 남원에 있는 전라병사 이광악의 막하에 있었다. 왜란이 발발하자 사면을 받고 풀려난 한덕수가 도원수 권율의 군관이 되어 전라병사의 군병을 점열하러 남원을 방문했다. 김완은 칼을 품고 한덕수를 기다렸지만 실패했다. 동료 중 한 명이 한덕수에게 암살 계획을 미리 귀띔해주었기 때문이다.

2차 복수 실패. 1610년 광해 2년 김완의 나이 서른 넷.

김완은 다시 복수하기 위해 십이 년을 기다렸다. 어머니 생전에는 참고 있다가 어머니가 돌아가시자 행동에 옮겼다.

김완은 활을 챙긴 다음 동생인 김우를 데리고 영암을 떠났다. 한양까지 구백 리 길이었다. 도중에 동생이 병이 나자 집으로 돌려보냈다. 혼자서 한양에 도착했다.

한덕수의 동선을 파악하고 명례방=명동 수표교 밑에 숨어 있다가 활을 쏘았다. 화살을 맞은 한덕수가 말에서 떨어졌다. 하지만 한덕수는 죽지 않았다. 암살을 걱정하여 늘 옷 아래 방패를 착용하고 다녔기 때문이다.

한덕수는 김완과 김우 형제가 범인이라고 관아에 고소했다. 붙들린 김완은 불구대천의 원수 한덕수를 죽이고 싶은 마음은 굴뚝 같으나 자신은 무관하다고 버텼다.

의금부에 갇힌 김완은 1년이 되도록 풀려나지 못했다. 제법 세력이 있는 한덕수 일가가 김완이 범인이라고 강하게 주장한 탓에 형조에서도 쉽사리 석방하기 어려웠다.

하지만 김완의 의거를 지지하는 사람들도 있었다. 노대응 등 백여 명은 형제의 억울함을 호소하는 글을 올렸다. 의사義士로 이름난 권필은 술병을 들고 감옥을 찾아와 "이와 같은 의로운 일을 못 본 지가 오래되었는데 공이 능히 이를 실행하여 내 특별히 공을 위로하고자 찾아왔다"고 하였다.

사건 처리가 지연되는 것을 보고 분개한 형조참판 김상용이 독단으로 사건을 결재하여 임금께 올렸다. 김완은 석방되었다.

한덕수는 더욱 암살을 경계하고 방비를 철저히 했다. 김완은 죽는 순간까지 한덕수를 죽이지 못한 것을 한으로 여겼다.

김완은 정유재란 때 세운 공으로 선무원종공신에 책록되었다. 이후 여러 관직을 거치는데, 1624년 이괄의 난이 일어나자 정충신 등과 함께 난을 평정했다. 인조는 김완을 진무공신 학성군에 봉하고 어용화사御用画師가 그린 영정과 금궤철권 등을 하사했다. 1634년 11월에 황해도 병사 겸 황주 목사에 임명되었으나 정묘호란 때 안주성 함락에 책임이 있다는 이유로 반대한 이들 때문에 부임하지 못했다.

1635년 고향인 영암으로 돌아왔는데, 곧 병을 얻어 서거했다. 조정에서 병조판서 학성군으로 추증했다. 임금이 제물과 제문을 보내 예관으로 하여금 제사를 지내게 하고, 부조묘不祧廟를 명했다. 1748년 영조 24년 임금이 양무襄武라는 시호를 내렸다. 김완 장군을 양무공이라 부르는 까닭이다.

서호면 화송리 화소마을에 김완 장군 유적지가 있다. 김완 장군을 모신 구고사. 인조가 하사한 김완 장군의 영정 보물 1305호과 금궤철권이 보관되어 있다.

김완 장군 유적지 구고사를 찾아갔다. 소개 받은 김해 김씨 사군파 종부 신희심 씨의 안내를 받았다. 김완장군의 후손은 구고사 뒤 기와집에 살고 있다.

"왜 구고사라고 하는지요?"

종부 신희심 씨에게 물었다.

"구고사가 있는 여기는 언덕이고요, 풍수상으로는 학의 한 쪽 날개에 해당한답니다. 저기 보이는 산이 학의 머리고요. 앞에 보이는 들판은 옛날엔 전부 바다였습니다. 앞바다에 작은 아홉 개의 섬이 있었는데, 간척 이후

← 김완 장군 초상

지금은 다 없어지고 하나만 남아 있습니다. 아홉 개의 섬을 학의 알이라고 해서 알섬이라고 불렀습니다. 아홉 알섬의 아홉 구九에 언덕 고皐를 합해서 구고사九皐祠라고 붙였답니다."

김완 장군의 사당인 구고사를 비롯해 여러 채의 기와집 건물이 들어서 있는 유적지는 예상보다 훨씬 큰 규모였다.

"구경 오시는 분들이 깜짝 놀라셔요. 예상보다 규모가 크고 번듯하다고요."

입구 주변의 큰 비석들, 중후함이 느껴지는 전통 기와 건물들, 알맞게 심어진 나무들. 제대로 관리가 안 돼 낡고 지저분한 유적지도 많은데 구고사는 전혀 그렇지가 않다.

사군종당이라는 현판이 붙은 큰 기와집이 있다. 김완 장군은 조부가 지은 이 집에서 자랐다. 사당은 사군종당과 담으로 구분돼있다.

1625년 인조는 김완 장군을 전라우수사로 임명하고 진무공신 녹훈백서와 영정을 하사했다. 구고사에서 무엇보다 보고 싶은 건 김완 장군의 영정이었다. 영정은 인터넷에도 있고 자료집에도 실려 있지만 직접 실물을 보고 싶었다.

호랑이처럼 용맹한 장군이었지만, 그 이전에 누구보다 효심이 강한 아들, 두 번이나 아버지의 원수를 갚으려 복수를 시도한 상남자와 대면하고 싶었다.

영정은 학성영당이라는 건물에 보존되어 있는데 위패를 모신 부조묘와 나란히 위치하고 있다. 원래 4대가 넘는 조상의 신주는 사당에서 꺼내 옮겨야 하는 것이 관례다. 하지만 왕명으로 나라에 공훈이 있는 사람의 위패는 옮기지 않아도 되었다. 부조不祧는 위패를 옮기지 않는다는 뜻이다. 김완 장군 부조묘는 왕명으로 건립되었으며, 한때 소실되었으나 1979년에 복원했다. 기일과 명절에 후손들은 신주를 부조묘에서 정침正寢으로 옮겨 모시고 제사를 지낸다.

영당으로 갔다. 종부가 안에서 문을 열어주었다. 국가지정 보물 1305호인 장군의 영정은 유리 안에 들어 있었다. 어제 그린 듯 색깔이 선명했다.

"원본 그대로인가요?"

"아뇨 1982년에 보수한 것입니다."

장군의 영정 앞에 두 번 절하고 마주 섰다. 시선을 맞추고 싶었는데 불가능했다. 칠분좌안七分左顔의 전신상. 얼굴과 몸이 정면이 아니라 오른쪽을 향하고 있다. 조선시대 초상화 기법으로 그린 영정은 당시의 공신상에서 공통으로 보이는 특징들을 담고 있단다. 정면이 아니어서이기도 하겠지만 프로필로 보는 김완 장군의 얼굴에서는 무인이라기보다는 학자의 분위기가 느껴졌다.

외유내강이라던가. 영암문화원에서 발행한 학성군 김완 장군의 한 구절을 인용한다.

> 비록 상관의 사자라 할지라도 조금도 돌보지 아니하고 잘못을 꾸짖어 이로 인해 여러 번 곤란함을 당하였으나 조금도 후회하지 아니하였다. (중략)
>
> 장교나 사졸을 대함에 있어 하나같이 가족처럼 여겨 은혜를 먼저하고 위엄을 나중에 베풀었기 때문에 사졸들은 공을 사랑하면서도 두려워하여 적과 싸울 때 사력을 다하여 싸웠다. (중략)
>
> 공은 관직에 있으면서 사소한 일에 얽매이지 아니하고 해로운 것을 제거하는 것을 목표로 삼았다.

작은 공원 같은 후원까지 구경한 후 헤어지기 전, 종부에게 물었다.

"이 큰 데를 관리하는 게 쉽지 않겠어요?"

"예전보단 낫습니다. 군에서 지원해줘서 도움이 많이 됩니다. 그래도 힘듭니다. 잔디는 공공근로 하시는 어른들이 깎아주지만 나무 전정은 아닙니다. 문화재 관리하는 기관에서 가지치기를 도와주다가 안 도와주다가 합니다. 민간 업자들에게 맡기면 비용을 감당하기 힘듭니다."

젊은이들이 제사니 뭐니 전통에 구속 받는 걸 싫어하고, 가문에 대한 생각도 예전과 다른 상황에서 종가의 전통과 문화를 지켜나가는 일은 쉽지 않을 것이다.

"저는 어릴 적부터 큰 집에 시집가고 싶었습니다. 종가라 해서 좋았어

↑ 김완 장군 묘(왼쪽)와 준마총(오른쪽). 준마총은 김완 장군 묘 아래쪽에 있다.

요. 지금은 줄었지만 그래도 일년에 열세 번 제사를 지냅니다. 힘들다 생각하지 않고 기꺼이 합니다. 과거엔 훨씬 많은 분들이 모였지만 지금은 제사 때 한 삼십여 명 정도 모입니다. 전에는 전부 식사를 준비해 대접했지만, 코로나가 터지고 부터는 제삿상만 차립니다. 대신 식사는 한 군데 식당을 예약해서 거기서 합니다.”

종부 신희심 씨의 대답이 의외였다. 요즘 사람 같지 않았다.

“김완 장군 유적지와 유산은 어느 한 집안에 국한된 것이 아니라 나라의 자원 아닌가요. 특히 우리 지역의 자원인데, 더 적극적으로 관광자원으로 활용하려는 노력이 있었으면 좋겠습니다.”

종부의 말에 공감했다. 김완 장군의 스토리는 충분히 흥미로워 사람들의 관심을 끌 수 있다.

종부와 작별하고 김완 장군 탄생지를 찾아갔다. 구고사가 있는 화소마을에서 탄생지가 있는 몽해마을은 멀지 않다. 몽해마을 입구에서 만난 남자 둘.

"요리 해서 조리 가면 큰 거북이가 업고 있는 비석이 있어요."

차를 몰고 가는데 어느 골목으로 들어가야 하는지 알 수가 없다. 한 번 실패하고 마을 가운데 골목길로 올라갔다. 오른쪽에 작은 공터와 큰 비석이 보였다.

몽해마을 뒤쪽, 김완 장군의 탄생지임을 알리는 비석이다. 비석은 몽햇들을 건너 장군이 자란 화소마을 쪽을 바라보고 있다. 몽햇들은 간척 전까진 바다였다.

다음으로 찾은 곳은 시종면 만수리다. 장군의 묘소가 있다. 시종면 소재지에서 고분로를 타고 만수리 교차로까지 가서 우회전, 마한로로 접어들어 묘 근처까지 갔다. 묘소 근처에서 헤맸다. 결국 찾았지만, 한심했다. 팻말 하나만 설치하면 되는데, 없었다.

숲속에 장군의 묘가 있다. 묘소 아래 장군이 타던 말의 무덤이 있다. 하루에 오백 리를 달렸다는 명마였다. 말은 주인이 세상을 떠났다는 말을 듣자 슬피 울다 쓰러져 죽었다. 장군의 묘와 함께 준마총이 있는 까닭이다. 묘소에서 가까운 곳에 신도비가 있다.

높은 벼슬을 하고 전공을 세워 상을 받은 사람들은 많지만 두번이나 아버지의 복수를 시도했다가 실패한 아들 이야기는 들어보지 못했다. 용맹한 장군으로서, 그에 앞서 효자이자 호랑이 같은 상남자로서 김완은 굉장히 매력적인 인물이다. 재미있는 스토리텔링의 좋은 소재다. 영암이 낳은 영웅 김완 장군 이야기를 더 많은 사람들이 알았으면 좋겠다.

끼독한 사랑,
기생 홍랑과 선비 최경창의 러브 스토리

히트한 가요 덕분에 다시 많은 이들 입에 오르내리기 시작한 이름이 있다. 홍랑. 사람 이름 그대로 노래 제목이다. 민수현이 처음 부른 것을 임영웅이 불러 역주행했다. 유튜브에서 임영웅이 부른 홍랑의 조회수를 합하면 가볍게 2천 만을 넘어가고 민수현, 채수현 등이 부른 홍랑의 조회수도 수백 만이다.

노래 홍랑은 유명 음악인인 이호섭이 작곡하고 최홍호가 작사했다. 홍랑의 가사는 기생 시인 홍랑의 시조 묏버들가에서 빼고 보탠 것이다.

홍랑의 묏버들가다.

> 묏버들 가려 꺾어 보내노라 님의 손에
> 주무시는 창밖에 심어두고 보소서
> 밤비에 새 잎 나거든 나인 줄 여기소서

도치법 같은 글쓰기 기법도 놀랄만한데, 순수 우리말로 사랑에 사로잡힌 여인의 절절한 감정을 섬세하고 우아하게 표현해 조선 최고의 연애시

↑ 가요 홍랑을 부르는 임영웅

로 평가 받는다. 고 양주동 박사는 묏버들가를 우리 시조 사상 최고의 걸
작이라고 극찬했다. 국어 교과서에 실리고 대입시험에 나왔으니 모르는
이가 거의 없을 것이다.

가요 홍랑의 가사다.

쓰라린 이별에 우는 밤

버들가지 꺾어 보내노라

진한 사랑 진한 정을

어이 두고 떠나갔나요

백년이 흘러가도 천년이 가도

나는 그대 여자랍니다

객창에 피는 묏버들 보면

날인가 홍랑인가 여기소서

(중략)

객창에 우는 두견새 보면

날인가 홍랑인가 여기소서

백년 천년 그대 여자란다. 오글거리는 말을 서슴없이 내뱉는 대중가요답게 직설적이다.

조선 최고의 연애시를 쓴 홍랑이라는 여인은 누구이고 그녀가 사랑한 님 최경창은 또 어떤 인물일까.

조선 중기 16세기 홍랑은 함경도 홍원현에서 태어났다. 양인 출신이라는 글도 봤지만 확실치 않다. 어릴 때 홍원현 소속 관기가 되었다.

흔히 드라마나 영화의 영향으로 기생 하면 매춘부로 인식하기 쉬우나 천만의 말씀이다. 기생에도 등급이 있었다. 임금만 상대하는 일패 기생은 두말 할 것 없고 이패 기생은 노래와 춤과 시를 할 줄 알아야 했으니 글 깨나 읽은 선비나 양반 아니면 상대하기 어려웠다.

조선의 3대 기생*인 황진이, 이매창, 홍랑은 미모와 실력을 겸비한 지식인이었다. 매춘은 기예와 학식이 없는 삼패 기생들이 했다.

기방에 놀러갈 때도 지켜야 할 다섯 가지 룰이 있었다.

첫째, 기생의 말을 믿고 섣부른 약속을 하지 말 것. 많은 손님을 상대하는 기생이 비위를 맞추기 위해 무슨 말을 못하겠는가.

둘째, 기생에게 꽃을 선물하지 말 것. 기생을 해어화解語花=말하는 꽃라고 하는 바, 꽃을 주는 건 놀리는 것이다. 해어화는 당나라 현종이 양귀비를 보

---

*   3대 기생이 누구인지에 대해서는 의견이 분분하다.

고 한 말에서 유래한 것이라 그리 생각할 것도 아닐 것 같은데, 그렇다.

셋째, 마누라 자랑 하지 말 것. 당연한 말이다.

넷째, 함부로 문자를 쓰지 말라. 글 좀 아는 체 했다가는 자칫하면 망신 당하기 쉽다. 학식 높은 기생들이 적지 않았다.

다섯 째, 아들 며느리를 효자효부라고 자랑하지 말 것. 좋은 자식이기 힘든 기생 입장에서는 듣기 좋은 말이 아니다.

기생의 모토는 매창불매음賣唱不賣淫, 노래는 팔되 몸은 팔지 않는다는 것이었다. 관기라고 모두 수청을 들거나 성접대를 하는 것도 아니었다. 그런 기생은 따로 수청기와 창기라고 했다. 정치적 희생양이 되어 관기가 된 경우에는 주로 바느질 등 잡일을 했다.

물론 기생 세계에서도 원칙과 현실이 따로 노는 경우가 있었다. 암암리에 이뤄지는 일까지야 어떻게 하겠는가. 조선 후기로 갈수록 기강이 무너져 대비정속代婢定屬을 악용해 기생을 첩으로 삼는 양반들이 생겼다. 대비정속은 관기와 양반 사이에 태어난 딸에 한해서 여종을 바치면 그 딸을 기적에서 빼주는 제도였다. 대비정속을 악용한 양반들 때문에 관청에서 예쁜 관기를 찾아보기 힘들 정도였단다.

일제강점기, 기생은 권번이라는 조합에 소속돼 일했다. 일본식 시스템이다. 지금도 교토에는 게이샤가 되기 전 수련생인 마이코를 양성하는 고등학교가 있고 이들은 졸업 후 조합에 속해 일한다.

열두세 살 때 동기童妓가 되면 언니들을 도와 잡일을 하며 각종 예능과 문장을 익힌다. 열여섯 살쯤 되면 연회에 나가 공연을 하기 시작한다. 홍랑이 묏버들가를 지은 때는 아마 열일고여덟 살 무렵이었을 것으로 추정된다.

최경창은 1539년중종 34년 평안도 병마절도사를 지낸 영암 구림마을 해주 최씨 수인의 둘째 아들로 태어났다*. 어릴 때부터 문재가 출중했다. 아홉 살 때 가본 적 없는 한양의 남산을 상상하며 시를 썼다.

등남악 登南嶽	남산에 올라
蒼翠終南嶽	싱싱하게 푸른 남산이
崔嵬宇宙間	우주의 사이에 높고 험하구나
登臨聊俯瞰	올라가 잠시 아래를 굽어보니
江漢細潺湲	한강이 가늘게 졸졸 흐르고 있어라

종남악은 섬서성 장안의 남쪽에 있는 산이다. 여기서는 서울 남산을 가리킨다. 우리나라 풍경을 노래하면서 기어코 중국을 끌어다 대야 했던 조선시대를 생각하면 한심하지만 그땐 당연했으니 최경창을 탓할 일은 아니다.

최경창은 박광훈 이달과 함께 삼당시인으로 불렸다. 당시까지 조선에는 사변적이고 논리적인 송나라 시풍詩風이 유행했다. 최경창 등은 송시풍의 시로는 자연과 인간의 감정을 표현하는 데 한계가 있다고 생각했다. 구체적인 삶의 경험에 바탕을 두고 인간의 감정을 충실히 표현하는 당나라 시풍의 시를 썼다. 이들의 영향으로 당시풍의 시가 점차 각광을 받게 되었다.

최경창은 또 이율곡, 송익필, 이산해 등과 함께 8문장으로도 불렸다.

---

*   2002년 영암문화원이 발간한 고죽집 발간사 (김희규 영암문화원장)의 내용과 디지털영암문화대전 참조. 그런데, 향토문화전자대전은 최경창을 영암 입향조로 기술하고 있다. 나주목사를 지낸 선산 임씨 구령의 딸과 결혼해 영암으로 왔다는 것인데 그 전에는 어디서 살았는지 적혀있지 않아 알 수 없다. 구림마을 후손한테 물었는데도 명확한 답을 듣지 못했다.

← 고죽 최경창 초상

최경창은 나주목사 남원부사를 지낸 임구령의 둘째 딸과 혼인했다. 당시 남원부사는 한 재산 마련할 수 있는 노른자위 관직이었다. 부잣집 사위 최경창은 문장도 뛰어난데다 풍모 또한 뛰어났다.

> 천품이 호상준매하고 풍채가 우뚝해서 보는 자가 어렴풋이 마치 신선 가운데 사람으로 여겼다(고죽집 후서 by 박세채).

사나이라는 말의 유래가 된 경상도 선비 이산해는 최경창의 생김새와 풍모에 반해 최경창을 최선崔仙이라고 불렀다. 이산해도 한 인물하는 선비였다. 반면 최경창은 이산해를 처음엔 좋아 했으나 나중엔 마음 씀씀이가 공평하지 않다고 왕래를 끊었다.

최경창을 좋아하는 사람도 있었지만 싫어하는 사람들도 많았다. 허균의 형이자 허난설헌의 오빠인 허봉은 최경창의 문재를 좋아했다. 최경창은 허봉의 견해가 치우침이 심하다고 싫어했다. 허봉이 열흘을 연속해서 최경창의 집을 찾아왔다. 허봉을 만난 최경창의 얼굴에 싫은 기색이 역력했다.

분노한 허봉은 이후 사사건건 최경창의 앞길을 막았다.

> 누차 영관과 전랑의 선임을 막고, 인하여 내쳐서 외군으로 전보시켰다. 사암 박공이 그를 위해 주선했으나 안 되었다(고죽집 후서).

뛰어난 실력에도 불구하고 최경창이 높은 벼슬에 오르지 못하고 지방을 떠돈 것은 청렴강직하고 대쪽처럼 곧은 성격 탓이 컸다. 호를 고죽孤竹=외로운 대나무이라 붙인 것을 보면 최경창도 자신의 성격을 알고 있었던 듯하다.

최경창은 스물아홉 살 때 문과에 급제해 관직에 나갔다. 1573년 가을, 최경창은 북도평사로 임명되어 경성으로 떠났다. 부임 길에 들른 홍원현에서 현감이 축하 파티를 열었다.

아리따운 기녀가 시를 읊었다. 최경창이 들어보니 자신이 쓴 시였다.

"누구 시냐?"

"고죽 선생의 시입니다."

"고죽의 시를 좋아하느냐?

"예. 고죽 선생의 빅 팬입니다."

"내가 고죽이다."

"예? .... "

놀란 홍랑은 벌린 입을 다물지 못했다. 눈동자가 방향을 잃고 흔들렸다. 고죽을 똑바로 쳐다볼 수 없었다. 쿵쾅쿵쾅 심장이 요동치기 시작했다. 홍랑의 숨이 멎었다가 다시 돌아왔다.

홍랑이 고죽을 처음 만난 장면을 요즘 식으로 표현하면 이렇지 않을까. 둘은 첫 눈에 사랑에 빠졌다. 서른네 살 최경창과 이팔청춘 홍랑. 나이 차 같은 건 문제가 아니었다. 최경창은 홍랑을 부임지인 경성으로 데려갔다. 홍원현 관기였던 홍랑을 그렇게 쉽게 데려갈 수 있었는지, 어떤 절차를 거친 것인지, 의문이 들지만 자료에 이렇게 쓰여 있으니 그러려니 할 수밖에.

최경창과 홍랑은 경성에서 1년도 안 되는 기간을 함께 살았다. 꿈 같은 시간이었다. 신분 차이를 뛰어넘어 둘은 정신적으로 교감하고 깊이 사랑했다. 최경창은 임기가 끝나 귀경길에 올랐다. 홍랑은 쌍성까지 동행했다.

하지만 당시 조선엔 양계의 금이 있었다. 함경도와 평안도 주민들은 도계를 벗어날 수 없었다. 북방 오랑캐의 침입에 대비하기 위한 군사적 이유였다.

최경창과 헤어져 돌아가던 홍랑이 함관령 고개에 이르자 비가 내리고 날이 저물었다. 홍랑은 묏버들가를 지어 최경창에게 보냈다.

묏버들 가려 꺾어 보내노라 님의 손에........

시와 함께 실제로 버드나무 가지를 꺾어 보냈는지는 알 수 없다. 버드나무 가지는 이별의 상징이었다. 화류계花柳界와 절화반류折花攀柳=꽃을 꺾고 버드나무 가지를 휘어잡음=여자들과 놂라는 말에서 보듯, 부드럽지만 부러지지 않는 버드나무 가지는 꽃과 더불어 기생과 절개 있는 여성의 상징이기도 했다.

홍랑이 묏버들가를 쓴 함관령은 홍원에서 함흥으로 들어갈 때 넘어야 하는 고개다. 양쪽에 웅봉722m과 봉화산814m이 우뚝 솟아 있다.

함관령과 관련된 애절한 러브 스토리가 또 있다.

이광덕1690~1748은 영조 때 예문관 제학과 예조 참판 등을 지낸 문신이다.

젊은 시절 어사가 되어 지방수령의 비리를 조사하러 관북지방을 암행했다. 하지만 이미 어사가 떴다는 소문이 돌아 조사를 제대로 진행할 수 없었다. 누가 소문을 냈나 알아보니 출처가 뜻밖이었다. 어린 기생 가련이었다.

"내가 어찌 어사인 줄 알았느냐?"

"걸인 행세를 하시는데 손이 희고 고와 거짓인 줄 알았사옵니다."

가련의 총명함에 감탄한 이광덕이 시를 한 수 지어주었다. 가련이 말했다.

"정표로 간직하겠사옵니다."

맹랑한 가련의 말에 주변 사람들이 모두 웃었다.

수십 년 후, 쉰 살이 넘은 이광덕은 아우를 변호하다 정주로 유배되었다. 울타리를 벗어날 수 없는 가혹한 유배형 위리안치였다. 울타리 밖에서 아름다운 노랫소리가 들렸다. 내다보니 가련이었다. 가련은 오매불망 이광덕을 잊지 않고 있었다.

이광덕과 가련은 울타리를 사이에 두고 사랑을 나눴다. 이광덕은 퉁소를 불고, 가련은 창을 했다.

몇 년 후 이광덕은 유배에서 풀려났다. 한양으로 가련을 데려가고 싶었으나 양계의 금 때문에 불가능했다.

"벼슬에서 물러나면 내 너를 반드시 데리러 올 것이다."

"기다리고 있겠사옵니다."

가련은 함관령까지 이광덕을 배웅했다. 한양으로 돌아온 이광덕에게 관직이 내렸으나 사양했다. 몇 년 뒤 이광덕은 세상을 떠났다. 가련과 했던 약속은 지키지 못한 채였다.

소식을 들은 가련은 이광덕의 제사를 지내고 서럽게 노래한 후 스스로 목숨을 끊었다. 얼마 후 어사 박문수가 가련의 이야기를 들었다.

박문수는 가련의 묘에 세운 비석에 '함관여협가련지묘咸關女俠之墓=함관의 의로운 여인 가련의 묘'라는 글을 새겼다.

관청에 속한 물건 취급을 받고 일부종사에서 예외였던 기생이 끝까지 절개를 지킨다는 건 쉬운 일이 아니었다. 특히 고을 원님 눈에 들면 수청을 거부하는 건 불가능했다.

춘향이를 잡아들여 고문하는 변사또를 보라. 춘향이는 지금으로 치면 차관급인 참판 아버지와 기생 월매 사이에 태어난 딸이었다. 대비정속으로 양인 신분이 되었고 이몽룡과 약혼까지 했지만 지방 수령 변학도의 불법적 폭력에 당할 수밖에 없었다.

기생은 서른 살이 되면 퇴직했고 쉰 살이 되면 기적에서 빠졌다. 홍랑과 가련이 기생 생활을 하는 동안 절개를 지킬 수 있었는지는 알 길이 없으나 일편단심 한 남자만을 사랑했던 건 확실하다.

1573년 가을부터 경성에서 홍랑과 함께 지낸 최경창은 이듬해 봄 홍랑과 헤어져 한양으로 돌아왔다.

귀경 후 얼마 안 돼 최경창은 병에 걸렸다. 소식을 들은 홍랑이 밤낮으로 이레를 걸어 최경창을 찾아왔다. 1년에 걸친 홍랑의 지극한 간병으로 최경창은 병석을 털고 일어났다.

당시 조선은 당쟁 시작 초기였다. 김효원과 심의경이 이조 전랑직을 둘러싸고 대립하다 동서분당이 표면화했다. 최경창은 시기와 질투의 대상이었고, 당인이 아니었지만 서인 송익필과 친하다는 이유로 동인들의 경계 대상이었다.

1576년 봄, 사헌부가 최경창을 탄핵했다. 유성룡은 최경창이 명종 비 인

순왕후의 국상 중에 양계의 금을 어기고 기생을 불러 들여 첩으로 삼았다
고 비난했다. 최경창은 파직되었고 홍랑은 경성으로 돌아가야 했다.

떠나는 홍랑에게 최경창이 시 두 수를 써주었다.

증별 贈別(=이별할 때 주다)

玉頰雙啼出鳳城　옥 같은 뺨에 두 줄기 눈물 흘리며 봉성(=한양)을 나서는데

曉鶯千囀爲離情　　새벽 꾀꼬리 한없이 우는 것은 이별의 정 때문이네

羅衫寶馬河關外　　　비단 적삼에 명마를 타고 하관 밖에서

草色迢迢送獨行　　풀빛 아스라한데 홀로 가는 것을 전송하네.

(권순열 역, 고죽집)

우 又(=또)

相看脉脉贈幽蘭　　　서로 계속 바라보며 유란을 주네

此去天涯幾日還　　이번에 하늘 끝으로 가면 언제나 돌아올까

莫唱咸關舊時曲　　　함관의 옛 노래는 부르지 마오

至今雲雨暗靑山　　지금 구름과 비가 청산에 자욱하네

최경창은 미워하는 이들의 훼방 때문에 말직을 전전했다. 인사 고과와
검증 등을 담당하는 예조 병조의 원외랑_{정6품}을 거쳐 1575년 사간원 정언_정
_{육품}이 되었다. 1576년 부사로 중국 연경에 다녀온 후 영광군수로 재직하다
사직했다. 이듬해 대동도찰방_{종6품. 평안도에 설치한 대동도의 찰방으로 역로와 역마, 통행 등을 관}
_리으로 복직했다.

선조는 최경창을 좋아하고 신임했다. 1582년, 선조가 대신들의 반대를
무릅쓰고 최경창을 종성부사로 임명했지만 오래 버티지 못했다.

선조가 특별히 종성 부사에 제수했다. 대간들이 빨리 승진시켰다고 논했으나 임금이 따르지 않아 부임할 수 있었다. 마침 북수가 참소를 받아들여 장계를 보내 말하길, 군무를 닦지 않는다고 하니 대간들의 논의가 다시 일어나 처음 명령을 바꾸어 직강에 제수했다(고죽집 후서).

종성부사로 부임한지 얼마 안 돼 최경창의 벼슬은 종3품에서 종5품으로 강등되었다. 직강으로 발령 받고 한양으로 돌아오는 길에 최경창은 경성 객관에서 세상을 떠난다. 1583년 3월, 향년 만 마흔넷이었다. 사인이 무엇인지는 분명치 않다.

급작스런 발병 때문일 가능성이 크지만, 암살 가능성을 거론하는 이도 있다. 아예 암살이라고 단정하는 소설 같은 글도 있다. 다른 데도 아니고 디지털영암문화대전 최경창 항목에 그렇게 돼있다.

디지털영암문화대전을 누가 썼나 확인해봤다. 영암군의 역사와 문화유산을 비롯한 모든 정보를 집대성하여, 누구든지 쉽게 활용할 수 있도록 하기 위해 2010년 영암군과 한국학중앙연구원이 협약을 맺고 만들었다고 돼있다.

그런데, 현지 조사를 하고 자료를 모으고 글을 쓴 주체는 한국학중앙연구원이 아니라 목포대학교다. 하청을 준 모양이다. 목포대학교는 1,758개 항목에 대한 원고를 8개월 2012.6~2013.2만에 썼다. 짧은 기간에 어떻게 그 많은 항목에 대한 글을 쓸 수 있을까.

영암학회 이영현 회장에게 들은 말이 떠올랐다.

"외부인들이 영암의 역사를 연구할 때 결정적으로 약한 부분이 있습니다. 인물들 집안들 간의 복잡하게 얽힌 관계를 모른다는 겁니다. 가령, 의병에 관한 연구라면, 의병을 일으킨 사람과 동참한 사람들 간의 관계를 모르면 깊이 있는 연구가 어렵습니다.

　연구자들이 모르면 발로 뛰면서 일일이 조사해야 하는데 그럴 시간도 의지도 없습니다. 그래도 지자체는 공신력이 있어야 한다면서 대학교나 박사학위를 가진 사람에게 용역을 줍니다. 결과물을 보면 엉터리가 너무 많습니다. 학생들을 시켜서 시중에 유통되는 자료들을 긁어모아 대충 짜깁기한 것을 쉽게 알 수 있을 정돕니다. 발로 뛰어 조사한 자료를 다른 자료와 비교하면서 교차검증해 사실로 확정된 경우에만 글로 적어야 하는데, 안 그럽니다.

　지역 역사는 외려 향토사학자가 훨씬 많이 정확하게 아는 경우가 많은데, 박사가 아니고 대학 소속이 아니어서 연구용역을 받기가 어렵습니다. 아이러니한 현실인데 연구용역을 주는 쪽으로선 딜레마겠지요."

　디지털영암문화대전을 그대로 믿기 어렵다면 간단한 문제가 아니다. 학자도 아닌 일반인이 매번 다른 자료들과 비교해가며 뭐가 사실인지 어떻게 확인하겠는가. 지자체가 펴낸 자료가 잘못 돼있을 거라는 생각은 하지 않거나 못할 게 당연하다.

　최경창 홍랑과 관련해서 유통되는 자료들 중에 서로 다른 내용들이 너무 많다. 가령, 고죽집 발간사와 디지털영암문화대전에는 최경창이 영암에서 태어났다고 하는데 어떤 자료에는 결혼하여 영암으로 입향했다고 돼있다.

　또 최경창의 시묘살이를 한 홍랑이 스스로 얼굴을 훼손한 것을 자해했다거나 얼굴을 칼로 난도질했다거나 하는 식으로 과장한 글들도 있다.

　홍랑이 언제 어디서 태어나고 죽었는지 분명하지 않은데 왜란이 일어나자 피난 갔다 돌아와 최경창의 무덤 앞에서 자진했다고 쓴 글도 있다. 또 최경창이 죽은 곳을 어떤 글은 경성 객관, 어떤 글은 종성 객관이라고 쓰고 있다.

고죽집을 번역한 권순열 교수는 고죽집 서문에서 홍랑은 병란의 와중에 시묘를 했다고 썼지만, 시기가 맞지 않다. 최경창이 죽은 해가 1583년이니, 3년에 걸친 홍랑의 시묘살이는 1586년에 끝났을 것이다. 임진왜란은 6년 뒤인 1592년에 일어났다. 홍랑은 왜란 기간 동안 피난처에서 원고를 잘 보관했다가 왜란이 끝난 후 해주 최씨 문중에 전달했다고 보는 게 합리적이다.

최경창은 파주에 있는 해주 최씨 선산에 묻혔다. 얼마 후 홍랑이 해주 최씨 문중을 찾아왔다. 보관했던 고죽의 원고를 건네주고 최경창의 무덤으로 갔다. 스스로 얼굴을 훼손하고 무덤 옆 움막에서 3년 동안 시묘살이

↑ 최경창과 홍랑

를 했다. 홍랑은 늘 헝크러진 머리에 지저분한 행색으로 지냈다. 남정네들의 관심과 접근을 차단하기 위해서였다.

감동한 해주 최씨 문중은 홍랑이 죽자 최경창 부부의 합장묘 아래 홍랑의 무덤을 썼다. 먼 훗날 후손들은 홍랑의 무덤 옆에 '시인 홍랑지묘'라는 비석을 세웠다.

1683년 최경창의 증손 최석영이 고죽의 유고를 모아 고죽집을 간행했다. 왜란 기간 최경창의 유고가 상당 부분 소실된 탓에 남아 있는 분량이 많지 않았다. 홍랑이 지키지 않았다면 더 적었을 것이다. 외증손 이민서는 고죽유고발孤竹遺稿跋에서 외증조 할아버지 최경창에 대해 이렇게 썼다.

> 무릇 재주와 이름은 사람들의 두려워하고 싫어함이 될 뿐만 아니라 또한 귀신이 심히 꺼리는 바이기도 하다. 예로부터 어질고 뛰어난 선비가 이 때문에 떨치지 못한 자는 이루 기록할 수 없다. (중략) 사람에게 시달리고 하늘에게 버림받은 것을 어찌 괴이히 여길 것인가.

이민서만이 아니라 고죽을 아는 많은 이들이 실력에 비해 크게 쓰이지 못하고 너무 빨리 죽은 것을 안타까워 했다.

최경창의 고손 최진해의 문집인 역촌집 발문에서 병조판서 겸 홍문관 대제학인 남구만은 이렇게 썼다.

> 내가 서로 왕래하는 집안의 자제로서 공의 만년을 모실 수 있어서, 하나하나의 언어와 행동을 보니 뛰어난 기상이 날고 날아 시 아닌 것이 없었다. 한가로운 때와 손을 접대하는 자리에 이르러, 때때로 한두 수의 시를

내놓으면 글이 왕성하고 풍류가 사람을 엄습하니, 천기의 움직인 바에 자연히 문장이 이루어진 것이나, 공이 능히 시로 하여금 그리 한 것인가, 시가 능히 공으로 하여금 그리 한 것인가 알 수 없다.

구림마을에 고죽관이 있다. 옆에 쌈지 공원이 있다. 안쪽에 벤치가 놓여 있고, 나무들과 바위가 있다. 작은 연못 옆에 죽랑연竹娘淵이라 새긴 비석이 있다. 고죽과 홍랑에서 한 자씩 따서 지은 이름 같다.

커다란 비석의 머릿돌에 고죽시비라 쓰여 있고 아래 까만 몸체에 번방곡飜方曲과 묏버들가가 나란히 새겨져 있다. 묏버들가 작가가 홍랑이 아니라 홍낭이라고 쓰여 있다.

번방곡은 홍랑의 묏버들가를 최경창이 한문으로 번역한 것이다. 세종대왕이 한글을 창제해 반포했지만 엘리트들의 문자는 한자였고 모든 공문서도 한자로 작성했다. 한글은 아녀자들이 쓰는 글, 암클로 불리며 천시당했다. 최경창의 의식에도 한글은 암클이었을까. 왜 굳이 한글로 지은 시를 한문으로 번역했을까.

번방곡이다.

折楊柳	버드나무 꺾어
寄與千理人	천 리 가는 이에게 들려 보내노니
爲我試向前庭種	나를 위해 뜰 앞에 심어 두소서
須知一夜新生葉	마땅히 아소서 한 밤에 새 잎 나거든
憔悴愁眉是妾身	초췌하고 근심어린 이 소첩임을

번방곡에서 느끼는 감정은 묏버들가에 담긴 절절한 사랑의 감정에 미치

지 못한다. 순우리말과 한문의 차이 탓이다. 한문으로 번역된 한강의 소설을 읽는다면 완전히 다른 작품을 읽는 게 될 것이다. 물론 다른 외국어도 비슷하겠지만.

노벨문학상을 탄 작가의 소설을 우리 국민이 원어로 읽을 수 있다는 건 참으로 엄청난 일이다.

전에 왔을 때 잠겨 있던 고죽관을 둘러볼 수 있었다. 사전 연락을 받은 해주 최씨 후손 두 분이 기다리고 있었다.

한옥 큰 방의 유리 진열장 안에 옥피리 대금 관복 갑옷 투구 지필묵 고죽집 족보 시 등이 들어 있다. 벽에는 액자에 든 글들과 고죽과 홍랑의 초상이 걸려 있다. 화풍과 색채로 보아 그린 지 오래되지 않은 듯하다. 구석에 놓인 어사화는 색이 바랬다.

전시된 물건들을 보며 최경창과 얽힌 일화가 생각났다.

옥피리.

최경창은 음악에도 소질이 있었다. 거문고를 잘 타고 퉁소를 잘 불었다. 왜란이 나자 최경창은 배를 타고 피난을 떠났다. 구림에서 배를 타면 나주로 갈 수 있었다. 강 위에서 왜구들에게 포위되었다. 달빛이 대낮같이 밝았고 물결은 잔잔했다. 최경창이 옥퉁소를 꺼내 불었다.

퉁소 가락을 들은 왜구들이 불현듯 고향 생각에 사로잡혔다. 저건 사람이 부는 피리 소리가 아니다. 틀림없이 저 배 안에 신인神人이 있을 것이다. 왜구들은 포위를 풀고 물러갔다.

헐! 왜구들한테 그런 감수성과 인간미가 있었다고?

최경창이 맞닥뜨린 왜란은 1555년 5월 일어난 을묘왜변이었을 것이다. 5월 11일음력 왜구 6천 명이 해남 달량진현재의 남창에 상륙했다. 주변 지역 열 개 성을 함락시키며 살륙과 약탈을 자행했다. 왜구들은 영암으로 밀고 올

라왔다. 영암성 밖은 왜구들의 만행으로 아비규환이 되었다. 관군은 성 안에 틀어박혀 싸우려 하지 않았다.

어머니 시묘살이를 하던 양달사가 의병을 일으켰다. 포위된 영암성의 관군과 협력해 왜구를 무찌른 양달사 장군 이야기는 전에 소개한 적이 있다.

을묘왜변 당시 최경창은 만 열여섯이었다. 지금으로 치면 고1 학생이다. 퉁소로 왜구를 물리쳤다는 얘기는 최경창의 퉁소 솜씨를 강조하다 보니 부풀려진 전설임에 틀림없다.

최경창은 활도 잘 쐈다. 너무 실력이 좋아 날아가는 새의 눈을 맞출 정도였다고 한다.

최경창이 북도평사로 경성에 있을 때 군수軍帥=사령관 김우서와 활 솜씨를 겨뤘다. 돌아가며 열 순을 쏘아 과녁을 더 많이 맞추는 이가 이기기로 했다. 두 사람 다 49발을 모두 맞췄다. 김후서가 마지막 남은 한 발을 명중시켰다. 지켜보던 최경창이 김후서에게 말했다.

"장군이 졌소이다."

최경창이 시위를 당겼다. 최경창의 화살이 김우서의 화살 뒤에 꽂혔다.

어느 날 선조가 신하들을 데리고 활솜씨를 시험했다. 최경창의 실력을 아는 무신이 긴장했다. "걱정 마시오. 오늘 내 팔이 영 좋지 않소." 최경창이 한 발을 허공으로 쏘았다. 일등을 차지한 무신은 당상관으로 승진하고 2등이 된 최경창은 호랑이 가죽과 말 한 필을 하사 받았다_{조선왕조실록}.

귀신 같은 활솜씨를 가진 최경창이 을묘왜변 때 왜구들과 싸웠다는 얘기는 없다. 만 열여섯이면 싸울만 하지 않나. 너무 어린가?

최경창의 유고집인 고죽집에는 오언율시 칠언율시 오언절구 칠언절구 등 총 236수의 시가 실려 있다. 왜란으로 소실되지 않았다면 훨씬 많은 시가 남아 있었을 턴데, 아쉽기 짝이 없다. 외증손 이민서는 고죽유고집을

↑ 고죽관 소장품

간행하며 "유고가 병화에 전부 소실되어, 흩어지고 없어진 것을 수습한 것이 십 분의 일도 못되니 거듭 애석하다"고 한탄했다.

최경창은 소식=소동파과 구양수의 시풍을 따라 아름답게 꾸미는 데 주력하고 사변적이고 철리적인 송시 대신 이백과 두보의 시풍을 따라 인간의 감정을 솔직하게 표현하는 당시에 탁월했다. 최경창 백광훈과 함께 삼당 시인으로 불린 손곡 이달은 최경창의 동갑내기 친구

↑ 고죽집

였다. 허균은 삼당시인 중 이달의 시가 가장 뛰어나다고 평가했다.

이달은 뛰어난 문재에도 불구하고 가난하고 불우한 삶을 살았다. 이달이 최경창에게 시를 써보냈다. 이달은 좋아하는 기생에게 비단 한 필 선물할 수 없는 자신의 처지를 한탄했다. 최경창은 이달의 시 한 자에 비단 세 필 값을 쳐서 보내주었다.

"이달의 시 한 자에 천금의 가치가 있는데 내가 어찌 돈을 아까워 하겠는가."

최경창의 시는 중국에도 알려져 높은 평가를 받았다. 중국의 주요 시들을 수록한 열조시집 조선편에 최경창의 시 이소부사李少婦詞가 실려 있다. 이소부는 상공=재상의 손녀 철성 이씨다. 이소부가 열일곱에 양씨네 며느리가 된다. 시아버지 벼슬 길을 따라 멀리 떠나게 되자 울면서 부모님과 헤어진다. 먼 타향에서 고향을 그리워하다 임신한 몸으로 죽는다. 최경창은 이소부의 스토리를 칠언고시로 썼다.

마흔 구句 이백칠십 자로 된 이소부사의 한 구절이다.

秋梧葉落黃菊香   가을 오동잎 떨어지고 국화 향기로워

忽驚今朝是九日   문득 오늘 아침이 구구절(=중양절)인 것에 놀랐네

佳辰依舊人不在   아름다운 시절은 여전한데 사람은 없으니

滿園茱萸誰共採   정원 가득한 수유 누구와 함께 딸 것인가

최경창은 아무리 지위가 높아도 편협하고 편벽한 인간은 경멸했다. 그 때문에 벼슬길이 순탄치 않았다. 그를 총애한 선조가 몇 계단을 뛰어넘는 파격적인 승진 인사를 했으나 버티지 못했다. 최경창은 자신의 호인 외로운 대나무孤竹처럼 급작스럽고 쓸쓸하게 객지에서 죽었다.

홍랑은 그런 최경창을 지독하게 사랑했다. 함께 보낸 시간이 1년에도 미치지 못하는데 그보다 열배 스무 배 긴 세월을 홀로 살며 그리워했다.

고죽관 옆 한옥에 삼락재란 현판이 붙어 있다. 해주 최씨 문중 서재로 최경창의 증손 최석징이 지었다. 교육장과 친족 회합 장소로 사용되었고 해주 최씨 가승보 등 출판활동도 했다.

1907년 건립된 동계사에는 고려 목종 때 문신으로 해동공자로 불린 해주 최씨 시조 최충을 비롯하여 최만리, 최경창, 최석징, 최치헌 등의 위패가 모셔져 있다.

지성이면 감천이라고 홍랑의 지극한 사랑에 감동한 해주 최씨 양반 가문에서 홍랑을 받아들였다. 최경창의 둘째 부인으로 족보에 올렸다. KBS의 역사저널 그날2001.1.20.방송에 의하면 홍랑과 최경창 사이에 아들이 있었다. 언제 낳았을까. 최경창이 파직 당한 후 함경도로 쫓겨갈 때 임신한 몸이었을까. 어디에도 언급이 없으니 알 길이 없다. 아들은 족보에 서자 차남 '집'이라는 이름으로 올라 있는데 1975년생 집의 후손을 끝으로 더 이상의 기록은 없단다.

↑ 고죽관

최경창 부부와 홍랑의 묘는 수백 년 동안 파주 월롱면에 있었다. 한국전쟁 후 미군 캠프 에드워즈가 들어서면서 교하면 다율리로 옮겼다. 그러다가 작년 초 파주 운정3지구 택지개발사업으로 다시 이장했다.

어떤 여행자의 블로그에서 이장한 홍랑의 묘 사진들을 봤다. 다율리에 있었을 때보다 훨씬 좁은 공간에 평장한 묘와 노래비홍랑가비가 서있다. 옹색하고 초라해 보인다.

찾아가보고 싶어 파주시청 문화예술과 공무원에게 전화해 물으니 홍랑묘가 문화재가 아니라 잘 모른단다. 절절한 러브스토리의 주인공이자 최고의 연애시를 쓴 시인에 대한 취급이 이 정도이니 파주시의 관광에 대한 인식도 짐작할만 하다.

대부분의 자료에는 홍랑의 묘가 아직도 파주 다율리에 있는 것으로 나온다. 첨부한 사진도 옛 것이다. 디지털영암문화대전도 마찬가지다. 모처럼 돈 들여 놓고 계속 업데이트를 하지 않으면 무슨 소용인가. 개인들이 쓴 글이야 그렇다치더라도 공기관이 잘못되거나 낡은 정보를 제공해서는 안 될 일이다.

파주에 있는 해주 최씨 문중 사무소에 전화를 했다.

"작년 초 법원리로 이장했는데, 문제가 있어 아직 묘역 조성을 다 끝내지 못했습니다. 내년에 완공되면 알려드리겠습니다."

종회사무실에 있는 사람의 답변이다.

조선시대 선비와 기생 간의 로맨스는 한둘이 아니다. 최경창과 홍랑, 서경덕과 황진이, 허균과 매창, 이광덕과 가련. 일제강점기, 평양 기생 강명화와 대구 부호의 아들 장병천의 로맨스는 처절했다. 반대하는 집안과 흘겨보는 세상에 좌절해 두 사람 모두 자살로 생을 마감했다.

여성들의 사회 활동이 불가능했던 조선시대. 기생만이 유일하게 시와

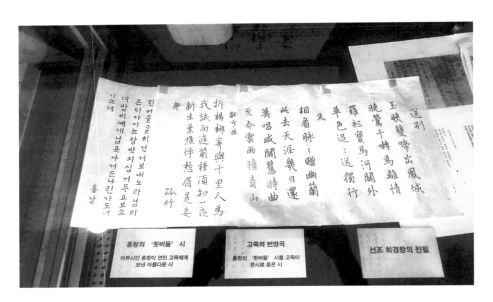

↑ 최경창의 시 (고죽관 소장)

노래와 춤을 공연할 수 있었다. 갈고 닦은 지식과 기예로 엘리트 지식인들과 교감하고 교류할 수 있었다. 최경창과 홍랑은 신분제 사회의 굴레와 나이 차를 뛰어넘어 범인이 흉내낼 수 없는 사랑을 했다. 최경창은 스캔들의 희생자가 되었고 출세길이 막혔지만 후회하지 않았다. 홍랑은 그런 최경창을 살아서도 죽어서도 사랑했다.

최경창과 홍랑의 러브스토리는 영암이 활용할 수 있는 귀중한 무형 문화유산이다. 고죽관, 동계사, 고죽시비는 유형 문화관광 자원이다.

방문하는 사람들이 쉽고 편하게 고죽관을 구경할 수 있도록 하면 좋겠다. 고죽관 앞에 문을 열어줄 사람의 연락처라도 적어 놓는 배려가 필요하다고 느꼈다. 고죽관을 구경하기까지 시간이 걸리고 번거로움이 있었기에 하는 말이다.

의향 영암, 초등학생들의 동맹휴학과 일본인 교장의 자살

 여행을 다니면 전국 어디든 일본과 관련된 이야기가 없는 곳이 없다. 일본이 할퀸 상처가 깊고도 크다는 사실을 실감하게 된다. 영암도 예외가 아니다. 위안이 되는 것은 캄캄한 어둠 속에서도 빛을 발했던 우리 선조들의 자랑스런 이야기다.

 주말. 문을 닫은 영암초등학교를 찾았다. 형형색색 컬러풀한 건물이 예뻤다. 뾰족뾰족한 지붕 라인을 보고 뜬금없이 해방 후 민간 성금으로 세운 조선대학교 교사의 스카이라인을 떠올렸다.

 하늘은 구름 한 점 없이 맑았고 운동장에선 아이들이 축구를 하고 있었다. 저 아이들은 알까. 백년 전, 일제강점기 때 선배들이 일으켰던 경천동지할 의거를.

 일제강점기 때 초등학생들의 동맹휴학이 영암에서 일어났다는 얘기를 처음 들었을 때 반신반의했다. 초등학생들이? 물론 지금하고는 달리 당시엔 나이가 더 많은 학생들도 있었을 테지만, 그렇더라도 정말로?

 1922년 9월 14일. 영암공립보통학교=현. 영암초등학교. 박종환, 김준현, 한완상, 김준차 등 학생들이 주도한 동맹휴학 사건이 일어났다. 5,6 학년이 주도하고 4학년까지 가담한 의거였다.

학생들은 열두 가지 조건을 내걸었다. 교장을 파면하라, 조선의 역사를 가르쳐라, 조선어로 가르쳐라, 태벌을 폐지하라, 점심 시간에 온수를 달라 등등. 귀여운 요구도 있지만, 어른 독립투사 못지 않은 요구도 있다. 놀랍지 않은가.

1919년 3.1운동은 전국의 학생들에게 영향을 미쳤다. 조선의 역사와 조선어에 대한 관심이 커졌다. 3.1운동에 놀란 일제는 무단통치 대신 문화통치로 전환했다. 교사들은 제복을 벗고 양복을 입었다.

하지만, 본질은 그대로였다. 교육의 최종 목표는 조선인의 일본인화였다. 영암보통학교 교장 미야시타모스케宮下茂輔는 국수주의자에 일선동조론의 열렬한 광신자였다. 내선일체, 동화 교육을 강압적으로 밀어붙였다.

일제는 3.1운동을 무력으로 진압한 후, 문화통치가 잘 먹히고 있겠거니 생각하고 있다가 어린 학생들의 동맹휴학에 깜짝 놀랐다.

주동자를 잡아들여 배후를 추궁했지만 학생들은 하나같이 자발적으로 한 거라고 말했다. 실제로 배후조종자는 없었다. 증거도 없었다.

하지만 일제는 목포 영흥학교 교사 한현상을 파면하고, 영암보통학교 훈도 김준오를 능주보통학교로 전보 조치했다. 한현상*은 동맹휴학 주동

---

*   한현상은 일본으로 건너갔다. 아나키스트 박열과 함께 비밀결사인 불령사를 조직해서 독립운동을 했다. 체포되어 옥고를 치렀다. 박열과 한현상이 불령사를 같이 조직하고 활동했다는 사실을 영암에 내려와 처음 알고 놀랐고 반가웠다.

      박열의 부인 카네코후미코는 일본인이면서도 제국주의에 저항한 투사였다. 여성 노동운동의 선구자이기도 했다. 둘은 연인이면서 동지였다. 부부의 옥중 사진이 유출되어 보도되는 사건이 있었다. 일본 전국이 떠들썩했다. 박열과 카네코의 감옥생활과 재판은 내내 일본 미디어의 관심사였다. 일본 패전 후 박열은 재일거류민단장, 한현상은 선

↑ 영암초등학교

학생인 박종환, 한완상과 친했다는 것, 낭산 김준연의 동생인 김준오 또한
학생들과 같은 마을에 살았고 한완상과 고종사촌 김준오 어머니가 한현상의 고모 으로
인척 관계에 있었다는 게 이유였다.

　일주일 남짓 만에 사건은 가라앉았지만 완전히 해결된 것은 아니었다.
능주보통학교로 전근된 교사 김준오는 이듬 해 사직하고 영암에 돌아와
낭남학원을 창설해 제도권 밖에서 학교에 갈 형편이 못 되는 아이들을 가
르쳤다.

　　　　전국장을 맡아 계속 함께 일했다. 문경시 박열기념관에 한현상 선생이 보낸 편지 두 통
　　　　이 보관돼있다니 한 번 가서 보고 싶다.

일제의 동화정책에 대한 학생들과 군민들의 불만은 깊은 곳에서 여전히 부글거리고 있었다. 물론 학생들의 행동을 철없는 어린 것들의 망동이라고 매도하는 사람들도 있었다. 1924년, 영암공립보통학교 학생들의 동맹휴학 사건이 다시 터졌다.

이번에는 영암군내 여러 학교에서도 같은 일이 벌어졌다. 영암군 상황은 조선총독부 초미의 관심사가 되었다. 교장 미야시타모스케는 심한 압박감을 느꼈다.

영암보통학교에서 재차 동맹휴학이 발발한 후 교장 미야시타가 김준오에게 연락했다. 상의할 게 있으니 오늘 중에 집으로 찾아가겠다고. 미야시타는 나타나지 않았다. 이튿날 새벽 미야시타 교장의 집에서 총성이 울렸다.

1924년 7월 1일 새벽, 미야시타 교장이 돌연 엽총으로 자살했다. 유서에는 '대애지여사도투멸大愛之餘 師道投滅'이라고 적혀 있었다. 큰 사랑이 넘쳐 스승의 도를 잃어버렸다는 뜻이다.

김준오 선생은 광복 후 그날 일을 이렇게 회고했다. '새가 죽으려매 그 소리가 슬프고, 사람이 죽으려매 그 말이 착하다'더니, 필자를 맹휴의 선동자로 오인하였던 것을 사과하고 최후 작별을 하려던 심정이었을 것이다.

김준오 선생은 미야시타가 자결하기 전 일선동화정책에 맹종하였던 과오를 후회하였을 것으로 추측된다고 적었지만, 과연 그랬을까.

어린 학생들의 동맹휴학. 초등교육계 사상 최초였다. 그때가 일제강점기임을 생각하면 놀라운 일이 아닐 수 없다. 더구나 교장의 엽총 자살이라니. 센세이셔널한 사건이었다. 1922년 1차 동맹휴학을 동아일보는 이렇게 보도했다.

교육계에서는 절대 용서할 수 없는 괴이한 사건이다... 하지만 그 정상을 살펴보면 뜨거운 동정의 눈물이 흐르고, 조선 소년의 애달픈 가슴 속에 대하여 무한한 느낌을 금치 못하겠으니,

조선 소년은... 공을 치고 놀 때에도 그 고유한 언어, 젖과 밥으로써 함께 성장한 자연의 언어로써... 그 감정을 토해내지 못하며.... 부모로부터 배운 언어로, 그 정을 표하고, 그 감정을 발하여 서로 화합하지 못한다....

일본의 소년을 보라. 뛰어놀 때나 달릴 때 즐겁게 웃을 때 흥이 나서 움직이는 대로 자연스럽게 노래하고 탄성을 내서 기뻐하지 아니한가....

조선의 소년이 이처럼 즐거이 노래하는 모습을 볼 때 우리는 어찌하여 저와 같이 자연스러운 언어, 부모의 언어로써 우리의 정을 표하지 못하는가?

.... 조선 소년은 고유한 조선어를 잊게 되고, 선조의 공적을 알지 못하게 된다. 일본의 태전도관太田道灌*은 알되 조선의 을지문덕은 알지 못하고, 일본의 후지산은 알되 조선의 백두산은 알지 못한다....

이번 사건이 지방 한 구석에서 돌발한 극히 사소한 사건과 같으나, 실은 현재 조선 교육제도의 결함을 근본적으로 유감없이 드러낸 극히 중대한 사건이라 할 수 있다. 바라건대 당국은 세심한 주의로 그 근본동기를 관찰하여 조선 소년의 순진무구한 성장을 도모해야 할 것이다.

　　동아일보는 비록 용서할 수 없는 괴이한 사건이라고는 했어도 사태의 본질을 정확히 꿰뚫고 꽤나 괜찮은 기사를 썼다. 지금 읽어도 절절히 공감하게 되고 살짝 감동까지 인다. 동아일보는 2년 후인 1924년 7월 4일 맹휴

---

*　　　　오타도칸. 일본 에도시대의 영주, 승려, 시인. 에도성(현재 토쿄에 있는 황궁)을 지었다.

책임 교장 자살이라는 제목 아래 영암에서 일어난 보통학교 동맹휴학을
다시 보도했다.

고 김준오 선생은 이렇게 썼다.

> 월출산 정기를 타고난 낭주 건아의 혈관에는 단군 성조의 피가 흐르고
> 뇌리에는 투철한 민족의식이 약동하고 있다.

잔디 깔린 운동장에서 축구하는 아이들의 말과 웃음소리로 쉬는 날 학
교가 떠들썩하다. 백 년 전 이 아이들만큼 어렸을 선배들이 조선말도 못
하게 하고 조선글도 못 쓰게 하는 일제의 동화교육 민족말살 교육에 저항

해서 조선인다운 교육을 받고 싶다고 떨쳐 일어났다. 지금의 아이들이 그 자랑스러운 역사를 학교에서 제대로 배우고 있는지 궁금하다.

학교를 떠나는데 정면에 높이 솟은 월출산이 꿈틀거리는 느낌을 받았다. 월출산의 바위들은 생명체구나. 불현듯 깨달았다.

───── 위의 글은 주로 〈독립운동사 영암군 현황〉 2022년에 재발간한 〈영암군향토사, 1953〉를 참고했다.

구한말 여성 의병
양방매

동작동 국립서울현충원. 나라를 위해 헌신한 이들이 묻혀 있다. 광복 후 과거사 청산에 실패한 탓에 간혹 친일매국노들이 섞여 있어 분노가 치밀지만 저절로 옷깃을 여미게 되는 공간이다.

독립유공자 묘역. 묘비 번호 124. 강무경 의병장과 부인 양방매 여사가 함께 묻혀 있다. 여성 의병 양방매 여사1890~1986는 영암 출신이다. 양방매 의병 스토리를 처음 알았을 때 깜짝 놀랐고 나중엔 슬펐다. 의병이기 이전에 한 여인의 기구한 인생에 바로 감정이 이입했기 때문이다.

열여덟 살에 내일 죽을지 모레 죽을지 모르는 의병 청년을 만나 결혼하고, 일본군에 맞서 같이 싸우다 함께 체포되고, 스무 살 되던 해 남편이 감옥에서 순국하자 그 후 76년을 수절하며 살았다.

뙤약볕 속, 강무경 양방매 의병장 부부묘를 찾았다. 현충원 정문을 들어가 바로 오른쪽에 있는 자전거 주차장에 오토바이를 세우고 언덕길을 걸어 올라갔다. 수위는 오분이면 된다고 했는데 십분 이상 걸렸다. 숨이 막히고 땀이 흘렀다.

이름만 대면 알 수 있는 항일독립투사의 묘비들을 지나 부부 의병의 묘

앞에 섰다.

강무경 의병장은 조선 말 후기 항일 의병전쟁 때 활약한 호남 의병이다. 원래는 무주 사람인데 필묵상을 했던 지라 호남 각지의 선비들과 교류가 많았다.

1907년. 앞서 을사늑약을 강요했던 일제는 고종을 강제 퇴위 시키고, 정미조약을 강제로 체결하고, 군대를 해산시켰다. 전국에서 의병이 일어났다. 정미의병이다. 일제의 만행에 분노한 강무경은 거병을 도모했다.

함평에서 서당 훈장을 하던 심남일과 의기투합했다. 본명이 심수택인 심남일은 호남 제일 의병이 되겠다는 뜻으로 스스로 남일南一이라고 칭했다. 강무경과 심남일은 의형제를 맺었다. 심남일은 장성 출신 의병장 기삼연이 이끄는 호남창의회맹소에 참여해 의병 활동을 시작했다. 태인 의병을 주도한 최익현처럼 유명하지도 자금이 풍부하지도 않았기 때문이다.

호남창의회맹소에는 나주 남평 출신 김태원 김율 형제 의병장도 속해 있었다. 나주 전남 서부 지역의 여러 전투에서 많은 일본군을 무찌르며 이름을 떨쳤다. 일제는 형제를 거괴巨魁라 부르며 체포하려 혈안이 되었다.

1908년 3월 동생 김율이 체포되어 광주 감옥에 수감됐다. 4월 25일 일본군 토벌대에 포위된 김태원 의병장은 세 시간 동안 분전했지만 중과부적이었다. 김태원 의병장을 포함해 총 23명이 전사했다. 일제는 광주감옥에 있던 동생 김율을 데려와 형 김태원의 얼굴을 확인케한 후 총으로 쏴 죽였다.

심남일 부대는 김율 의병장의 의진에서 싸우고 있었다. 김율 의병장이 순국하자 강무경은 심남일을 통수=의병장로 추대하고 전군장=선봉대장이 되었다. 심남일은 '호남의소'라는 대규모 의병부대를 창설했다.

심남일 부대는 영암 금정면에 있는 국사봉을 중심으로 활동했다. 영암, 나주, 장흥, 보성, 함평, 강진, 능주 등 각지에서 일본군과 전투를 벌였다.

1908년 8월, 영암 금정 사촌에서 영산포 헌병 대장 코토히라야마와 기병들을 사살했고, 영암 덕진 영보리 뒷산에서 영암 수비대장 쿠스모토 대위와 부하들을 사살했다.

그런데, 한말 호남 의병의 성지라고 해야 할 국사봉은 어떤 곳일까.

국사봉614m은 영암에서 월출산810m 다음으로 높은 산이다. 서쪽으로 영암 금정면, 북쪽으로 나주 세지면 다도면 봉황면, 동쪽으로 화순 도암면 청풍면, 남쪽으로 장흥 유치면, 강진 옴천면과 연결된다. 잘 모르는 사람이 봐도 군사적 요충지라는 걸 금세 알 수 있다.

원래는 덕룡산으로 불렸는데 기슭에 있는 쌍계사에서 두 명의 국사가 나왔다고 해서 국사봉으로 불리게 됐다는 얘기가 전한다. 지금 덕룡산으로 불리는 산은 나주에 있다.

얼마 전, 영암 월성서원의 주인장 강병연 박사를 따라 금정면 신유토마을 뒤쪽 국사봉 자락을 오른 적이 있다. 수풀이 우거져 길이 없는 곳을 헤치고 제법 올라가자 깊고 넓은 구덩이가 둘 있었고, 주변은 정성들여 쌓아 올린 돌들로 둘러싸여 있었다.

의병전쟁만이 아니라 한국전쟁도 있었고, 빨치산들이 활동한 곳도 국사봉 일대라고 하니, 군데군데 눈에 띄는 돌무더기와 이름없는 무덤이 어느 시대 것인지 가늠할 길이 없다.

강무경은 국사봉 아래 금정면에 사는 선비 양덕관의 집에 드나들었다. 양덕관의 아들 양성일도 의병이었다. 양성일에게는 두 살 아래 여동생 방매가 있었다. 강무경과 양방매는 서로 좋아하는 사이가 되었다.

1908년 9월, 강무경은 연이은 전투의 피로가 누적돼 병이 났다. 치료를 위해 양덕관의 집에 머무는 동안 양방매는 지극정성으로 강무경을 간호했다. 아버지와 오빠가 두 사람의 결혼을 추진했다. 정식으로 입적한 것은 아니었고 그럴 형편도 아니었다.

회복한 강무경이 다시 의병 활동을 하려 떠나려 하자 양방매가 '죽어도 같이 죽고 살아도 같이 살겠다'며 따라 나섰다.

영암에서 결성된 여러 의병부대들은 2년이 넘는 기간 동안 치열하게 일본군과 싸웠다. 침략자들에 맞서 온 몸을 불살라 찬란한 애국의 불꽃을 피워 올렸다.

강무경 양방매 부부는 심남일이 기존 영암의 의병부대들을 중심으로 새롭게 결성한 호남의소에서 활약했다. 부부는 호남 동남부 일대의 산악지방을 무대로 유격전을 전개했다. 1909년 3월 8일, 의병사에 길이 남을 나주 남평 거성동 전투에도 참여했다.

1909년 순종이 의병해산령을 내렸다. 1907년 대한제국 군대 해산조칙을 내렸던 임금나중에 매국노 이완용과 이토히로부미가 위조했음이 밝혀졌다, 나라가 망해가는

걸 보면서도 무력하기만 했던 임금이 다시 의병들에게 일본에 맞서 싸우지 말라는 명령을 내렸다.

1909년 7월 21일 심남일 의병부대는 훗날을 기약하며 부대를 해산했다. 해산령을 거부하고 싸움을 계속한 의병부대도 있었지만 1910년이 되자 전면적인 항일전쟁은 막을 내렸다.

1909년 9월부터 10월까지 두 달 동안 일제는 남한폭도대토벌작전을 벌였다. 심남일과 강무경은 반드시 제거해야 할 거괴巨魁였다. 화순 풍치바람재 바위굴*에 숨어 있던 심남일, 강무경, 양방매 등은 정보를 탐지한 일본군에 포위되었다. 체포된 뒤 수감되어 가혹한 심문을 받았다.

---

*   현 화순군 청풍면 이만리 화학산 기슭이라고 한다.

다른 사람들과 달리 양방매는 어린 여자인데다 벙어리라고 해서 석방되

었다 일부러 벙어리 행사를 했다는 말이 있다. 원래 말수가 적었던데다 가혹한 심문에도 한 마디 대답도 하지 않자

벙어리라고 판단했을 거라는 국립현충원의 설명이 더 설득력 있는 것 같다.

이듬해인 1910년 10월 심남일 의병장과 강무경 의병장은 대구교도소에서 처형당했다. "의병이란 아침에 적을 치고 저녁에 조국의 산하에 묻히는 것"이라고 했던 심남일 의병장은 자신의 말대로 나라를 위해 목숨을 바쳤다. 두 의병장의 나이 각각 서른아홉과 서른둘이었다.

강무경 부부의 결혼 생활은 2년이 안 가 끝났다. 편한 잠자리 한 번 가져보지 못하고 내내 일본군과의 전투에 날이 지고 새던 시간이었다.

스무 살. 양방매 의병은 친정으로 돌아왔다. 영암 금정면 반치마을 현 반계 마을에 있는 초가에 숨어 살다시피 하면서 죽은 오빠 양성일 의병의 딸을 키웠다. 남편과 함께 누비던 국사봉 일대의 산에서 약초를 캐 장에 내다 팔았다.

언제고 산속 생활을 할 수 있는 도구를 지니고 다녔고 식사를 할 때면 품고 있던 숟가락을 꺼내 썼다. 남정네와 시선을 마주치지 않으려 늘 고개를 숙였다고 한다.

양방매 의병은 어떤 삶을 살았을까. 깊은 생각에 잠겨 묘 앞에 서있는데 갑자기 왁자지껄 떠들썩한 소리가 들렸다. 한 무리의 사람들이 가이드의 이야기에 귀를 세우고 듣고 있다. 젊은 사람도 제법 나이가 들어보이는 사람도 있다. 여자도 있고 남자도 있다.

한 젊은 남자에게 무얼 하는 거냐고 물으니 역사에 관심있는 이들이 인터넷 상에서 모여 만든 그룹 멤버들이란다. 해설사를 따라 현충원 투어를 하고 있단다.

"여기가 구한말 여성 의병 양병매와 남편 강무경 의병장 묘인데, 혹시

알아요?"

"아니요, 전혀 몰랐어요."

난생 처음 듣는 얘기라며 놀란다. 그러면서 내게 혹시 역사 선생님이냐고 되묻는다.

간단히 강무경 양방매 부부의병 이야기를 해준다. 생각 같아서는 자세히 들려주고 싶지만 자제한다. 역사 공부 모임의 다른 사람들은 벌써 저만큼 가 있다.

남편 강무경 의병장은 1962년 건국훈장 독립장을 추서받고 1973년에 국립서울현충원 독립유공자 묘역에 안장되었다. 부인 양방매 의병의 이야기는 오랫동안 묻혀 있었다. 1984년 드디어 구한말 여성 의병 양방매의 존재가 세상에 드러났다.

평생을 은둔하다시피 했는데, 어떻게?

양방매 의병을 발굴해 세상에 소개한 이는 영암의 향토사학자 고 신희범 선생이다.

젊은 시절 대학을 중퇴하고 고향에 돌아온 선생은 영보중학과 덕진고등공민학교를 세워 후진 양성에 매진했다. 어느 날 영암 출신 독립운동가 조극환 선생으로부터 심남길 의병부대가 덕진면 영보의 형제봉에서 일본군 수비대장과 부하들을 사살했다는 말을 들었다.

소학교 시절 일본인 교장이 "영암 사람들은 심성이 월출산 바위처럼 까칠하다"는 말을 들은 기억이 났다. 선생이 영암 일대의 의병활동 연구에 본격적으로 뛰어들게 된 계기였다.

일제 시대 의병 재판기록을 뒤졌고 증언자들을 만나러 사방을 돌아다녔다. 조상이 의병이었다는 사실 자체를 모르는 사람이 부지기수였고 알고 있어도 피해의식 때문에 드러내고 싶지 않아 하는 사람들도 있었다. 사재를 털어 연구비용을 대느라 가정파탄의 위기를 겪기도 했고 미친 사람 취급을 당하기도 했지만 평생 의병 연구에 몰두했다.

선생의 연구 덕에 1972년까지 단 두 명에 불과했던 공인된 영암 의병의 수가 2005년 무렵엔 백 명이 넘었다. 나주에서도 많은 사람이 국가유공자가 되는 혜택을 받았다.

십 년이 넘는 추적조사 끝에 선생은 드디어 여성 의병 양방매를 찾아냈다.

"오메, 남편 따라 죽지 못한 것이 부끄러워 평생을 숨어 살았는디 어찌 알고 찾아 왔소?"

옛일을 들춰 뭐한다고 그러냐며 한사코 손사래를 쳤다. 거절해도 계속 찾아오는 신희범 선생의 진심에 양방매 할머니가 마침내 마음을 열었다.

1984년 6월 6일 현충일. 양방매 여사는 국립서울현충원에 묻혀 있는 남편 강무경 의병장의 묘를 참배했다. 평생 남편을 그리워하며 수절한 세월

↑ 구한말 여성 의병 양방매와 남편 강무경 의병장의 합장 묘비 뒷면

만 74년이었다. 2년 후인 1986년 11월, 양방매 여사는 96세의 한 많은 인생을 마감했다. 9년 후인 1995년, 국립서울현충원에 있는 남편 강무경 의병장 곁에 묻혔다.

국가가 대한민국 건국포장을 추서한 것은 그로부터 또 십년이 흐른 2005년이었다. 영암의 향토사학자 신희범 선생의 끈질긴 노력이 있었다.

강무경 양방매 부부의병의 묘비 앞에서 심남일 의병장이 대구형무소에서 순국하기 전 남긴 시를 떠올렸다.

해와 달처럼 맑고 밝던 우리 강산
갑자기 비린 먼지 속에 묻히고 말았네
맑은 하늘 보지 못하고 지하로 가노니
붉은 피 한에 맺혀 푸른 피 되리라.

서른아홉 살. 망국의 한을 품고 세상을 떠나기 전 심정이 어떠했을지 생각하니 가슴이 떨렸다.

열여덟 살에 만난 남편과 스무 살에 사별하고 청상과부가 된 양방매는 세상을 떠날 때까지 수절했다. 저승에서 다시 만난 부부가 행복하기를 묘비 앞에서 두 손 모아 빈다.

무주군 설천면에 있는 라제통문을 찾아간다. 서울에서 235km. 무주IC에서 내린 뒤 갈아 탄 무설로는 드라이브 하기에 좋았다. 군데군데 태권도를 모티브로 한 조형물들이 보인다. 무주에 국립태권도원이 있어서다. 라제통문을 떠날 때 탄 37번 도로는 산속을 달리는 환상적인 라이딩 코스였다. 오토바이였으면 기가 막힐 텐데.

관광철이 아니라서인지 라제통문을 찾은 이는 거의 없었다. 근처 식당

"꿈에서조차 그리던 나라의 광복을 보지 못하고 친친지원수의 총칼에 몸으로 놓아 가께 되었으니, 오로애재라! 내 혼백과 육신의 털끝이라도 너승의 침강칙이 되어 못 다한 친추의 한을 풀리라"

－강무경 의병장 사형되기 직전에－

← 강무경 의병장 동상과 순국시(전라북도 무주군)

도 문을 닫아 점심을 먹을 수도 없었다.

　강무경 의병장의 동상은 라제통문 삼거리 옆에 있다. 오른손에 총을 들고 왼손 주먹을 불끈 쥔 모습으로 전방을 주시하고 서있는 동상은 예상 밖으로 왜소했다. 일본군을 떨게 하던 '거괴巨魁' 의병장의 기개와 용맹을 느끼기엔 많이 부족하다.

　동상 옆에는 강무경 양방매 부부 사적비가 있다. 공식 명칭은 '항일투사 순국의병장 강무경 홍일점 의병 양방매 부부사적비'다. 찬찬히 비문을 읽는다.

　　양방매는 영암 선비 양공 덕관의 둘째 딸로 18세 때인 1908년 강의병장을 남편으로 맞아 내조하다가 1909년 3월부터... (생략) 산악전에서 홍일

점 의병으로 맹활약하셨다. 1909년 8월 26일 능주 풍치에서 은신 중에 체포되었고... (생략) 1986년 9월 28일 향년 94세로...영암 금정면 당치에 묻혔다가 1995년 10월...국립묘지 남편 묘소에 합장되다. 1995년 빛나는 공적을 후대에 길이 전하고자 그 사적을 돌에 새겨 비에 세우다.

1890년에 태어나 1996년에 돌아가셨으면 향년 96세여야 할 터인데 비에는 향년 94세로 쓰여 있다.

국립묘지와 무주에서 만날 수 있는 최초의 여성 의병 양방매. 그러나, 정작 양방매 의병이 활약한 영암에서는 이렇다할 기념물을 찾아볼 수 없다.

세계적으로 히트한 드라마 션샤인, 영화 밀정 등에는 남자들과 어깨를 나란히 하며 항일투쟁에 헌신한 여성 독립투사들이 나온다. 자랑스런 영암 출신 최초 여성 의병 양방매의 인생은 어떤 영화나 드라마보다 드라마틱하다. 더구나 픽션이 아닌 논픽션 아닌가.

안타까움에 민간단체인 영암학회가 기념사업을 펼치겠다고 나섰지만 큰 진전은 없는 것 같다.

영암에는 양방매 의병 외에도 많은 애국지사들이 있다. 국가보훈록에 등재된 수만 50명이 넘는다. 전국 여러 곳이 의향을 자처하고 있지만 영암은 그중에서도 우뚝하다.

영암 출신 여성 의병 이야기를 최근에야 알게 된 것이 미안해 이것 저것 자료를 찾아보고 있다. 영암의 뜻있는 민간 인사들이 아무리 애쓰더라도 지자체와 정부의 힘에 미칠 수 없다. 지금이라도 양방매 의병 현창 사업에 진지하게 나섰으면 좋겠다.

영암 근대사와
현정은 현대그룹 회장

서울에서 추석을 쇠고 서호면 융성도서관 숙소로 복귀했다. 서호들을 가로지르는 길을 달리며 영암 땅의 역사를 생각했다.

2003년 8월 4일, 정몽헌 현대그룹 회장이 현대 계동사옥 12층 회장실에서 투신했다. 2002년 9월에 터진 대북불법송금 사건 관련으로 검찰에서 조사를 받던 중이었다. 정회장의 갑작스런 죽음 후, 2004년 현대그룹 회장에 취임한 사람은 정몽헌의 아내 현정은이었다.

불법을 마다하지 않고 독재권력과 유착하여 재벌이 되었지만 현대그룹에 대한 내 이미지는 다른 재벌들과는 조금 달랐다. 아버지의 뒤를 이어 대북사업에 열심이었던 정몽헌의 현대그룹에 대한 응원의 마음도 있었다.

2004년 남편의 뒤를 이어 아내인 현정은이 현대그룹 회장에 취임했다. 어려움에 봉착한 재벌그룹을 죽은 회장의 아내가 이끈다고? 그럴 능력은 있나? 궁금했지만 뉴스에 나오는 정보 외에 따로 깊이 알려고 하지 않았다. 경제계 사정을 잘 알지 못하는 데다 하는 일이 그런 쪽도 아니어서 필요도 없었다.

현정은 회장은 호감이 갔다. 후덕한 생김새도 있겠지만 시아버지와 남편의 뒤를 이어 어떻게든 대북사업을 이어가려 노력하는 모습이 가상했다. 인간적인 동정과 안타까움도 있었다.

오랫동안 들을 일이 없었던 현정은 회장의 이름을 영암에 내려와서 만났다. 자주 현정은이라는 이름을 떠올리게 되는 상황에 놓였다.

영암읍에서 융성도서관으로 오려면 819번 지방도로인 영암로를 타고 달리다 구림교차로 표지판이 나타나면 오른쪽으로 빠져야 한다. 바로 우회전, 조금 가다 백암마을 입구에서 좌회전 한다. 들판을 가로질러 왕복 2차선 도로가 쭉 뻗어있다. 학파로다.

학파로 주변 너른 들판에 노랗게 익어가는 벼들이 바람에 흔들리고 있다. 출렁이는 황금 물결이 자못 아름답다. 더위는 여전히 기승을 부리고 있지만 햇살은 한결 부드러워졌다. 영암에 처음 내려왔을 땐 모내기 한참 전이었는데, 그새 추수할 때가 다가오고 있다.

들판을 가로지르는 학파로 끝은 T자형 삼거리다. 삼거리 뒤쪽은 엄길마을이다. 엄길마을 앞을 횡으로 달리는 도로, T자의 머리 부분에 해당하는 도로 이름도 학파로다.

T자형 삼거리 오른쪽 학파로를 따라 엄길리-서호동-학파동-쌍풍리 월평마을- 학파 제2저수지-송산마을-남하동-성재마을-무송동이 자리하고 있다. T자형 삼거리 왼쪽으로 가는 학파로는 엄길리를 바라보며 왼쪽으로 가다 오른쪽으로 휘어진다. 엄길리 느티나무를 지나 조금 가면 서호로와 만난다. 학파로는 여기서 끝난다. 우회전 해서 서호로를 조금 달리면 내가 묵고 있는 융성도서관이다.

정리하자면, 학파로는 T자형이고 T자의 머리 왼쪽 부분이 둥글게 휘어져 올라간 모양이다. 학파로 주변의 너른 들판은 서호들이다.

영암에 학파로 외에도 학파저수지, 학파농장 등 학파가 들어간 이름들이 있다. 학파_{鶴坡=학의 언덕}가 궁금해졌다. 알아가는 중에 현정은이라는 이름을 만났다.

학파는 현정은의 증조부 현기봉의 호다. 현기봉의 조부 때 충청도 천안에서 영암군 학산면 학계리로 이주했다고 한다. 현정은의 고조부 현인묵과 증조부 현기봉은 이재에 능했다. 현인묵 때 재산이 3천 석이었고, 현기봉_{1855~1924} 때는 7천 석으로 늘었다. 현기봉은 적극적으로 친일 부역 행위를 했고 그것이 재산을 불리는 데 크게 도움이 되었다. 농업 외에 금융업 등 다른 분야로도 사업범위를 넓혔다.

현정은의 할아버지 현준호_{1889~1950}는 동경 메이지대학에 유학했다. 졸업 후 1917년에 귀국했고, 만 31살인 1920년 호남은행을 설립했다. 관료 출신을 은행장으로 모시고 자신은 전무로 일했다. 광주에 본점을 두고 목포에 지점을 설치했다. 순천, 장성, 보성 등에도 지점을 내고 1933년에는 동래은행을 합병해서 영업범위를 경남권까지 확장했다.

커가는 조선의 민족은행을 가만두고 볼 일제가 아니었다. 1928년 신은행령을 공포하고 민족은행들을 일본 은행으로 통합하려 꾸준히 획책했다. 호남은행은 법률투쟁을 해가며 버텼지만 조선계 은행 통폐합정책에 따라 1942년 동일은행_{한일은행과 호서은행 통합으로 1931년에 탄생}에 강제로 합병되고 말았다. 1943년 동일은행은 다시 한성은행과 합병하여 조흥은행으로 재탄생했다.

목포에는 구 조흥은행 목포지점_{전 호남은행 목포지점} 건물이 있다. 목포시 등록 문화제 제29호로 지정돼있다.

1931년 만주사변을 일으킨 일제는 전쟁의 길로 매진했다. 호남은행을 지키려 애쓰면서도 현준호는 친일부역자의 길로 들어섰다. 1933년 6월부터 1944년 말까지 중추원 참의 직을 수행하며 일제에 협력했다. 1939년 현준호 부부는 국민정신총동원조선연맹과 조선군애국부에 수십 점의 금제품을 헌납했다.

전남특별지원병후원회 부회장, 전남군사후원연맹 부회장, 국민정신총

동원 전남연맹 이사장, 조선임전보국단 이사로 일했다. 조선 청년들에게 학도병이 되어 천황을 위해 싸우라고 종용하는 연설을 했다. 사상범 전향을 촉구하는 광주보호관찰심사회 위원으로 일했고, 조선유도연합회에 가입해 유림의 전쟁 협력을 유도하기 위해 애썼다.

기업인으로 수많은 회사의 주요 자리에 앉았다. 동아일보 감사와 이사, 남조선철도주식회사 이사, 전남수산회 부회장, 경성방직 이사, 호남제탄주식회사 이사, 남만방적 감사 등.

1935년 조선총독부가 펴낸 조선공로자명감에 현기봉 현준호 부자가 올라있다. 명감에는 1910년부터 1935년까지 조선의 식민지배에 협력한 관민 각 분야 공로자들의 이름이 실려있다. 일본인 2,560명과 함께 실린 조선인 353 명 중 두 명이다.

현준호는 자기 사업도 열심히 했다. 호남은행과 더불어 현준호가 주력한 사업체는 학파농장이었다. 1924년 부친이 사망하자 현준호는 물려 받은 재산으로 농업법인을 세우고 이름을 아버지 호를 따 학파농장으로 지었다. 십 년 후인 1934년, 현준호는 학파농장을 합명회사로 전환했다. 농업법인을 합명회사로 바꾼 것은 당시로서는 획기적인 일이었다.

현준호는 간척을 통해 농지를 확대했다. 총독부 허가를 받고 은행 융자를 받는 데 친일 공로자인 점이 유리하게 작용했다. 1932년부터 1938년까지 미암면 춘동리, 호포리, 신포리, 해남군 계곡면, 영암군 군서면과 서호면의 매립 공사를 차례로 진행했다. 1940년 4월에는 서호면 성재리와 군서면 양장리 사이 갯벌을 막는 1.2km 제방 공사를 시작했다. 하지만 1단계 방조제 공사를 마친 후 중단했다.

해방 후 현준호는 반민특위에 회부되었다. 하지만 반민특위는 이승만의 지지기반이 된 친일세력에 의해 무력화되었고, 현준호는 개전의 정이 현저하고 증거가 불충분하며 민족은행인 호남은행을 세워 운영한 공적이 있다는 이유로 처벌 받지 않았다.

2009년 친일반민족행위진상규명위원회는 '친일반민족 행위자 704인 명단'에 현준호를 아버지 현기봉과 나란히 올렸다.

현준호는 중단했던 간척사업을 재개했다. 그러나 6.25 전쟁 때 북한군에게 체포되어 광주형무소에 수감되었다가 1950년 9월 피살되었다. 현준호의 아홉 자녀딸 셋 아들 여섯 중 큰 아들도 북한군에 의해 피살되었고 둘째 아들도 북한군에 체포된 뒤 죽었다고 전한다.

갑자기 세상을 떠난 현준호의 뒤를 셋째 아들 현영원1927~2006이 이었다. 아버지가 하던 간척사업을 다시 추진했다. 완성된 방조제에 이어 용수로와 배수로, 학파저수지, 정지 공사 등을 완료하고 1962년 가을 농림부로부터 준공 인가를 받았다. 후일 학파농장과 소작인들 간의 분쟁이 발생하자 준공일자가 문제가 된다.

소작인들은 현준호가 5할의 소작료를 20년 동안 납부하면 토지를 분배해주겠다고 약속했는데, 방조제가 완성되면서 이미 끝난 간척 사업의 준공 승인을 학파농장이 18년 동안 고의로 미루면서 농민들에게 해줘야 할 땅의 분배 시점을 계속 미뤄왔다고 주장했다. 더 이상의 내용은 생략한다.

학파농장의 간척사업으로 영암에는 서호면과 군서면에 걸쳐 농경지 280만여 평이 새로 생겨났다. 농사를 지을 소작인들이 사는 마을도 여럿 만들어졌다. 백암동, 신기동, 서호동, 쌍풍리, 학파동, 남하동, 무송동 등이다.

현영원은 학파농장을 운영하면서 1964년에 신안해운을 세워 해운사업에 뛰어 들었고 해운업계 거물로 성장했다. 1984년 전두환 정권은 난립하고 있던 70여개 해운사를 대여섯 개 그룹으로 통폐합하는 해운산업합리화 조치를 시행했다. 이 조치로 신한해운은 현대상선에 흡수되었다*.

현대상선 전신은 1976년에 정주영이 유조선 세 척으로 설립한 아세아상선의 대표는 정주영 현대그룹 회장의 다섯 째 아들 정몽헌이었다. 정몽헌의 아내는 현영원의 딸 현정은이었다. 정몽헌은 장인 현영원을 회장으로 추대했다.

현영원의 딸 현정은이 정몽헌과 결혼하게 된 것은 시아버지 정주영 회장 때문이었다고 한다. 1975년 현대중공업 선박 명명식에서 현정은을 처음 본 정주영 회장은 한 눈에 현정은에게 반했다. 바로 며느릿감으로 점찍고 아들에게 소개하여 교제하게 했다. 정몽헌과 현정은은 1년 정도 교제하다 결혼했다.

현정은의 5대 위 할아버지가 천안에서 영암으로 이주하면서 시작된 일가의 스토리는 현인묵 – 현기봉 – 현준호 – 현영원을 거쳐 현정은으로 이어졌다. 현정은의 아버지 현영원이 주력 기업 신한해운을 이끌고 현대그룹 산하로 들어가면서 현씨 일가의 재산이 현대 재벌의 재산과 합해졌다. 현정은은 남편의 뒤를 이어 현대그룹 회장이 되었다. 정주영 회장은 2001년 세상을 떠났고 현영원은 2006년에 사망했다.

영암에 있는 학파로, 학파저수지, 학파농장의 학파는 현정은의 증조부 현기봉의 호이고, 무송동 마을의 무송은 현정은의 조부 현준호의 호다. 어떻게 친일파의 호가 공공연히 도로와 마을 이름에 사용될 수 있는지 의아해 할 사람들 있을 것이다.

공식적으로 현정은의 증조부와 조부는 친일인명사전에 올라 있는 분명

---

* 현대상선과 신한해운의 합병으로 이후 현대상선은 세계 8위의 해운사로까지 발전한다. 하지만 세계 금융위기 때 경영난에 빠진 현대상선은 한국산업은행 자회사가 되면서 국유화되었고 이름을 HMM으로 바꿔 현재에 이른다.

한 친일파다.

  하지만 역사 청산에 실패한 우리 현대사 때문에 사안은 단순하지 않다. 한쪽에서는 친일파 현기봉과 현준호의 공공연한 흔적을 지우는 게 마땅하다고 주장한다. 한쪽에서는 그래도 많은 사람이 그 양반 덕분에 소작이라도 해서 굶어죽지 않고 살았는데, 일방적으로 친일파라고 매도하는 건 너무하다고 반박한다. 현준호를 선각자라고 칭송하는 사람도 있다. 호남은행을 설립하고 대규모 간척사업을 벌여 농민들을 먹여 살린 공이 있다는 것이다.

  영암에는 친일파 부자 현기봉과 현준호의 유산이 생생하게 살아 있다. 사람들은 늘 그 흔적을 마주하며 살아가고 있다. 해방 후 80년이 지난 시점에서 친일파들을 다시 어떻게 한다는 건 현실적으로 쉽지 않다. 하지만 해방 후 친일파 청산에 실패한 대가로 현 정부 내에 일본의 밀정들이 암약하고 있다는 비판까지 나오는 참담한 상황이다. 역사는 분명히 알고 영원히 기억해야 한다. 적어도 친일매국노의 후예들이 역사를 왜곡하고 독립

운동을 폄훼하고 민족의 정기를 흐리고 자존심을 짓밟는 일을 용납해서는 안 된다.

현정은 회장* 역시 집안의 역사를 알고 있을 것이다. 정상적인 사고를 한다면 부채의식도 있을 것이다. 다른 재벌이라면 하지 않았을 금강산관광개발사업처럼 현대그룹이 다른 재벌과 다른 모습을 보여주기를 기대하는 까닭이다.

---

* 현정은의 외삼촌은 부산의 6선 국회의원이자 정치인인 김무성이다. 김무성의 누나 김문희는 현정은의 아버지 현영원의 부인이다. 김문희와 김무성의 아버지는 김용주(1905~1985)다. 20대에는 제법 민족운동을 하기도 했으나 이후 변절해 친일 매국노가 되었다. 1931년 조선총독부가 설치한 경상북도 도회 평의원에 당선되어 해방 때까지 활동했다. 일제가 태평양전쟁을 일으키자 카네다류슈金田龍周로 창씨개명을 하고 국민총력 경상북도 연맹과 조선임전보국단 경북도지부에 가입해 활동했다. 내선일체를 위한 대구국체명징관 건립에 1천 원, 조선인의 황국신민화를 위한 대구신사 건립에 2천 원을 희사하고, 군용기 다섯 대를 헌납하고, 조선인 징병제 실시에 감사하는 신문광고를 내고, 징병을 독려하는 연설을 하는 등 친일 부역 행위를 했다. 해방 후에는 적산인 전남방직을 불하받아 더 큰 부자가 되었고, 이승만 정권 때 대한해운공사 사장, 박정희 정권 때는 한국경영자총협회 초대 회장이 되었다.

농민들은 못 쓰는 학파 1저수지

학파 현기봉의 아들 현준호는 학파농장을 세우고 대대적인 간척사업을 벌여 농경지 280여 만 평을 새로 만들었다. 개인 소유로는 국내 최대 규모였다. 간척지에 물을 대기 위해 저수지 두 개를 만들었다.

학파 1저수지는 만수면적 31만 2천 평, 2저수지는 만수면적 약 9천 평이다. 학파 1저수지는 내가 있는 융성도서관에서 가깝다. 학파저수지를 둘러싸고 법적 분쟁이 있었다는 말을 들은 적이 있어서 융성도서관 전종배 이사장에게 물었다.

"같이 한 번 가보실라요?"

앞장 선 전종배 이사장을 따라 학파 저수지로 향한다. 경사면을 올라 둑위에 선다. 엄청나게 너른 저수지가 눈앞에 펼쳐져 있다. 학파 1저수지는 가운데 도로를 두고 양쪽으로 나뉘어 있다.

"이 물을 지금 농민들이 못 쓰고 있으니 이것이 말이 돼요?"

"아니 왜요? 농사 지을 물 대려고 만든 저수지 아닌가요?"

"저수지 소유자들이 수문을 잠가버리고 CCTV까지 설치해 놓고 감시하고 있어요."

전종배 이사장이 탄식한다. 수문 쪽으로 다가간다. 과연 수문은 닫혀 있고 옆의 작은 건조물에 감시 카메라가 달려있다.

"아니, 아무리 자기들 소유라고 해도 대대로 농사 지어온 물을 하루 아침에 못 쓰게 한다는 게 말이 됩니까?"

전 이사장의 흥분이 가라앉지 않는다.

"더구나 소유자 중 한 사람이 김대중 대통령 때 검찰총장 했던 신승남이라니까요. 세상에 아무리 돈이 좋다고 고향에서 이렇게까지 해서 쓰겠습니까."

"예? 누구요?"

갑자기 튀어나온 이름에 깜짝 놀라 되물었다.

"신승남 검찰총장이요? 그 분이 왜? 원래 영암 사람이었던가요?"

저수지 소유자들은 뭐고, 왜 저수지 물을 못 쓰게 하는 것이고, 신승남 전 검찰총장은 무슨 관련이 있다는 것인가. 단편적인 이야기들로는 사태의 전모를 파악하기 어려웠다.

전종배 이사장에게 농어촌공사에서 일하다 퇴직했다는 분을 소개 받아 얘기를 들었다. 관련 기사와 자료를 읽고 나서, 모르던 사실들을 알게 됐다.

1920년 일제는 '산미증식계획'을 발표했다. 3.1운동 이후 변화한 식민지 정책을 경제적으로 뒷받침하기 위한 목적도 있었지만, 일본 내 식량문제 해결이 주목적이었다. 하지만 성과가 미미하자 1924년 일제는 다시 산미증식갱신계획을 세운다. 주요 내용은 저리 자금 조달 강화, 농사 개량사업 중시, 조선토지개량주식회사와 동양척식회사에 토지개량부 설치 등이다.

산미증산갱신계획은 쌀 생산량을 늘리는 데 일정한 성과를 보이기도 했지만, 비약적으로 늘어난 것은 일본으로 반출하는 쌀의 양이었다.

1917~19년 사이 한 해 평균 약 205만석이었던 반출량이 1927~29년에는 한 해 평균 약 640만 석으로 급증했다. 불과 십 년 사이에 세 배가 늘어난 것이다.

반면 조선 내 쌀 공급량이 크게 줄어 들었다. 산미증산계획은 조선의 쌀 수탈을 가속화하는 정책이었다. 조선 쌀의 반출과 반입은 조선과 일본에서 커다란 사회적 문제를 야기했다.

학파농장은 1939년 조선총독부로부터 서호강 간척사업 허가를 받았다. 동양척식회사와 조선식산은행으로부터 자금을 융자받고, 1944년 서호면 성재리와 군서면 양장리 사이에 방조제를 쌓았다. 간척사업은 해방 후 농림부로부터 준공허가를 받은 1962년에 공식적으로 끝났지만, 농민들은 이미 그 전부터 농사를 짓고 있었다.

학파농장은 농민들에게 5할의 소작료를 거두면서 20년 후에는 토지를 분배해주겠다고 약속했다. 1980년대, 학파농장 소작쟁의가 발생했다. 농민들은 약속한 20년이 한참 지났는데도 학파농장이 농지개혁법의 맹점을 이용해 군서면과 서호면을 잇는 다리의 완공을 일부러 미루고 아직 간척이 끝나지 않았다는 핑계로 토지분배를 계속 회피하고 있다고 주장했다. 당시 농지개혁법에는 미등록 토지 혹은 미완성 농지는 분배대상에서 제외한다는 조항이 있었다.

농민들은 계약 기간 개시일을 고의로 늦춰 18년 동안 소작료를 부당하게 챙겼으니 학파농장 소유의 땅을 무상으로 분배하라고 요구했다. 1988년에는 '학파농장 소작철폐 대책위원회'를 결성해 한층 조직적이고 적극적인 투쟁에 나섰다.

무상분배를 주장하는 농민들과 평당 만원이면 분배할 용의가 있다는 학파농장의 대립이 격화했다.

↑ 학파 1저수지

지역구 유인학 국회의원이 특별 법안을 발의했다. 학파농장이 농민에게 땅을 팔면 내게 되는 양도소득세와 땅을 산 농민들이 내야 할 취득세를 면제해주는 법안이었다. '간척지 등의 양도에 대한 양도소득세 면제' 안에 정부가 호응했다.

학파농장과 농민들이 조금씩 양보하자 문제 해결의 실마리가 풀리기 시작했고 1995년 최종 합의에 이르렀다. 땅값은 평당 6천 5백원, 매수금은 농민들 대신 정부가 학파농장에 20년 동안 분할 상환한다는 것이었다.

1996년, 농경지와 함께 학파저수지도 일부만 학파농장 소유로 남고 대부분 매각되었다. 학파 1저수지 지분 매수자 중에 영암 농지개량조합장이던 최○○ 등 가족 세 명 총 9만평, 박○○, 신○○ 등 각각 3만 평이 있었다. 신○

○은 전 검찰총장 신승남의 부친이란다.

최○○ 소유 지분은 여러 차례 주인이 바뀐 다음 마지막으로 농업법인 신안의 소유가 되었다. 박○○와 신○○ 소유 지분은 2006년 11월 신승남에게 이전되었다.

1997년 6월, 농어촌공사는 학파 1저수지를 영암농지개량조합 관리구역으로 편입했다. 2002년 1월, 전라남도는 학파 1저수지를 농업기반시설로 등록했다. 일방적으로 취한 이들 조치가 불법이라며 농업법인 신안이 무효를 주장하며 행정소송을 제기했다.

학파농장으로부터 매입한 땅에서 농민들은 변함없이 학파 1저수지 물로 농사를 지었다.

2018년 말, 대법원 판결이 내려지자 문제가 터졌다. 대법원은 토지소유자 동의 없는 관리구역 편입과 농업기반시설 등록은 무효라고 선고했다. 학파 1저수지 총면적 25만 평 중 소송의 대상이 된 면적은 대략 15만 5천평이었다. 소유자는 농업법인 서호랜드, 농업법인 신안, 학파농장, 신승남이었고, 각각 49%, 19%, 3%, 29%의 지분을 소유하고 있었다.

"아니, 소송을 해서 이겼으면 됐지 왜 물을 못 쓰게 한답니까?"

"그거야, 다 속셈이 있어서 아니겠소. 어느 날 나한테 전화가 왔어요. 농업법인 신안이라던가. 저수지에 태양광발전사업을 하려는데 마을 사람들을 설득해 달라고. 단칼에 거절해부렀소."

서호면 장동마을에 사는 융성도서관 전종배 이사장은 지역에서 영향력 있는 오피니언 리더다. 영암군 의원도 지냈고, 현재는 노인대학 학장을 맡고 있다.

"나쁜 놈들이제. 농민들 농사 짓는 물을 못 쓰게 막아 놓고, 태양광 시설을 하겠다고 도와달라니, 말이 되는 소리요?"

소송에서 이긴 후 농업법인 신안은 지자체와 농어촌공사에 다음과 같은 요구 사항을 제시했단다. 저수지에 태양광발전사업을 할 수 있도록 지자체가 적극 협조해 줄 것, 저수지를 감정가로 매입해 줄 것, 저수지 물 사용료를 지불할 것 등.

관련 지자체인 전라남도와 영암군, 관리 책임이 있는 기관인 농어촌공사가 할 수 있는 게 별로 없었다. 학파저수지 사태가 해결될 기미가 없는 상황에서 당장 농사 지을 물이 급했다. 농어촌 공사는 많은 돈을 들여 저수지 바깥을 흐르는 학산천에 양수장을 설치했다.

양수장 한 군데를 보러 갔다. 빙 둘러 친 철조망에 팻말이 붙어 있다.

학파1저수지 비상급수 대책 임시 간이영수장
...대법원 판결에 따라 학파1저수지 수혜구역 시설관리자인 학파농장에서 농업용수를 공급해야 하나 수문조작실에 잠금장치 설치로 영농기 용구공급이 불가하여 주민불편 및 민원해소를 위해 학산천에 임시 간이양수장을 설치하여 현재까지 245ha에 농업용수를 공급하고 있는 실정임.....

"그런데, 신승남씨는 검찰총장 출신 변호사로 돈도 많이 벌었을 텐데 뭘 이런 데까지 관여하고 그럴까요?"

"그러게 말이요. 다른 사람도 아니고 김대중 대통령 밑에서 검찰총장까지 했던 사람이. 소송할 때 원고측 법률 대리인이 신승남이었다고 합디다."

사실이라면 참담한 일이다. 오랜 세월 소작농으로 일하다 힘든 투쟁 끝에 겨우 자기 땅을 갖고 농사를 지을 수 있게 된 농민들이 아무 문제 없이 써오던 저수지 물을 뻔히 보면서 쓰지 못하고 있다. 농어촌공사는 학산천 물을 양수기로 퍼올려 공급하고 있다. 농민들은 힘으로라도 수문을 열고 싶지만 그것도 할 수가 없단다.

'신승남이가 검찰총장까지 지낸 변호사 아니요. 농민들이 뭔 힘이 있었소. 고소 당할까봐 겁나서 못 하제."

현정은 현대그룹회장도 그랬지만, 영암에서 김대중 대통령 때 검찰총장이었던 신승남 변호사에 관한 얘기를 듣게 될 줄 몰랐다. 신승남 변호사는 영암에서 태어나 목포에서 고등학교를 졸업하고 서울법대를 졸업한 후 검사가 되었다. 공안 특수 기획통으로 일처리가 치밀하고 꼼꼼하다는 평을 들었다. 영암의 자랑이어야 할 인물이 고향에서 심한 비난을 받고 있다. 본인은 이런 사실을 알까.

일제강점기 불행한 역사와 맞닿아 있는 학파농장 학파저수지 이야기. 다시 역사를 생각한다. 과거에서 현재로, 현재에서 미래로, 끊임없이 이어지는 역사. 과거는 되돌릴 수 없지만 미래는 얼마든지 만들어 갈 수 있다.

↑ 학파1저수지 수문에 설치된 감시 카메라

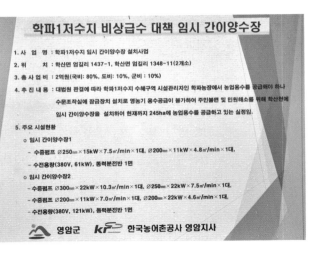

↑ 간이양수장

오늘을 사는 우리가 어떤 선택을 하느냐에 따라.

  늘 역사를 생각하며 살아가야 하는 까닭이다. 특히 사회 상층부에 있는
인간이라면 더욱.

  오늘 오후 학파 1저수지. 빗속에서 낚시 하는 사람들이 있었다. 서호지
라고도 불리는 학파1저수지는 전라남도에서 대물 낚시터로 유명하다. 붕
어, 배스, 가물치가 잡힌다. 낚시 하러 오시라.

늦가을
도갑사

맑음. 기온 최저 0도, 최고 14도. 11월 23일 날씨다. 며칠 새 부쩍 기온이 내려가긴 했지만 겨울은 아직 오지 않았다. 북쪽과는 달리 단풍도 시들지 않았다.

다음 주면 영암 살이가 끝난다. 영암에 관한 책을 쓰기 위해 내려온 지 일곱 달이 가까워온다.

도갑사. 영암을 소개할 때 빼놓을 수 없는 곳이다.

인스턴트 죽을 데워 느지막하게 아침을 먹고 도갑사로 향한다. 울긋불긋 산길의 단풍이 아름답다. 북쪽에선 이미 다 졌을 단풍이 남도에선 아직 볼만하다.

도갑사 입구 주차장에 대형 버스가 서있다. 대구등산지원센터 KJ산악회라고 쓰여 있는 걸로 보아 대구에서 등산객들을 싣고 온 것 같다. 승용차들도 몇 대 주차돼 있다. 도갑사는 월출산 등반 코스의 시작점 중 하나다. 도갑사에 더 가까운 위쪽에도 주차장이 있으나 세우고 걸어가기로 한다.

도갑사 앞을 흐르는 개울을 건너는 다리는 월인교다. 월인교 앞에 죽은 노거수가 있다. 2018년, 450 살 팽나무 노목이 수해를 당하고, 2021년에는 동상에 걸려 사경을 헤맸다. 나무 의사가 백방으로 치료를 했으나 살리지 못하고 2021년 8월 끝내 죽고 말았다. 완전히 썩어 베어내야 할 때까지 그대로 보존할 예정이란다.

월출산 도갑사 현판이 달린 일주문을 들어선다. 왼편에 카페 차담이 있다. 절 구경 끝나고 나올 때 들러야지 하고는 까먹었다. 커피 맛이 어떤지 알아보는 건 다음으로 미룰 수밖에.

해탈문으로 가는 길로 들어선다. 왼쪽에 거대한 비가 서있다. '국중제일 선종대찰 월출산 도갑사 사적비명'이라 새겨져 있다. 비신을 지고 있는 거북의 얼굴이 재밌다. 정면에서 보니 윗니를 전부 드러내고 웃고 있는 것 같다. 옆에서 보니 위와 아래에서 하나씩 날카롭고 긴 이빨이 삐져나와 있다.

해탈문 앞은 동백나무 군락이다. 절 주변에 동백나무가 많은 건 방화용으로 심기 때문이다. 잎사귀가 두꺼워 쉽게 불에 타지 않는다. 동백꽃은 내가 제일 좋아하는 꽃이다. 광주MBC에 있을 때 고창 선운사도 가고 강진 백련사도 갔다. 동백꽃을 보러 몇 번이나 갔다. 샛노란 꽃심과 새빨간 꽃잎을 보면 묘하게 가슴이 떨린다. 도갑사 해탈문 앞에 동백꽃이 피면 아름다울 것이다. 때를 맞춰 다시 와야겠다.

도갑사 해탈문은 국보 50호다. 도갑사는 도선국사가 창건했고, 해탈문은 신라 시대 승려인 통고가 세웠다고 전해져 왔는데, 1960년에 해체 복원 공사를 할 때 나온 기록을 보고 조선 성종 4년1473년에 지은 것임을 알았다. 해탈문은 작은 문이지만 흔하게 볼 수 없는 특징을 가진 귀중한 건축물이란다.

그런데, 유홍준 교수는 해탈문이 국보로 지정된 것이 의문인 듯하다.

조선 초기의 건축으로 집의 생김새가 특이하고 주심포 다포 양식의 공존이라 건축사적 의의를 모르는 바는 아니지만 이 정도 건물에 국보라는 가치를 부여한 것에 나는 선뜻 동의할 수가 없다.(나의 문화유산 답사기 1).

해탈문을 국보로 지정한 학자들은 이런 지적에 뭐라 답할지 궁금하다.

도갑사는 1456년 세조 2년 신미와 수미 두 스님이 중건했을 때 규모가 가장 컸다. 모든 건물을 합해 총 966칸에 이르렀고, 열두 개의 부속 암자를 거느렸다.

임진왜란, 정유재란, 병자호란, 일제강점기, 한국전쟁 등을 거치며 불에 타고 많은 문화재가 유실되었다. 1977년에는 대형 화재가 발생해 명부전과 해탈문을 제외한 모든 건물이 소실되었다. 1981년 복원 불사를 시작해 대웅전을 비롯한 건물들을 하나 하나 다시 지어왔다.

돌계단을 올라 해탈문으로 들어선다. 해탈문 안에는 두 명의 금강역사,

↑ 도갑사 해탈문(국보 50호)

문수동자상, 보현동자상이 있다. 입을 벌려 크게 소리를 지르고 있는 건 아㎿금강역사이고 입을 굳게 다물고 있는 건 훔㎿금강역사다. 아는 산스크리트어의 첫 번째 글자고 훔은 마지막 글자다. 두 금강역사의 열린 입과 닫힌 입은 시작과 끝을 연결하는 영원과 통일을 상징한다한국민족문화대백과사전.

사찰 문의 수호신이면 응당 무서워야 마땅할 터인데 무섭기는커녕 귀엽기까지 하다. 순진한 느낌이 드는 표정은 일본 중국과 다른 우리나라 금강역사의 특징이다.

해탈문 안에 있는 문수동자상과 보현동자상은 복제품이다. 진품보물 1143호은 성보관에 보관돼 있다. 동자상을 훔치려는 도둑이 두 번이나 들었단다. 그 후 진품 동자상은 도갑사 안 성보박물관 안에 모셔졌다.

해탈문을 통과하면 2층으로 된 광제루를 중심으로 좌우로 긴 건물이 가로 막는다. 뜰 좌측 안쪽에 성보박물관이 있다. 정식 명칭은 도선국사 성보관이다. 2001년에 개관했는데 30여 점의 도선국사 관련 유물과 사찰 문화재를 전시하고 있다.

문수동자상과 보현동자상 진품을 비롯해 각종 출토품들, 도선국사와 수미왕사의 진영, 도선국사실록과 도선답산가, 도선비결 같은 고문서들이 보관 전시되고 있다. 보고 싶었는데 볼 수 없었다. 문이 잠겨 있었다. 성보관 옆 작은 기와집은 수장고다.

뜰에 노란 국화가 피어 있다. 그 옆, 철 모르는 철쭉이 활짝 꽃을 피웠다. 지구가 병드니 만물의 질서가 흐트러졌다. 자연을 착취의 대상으로 보고 마음껏 유린해 온 대가다. 천백 년 전, 국토를 살아있는 생명체로 본 도선국사의 혜안이 새삼 놀랍다.

광제루 안으로 들어선다. 누각에 오르면 월출산과 도갑사 전경을 볼 수 있다. 전시되는 그림들을 감상하는 즐거움도 맛볼 수 있다. 다각실에서는

↑ 도갑사

책을 읽어도 되고 차를 마시며 쉴 수도 있다.

광제루를 지나 절마당으로 들어서면 커다란 노거수, 오층 석탑, 웅장한 대웅전이 한 눈에 들어온다. 대웅전은 1977년 화재로 소실되었던 것을 다시 지은 것이다.

절 마당 왼쪽에 미소당이란 건물이 있다. 앞에 세운 대나무 울타리 앞, 문수전 건립 불사 안내라는 간판이 있다. 도선국사가 도갑사를 짓기 전, 문수사라는 절이 있었다고 한다. 30년 전 목포대학교가 발굴 조사를 해서 알아낸 사실이다. 2025년 완공 예정인 문수전 건립 불사 비용을 모금하고 있다.

마당 오른쪽 심검당心劍堂이 보인다. 마음의 칼을 가는 집이라는 뜻인 모양이다. 기둥에 걸린 템플스테이 사랑방이라는 글이 눈에 띈다. 도갑사에는 다양한 템플스테이 프로그램들이 있다. 도갑사에 며칠 묵으면서 우리나라에서 가장 높은 곳에 있는 월출산 마애여래석불도 보고, 큰 바위 얼굴도 보고, 기암괴석들도 즐기면 좋을 것이다.

멀지 않은 곳에 구림마을도 있고 도기박물관과 하정웅미술관, 왕인박사 유적지도 있으니 관광을 겸한다면 도갑사는 최적의 템플스테이 장소다.

"어째서 사진이 안 찍히는 지 모르겠네요. 좀 봐주실라요?"

대웅전 앞. 한 아주머니가 휴대폰을 건네며 부탁한다.

"별 문제 없는데요.. 여기 이렇게 버튼을 누르면 찍힙니다. 그런데, 렌즈를 지갑이 가리네요. 사진 찍을 땐 지갑에서 떼어내야 할 것 같아요."

아주머니는 감사하다고 말한 뒤 부처님을 향해 연신 손을 비비고 허리를 굽힌다. 중얼중얼. 아무개, 시험, 성적 같은 단어들이 들린다. 잠시 후 여성이 누구에게 전화를 건다.

"아야, 할머니 지금 도갑사에 와있어야. 너 성적 잘 나오게 해주십사 빌고 있다."

아하. 여성의 손주가 수능시험을 치른 모양이다. 왜 엄마도 아닌 할머니가? 홀로 손주를 키우는 할머닌가?

멈춰 서서 사방을 둘러보니 도갑사는 월출산에 빙 둘러싸여 있다. 앞에는 개천이 흐른다. 편안하고 아늑하다.

천불전, 명부전, 산신각을 들여다 보고 산길로 간다. 낙엽이 잔뜩 떨어져 있다. 물 떨어지는 소리가 들린다. 작은 정자가 있다. 정자 아래 계곡에 작은 폭포가 있다. 물은 한 번은 짧게, 이어서 다시 한 번 길게 떨어진다. 용수폭포다. 여기 살던 이무기가 용이 되어 승천했다는 전설이 있다.

폭포 아래 수심이 2미터라는데 옛날엔 명주실 한 꾸러미가 다 들어갈 정도로 깊었단다. 폭포의 높이나 계곡 넓이를 보아 있을 수 없는 얘기다. 너무 뻥이 지나치니 전설이 더 황당무계하게 느껴진다.

정자와 계곡이 어우러진 풍경이 아름답다. 햇살을 받아 선명하게 빛나는 단풍의 빨간색이 눈부시다. 늦가을 햇살이 따뜻하고 부드럽다.

깊게 숨을 들이마신다. 서늘한 공기가 폐부 깊숙이 스며든다. 가을 공기가 상큼하고 달콤하다.

노랗고 빨간 단풍을 감상하며 천천히 걷는다. 갈래길이 나온다. 오른쪽 아치 대문에 도갑탐방로 입구라고 쓰여 있다. 왼쪽, 아치형 돌다리를 건넌다. 왼쪽 언덕으로 올라가는 돌계단이 있다. 용화문을 들어서니 미륵전이다. 한적한 곳에 있는 작고 소박한 전각이다.

미륵전인데 정작 모셔져 있는 분은 석가모니다. 가운데 문은 닫혀 있고 땅바닥에 사진촬영금지라고 써놓은 팻말이 놓여 있다. 양쪽 문은 열려 있다. 왼쪽 문으로 가 석가모니를 알현한다. 석가모니는 결가부좌 자세로 오른손을 무릎에 얹고 왼손 손바닥을 위로 가게 하고 아랫배에 대고 있는 항

↑ 용수폭포 옆 정자

↑ 미륵전

마촉지인을 하고 있다.

　마왕이 미녀로 유혹하고 칼로 위협해도 꿈쩍하지 않고 깨달음을 얻으려 정진하던 석가모니가 문으로 스며드는 햇살 속에서 태연하다. 유홍준은 보물 제89호인 이 석조여래상이 개성이 강한 고려 불상 중에서 예외적으로 잘 생긴 미남형이라고 말한다. 옆 얼굴밖에 볼 수 없지만 갸름하고 얼굴, 오똑한 코, 날씬한 몸통을 보니 그럴 것 같다.

　미륵전 앞. 이끼로 뒤덮인 돌절구통 안으로 대나무 관에서 물이 떨어진다. 플라스틱 바가지로 받아 한 모금 마신다. 서늘한 냉기가 목을 타고 몸 속으로 흘러 든다.

　부도전을 살펴보고 도선수미비로 간다. 비석은 돌담으로 둘러싸인 비각 안에 있다. 비각의 이름은 도선국사비각이지만 비석의 주인공은 도선국사와 수미왕사 두 분이다. 효종4년1653에 건립한 것이다.

비문은 독립된 세 부분으로 구성돼있는데, 글을 쓴 사람, 새긴 사람이다 다르다. 이유가 있다. 비를 세우기로 결정하고 필요한 경비를 모금하는데 3년, 건립을 마칠 때까지 다시 18년, 총 21년이 걸렸기 때문이다.

대단히 크다는 점 외에 도선수미비의 특징이 있다. 먼저, 비신碑身이 대리석이라는 점이다. 비 건립시기가 조선 중기인데, 그렇다면 중국에서 수입한 대리석을 사용했다는 것일까. 또 하나, 귀부에 새겨진 문양이 육각형의 귀갑문이 아니라 평행 사선문으로 되어 있다. 비신은 거북등에 얹혀 가장자리가 바깥으로 접혀 있는 모습으로 새겨진 연잎 위에 서있다.

비신의 양쪽에 조각된 운룡문雲龍紋은 힘찬 기상과 율동감이 뛰어난 당대 최고의 작품이다. 도선수미선사비는 조선 후기의 조각사와 서예사 연구에서 중요한 재료가 되고 있다간판의 설명.

거북의 벌린 입 안에 동그란 공이 들어있다. 용이라면 여의주일 텐데, 뭐지. 거북이 아니라 용인가. 거북의 머리를 용으로 표현하는 경우가 드물지 않으니 아마 그럴 것이다. 입안에 사람들이 던져 놓은 동전들이 들어있다.

도선국사비각 위로 난 산길은 총 길이 1.1키로미터인 도갑지구 자연관찰로다. 조금 걸어 올라가니 도갑습지 출입금지

↑ 석가모니불

라는 팻말이 붙어 있고 철책으로 막혀 있다. 습지의 생태를 보호하기 위해 2029년까지 한시적으로 폐쇄한 것이란다.

띄엄띄엄 등산객이 지나간다. 계속 올라가면 월출산 억새밭 능선으로 간다. 2키로 이상 걸어야 한다. 발길을 돌려 내려가기로 한다.

계곡 옆 벤치에 앉아 한참을 쉬었다. 물소리, 바람소리, 새소리, 노랗고 빨간 단풍, 나뭇잎 사이로 내리쬐는 포근한 햇살… 쓸쓸하지만 달콤한 늦가을의 정취를 오롯이 홀로 즐긴다.

도갑사로 내려오는 길가, 거대한 바위가 하나 있다. 누가 쓴 것인지 한자가 음각되어 있다. 다는 보이지 않지만 이영기라는 글자는 읽을 수 있다. 흔한 이름이다. 자신이 직접 새긴 게 아니라면 석공을 데리고 와 새기게 했을 것이다.

도갑사 뒷편 국사전. 도선국사의 초상이 모셔져 있다. 수미왕사비각. 영

↑ 도선국사비

← 도선국사 초상

암 출신 수미왕사의 활동과 자취를 기록한 비석이다. 수미는 열세 살에 도
갑사에서 출가하여 고승이 되었다. 도갑사를 중창하고 불경의 한문을 한
글로 번역하는 간경도감에서 일했다. 세조가 수미에게 묘각이라는 호를
내리고 왕사로 책봉하였다고 기록되어 있다.

거북의 머리를 인상을 심하게 쓴 용의 얼굴로 표현했다고 하는데, 내 눈
에는 대머리 원숭이 같다. 목이 짧아 등껍질이 두껍게 보인다. 비신 위에
얹힌 이수. 꽃잎처럼 화사하게 피어오른 구름 문양과 서로 얼굴을 마주보
고 있는 용 두 마리가 새겨져 있다. 1629년에 만들기 시작해서 1633년에
완성했단다. 조선 중기인데 스타일이 고려 전기의 것이란다.

빙 둘러 사방이 월출산에 둘러 싸여 있는 산사. 앞에 개울이 흐르고 제
법 넓은 평지가 있다. 전에 서울에서 온 지인들이 말했다. 왠지 모르게 느
낌이 굉장히 좋은 절이라고. 나도 그렇게 느낀다.

도선국사의 역사와 전설이 서린 도갑사에서 달콤쌉쌀한 외로움을 벗 삼아 늦가을의 한나절을 보냈다. 내려오는 길에 구림짬뽕에서 늦은 점심을 먹었다. 카페 해올에서 케이샤 커피를 마셨다.

가을 햇살 속을 달려 융성도서관으로 돌아왔다. 추수가 끝난 서호들이 황량했다. 흰색 푸른색의 곤포 사일리지들*이 흩어져 있었다. 달콤하고 부드러운 마시멜로가 생각났다. 영암에 내려왔을 때는 모내기 전이었는데, 눈 깜짝할 새에 반년이 지나갔다.

---

*   bale silage=둥글게 말아 비닐로 포장해 놓은 소여물.

남도 답사
0번지
영암

초판 인쇄 2025년 4월 17일
초판 발행 2025년 4월 22일

지은이 송일준
펴낸이 김상철
발행처 스타북스
등록번호 제300-2006-00104호
주소 서울시 종로구 종로 19 르메이에르종로타운 A동 907호
전화 02) 735-1312
팩스 02) 735-5501
이메일 starbooks22@naver.com

ISBN 979-11-5795-770-5 03980